未来无线通信网络

无线泛在网络的移动性管理技术

时　岩　艾　明　李玉宏　陈山枝　编著

北京邮电大学出版社
www. buptpress. com

内容简介

移动性管理是无线泛在网络中的重要技术之一。如何适应无线泛在网络的异构性、协同性、自组织性、环境感知性，实现对多域、多维、多粒度移动性的支持，是泛在网络移动性管理面临的重要挑战。本书紧扣无线泛在网络的特点及其特殊的移动性场景与需求，从网络环境和通信场景的角度，分别介绍了异构网络环境中的移动性管理、车载通信网络中的移动性管理、机器通信中的移动性管理技术；从移动性管理技术演进的角度，分别介绍了自治型移动性管理技术和分布式移动性管理技术。

本书可供泛在网络、移动互联网相关领域的科研人员和工程技术人员参考使用，也可以作为高等院校计算机专业和通信专业师生的参考书。

图书在版编目（CIP）数据

无线泛在网络的移动性管理技术 / 时岩等编著. -- 北京：北京邮电大学出版社，2017.1
ISBN 978-7-5635-4988-7

Ⅰ. ①无… Ⅱ. ①时… Ⅲ. ①移动网—无线电管理 Ⅳ. ①TN929.5

中国版本图书馆 CIP 数据核字（2016）第 314569 号

书　　名：无线泛在网络的移动性管理技术
著作责任者：时　岩　艾　明　李玉宏　陈山枝　编著
责 任 编 辑：刘　颖
出 版 发 行：北京邮电大学出版社
社　　址：北京市海淀区西土城路 10 号（邮编：100876）
发 行 部：电话：010-62282185　传真：010-62283578
E-mail：publish@bupt.edu.cn
经　　销：各地新华书店
印　　刷：北京鑫丰华彩印有限公司
开　　本：720 mm×1 000 mm　1/16
印　　张：20.5
字　　数：431 千字
版　　次：2017 年 1 月第 1 版　2017 年 1 月第 1 次印刷

ISBN 978-7-5635-4988-7　　定　价：50.00 元

丛书总序

近年来，智能手机、平板电脑、移动软件商城、无线移动硬盘、无线显示器、无线互联电脑等的出现开启了无线互联的新时代，无线数据流量和信令对现有无线通信网络带来了前所未有的冲击，容量需求呈非线性爆炸式增长。伴随着无线通信需求的不断增长，用户希望能够享受更加丰富的业务和更好的用户体验，这就要求未来的无线通信网络能够提供宽带、高速、大容量的无线接入，提高频谱利用率、能量效率及用户服务质量，降低成本和资费。基于此，本丛书着眼于未来无线通信网络中各种创新技术的理论和应用，旨在给广大读者带来一些思考和帮助。

本丛书首批计划出版五本书，其中《无线泛在网络的移动性管理技术》一书详细介绍无线泛在网络环境中移动性管理技术面临的问题与挑战，为读者提供了移动性管理技术的研究现状及未来的发展方向。《认知无线电与认知网络》一书主要阐述认知无线电的概念、频谱感知、频谱共享等，向读者介绍并示范如何利用凸函数最优化、博弈论等数学理论来进行研究。环境感知、机器学习和智能决策是认知网络区别于其他通信网络的三大特征，《认知无线网络中的人工智能》一书关注的是认知网络的学习能力，重点讨论了人工神经网络、启发式算法和增强学习等算法如何用于解决认知网络中的频谱检测、功率分配、参数调整等具体问题。《宽带移动通信系统的网络自组织（SON）技术》一书通过系统讲解 IMT-Advanced 系统的 SON 技术，详细分析了 SON 系统方案、协议流程、新网络测量方案、关键技术解决方案和算法等。《绿色通信网络技术》一书重点介绍多网共存的绿色通信网络中的相关技术，如绿色通信网络概述、异构网络与绿色通信、FPGA 与绿色通信等。

从最早的马可尼越洋电报到现在的移动通信，从第一代移动通信到现在第四代移动通信的二十年中，无线通信已经成为整个通信领域中的重要组成部分，是具有全球规模的最重要的产业之一。当前无线移动通信的持续发展面临着巨大的挑战，也带来了广阔的创新空间。我们衷心感谢国家新闻出版总署的大力支持，将“丛书”列入“十二五”国家重点图书出版规划项目，并给予国家出版基金的支持，衷心希望本丛书的出版能为我国无线通信产业的发展添砖加瓦。本丛书的作者主要是年轻有为的青年学者，他们活跃在教学和科研的第一线，本丛书凝聚了他们的心血和潜心研究的成果，希望广大读者给予支持和指教。

纪红

前　言

无线泛在网络利用现有的和新兴的网络技术，实现人与人、人与物、物与物之间按需进行的信息获取、传递、存储、认知、决策与使用，为用户提供泛在的、无所不含的信息服务和应用。无线泛在网络以异构性、协同性、自组织性、环境感知性为特点，面临网络的异构融合、终端的协同性、用户的移动性、业务数据流量特征、广义感知与自治控制等全新的挑战。移动性管理作为无线泛在网络中的重要技术，用于提供通信和业务的连续性支持。由于泛在网络在网络架构、通信方式、终端类型、技术特点和业务与应用上的扩展，涌现出更加丰富和特殊的移动性场景，传统研究中人的移动扩展到了人、物和服务的融合移动，呈现出全新的移动性管理技术需求。

本书系统介绍了无线泛在网络的移动性管理技术，分别从网络环境和通信场景的角度、移动性管理技术演进的角度，阐述了无线泛在网络中的移动性管理相关研究与技术方案。

全书共分 8 章。第 1 章介绍了泛在网络的架构及关键技术。第 2 章对移动性管理的概念、关键控制功能、典型协议等进行了概述。第 3 章分析了无线泛在网络的移动性场景及移动性管理面临的技术需求。第 4 章介绍了异构融合环境中的移动性管理，包括 3GPP 所研究的异构移动通信网络中的移动性管理、异构融合网络中的垂直切换以及面向业务流的移动性管理。第 5 章针对车联网这一泛在网络与泛在应用的典型场景，分别介绍了车联网中面向主机和面向群组的移动性管理技术。第 6 章针对泛在网络中特有的机器通信场景，分析了机器通信中特殊的移动性管理技术需求，并重点介绍了面向弱移动性、群组移动性、仅分组交换业务和小数据传输等特性的移动性管理技术优化。第 7 章针对泛在网络广义感知与智能控制的特点，分析自治移动性管理的需求和优势，介绍实现自治移动性管理的基本原理和典型方法。第8章分析移动性管理架构的演进趋势，剖析集中式移动性管理存在的问题，并介绍不同的分布式移动性管理技术思路及典型技术方案。

本书作者特别感谢所在的北京邮电大学网络与交换技术国家重点实验室和电信科学技术研究院无线创新中心研究团队中多位研究人员的大力支持。本书部分内容来自作者承担的国家自然科学基金项目、“新一代宽带无线移动通信网”国家科技重大专项项目和欧盟FP7项目等的阶段性研究成果，感谢共同承担这些项目的北京邮电大学、西安电子科技大学、重庆邮电大学、中国信息通信研究院、中科院声学所等单位的各位同仁。另外，在本书的编写过程中，得到了北京邮电大学网络与交换技术国家重点实验室乔利强、朱雪梅、赵静文、周洋、赵旭辉、金晓烨、樊玮、薛艳云、李程、鹿昌开、李丽等研究生在文献收集方面的大力支持，在此一并表示感谢。

本书受到国家自然科学基金项目“基于移动特征分析的异构车载网络移动性管理技术研究”(No. 61300183)、国家自然科学基金杰出青年基金项目“移动性管理理论、方法和关键技术研究”(No. 61425012)及“新一代宽带无线移动通信网”国家科技重大专项关于泛在网络的项目“泛在网络下多终端协同的网络控制平台及关键技术”(No. 2011ZX03005-004-02)的资助。

本书是作者前期工作的总结，限于时间仓促，作者水平有限，书中难免存在不足之处，恳请读者批评指正。

作　者

2016年9月

目　　录

第1章 泛在网络架构及关键技术

本章介绍无线泛在网络的概念、相关研究、网络架构。在此基础上，分析了无线泛在网络中的网络技术所面临的挑战，并简要分析了无线泛在网络中的移动性管理技术背景与挑战。

1.1 泛在网络的概念和定义

泛在网络(Ubiquitous Network)的概念最初来自 Xerox PARC(Palo Alto Research Center)前首席科学家 Mark Weiser 博士于 1991 年提出的泛在计算(Ubiquitous Computing)的概念[1]。Mark Weiser 博士将泛在计算定义为“让用户无感知地使用物理上的多台计算机的增强计算能力”[2]。泛在网络在 Mark Weiser 博士的定义中是用于将泛在计算中所涉及的各种设备实现互联形成网络[1]。

国际标准化组织 ITU-T(International Telecommunication Union-Telecommunication Sector)于 2009 年 10 月发布了 Y. 2002 建议(Overview of ubiquitous networking and of its support in NGN)[3]，该建议中将泛在网络定义为：个人和(或)设备能够突破技术限制，在任意地点、任意时间、以任何方式获取订购的服务以及进行通信的能力。

泛在网络是指无所不在的网络，它以“无所不在”“无所不包”“无所不能”为基本特征，可以实现随时随地、任何人或物之间的通信，涵盖了各种应用；是一个容纳了智能感知/控制、广泛的网络连接及深度的 ICT (Information and Communication Technologies)应用等技术，超越了原有电信网、互联网范畴的更大的网络体系[4]。

泛在网络是基于个人和社会的需求，利用现有的网络技术和新的网络技术，实现人与人、人与物、物与物之间按需进行的信息获取、传递、存储、认知、决策、使用等服务，网络超强的环境感知、内容/ 文化/ 语言感知能力及其智能性，为个人和社会提供泛在的、无所不含的信息服务和应用[5]。

泛在网络并不是一个新的网络，它包含现有的电信网、互联网，以及未来的融合各种业务的下一代网络以及一些专用网络，接入技术涵盖宽带无线移动通信技术、光纤接入等宽带接入技术以及包含传感器网络和包括射频标签技术（RFID，Radio Frequency Identification）等近距离通信技术。它是在原有网络的基础上，根据人类生活和社会发展的需求，增加和拓展相应的网络能力、服务和新的应用[5]。

和泛在网络相关并且容易混淆的另外两个名词是物联网（IoT，Internet of Things）和传感器网络。实际上，三者之间既有联系又有区别。

从出发点看，物联网强调人与物、物与物之间的通信，系统架构组织是关键；泛在网络同时强调人与人之间的通信，异构网络的高度融合与协同是关键；无线传感网强调的是传感，外在使用是关键[6]。

从通信对象及技术的覆盖范围上来看，泛在网络包含物联网，物联网包含传感器网；传感器网是物联网实现数据信息采集的一种末端网络；物联网除了传感器网之外，通常还包括自组网、电子标签网、M2M（Machine to Machine/Man）等，它们是泛在网络的重要组成部分；泛在网络除了各种网络技术外，更强调协同、移动性、共性支撑等问题[4]。

从所涉及的关键设备上看，传感网关注传感器；物联网除了传感器还关注条形码、RFID、摄像头、近距离无线通信设备；而泛在网络除了这些设备外，还关注个人计算机、手机等[7]。

1.2 泛在网络的相关研究

近年来，全球范围内都开展了泛在网络的相关研究，美国、欧盟、日本、韩国等都实施了相关研究计划，国际标准化领域也有广泛关注。

(1) 美国的研究

美国是泛在网络技术的先行国之一，在技术研发和技术标准方面都处于优势地位。其关于泛在网络的研究主要包括普适计算项目和智慧地球项目。

普适计算（Pervasive Computing）项目自 Mark Weiser 博士提出泛在计算的概念后就开始了，分布式计算和泛在通信是其中的两大关键技术。2000 年前后，一些主要大学和工业界相继开展了多种普适计算的研究工作，很多项目的研究重点放在提高移动设备的交互能力，从而使用户可以在任何时间、任何地点享受普适计算服务。例如，斯坦福大学等研究机构始终关注 Web 信息在小屏幕设备上的呈现[8]，斯坦福大学和华盛顿大学在提高信息输入效率上进行了多项探索[9]。此外，将计算空间与物理空间紧密结合的嵌入式集成智能空间也得到了广泛重视。例如,麻省理工学院的 Oxygen 项目中的智能房间和斯坦福大学的 Interactive Workspaces 项目等。[10]

智慧地球(Smart Planet)是由 IBM 首席执行官彭明盛于 2008 年提出的,并得到美国政府的高度重视,并列入随后出台的美国《经济复苏和再投资法案》与信息通信技术相关的计划中。目前为止,智慧地球的理念已经深入到与公共事物相结合的能源、科技、医疗、教育等重要领域。

另外,美国国防部在 2005 年就将"智能微尘"(SMART DUST)[11]列为重点研发项目,美国国家科学基金会(NSF)的"全球网络环境研究"项目(GENI, The Global Environment for Network Innovations)也把在下一代互联网上组建传感器子网作为其中一项重要内容。美国国防部和国家科学基金会均设立了大量的项目进行物联网相关研究,例如,NSF 在物联网感知技术、嵌入式技术、实时技术、安全与隐私、人机交互、机器学习、人工智能以及 RFID 技术等方面均资助了大量的研究项目[12]。美国的高校进行了大量的研究与开发工作,例如州立克利夫兰大学(俄亥俄州)的移动计算实验室从事基于 IP 的移动网络和自组织网络方面结合无线传感器网络技术进的研究,麻省理工学院从事极低功耗的无线传感器网络方面的研究[13]。

(2) 欧盟的研究

欧盟在第六框架计划(EU FP6)和第七框架计划(EU FP6)中均部署了与泛在网或物联网相关的研究项目。

环境感知智能(Ambient Intelligence, AmI)项目[14]是 FP6 中的研究项目。AmI 中所定义的智能环境由嵌入式系统、网络、计算及传感器等组成,使得用户能跨越不同的环境(包括家庭、办公和移动过程),以简单、自然的对话方式处理各种信息,享受各种服务,具有普遍性、透明性和智能性的特征,以泛在通信技术、泛在计算技术和微电子技术为关键技术。

欧盟 2008 年在 FP7-ICT(Information and Communication Technologies)领域的 Call 5 中,首次并专题征集关于物联网的项目建议,主要关注体系结构和物联网技术方面的内容。之后,为了实现由欧盟资助的 RFID 系列项目和物联网研究项目之间的沟通、协作和合作,欧盟设立了欧洲物联网研究项目组(CERP-IoT , IERC),该研究项目组的名称原为"欧洲 RFID 研究项目组(Cluster of European RFID Project)",2008 年 10 月更改为"CERP-IoT (European Research Cluster on the Internet of Things)",2010 年 2 月更改为"IERC(IoT European Research Cluster)"。其目标是充分利用专业知识、人才、资源,协调包括 RFID 在内的物联网研究活动,建立不同项目间的协同工作,促进 RFID 和物联网相关产业及应用在欧洲范围内，甚至是世界范围内的发展[15]。CERP-IoT(IERC)已经取得了一定的研究成果，已出版 Cluster SRA：*Internet of Things Strategic Research Roadmap*[16]和两本 Cluster Book：*Vision and challenges for Realising the Internet of Things*[15]和 *Internet of things - Global Technological and Societal Trends*[17]。

(3) 日本的研究

20 世纪 90 年代中期以来，日本政府相继制订了 E-Japan、U-Japan 和 i-Japan 等信息技术发展战略。E-Japan 战略于 2000 年提出，希望能推进日本整体 ICT 的基础建设。2004 年，在两期 E-Japan 战略目标均提前完成的基础上，日本政府提出了 U-Japan 战略，成为最早采用“泛在(Ubiquitous)”一词描述信息化战略并构建无所不在的信息社会的国家[5]。U-Japan 战略的理念是以人为本，实现所有人与人、人与物、物与物之间的连接，即 4U(Ubiquitous，Universal，User-oriented，Unique)。目前，U-Japan 计划的相关技术已经渗透到人们衣食住行的各个领域。在实施 U-Japan 计划的基础上，日本发布了 i-Japan 战略，希望将数字信息技术融入每一个角落[10]。

(4) 韩国的研究

韩国的研究也经历了 E-Korea 到 U-Korea 的发展历程。2002 年 4 月提出的 E-Korea 战略重点关注 IT 基础设施建设。接着，韩国紧随日本确立了 U-Korea 总体政策规划，并于 2006 年在 IT-839 计划中引入“泛在的网络”概念，将 IT-839 计划修订为 U-IT839 计划，增加了 RFID、USN(Ubiquitous Sensing Network)等新的“泛在”内容。

(5) 标准化研究

由于泛在网络涉及架构设计、网络通信、软件与硬件、计算技术、智能控制等各个技术领域，是多学科的交叉，因此其标准化工作也分散在不同的标准组织。不同标准组织的工作侧重点不同，也有部分重叠和交叉。目前参与泛在网领域主要的国际标准组织有 IEEE(Institute of Electrical and Electronics Engineers)、ISO(International Organization for Standardization)、ETSI(European Telecommunications Standards Institute)、ITU-T、3GPP(3rd Generation Partnership Project)、3GPP2(3rd Generation Partnership Project 2)、IETF(Internet Engineering Task Force)等，这些标准化组织根据自身背景，选择不同的切入点参与泛在网不同技术领域的标准化工作[18]，主要包括总体框架研究、标识体系、通信网络、感知延伸技术、射频识别相关技术、安全与隐私、应用技术等方面。

1.3 泛在网络架构

1.3.1 泛在网络架构

ITU-T 在 Y. 2002 建议[3]中提出了一个泛在网络的顶层架构模型，如图 1-1 所示。该模型描述了泛在网络的核心网络与周边网络之间的接口关系：用户网络接口(UNI，User to Network Interface)定义了感知设备和终端设备与核心网络的连接，网络间接口(NNI，Network to Network Interface)定义了 IPv4/IPv6 网络、广播网、无线网络等周边网络与核心网络的连接，应用网络接口(ANI，Application to Network Interface)定义了泛在网络环境向上层应用提供的开放式 API。

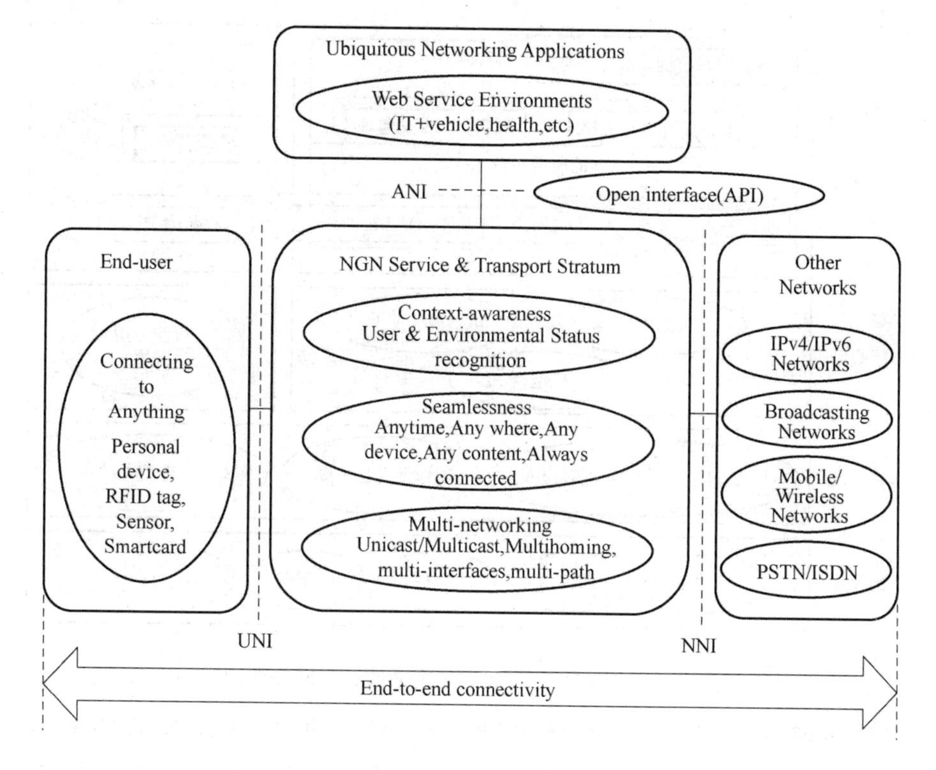

图 1-1 ITU-T 定义的泛在网络顶层架构模型[3]

本章参考文献[5]中定义的无线泛在网络架构如图 1-2 所示，包括 UN 延伸层、UN 接入层、UN 核心层和 UN 服务层。

传统网络人与人之间的通信方式是人使用的终端通过网络进行通信。泛在网络的延伸层是指在传统网络的基础上，从原有网络用户终端点向“下”延伸或扩展，扩大自然界通信的对象，即通信的对象不仅仅局限于人之间的通信，还扩展到人与现实世界的各种物体。但无论如何，这些通信方式最终还是为消费者服务，因此泛在网络可以延伸到个人的活动、团体的活动、家庭的活动、用户在汽车中的活动以及一些用户特殊的通信活动中，进而产生泛在网络延伸层的个人网、团体网、家庭网、汽车网和 Ad Hoc 网多种不同的场景。

UN 接入层的接入技术包括 HFC(Hybrid Fiber-Coaxial)/卫星直播/地面无线接入、有线/无线宽带接入、2G/3G/4G 移动接入等，与现有的公众网络接入技术没有太大的区别，未来的新技术更多地应该提供不同的接入技术之间的移动性能力，即异构网的移动性，包括游牧能力和实时切换能力等。

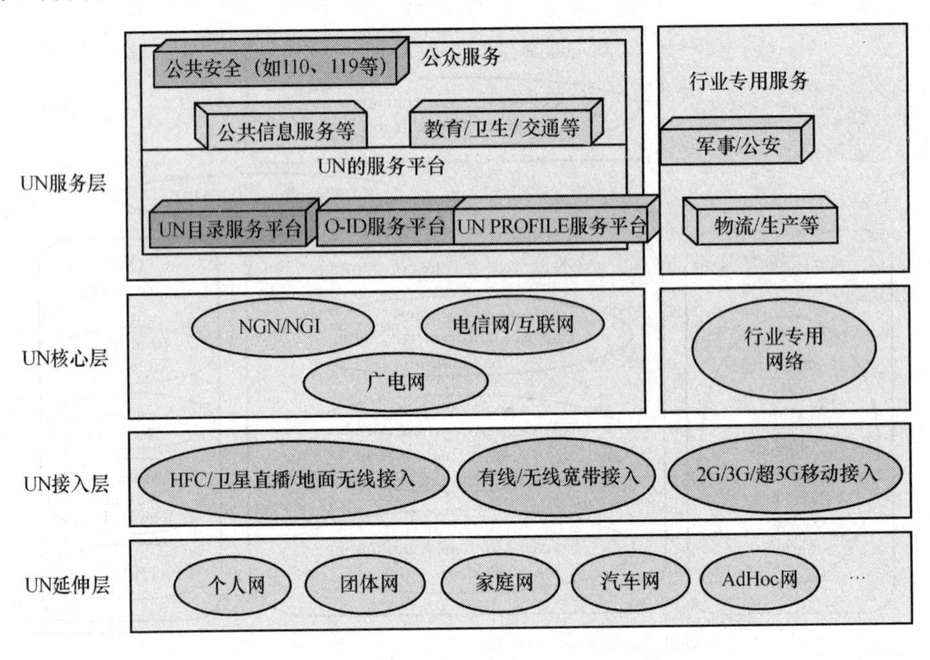

图 1-2　本章参考文献[5]中定义的泛在网络架构

UN 的核心层包括现有的公众电信网、互联网、广电网、NGN(Next Generation Network)/NGI(Next Generation Internet)以及专用服务网，因此这个层面的网络不仅包括各自服务的网络还包括这些网络的基础设施。未来泛在的网络要实现人与人、人与物、物与物之间的通信能力，很难估计未来有多少物体将要参与到这种泛在的通信中，因此对泛在网络的带宽将是一种挑战；此外，解决泛在网络的不同通信主体之间的连接性也是未来对网络基础设施的一大需求。

UN 的服务层包括两个子层：一是 UN 的服务平台；二是 UN 的服务。目前，大家认为的公众网络主要包括电信网、互联网、广电网和将来的 NGN/NGI，各个行业网络主要还是各自为自己的专用用户服务，各个行业网之间互不相通，未来泛在网络的目标是更好地向用户提供服务，因此各个网的社会资源要面向社会开放和面向普通用户开放，各个网之间要能够实现资源共享，业务要互通。具体体现在以下几个方面：

(1) 服务的融合。例如，手机支付就是金融和电信行业的服务融合。

(2) 面向社会的传统专用网。不仅为行业专用用户服务，而且为全社会的普通消费者服务。

(3) 更好的服务。要求各个网络之间要具备互通的能力和网络的延伸能力，使网络不仅仅是提供人与人之间通信的能力，而是使网络能够获得社会、环境每个角落有用的信息，高效地为人类服务。

1.3.2 泛在网络的能力要求

ITU-T 在 Y.2002 建议[3]中将泛在网络的目标定义为：实现泛在互联以提供任何时间、任何地点、与任何人的任何类型的通信，实现普适高效的接口以提供能连接现实世界的环境，实现泛在智能以提供创新性的通信和为社会创造新的价值。

在此目标之下，ITU-T 也定义了泛在网络应具有的能力，主要包括五个方面：

(1) 任意物体间的泛在连接能力。是指支持不同的泛在网络通信方式，并能包括基于标签的设备和各种传感器设备，同时还需支持相应的标识、命名和寻址体系。

(2) 开放 Web 服务环境的能力。泛在网络中的应用和服务提供需要依靠基于 Web 的开放式服务环境，尤其是动态和交互式的 API(Application Programming Interface)，从而能够同时支持网络提供商的业务和第三方应用。

(3) 情境感知与无缝通信能力。情境感知是指能感知状态变化并根据用户和环境的变化智能地提供个性化服务的能力。无缝通信是指 5 Any(任何时间、任何地点、任何服务、任何网络和任何物体)通信能力，可以通过不同层面的技术实现。例如，在网络层面通过异构网络间的切换和漫游实现，在设备层面要求设备变化时通信不中断，在内容层面要求根据用户状态、设备和网络状况提供个性化的内容服务。

(4) 异构网络的融合能力。异构网络间需要实现融合与协同，以支持多家乡、多连接和单播/组播的同时支持。这里，组播是为了在终端数量和数据流量激增的情况下提高网络资源利用率、多家乡和多连接允许终端使用异构网络接口接入网络,以提高可靠性、容错性和 QoS(Quality of Service)。

(5) 提供端到端连接的能力。提供端到端连接的能力是指为任何一种通信方式提供跨多个互联网络的端到端连接的能力。

1.4 泛在网络中网络技术面临的挑战

由上述内容可知,无线泛在网络的技术研究是多学科领域的综合与交叉,涉及架构设计、网络通信、软件与硬件、计算技术、智能控制技术等方面。就网络技术面临的挑战而言,泛在网络将通信的范畴由传统的人与人通信扩大到人与物通信、物与物通信,这种延伸带来了网络形态与组网方式、用户行为、业务类型及数据流特征、控制方式等多方面的新需求。由此,泛在网的网络技术面临以下挑战。

(1) 网络的异构融合

泛在网中网络的异构性表现为:其网络构成中既包括互联网、传统通信网(包括移动通信网)、宽带无线接入网等基础设施型网络,又包括传感器网络、无线自组织网络等无基础设施型网络。此时,这些异构网络之间的融合表现为多种形式,包括:

- 异构基础设施网之间的融合。即:WLAN、蜂窝移动通信网络、卫星通信网络等多种异构接入网以其互补特征共同为用户提供泛在的接入与服务。
- 基础设施网与无基础设施网之间的融合。即泛在网中感知延伸部分的引入带来了更为灵活、多样的组网方式,由位于基础设施网与无基础设施网之间的网关设备提供数据转发、信息汇聚、协议转换等功能实现融合。
- 无基础设施网之间的融合。即:基于 RFID、蓝牙、Zigbee、NFC(Near Field Communication)等技术构成的延伸子网实现互联与融合。

(2) 终端的协同性

终端协同是泛在网中实现异构融合、有效利用各种网络资源与能力的有效途径。泛在网中的终端协同又包括多种应用场景,例如:

- 单个用户的多个终端协同。属于同一个用户的多个终端构成终端群,协同服务于该用户。其中,终端群的建立与维护、业务数据的分流传输与聚合、移动性管理等关键技术均需加以扩展以适应该场景的需求。
- 多个用户的终端间中继协同。某个终端对其他用户的终端提供到基础设施网络的中继接入和数据转发能力,以达到扩大网络覆盖、消除盲区等目的。中继节点的发现与选择、多跳混合路由与重路由、通信方式的切换等,是该场景中网络技术需解决的关键问题。

- 多个用户的终端间自组织协同。多个终端之间通过近距离通信技术实现自组织组网及组内直接通信。相应地，网络技术需解决其中终端间的动态发现与选择、自组织组网方式、寻呼、连接建立与维护等关键问题。
- 多个用户的终端间 P2P(Peer-to-Peer)协同。这种协同更多的是一种应用驱动的协同场景。基于应用上的共同兴趣或基于相近的地理位置，多个终端之间通过 P2P 实现相互之间应用数据的共享、交互与补偿。网络技术需配合应用技术，实现重叠网的自组织建立与维护、数据流的汇聚与控制等功能。

(3) 用户的移动性

泛在网中丰富的应用类型、通信模式和增强的终端能力，带来了更加多样化的移动性场景和移动性需求。

首先，从移动性场景看，从传统的单用户的单模式单终端移动到单用户多模式终端移动，从单个终端的移动到终端群的移动性，从人与人通信的移动性到 M2M 通信的移动性，从物理位置变化触发的移动性到多因素触发的移动性，从以保持通信为目的的被动移动性到以优化用户体验为目的的主动移动性，多样化的移动性场景带来了更加丰富的移动性需求和挑战。

其次，从移动性的需求看，泛在网的移动性管理需具有多维、多粒度、多目标的特征[19]。移动性需支持网络域内的微移动、跨域的宏移动等不同维度。移动性处理的粒度也从终端级到网络接口级再到数据流级等逐渐细化。移动性的目标更加多样化，除了传统的终端移动性，用户的个人移动性、业务移动性及子网移动性的需求日益迫切。

(4) 业务数据流量特征

泛在网具有显著的业务驱动特征，对业务流量特征进行准确的建模描述是网络架构和协议设计的重要基础。目前较为成熟的业务流量特征描述局限于传统互联网、电信网的典型业务，对无线传感器网络的流量特征提取局限于基于不同应用场景的传感器网络内部流量建模[20]。泛在网中的业务类型和通信场景多样化，除了人与人通信，还包括人与物通信、物与物通信，不同类型的业务流量在业务时长、频率、业务量、峰值时段等方面表现出不同的特征。感知延伸部分除了传感器网络外，还会包括大规模、分布式的 RFID 系统等。并且，感知延伸部分的传感器、控制器、RFID 节点等都是泛在网的组成部分，它们产生的数据不会局限于感知延伸子网内部，将会有海量的业务数据穿越整个泛在网。这些因素都会使得泛在网业务流量呈现出其不同于现有研究的新特征，泛在网业务数据流量特征建模描述因此变得更加复杂和困难。

相应地，结合业务本身特征、网络分布、用户行为特征等多方面因素、从用户或网络等不同角度，全面提取刻画业务流量特征的参数集，并在此基础上，研究面向业务流量特征的网络资源管理、服务质量控制等一系列网络管理与控制关键技术，成为泛在网网络技术研究中面临的又一挑战。

(5) 广义感知与自治控制

感知延伸部分是泛在网区别于传统网络的重要组成部分，相应地，泛在网具有广义感知特性，表现为承载和处理海量的多维感知信息，并且，这些感知信息具有显著的时空特性，也即，感知数据在特定时间和特定空间内才有意义[21]。这些海量的广义感知信息为泛在网实现智能化的自治控制提供了基础，通过对感知信息的传输和处理，进而实现智能化的决策和控制，将这种感知与智能控制引入泛在网络技术研究中，从而实现泛在网的自治控制体系，使网络具备根据物理信息变化完成自身行为调节与控制的能力，能够在复杂多变的环境下对网络资源进行优化组织调度，实现网络管理和控制技术的自管理、自组织、自配置、自感知、自优化等一系列自治特性。

相应地，如何抽象定义网络自治控制技术中所需的广义感知信息及其时空特征，并以此为基础实现网络行为的开放式智能反馈控制，是泛在网网络技术研究面临的又一挑战。

1.5 无线泛在网络中的移动性管理

简言之，移动性管理是在网络接入点发生变化时保持业务连续性的技术。

移动性管理已成为未来网络的核心与内在功能[22]。具体到无线泛在网络中的移动性管理，1.3.1 小节的泛在网络架构中，体现了移动性管理所基于的网络环境，即异构网络融合与协同的环境，其中既包括了互联网、传统通信网(包括移动通信网)、宽带无线接入网等基础设施型网络，又包括了传感器网络、无线自组织网络等无基础设施型网络，需要支持车载网络、M2M 通信等新型技术。在 1.3.2 小节所分析的泛在网络能力要求中，“无缝通信能力”中已经包括了对移动性支持能力的要求。同时，并不能将移动性管理看作孤立的技术，它与 1.3.2 小节所阐述的其他能力之间存在广泛的联系。例如，标识、命名和寻址体系是移动性管理中位置管理的重要基础，移动性管理中需要基于情境感知能力提供 QoS 适配和业务适配等功能，移动性管理中需要支持组播、多家乡、多连接等特性。

本书正是在这样的背景，介绍其中的移动性管理技术。本书的内容安排如下：

第 2 章概要介绍移动性管理技术。移动性管理技术起源于蜂窝移动通信系统,经历了互联网、移动互联网到无线泛在网络的发展历史。第 2 章试图以高度概括的方式,阐述移动性管理的基本概念、关键控制功能、目标与相关技术,以及移动性管理的典型协议。

第 3 章分析无线泛在网络中的移动性管理技术需求。在介绍国际上相关研究项目和标准化工作进展的基础上,对泛在网络中丰富的移动性场景进行了分析,进而剖析了移动性管理的技术需求。

针对第 3 章所分析的技术需求,本书的第 4～6 章分别针对异构网络环境、车载网络环境、M2M 通信环境介绍移动性管理技术,第 7 章和第 8 章则针对移动性管理技术方法上的革新,分别介绍自治型移动性管理和分布式移动性管理技术。

本章参考文献

[1] WEISER M. The Computer for the 21st Century[J]. Scientific American, 1991,265(3): 94-104.

[2] WEISER M. Some Computer Science Issues in Ubiquitous Computing [J]. Communications of the ACM, 1993,36(7):75-84.

[3] ITU-T Y. Overview of Ubiquitous Networking and of its support in NGN [S]. 2009.

[4] 黄颖,李健. 泛在网国内外标准化总体情况[J]. 电信网技术,2010,03:10-13.

[5] 续合元. 泛在网络架构的研究[J]. 电信网技术,2009,07:22-26.

[6] 张学记,等. 智慧城市:物联网体系架构及应用[M]. 北京:电子工业出版社,2014.

[7] 熊励,向郑涛,韩昌玲. 泛在网络的协同服务传递理论与方法[M]. 北京:清华大学出版社,2013.

[8] GUIMBRETI RE F, WINOGRAD T. FLOWMENU: combining command, text, and data entry[C]//Proceedings of the 13th annual ACM symposium on User interface software and technology. ACM, 2000: 213-216.

[9] JOHANSON B, FOX A, WINOGRAD T. The Interactive Workspaces Project: Experiences with Ubiquitous Computing Rooms [J]. 2002. April 2002. 1: pp. 67-74.

[10] 吴巍,吴渭,骆连合. 物联网与泛在网通信技术[M]. 北京:电子工业出版社,2012.

[11] KRIS P. Autonomous Sensing and Communication in a Cubic Millimeter ht-

tp://robotics. eecs. berkeley. edu/～pister/SmartDust/.

[12] National Science Foundation [EB/OL]. [2016-12-21]. http://www. nsf. gov.

[13] 国际经济学家郑雄伟分析美国物联网 [EB/OL].（2010-09-12）[2016-12-21]. http://b2b. toocle. com/detail--5391094. html.

[14] ISTAG. Scenarios for ambient intelligence in 2010. http://www. cordis. lu/ist/istag. htm.

[15] SUNDMAEKER H，GUILLEMIN P，FRIESS P，et al. Vision and challenges for realising the Internet of Things[M]. Belgium：Publications Office of the European Union，2010.

[16] VERMESAN O，FRIESS P，GUILLEMIN P，et al. Internet of things strategic research roadmap[J]. O. Vermesan，P. Friess，P. Guillemin，S. Gusmeroli，H. Sundmaeker，A. Bassi，et al. Internet of Things：Global Technological and Societal Trends，2011，1：9-52.

[17] VERMESAN O，FRIESS P. Internet of things-global technological and societal trends from smart environments and spaces to green ICT[M]. River Publishers，2011.

[18] 诸瑾文. 物联网技术及其标准[J]. 中兴通讯技术，2011，01：27-31.

[19] 陈山枝，时岩，胡博. 移动性管理理论与技术[M]. 北京：电子工业出版社，2007.

[20] DEMIRKOL I，ALAGOZ F，DELI? H，et al. Wireless sensor networks for intrusion detection：packet traffic modeling[J]. IEEE Communications Letters，2006，10(1)：22-24.

[21] 孙利民，沈杰，朱红松. 从云计算到海计算：论物联网的体系结构[J]. 中兴通讯技术，2011，01：3-7.

[22] CHEN S Z，SHI Y，HU B，et al. Mobility-driven networks (MDN)：from evolution to visions of mobility management[J]. IEEE Network，2014，28(4)：66-73.

第2章　移动性管理技术概述

本章基于未来泛在、异构的网络环境，介绍了移动性及移动性管理的定义、不同的分类方法，以及主要相关术语。结合移动性管理的关键控制技术，对各协议层的典型移动性管理协议进行了分析和介绍，并简要介绍了不同的移动性管理目标与技术。

2.1　移动性管理的基本概念

2.1.1　移动性管理的定义

移动性是指移动目标在网络覆盖范围内的移动过程中，仍然能够持续进行通信和业务访问的能力，也即通信和业务访问不受位置和接入技术变化的影响[1]。相应地，移动性管理是指提供移动性支持的网络功能与技术。

移动性管理技术来源于移动通信系统。准确地说，来源于20世纪60年代出现的蜂窝移动通信系统。其中，将移动通信系统的覆盖区域划分成若干个彼此相邻的小区，在每个小区设立基站。由于每个小区呈六边形，又彼此邻接，整体看来形状酷似蜂窝，所以称其为蜂窝小区(Cell)[2]。

正是由于有了蜂窝小区，终端的移动性就带来了一系列的问题。例如，对于空闲状态的终端，当有呼叫以其为被叫方时，网络如何才能知道该终端目前在什么位置并进而将呼叫请求告知它？对于正在通信的终端，如何保证在其移动过程中，通信不会中断？位置管理、切换控制等移动性管理的关键技术正是为了解决这些问题而出现的。其中，位置管理针对处于空闲状态的用户，其作用是用来对移动用户进行定位(即确定用户目前处于哪个小区的覆盖范围内)，从而能够完成呼叫建立过程。切换控制是针对通信状态的用户，其作用是将正在进行的通话从一个小区转移到另一个小区，从而避免通信的中断。从那时起，位置管理和切换控制就一直是移动性管理中最为重要的两个关键控制技术。

2.1.2 移动性的分类

根据不同的分类原则,移动性可以有多种不同的分类方法。

(1) 根据移动性支持程度[2,3]

根据移动性的支持程度,可以将移动性分为无缝移动性和游牧移动性。无缝移动性中,当用户移动导致网络接入点改变时,不会中断当前的会话,即在移动过程中,需要与网络保持连接。而在游牧移动性中,当改变网络接入点时,用户的业务会话将被完全终止,然后重新开始,即在移动过程中,不需要与网络保持连接。由此可知,二者的本质区别在于网络接入点的变化是否影响当前会话的连续性,也即是否支持切换。二者的比较如表 2-1 所示。

表 2-1 无缝移动性与游牧移动性的比较

类别	移动过程中	会话	切换	实时业务	丢包敏感业务
无缝移动性	保持通信	连续	支持/必须	适合	适合
游牧移动性	不通信	中断	不支持/不必要	不适合	不适合

在 ITU-T 的标准 Q.1703[4] 中,定义了一组类似的术语:离散移动性(Discrete Mobility)和连续移动性(Continuous Mobility)。其中,离散移动性是指移动用户(或移动终端、移动网络)具有离散位置变化的能力,也即在没有媒体流被激活的情况下的位置移动。连续移动性是指移动用户(或移动终端、移动网络)在移动过程中能够保持已激活的媒体流不被中断的能力,也即需要具有切换的支持能力。

(2) 根据移动性的目标[2,3]

根据移动性的支持目标,可将移动性分为终端移动性(Terminal Mobility)、网络移动性(Network Mobility)、个人移动性(Personal Mobility)和业务移动性(Service Mobility)。

终端移动性也称为主机移动性(Host Mobility),是指同一个移动终端在移动中或在不同位置使用时的场景。对终端移动性的支持,需要终端具有在不同位置或在移动中仍然能够访问网络和业务的能力,需要网络提供识别与定位移动终端并能保持当前通信的能力[1]。

网络移动性是指一组节点组成一个子网,作为整体一起移动并改变网络接入点的移动性场景[1,5]。

个人移动性是指用户在不同位置、使用不同终端的移动性场景。对个人移动性的支持,需要移动用户具有基于统一个人标识、使用不同终端访问网络和业务的能力,需要网络具有基于统一个人标识提供用户定制业务的能力[1]。

业务移动性是从某个特定业务角度出发所描述的移动性目标，要求移动用户对业务的访问不受用户位置和所使用终端变化的影响[1]。业务移动性中包含了对业务可携带性、业务环境可携带性和业务定制可携带性的支持。

（3）根据移动性的范围[2,3]

针对不同的移动性范围，各标准化组织分别给出了相关的分类。

IETF在互联网领域定义了宏移动性（Macro-mobility）和微移动性（Micro-mobility）[5]。宏移动性也称为全局移动性（Global Mobility），是指大范围区域上的移动性，通常指跨IP域移动时的移动性。微移动性也称为局部移动性（Local Mobility），是指小范围区域上的移动性，通常指一个IP域内的移动性。

ITU-T则基于ITU-T所定义的下一代网络架构，定义了接入网内移动性（intra-AN（Access Network））、接入网间移动性（inter-AN）和网络间移动性（inter-CN（Core Network）），分别指同一个接入网内、同一个网络内的不同接入网间，以及不同网络之间的移动性[1]。

（4）根据终端是否参与移动性管理功能

根据终端是否参与移动性管理功能，可以将移动性分为基于主机的移动性（Host-based Mobility）和基于网络的移动性（Network-based Mobility）。

在基于主机的移动性中，移动终端需要参与到移动性管理的信令交互、数据转发等操作中，因此需要为了实现移动性支持而修改终端的协议栈，也使得这类技术面临不易部署的障碍。IETF所定义的MIPv4/MIPv6（Mobile IPv4/IPv6）协议即为这类技术的典型代表。

在基于网络的移动性中，移动终端不需要参与移动性管理的功能，而是由相关的网络实体完成信令交互、数据转发等操作，因此具有不需要修改终端协议栈、易部署的优点。IETF所定义的PMIPv6（Proxy Mobile IPv6）协议即为这类技术的典型代表。

（5）根据所涉及的接入技术类型

根据所涉及的接入技术类型，可以将移动性分为水平移动性（Horizontal Mobility）和垂直移动性（Vertical Mobility）。水平移动性是指同一种接入技术内的移动性，例如，用户在同一运营商的同一通信制式下的移动〔如中国移动的GSM（Global System for Mobile Communications）网络内的移动性〕。而垂直移动性是指不同接入技术间的移动性，例如，具有多种网络接口的移动终端在3G网络和WLAN（Wireless Local Area Network）网络之间的移动性。

2.1.3 移动性管理其他相关术语

(1) 切换[2,3]

切换(Handoff 或 Handover)作为移动性管理的重要控制技术之一,是指对会话连续性的支持能力,即:会话的中断时间和数据丢失能够保持在某一阈值之下,从而使得网络接入点发生变化时,实时业务能够保持连续性。

对切换控制技术的详细介绍可参见本书 2.2.2 小节。

(2) 位置管理[2,3]

位置管理(Location Management)作为移动性管理的重要控制技术之一,是指对移动主体的位置变化进行跟踪、保存、更新和查找的功能。其中又包含两个主要功能:位置更新和位置查找。位置更新是指移动主体向网络报告其位置变化的功能,位置查找是指网络查找移动主体当前位置的功能。

对位置管理技术的详细介绍可参见本书 2.2.1 小节。

(3) 接入点/附着点[2,3]

接入点(Access Point)或附着点(Attachment Point)是指为用户/终端通信提供所需的网络接入、号码/地址适配和相关控制功能的第一个网络实体。例如,蜂窝移动通信网中的基站子系统(BSS,Base Station Subsystem)和 WLAN 网络中的 AP(Access Point)节点(注:这里介绍的接入点是一个抽象而相对广泛的概念,区别于 WLAN 中特指的设备 AP)。

2.1.2 小节所描述的各种移动性类型中,通常会涉及网络接入点的变化。这种变化,可能由于移动用户(或移动终端、移动网络)的物理移动导致的地理位置变化引起,也可能由于接入技术或无线信号的变化引起,或者由于用户对某种接入技术的偏好引起。另外,网络接入点的变化通常会触发移动性管理中的关键控制功能,例如,触发位置更新操作以更新当前的位置信息,触发切换控制操作以保持会话的连续性。

(4) 移动节点/移动主机/移动终端/移动台/用户设备[2,3]

移动节点(MN,Mobile Node)、移动主机(MH,Mobile Host)、移动终端(MT,Mobile Terminal)、移动台(MS,Mobile Station)、用户设备(UE,User Equipment)是各种移动性管理相关的文献中常用的术语。这些术语都是指笔记本、智能手机、平板电脑等各种移动终端设备,经常可以互换使用。本书中也不对这些术语进行严格区分,在相关技术的介绍中,会根据其技术领域的习惯用法选择用词。例如,在移动 IP 协议介绍中,会使用移动节点(MN),在 3GPP 相关的技术介绍中,会使用用户设备(UE)。

(5) 移动主体

移动主体(MO,Mobility Object)是指各种移动性场景中发生移动的实体。这是一个相对抽象的概念,在不同的移动性场景中含义不同。例如,在终端移动性中,是指发生位置移动的终端设备;在个人移动性中,是指发生位置移动或变化终端设备的移动用户;在网络移动性中,是指多个联网并整体移动的一组节点构成的移动子网。

(6) 移动性锚点

移动性锚点(MA,Mobility Anchor)是移动性管理协议中一个抽象的逻辑实体,它负责提供找到并使数据能够到达移动节点的相关功能,具体包括:锚定功能(为接入的移动节点提供 IP 地址或地址前缀分配)、位置管理功能(负责移动节点位置信息的存储和维护,实现对移动节点的位置跟踪)、转发功能(将用户数据转发至移动节点当前位置的功能)。

根据移动性锚点的不同部署方式,可以将移动性管理协议分为集中式移动性管理和分布式移动性管理两类。关于移动性管理技术从集中式向分布式的演进分析以及分布式移动性管理技术的详细介绍,可参见本书第 8 章的内容。

2.2 移动性管理关键控制功能

如 2.1.1 小节所述,位置管理和切换控制自移动性管理起源以来,一直是两大关键控制功能。本节将对这两个关键控制功能进行介绍,它们在不同协议、技术中的具体实现,也会穿插在各章节的内容中。

2.2.1 位置管理

位置管理用于实现移动主体位置信息的跟踪、存储、查找和更新,其作用是当移动主体发生位置移动时,能够有效地定位其当前位置。

1. 位置管理的功能

位置管理包括两个重要功能[2,3]:

(1) 位置更新(Location Update,或称位置注册,Location Registration):是指由移动主体向系统报告其位置变更的过程。

(2) 位置查找(Location Retrieval,或称寻呼,Paging):是指系统查找移动主体所在位置的过程。

由于需要存储、查找和更新移动主体的位置信息,围绕着这一问题产生了各种各样的方法。其中,就位置信息的存储而言,有两个极端情形[6]:

(1) 将移动主体的信息存储在网络的每个节点。这样,移动主体的位置信息容易获得,因而位置查找费用很低。然而,一旦移动主体位置发生变化,就要更新与之相关联的大量数据库,因而位置更新费用非常之大。

(2) 在网络的任何节点不存储移动主体的信息,这样,在查找移动主体时就涉及大面积的搜寻,甚至在整个网络中查找,因而位置查找费用非常之大,但位置更新费用非常低。

对于位置数据库的更新策略而言,也有两个极端情形[6]:

(1) "总是更新"策略,一旦移动主体发生移动,系统就立即更新位置数据库。这时,位置更新可能非常频繁,相应的开销也比较大,但因为位置数据库中记录的总是移动主体的准确位置,位置查找就变得非常容易。

(2) "永不更新"策略,对于移动主体的移动,系统从不更新位置数据库。这时,没有位置更新的任何开销,但对于移动性大的移动主体,其位置查找的开销就可能非常大。因此,位置更新与位置查找在占用系统资源方面是矛盾的,各种位置管理方案也需要在两者的开销之间寻找平衡,以降低总的位置管理开销。

事实上,各种位置管理策略就是在上述两个极端之间,即在位置查找与位置更新之间寻找一个平衡点,一般地,是在"可得性"(Availability)、"精确性"(Precision)和"当前性"(Currency)三者之间选择一个折中的方案。"可得性"的选择范围是,从在网络的所有节点存储移动主体的位置信息,到不在任何一个网络节点存储移动主体的位置信息。"精确性"有许多形式,如存储一些移动主体的可能位置,而不存储其精确位置。"当前性"主要是决定何时更新位置信息,如对于高移动性低呼入的移动目标,在它每次移动时不必立即更新其位置信息,位置更新操作可以稍作延迟。[6]

2. 位置信息定义

位置信息是指网络中对移动主体当前位置进行记录的信息。通常情况下,会为移动主体定义一个全局唯一、保持稳定不变的身份标识和一个随着移动主体移动而变化、用于表示当前所在位置的位置标识。位置信息通常以身份标识和位置标识之间的绑定或映射关系的形式存在。在具体的协议中,对身份标识和位置标识的定义不同,位置信息的具体定义形式也不同。

例如,在移动 IP 协议中,采用了 IP 地址的二义性语义,身份标识和位置标识都采用 IP 地址的形式进行定义,即:家乡地址(HoA,Home Address)作为移动节点的身份标识,转交地址(CoA,Care of Address)作为移动节点的位置标识,相应地,移动 IP 中的位置信息定义为〈CoA,HoA〉形式的绑定关系。

再如,在 SIP(Session Initiation Protocol)协议中,身份标识定义为 SIP URI

(Uniform Resource Identifier)形式的 AOR(Address-Of-Record),位置标识采用 IP 地址,在 SIP 协议中称为 Contact Address,相应地,SIP 协议中的位置信息定义为〈AOR,Contact Address(es)〉形式的绑定关系。

在后续关于不同移动性管理协议和技术的章节中,会有对其中位置信息定义的相关介绍。

3. 常见的位置数据库结构

位置数据库是位置管理中用来存储位置信息的数据库。在不同的移动性管理协议中,位置数据库由不同的协议实体来完成。例如,在移动 IP 协议中,家乡代理(HA,Home Agent)承担位置数据库的角色,负责存储移动节点的家乡地址和转交地址的绑定关系;在 SIP 协议中,位置数据库的功能则是由位置服务器承担,它负责维护 AOR 和 Contact Address 的绑定关系。

位置数据库可以采用不同的数据库结构,常见的位置数据库结构有四种。

(1) 集中式数据库[6]

在中心数据库结构中,移动目标的当前位置信息保存在单一的、集中式的数据库之中。中心数据库结构的优点是结构简单,数据库维护方便,位置信息更新操作简单,便于保持数据的一致性和完整性。但是,对中心数据库的可靠性、稳定性、容量及访问速度要求都很高。因此,并不适用于用户数量多、位置信息更新频繁以及可靠性要求高的系统中。

(2) 层次型数据库[6]

在层次型数据库结构中,移动目标的当前位置信息被保存在多个层次的数据库内,最常见的是两层数据库结构。其中,通常配置有两种类型的数据库——归属数据库(HDB,Home Database)和访问数据库(VDB,Visiting Database)。每个网络配置一个 HDB 和多个 VDB。HDB 用于存储网络中所有用户的有关信息,如用户 ID、接入权限、密码以及用户当前位置等数据。每个移动用户与一个 HDB 相关联。一个 VDB 存储与其关联的位置区所登记的所有用户的有关数据,这些数据是存储在 HDB 中数据的一部分。GSM 网络中的 HLR(Home Location Register)和 VLR(Visitor Location Register),移动 IPv4 中的 HA 和 FA(Foreign Agent),以及 H.323 中的 HLF(Home Location Function)和 VLF(Visitor Location Function),都可以看作 HDB 和 VDB 的典型实例。

在两层数据库结构中,基本的位置管理方法如下:①位置查找操作。如果在位置区 i 的用户呼叫移动用户 m,则首先查找位置区 i 的 VDB,只有在这个 VDB 中找不到 m 时才联系 m 的 HDB。②位置更新操作。当用户 m 从位置区 i 移动到位置区 j,除了更新 m 的 HDB 之外,还要删除位置区 i 的 VDB 中 m 的位置信息,同时在位置区 j 的 VDB 中新增 m 的位置信息。

对两层数据库结构而言，HDB 的位置一般不发生改变，而查找一个移动用户往往首先要访问 HDB。因此，对于长期驻留于远距离外地网络的移动用户，每当其从一个位置区漫游到相邻的位置区时，据需要进行长距离通信以访问与其相关联的 HDB，而无法利用位置区相邻这一特点，因此消耗大量带宽，产生大量的通信开销，这是在位置管理中使用两层数据库结构的主要缺点。

(3) 树型数据库[6]

在树型数据库结构中，用树表示网络位置，移动目标的当前位置信息被保存在相应的树枝和树叶中。树型数据库结构采用一棵倒置的树，在每个叶子节点上存放位置数据库，每个数据库服务于单独的位置区，记录其所辖位置区内所有用户的位置信息。枝节点和根节点，用于记录连接到该节点子树的所有位置区内用户的位置信息。并且，从根节点的数据库开始，均有一个指针，指向其子节点的数据库。

在树型数据库结构中，基本的位置管理方法如下：①位置查找操作。如果在位置区 j 的移动用户呼叫位置区 k 的移动用户 m，则从节点 j 上行寻找包含 m 位置信息的节点，显然，这就是 j 和 k 的最近公共祖先（LCA，Least Common Ancestor）节点，然后，从该节点沿指针下行到节点 k 就可以找到移动用户 m。②位置更新操作。如果移动用户 m 从位置区 j 移动到位置区 k，则从节点 j 上行到 j 和 k 的最近公共祖先节点，以及从该最近公共祖先节点下行到节点 k 的路径上，所有数据库中与 m 有关的位置信息均需要更新。

当用户仅在相邻的地理位置移动时，使用树型数据库，相对于使用两层数据库结构，可以大大降低通信开销，不需要进行长距离通信，只需要访问少量相邻的数据库。但是，树型数据库结构的缺点是：需要管理大量的数据库，而且越到上层节点，需要其数据库容量越大，并且速度越快。

(4) 分布式数据库

分布式数据库中，位置信息被存储在分布式部署的多个数据库中。分布式位置数据库通常会与 P2P 技术〔如 DHT(Distributed Hash Table)〕相结合。某个节点的位置信息存储在哪个数据库中、如何实现位置信息的检索和查找，这些功能通常需要经过 P2P 技术中的插入和删除操作实现。

4. 位置管理的性能评价[2,3]

为了便于实现位置管理，通常将整个网络的覆盖区划分成若干个位置区（LA，Location Area）与寻呼区（PA，Paging Area），如在 2G 的蜂窝移动通信系统中就是如此。位置区是指移动终端在其中移动而不需要更新位置数据库的信息的区域，一旦移动终端跨越一个 LA 的边界时，就需要向系统更新位置信息。在蜂窝移动通信中，一个位置区通常包含几个蜂窝小区，其覆盖范围和形状可以固定，也可以根据实际情况动态变化。寻呼区是通信过程中，系统对移动终端进行广播查找的区域。根据寻呼策略的不同，PA 可以限于单个小区，直到包括整个系统的所有小区。

在未来的移动通信系统中，将有数量众多的用户在很大的地理范围内（甚至全球）随机移动并随时进行通信，因此如何配置位置服务器（集中还是分布）、如何规划位置区与寻呼区，才能保证在通信呼叫期间迅速而准确地找到被呼用户是十分重要的。

由此可见，LA/PA 的规划与优化的重要性。事实上，LA 的划分与 PA 的划分是相互关联的。根据不同的目标和策略，PA 可以小于或等于 LA。LA 越大，位置更新的频度越低，所需的更新信令开销就越小，但是寻呼的范围增大了，造成寻呼信令的开销就增大了。反之亦然。

位置管理的性能评价参数主要有更新信令开销、更新时延、寻呼信令开销、寻呼时延、系统效率等。

位置管理的总代价函数为

$$C_{LA}=C_{LU}+C_{PAG}$$

其中，C_{LA}是位置管理的总代价，C_{LU}是位置更新的代价（包括更新信令开销、更新时延等），C_{PAG}是寻呼的代价（包括寻呼信令开销、寻呼时延等）。为了使位置区域的划分达到最佳，目标是使总代价函数最小。但事实上，C_{LU}和 C_{PAG}的估计十分困难。

另外，位置更新与位置查找在占用系统资源方面是矛盾的，同时优化两者是一个 NP 问题，因此，各种位置管理方案就是在两者的开销之间寻找平衡与折中，以降低总的位置管理开销。表 2-2 对位置更新和位置查找及其开销进行了比较。

表 2-2 位置更新与位置查找的比较

功能	发起方	开销	开销与位置区大小的关系
位置更新	移动目标	更新信令的开销，信道资源的占用，增加系统和位置数据库的负载和处理时延	位置区设置越大，更新频度越低，开销越小
位置查找	网络	寻呼信令的开销，无线资源的占用	寻呼区设置越小，信令开销越小，寻呼成功率越高，时延越小

5. 位置管理策略

为了在位置查找和位置更新的开销之间寻求有效的平衡，降低位置管理的总开销，诸多研究者基于各种不同的移动呼叫模型进行分析，先后提出了许多改进方法和实现机制。根据位置数据库的更新策略，可以将各种位置管理策略分为两类：静态策略和动态策略。静态策略又包括基本策略、指针推进策略、锚策略、锚与指针结合的策略以及环形搜索策略。动态策略又包括基于时间的位置管理策略、基于运动的位置管理策略和基于距离的位置管理策略。

下面以目前移动性管理技术中常见的层次型数据库为例，介绍几种静态策略的基本思想。图 2-1 中(a)、(b)、(c)、(d)所示分别为静态策略中基本策略、指针推进策略、锚策略、锚与指针结合策略的示意图。其中，将数据库分为 HDB 和 VDB。这几种位置管理策略都是基于位置区(LA，Location Area)的，当移动节点跨位置区移动时，需要进行位置更新。在这些策略中，位置区是固定的，因此称为静态策略。

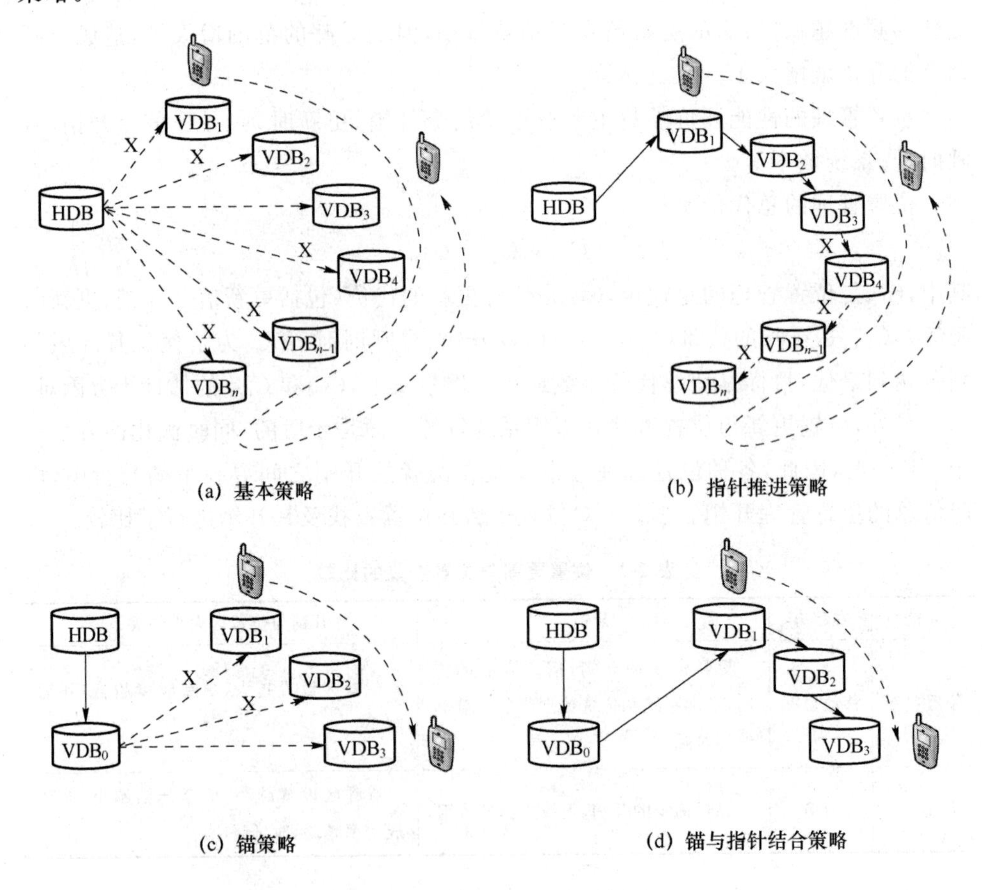

图 2-1 几种静态策略示意图

表 2-3 对这几种策略的位置更新与位置查找策略进行了总结和比较。其中，由于移动节点跨位置区的移动具有局部性的特点，基本策略所进行的 HDB 修改

中，会有一些是不必要的修改，因此造成系统资源的浪费，降低了位置管理的效率和性能。指针推进策略、锚策略、锚与指针结合策略等集中策略，都是基于移动节点的移动局部性所提出的优化策略。

表 2-3 几种静态策略的比较

	位置更新	位置查找
基本策略	一旦移动节点跨位置区移动，就进行位置更新策略，修改 HDB 中与该移动节点相关的位置信息，使 HDB 指向移动节点目前所在的 VDB	查找移动节点所注册的 HDB，获得移动节点最近登记的 VDB
指针推进策略	当移动节点从位置区 LA_i 移动到 LA_j 时，不修改 HDB 的位置信息，而是用一个指针将 VDB_i 和 VDB_j 连接起来	沿着指针链 HDB→VDB_1→VDB_2→…逐步查找
锚策略	在移动节点经过的多个 VDB 中选择一个作为“锚”，当移动节点在锚（即图中的 VDB_0）附近移动时，位置更新不对 HDB、只对锚进行修改	先查询 HDB，获得锚（即 VDB_0），再查询锚，获得移动节点最近登记的位置
锚与指针结合策略	在移动节点经过的多个 VDB 中选择一个作为“锚”，当移动节点在锚（即图中的 VDB_0）附近移动时，引进指针链	先查询 HDB，获得锚（即 VDB_0），再从锚开始沿指针链查询

动态位置管理策略中，位置更新操作不依赖于固定不变的位置区划分，而是根据其他因素决定什么时候执行位置更新操作。常见的动态位置管理策略包括：基于时间（Time-based）的位置管理策略、基于运动（Movement-based）的位置管理策略和基于距离（Distance-based）的位置管理策略。

在基于时间的位置管理策略中，有一个时间门限值 T，每隔时间间隔 T 就执行一次位置更新操作；在基于运动的位置管理策略中，有一个运动次数门限值 M，一旦移动节点越区次数超过 M，就执行一次位置更新操作；在基于距离的位置管理策略中，有一个距离门限值 D，一旦移动节点移动的距离超过 D，就执行一次位置更新操作。

关于这些位置管理策略更详细的介绍，可参见本章参考文献[6]。

2.2.2 切换控制

切换是指移动性管理技术中对会话连续性的支持能力，要求其中出现的会话中止或数据丢失控制在某个阈值之下，以便在改变接入点时，使实时通信业务可以继续。相应地，切换控制作为移动性管理技术中的关键控制功能之一，就是提供这样的通信连续性保证，也是前面所介绍的无缝移动性和游牧移动性的根本区别。从移动性管理在蜂窝移动通信系统中的起源开始，经历了在互联网、移动互联性等各个阶段的发展，切换控制一直都是其中的研究重点。

1. 切换的分类[2,3]

根据不同的分类原则，切换可以分为很多种不同的类型。

根据切换涉及的网络范围，可以分为网内切换(Intra-network Handover)和网间切换(Inter-network Handover)。例如，在 WiMAX 系统中，分为接入服务网(ASN，Access Service Network)内切换、ASN 间切换；在 GSM 蜂窝移动通信系统中，网内切换还可以细分为小区内切换、BSC(Base Station Controller)内切换、MSC(Mobile Switching Center)内切换、MSC 间切换；在 IP 网中，网内切换还可以细分为 AR(Access Router)内切换、AN(Access Network)内切换和 AN 间切换。

根据切换所涉及的接入技术是否同类，可以分为水平切换(Horizontal Handover)和垂直切换(Vertical Handover)。移动节点在同类型接入技术之间的切换称为水平切换，如 GSM 网络内部的切换；在不同类型接入技术之间的切换称为垂直切换，如 UMTS 网络与 WLAN 网络之间的切换。

从性能角度，分为快速切换(Fast Handover)、平滑切换(Smooth Handover)和无缝切换(Seamless Handover)。平滑切换是以最小化丢包率为目的的切换，不包含切换时延的概念；快速切换是以最小化切换时延为目的的切换，不包含丢包率的概念；无缝切换则综合了平滑切换和快速切换，指没有业务能力、安全或服务质量改变的切换。在实际环境中，无缝切换可以定义为协议、应用或终端用户感知不到业务能力、安全和服务质量的变化。因此，无缝的含义是与用户的要求相关的相对概念。

按切换目的可以分为三大类：救援切换(Rescue Handover)、边缘切换(Confinement Handover)、业务量切换(Traffic Handover)。救援切换是指移动用户正在通信过程中，由于移动而离开正在服务的小区或接入点而进行的切换。边缘切换是指系统为优化干扰电平(无线环境下)、提高传输服务质量，而改变为移动用户服务的小区或接入点而发生的切换。业务量切换是指正在服务小区或接入点内发生拥塞，而邻近小区或接入点较空闲，而产生的切换。

根据切换的处理过程不同，即按当前链路是在新链路建立之前还是在之后释放，可以分为硬切换(Hard Handover)、软切换(Soft Handover)和更软切换(Softer Handover)。这种分类方法源自蜂窝移动通信中的基站切换技术。在蜂窝移动通信系统中，硬切换(Hard Handoff)采用先断后通(Break Before Work)的处理方法，移动节点在同一时刻只占用一个无线信道，移动节点必须在一指定时间内，先中断与原基站的联系，调谐到新的频率上，再与新基站取得联系，在切换过程中可能会发生通信短时中断。不同频率的基站或扇区之间的切换只能使用硬切换，另外，还可用于不同运营商的基站或扇区间的切换，以及不同系统间的切换。软切换(Soft Handoff)则采用先通后断(Work Before Break)，由 MSC 控制完成，仅用于具有相同频率的不同基站之间，在 CDMA 系统中只需要在伪随机码的相位上作一调整。在软切换中，链条链路及相对应的两个数据流在一个相对较长的时间内同时被激活，一直到进入新基站并测量到新基站的传输质量满足指标要求后，才断开与原基站的连接。更软切换(Softer Handoff)则是指同一蜂窝小区内不同扇区间的切换，使用同一 BSC，改变信道时，不需要 MSC 参与，由 BSC 完成。而在通用移动性管理中，硬切换和软切换的概念不再局限于蜂窝移动通信系统，而是被推广至各种典型的移动性管理技术中。例如，无论是移动 IP 还是 SIP，都有针对软切换的研究，以降低切换过程中的数据丢失，优化切换性能。

根据切换的必要性，可分为强制切换(Forced Handover)和非强制切换(Unforced Handover)。强制切换通常由与网络接口可用性有关的事件触发，此时一般只有一个网络接口可用，为了避免通信中断，必须进行切换。而非强制切换中，往往有多个可用的网络接口，切换可能为了改善服务质量等目的，并非必须切换。

根据切换中是否允许用户控制，可分为主动切换(Active Handover)和被动切换(Passive Handover)。主动切换中允许用户参与切换控制，一般基于用户的偏好发起切换。这种用户主动发起的切换类型是 4G 系统中切换的新特征之一。

根据切换初始化时信息传送是否在新的信道，可分为前向切换和后向切换。后向切换是通过当前的基站对切换过程进行初始化，并且在新信道的控制实体确认资源分配之前，它不接入新的信道。优点是切换初始化信息是通过已有的无线信道传送，不需要建立新的信道。但缺点是，当与目前的基站间的无线链路质量迅速恶化时，会导致切换失败。后向切换在大多数的 TDMA(Time Division Multiple Access)蜂窝系统中应用，如 GSM。前向切换是在切换过程的初始化阶段不依靠旧的信道，需要在新的信道上进行。优点是切换过程更快，但是会引起切换可靠性的降低。前向切换应用在数字无绳电话系统中，如 DECT(Digital European Cordless Telecommunications)。

根据切换所针对的数据粒度，可以分为终端级切换和业务流级切换。这种分类是针对多连接技术出现前后切换技术的变化所进行的分类。所谓终端级的切换，是指对终端上所有的业务流总是同时执行同样的切换操作。例如，当用户移出

WLAN 的覆盖范围时，需要切换至广域覆盖的 3G 网络以保持通信的连续性。此时，用户终端上所有的应用都需同时执行切换。当多连接技术出现以后，允许同一终端上不同的应用使用不同的网络连接，在实施切换的时候，也可以针对业务流分别执行不同的切换操作。此时的切换称为业务流级的切换。

2. 切换控制的三大功能[2,3]

切换控制包括三大功能：切换准则、切换控制方式和切换中的资源分配。在移动性管理技术的发展演进过程中，这些控制功能也随着网络环境、技术需求的变化而变化。

(1) 切换准则

切换准则是指何时何种条件下切换。在移动性管理技术的发展演进过程中，切换准则也发生了变化。在传统的蜂窝移动通信系统中，切换准则一般根据测量到的无线信号强度进行判决。而在异构网络环境的垂直切换中，切换的决策则是一个典型的多标准决策问题，需要考虑应用、网络、用户相关的各种信息综合进行评判。

以 CDMA 系统中移动台软切换的判断条件为例，来看一下基于信号强度的切换准则，如图 2-2 所示。图中说明了移动台从基站 A 到基站 B 经历软切换时，接收到的导频信号强度变化的情形。移动台在与基站 A 通信时，连续监视相邻小区的导频信号强度，任何一个导频信号强度(如基站 B)的强度超过一定门限(图 2-2 中所示的增阈)时，立即报告系统。系统则命令基站 B 建立与移动台的通信，开始软切换。此时移动台同时接收到来自两个基站的通信信号。当移动台检测到基站 A 的信号强度低于某一门限(图 2-2 中所示的降阈)时，启动一定时器，如果基站 A 的信号强度在某个时间长度(图 2-2 中所示的时间范围)内持续低于降阈，则移动台将会断开与基站 A 的通信。至此，软切换结束。

在异构网络间的垂直切换决策中，需要根据应用、网络、用户相关的多种因素进行多标准决策。其中，与应用相关的因素包括：应用 QoS 需求、服务资费、安全因素优先级等；与网络相关的因素包括：网络类型、覆盖面积、典型带宽和时延等性能指标、当前可用状态、当前信号强度、当前流量负载等；与用户相关的因素包括：用户属性、用户偏好、终端能力与特性、用户移动速度、用户位置和用户历史行为信息等。常用的多标准决策方法包括：基于加权和的方法、基于策略的方法、基于模糊推理的方法、基于层次分析法的方法、基于博弈论的方法、基于马尔可夫决策过程的方法等。关于垂直切换决策更详细的介绍，请参见本书 4.4 节的内容。

(2) 切换控制方式

切换控制方式是指在切换过程中，负责切换决策相关数据和信息的收集(如对链路质量的测量)方及其收集方式、切换的发起方等控制相关因素[2,3]。

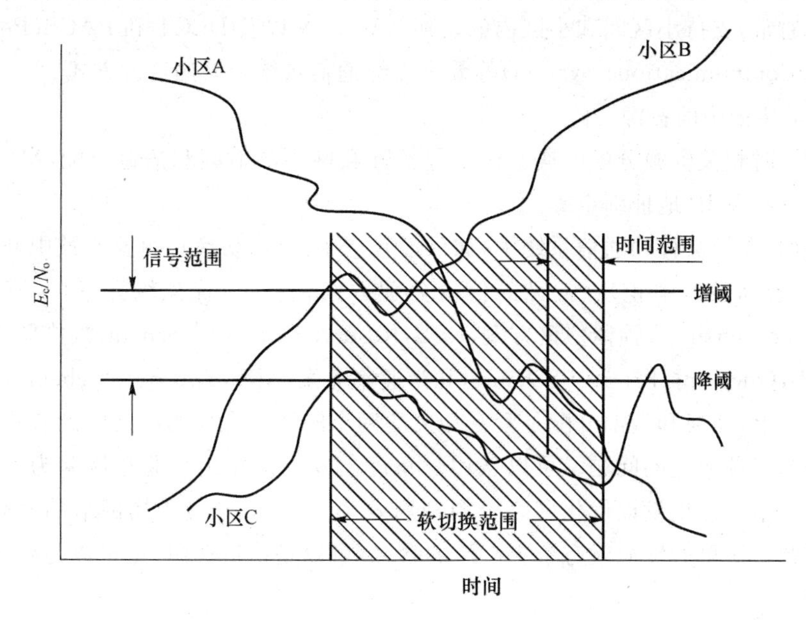

图 2-2 CDMA 系统中移动台判断软切换条件示意图

在移动通信系统中,根据基站与移动台在链路质量评估和切换初始化中的角色,越区切换过程的控制方式主要有三种:

① 网络控制的越区切换(NCHO,Network Controlled HandOver)。基站监测周围移动台的信号 RSSI(Received Signal Strength Indicator),当满足某种切换准则,则启动切换过程。TACS 及 AMPS 等第一代模拟蜂窝移动通信网络中采用这种方式,由移动交换局对切换判决进行控制,即采用集中控制方式,通常只支持小区间切换。

② 移动节点辅助的越区切换(MAHO,Mobile Assisted HandOver)。网络要求移动台测量周围基站信号的 RSSI,而网络基于移动台对当前链路质量测量结果的周期性报告做出切换的决定。通常,支持小区间和小区内的切换。GSM 及 CDMA 等第二代数字蜂窝移动通信网络采用这种方式。

③移动节点控制的越区切换(MCHO,Mobile Controlled HandOver)。采用分散控制策略。当前的基站与移动台都会对正在提供服务的基站的链路质量进行测量,移动台完成对交替的基站的链路质量测量。与 MAHO 不同的是,当前的基站的链路测量结果会被送给移动台。当满足某种切换准则,在启动切换过程,移动台完成自动链路转换(ALT,Automatic Link Transfer,指两个基站之间的切换)或时隙转换(TST,Time Slot Transfer,指同一个基站中两个信道之间的切换)。这样

可以减轻网络的负担，即使无线信道质量变差，也可保证呼叫的稳定性，切换时延较小。通常，支持小区间和小区内的切换。WLAN 以及 DECT 和 PACS(Personal Access Communications System)等数字无绳通信系统中采用这种方式。

(3) 切换中的资源分配

切换时相关资源分配的典型例子包括蜂窝网中的射频和信道分配，MIP 的转交地址分配及 IP 地址绑定等。[2,3]

例如，在蜂窝移动通信系统中，如果没有空闲信道，切换呼叫就要被中断(即强制中断，或称强迫中止)。常见的信道分配方案包括：非优先级方案(NPS，Non-prioritized Scheme)、预留信道方案(RCS，Reserved Channel Scheme)、排队优先方案(QPS，Queueing Priority Scheme)和半速率方案(SRS，Sub Rate Scheme)。

事实上，切换和资源分配是紧密相关的两个问题。在异构网络间的切换中，也需要考虑资源分配的问题。可以从用户角度出发以优化用户业务体验为目标，也可以从网络角度出发以优化网络资源利用效率为目标，开展异构网络的联合资源分配问题。这里的资源就有了更广泛的含义，可以是信道资源，也可以是带宽等网络资源。

表 2-4 针对切换控制的主要功能，对蜂窝移动通信网中的传统切换和异构接入网络环境中的切换进行了比较。

表 2-4 不同网络环境中切换控制功能比较[2,3]

切换控制功能	蜂窝移动通信系统中的切换	异构网络环境中的切换
切换准则	主要基于对链路的测量，常用于确定信道质量的三种测量方法如下： (1) 字错误指示器(WEI，Word Error Indicator)； (2) 质量指示(QI，Quality Indicator)； (3) 接收信号强度指示(RSSI，Received Signal Strength Indicator)	需综合考虑与用户、应用、网络、终端有关的各种因素
切换控制方式	常见的控制方式主要有三种： (1) 移动节点控制的越区切换(MCHO)； (2) 网络控制的越区切换(NCHO)； (3) 移动节点辅助的越区切换(MAHO)	常见控制方式有三种： (1) 网络发起； (2) 移动节点发起； (3) 网络和移动节点共同发起
切换时的相关资源分配	主要指无线信道的分配，包括非优先级方案、预留信道方案、排队优先方案和半速率方案等	例如，MIP 的转交地址分配及 IP 地址绑定等
切换中的链路转换	在链路层实现	可以在网络层、传输层或应用层实现

3. 切换的性能评价[2,3]

切换算法最佳可以使网络容量最大化,但还有其他性能评价准则,包括切换成功率、掉话率、新呼叫阻塞率、平均切换次数、切换时延(含切换排队时间)、强制中断率等。

切换成功率是指在网络或移动终端发起的所有切换请求中,成功切换次数所占的比率。掉话率是指发生掉话的呼叫数与成功发起呼叫总数的比值,这里所说的“发起呼叫总数”包括始呼数和切换进入的呼叫数。新呼叫阻塞率是指由于通信资源被占用而不能接续的新呼叫次数占总的新呼叫次数的百分比,而由于其他原因引起的呼叫阻塞,如由于无线网络覆盖原因引起的阻塞,不包括在这项指标内。平均切换次数是指在通信会话的整个时长内,发生切换的平均次数。切换时延是指切换造成的通信中断时间。强制中断率是指在一个在初始发起时未被阻塞的呼叫由于切换失败被中断的概率。

对于跨异构接入技术的垂直切换而言,对其性能的评价除了上述因素外,往往还会兼顾对系统整体性能的考虑。例如,能否通过合理的切换目标网络和目标小区选择(即垂直切换中的切换决策)实现负载均衡,以提高网络资源的总体利用效率。又如,跨不同接入技术的切换是否能有效避免干扰。

2.3 移动性管理典型协议

本节选取蜂窝移动通信网的移动性管理技术、MIP 及其扩展协议、mSCTP (mobile Stream Control Transmission Protocol)协议和 SIP(Session Initiation Protocol)协议,分别作为链路层、网络层、传输层和应用层的典型移动性管理协议进行简要介绍。这些协议也会在本书第 4～8 章中出现,基于不同场景和需求对其进行功能和性能的扩展。

2.3.1 链路层移动性管理典型技术:蜂窝移动通信网

蜂窝移动通信网在设计的时候就充分考虑了如何实现对移动用户的支持,因此具有完善的移动性管理功能,涉及许多复杂的流程。并且,随着蜂窝网架构的演进,与移动性管理相关的网络实体和交互过程也在变化。本小节只对其中的位置管理和切换控制功能进行简要的技术思想介绍。

(1) 移动性管理相关网络实体

这里所说的与移动性管理相关的网络实体,主要是指用于存储用户位置信息的数据库相关的网络实体。

在 GSM 网络中(此处指电路交换域,CS domain,Circuit Switched domain),与移动性管理相关的网络实体主要是 HLR 和 VLR,即:GSM 网络采用 HLR/VLR 构成的两层数据库结构管理位置信息。HLR 用于存储网络中所有用户的有关信息,例如,用户当前位置(如用户当前所在 MSC/VLR)和用户数据信息(用户 ID、接入权限、密码等)。每个移动用户与一个 HLR 关联。VLR 通常与 MSC 设在一个物理实体,是为在 MSC 下注册的用户临时存储信息的数据库。当用户移动并注册在某个 MSC 时,会将与该用户相关的数据复制到与关联的 VLR 中。

引入分组域(PS domain,Packet Switched domain)后,SGSN(Serving GPRS Support Node)和 GGSN(Gateway GPRS Support Node)是 PS 业务的移动性管理实体,依次是 PS 业务移动性管理业务面的二级锚点和一级锚点。其中 SGSN 需要维护记录终端当前所处的路由区域。

在 LTE(Long Term Evolution)系统中,与移动性管理相关的网络实体主要是 MME(Mobility Management Entity)、S-GW(Serving Gateway)和 PDN-GW(Packet Data Network Gateway)。其中 MME 负责记录管理维护终端所处于的跟踪区域,S-GW 和 PDN-GW 从用户面角度看,依次是 PS 业务移动性管理的二级锚点和一级锚点。在终端移动过程中,PS 业务的一级锚点不发生改变,二级锚点根据终端位置、网络拓扑等,可能发生改变。

(2) 蜂窝移动通信网的位置管理

蜂窝网基于区域划分的概念完成位置管理。当用户在某个区域内移动时,不需要进行位置更新。而出现跨区移动时,需要进行位置更新。位置查找也同样基于区域的概念完成,避免了在全网广播寻呼造成的大量开销。

在蜂窝移动通信网演进的不同阶段,这种基于区域实现位置管理的基本思想不变,但对于“区域”的定义有所区别。

GSM 系统中,每个 MSC/VLR 的控制区可以分成一个或多个位置区(LA,Location Area),LA 由若干小区构成。每个 LA 可以包含一个或多个寻呼区(PA,Paging Area),实际部署时 LA 和 PA 的覆盖范围通常相同。

引入分组交换后,网络结构划分为电路域(CS domain)和分组域(PS domain)。电路域中仍然使用 LA 进行区域划分和位置管理,分组域中引入路由区(RA,Routing Area)的概念进行区域划分和位置管理。一个 LA 可以包含一个或多个 RA。

3G 系统中定义了路由区(RA,Routing Area)的概念。所有注册到网络的终端都会分配一个路由区。当用户在路由区范围内发生移动时不用通知网络,只有当用户移出了路由区范围时才需要通知网络进行路由区更新,为用户分配新的路由区。网络寻呼空闲态的用户时，只用在路由区范围所有的小区内发送寻呼消息就能找到该用户。[7]

基于类似的思想，LTE 系统中引入了跟踪区（TA，Tracking Area）的概念。并且不再区分电路域和分组域，统一基于 TA 进行位置管理。在 3G 系统中，RA 范围是基于 RNC 来划分的，而在 LTE 系统中没有 RNC 网络节点，TA 的覆盖范围通常比 RA 小，用户发生移动时会导致频繁的跟踪区更新，因而加重了网络的负担。为了平衡跟踪区更新过程与寻呼开销之间的关系，SAE 系统中引入了跟踪区列表（TA List，Traking Area List）的概念。当用户附着到网络时，MME 为其分配一组跟踪区，这一组跟踪区构成一个 TA List，用户在该 TA List 范围内发生移动时不需要通知网络，一旦用户移出了 TA List 覆盖的范围，就必须向网络发起跟踪区更新过程。[7]

以 GSM 系统为例。GSM 系统采用 HLR/VLR 的两层数据库结构，基于 LA 的概念实现位置管理。其主要的位置管理操作如下：

- 位置更新。当用户位置改变时，需要在新的 LA 所属的 VLR 注册位置信息，更新 HLR 中的位置信息，还需要删除其位置改变前所在 VLR 中的位置信息。因此，需要某些机制以保持 HLR 和 VLR 中数据的一致性。
- 位置查找。当有呼叫到达空闲态用户时，需要通过位置查找（寻呼）获取用户的当前位置，通过在 LA 的无线小区中发寻呼消息实现。

(3) 蜂窝移动通信网的切换控制

切换是蜂窝移动通信网中保持用户通信连续性的重要技术。

可以按照不同的范围，由不同的网元负责处理切换。例如，GSM 系统的切换可以分为：小区内切换、小区间/MSC 内切换、BSC 间/MSC 内切换、MSC 间切换及网络间切换。在 3GPP Release-8 版本后，引入了不同移动通信系统间的切换。例如，LTE 系统中，又有 Intra-LTE 的切换（是指 UE 在 LTE 系统内部的切换）、Inter-3GPP RAT 的切换（是指 UE 在 LTE 的接入网 E-UTRAN 和早期蜂窝网系统版本的接入网 UTRAN、GERAN 之间的切换）、3GPP RAT 和非 3GPP RAT（如 Wi-Fi）之间的切换。

另外，还可以按照切换的目的分为救援切换、边缘切换和业务量切换。按照切换的处理过程不同，即按当前链路是在新链路建立之前还是在之后释放，可以分为硬切换（Hard Handover）、软切换（Soft Handover）和更软切换（Softer Handover）。具体介绍可参见本书 2.2.2 小节。

蜂窝移动通信网的切换具体操作可以分为切换触发、切换准备、切换执行、路径倒换等过程。可以一般性地描述为：接入网网元（如 LTE 系统中的 eNodeB）根据UE上报的测量结果判断是否发起切换。如果决定发起切换,需要为UE选择合适的切换目标系统,目标系统在切换准备过程中为UE预留所需资源,并将UE切换到目标系统。当UE接入到目标系统后,原来的接入系统将释放资源。

切换通常由一些事件触发。不同系统、不同类型的切换对切换触发事件的定义不同。例如,在LTE系统中,用于触发系统内切换的A3事件被定义为:邻小区信道质量在TTT(Time to Trigger)(ms)时间段内持续优于当前服务小区信道质量Hysteresis(dB)。

在蜂窝移动通信网的演进过程中,也在不断探索如何对切换实现优化。例如,移动性管理参数的优化。移动性管理参数主要是指Hysteresis和TTT。LTE系统中可以修改移动性管理参数用于eNodeB之间通过切换达到负载均衡的目的,也会考虑UE的不同运动速度(分为高速、中速和低速运动)进行移动性管理参数的优化调整。

关于蜂窝网中切换的具体流程和细节,请参见3GPP相关的技术标准:3G系统(可参考本章参考文献[8])、LTE系统(可参考本章参考文献[9,10])。

2.3.2 网络层移动性管理典型技术:MIP及其扩展协议

传统的互联网主要针对固定主机设计,并没有考虑对主机移动性的支持。MIP协议正是为了提供移动性支持而提出的协议,定义了在移动节点IP地址发生变化时的IP数据转发机制,以支持通信的连续性。MIP由IETF进行标准化,有MIPv4和MIPv6两个版本。

本节将MIPv6作为网络层移动性管理的典型协议,并介绍其快速切换扩展协议FMIPv6(Fast handover MIPv6)、层次型扩展协议HMIPv6(Hierarchical Mobile IPv6)、基于网络实施移动性管理的扩展协议PMIPv6、支持网络移动性的扩展协议NEMO BSP(Network Mobility Basic Support Protocol)。

(1) MIPv6

MIPv6[11]是以MIPv4[12]为基础扩展而来。图2-3所示为MIPv6的协议功能实体。MIPv6沿用了MIPv4中的HA(Home Agent,家乡代理)、MN(Mobile Node,移动节点)、CN(Correspondent Node,通信对端)等功能实体,但去掉了FA(Foreign Agent,外地代理)。

在如图2-3所示的功能实体中,MN是网络中具有移动性的、接入位置会发生改变的IPv6节点。MIPv6为每个MN定义了一个不变的IP地址(即家乡地址,HoA,Home-of Address)和一个变化的IP地址(即转交地址,CoA,Care-of-Address)。CN是与移动节点进行通信的对端节点。HA是MIPv6中处理移动性的重要功能实体，它是 MN 家乡网络中的路由器，主要负责位置管理功能，以〈HoA，CoA〉的形式保存并维护 MN 的位置信息。当 MN 离开家乡网络，与访问网络建立连接后，HA 更新 MN 的位置信息，并将发往 MN 的数据通过隧道方式转发给 MN。AR 是位于网络边缘的路由器，为 MN 提供网络接入能力。

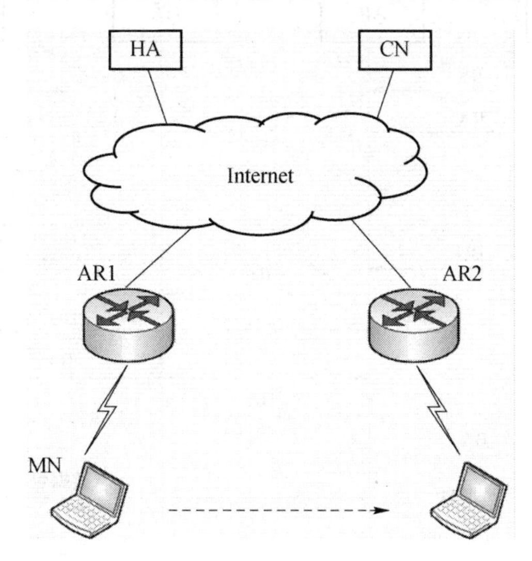

图 2-3 MIPv6 协议功能实体

MIPv6 的协议流程如图 2-4 所示。具体步骤可描述如下：

- 当 MN 移动到外地网络时，通过接收到外地网络的 RA（Router Advertisement，路由器公告）消息判断自己移动到了新的网络，并根据外地网络的网络前缀，通过 DHCP 或无状态配置方式配置新的转交地址。
- MN 向 HA 发送 BU（Binding Update，绑定更新）消息，HA 更新 MN 的位置信息，也即更新 MN 的绑定缓存〈HoA，CoA〉中的 CoA，并向 MN 返回 BA（Binding Acknowledgement，绑定确认）消息。MN 也会与 CN 进行 BU 与 BA 的交互，这样，CN 发送的数据就无须经过 HA 的转发，从而避免了三角路由问题。

从移动性管理的位置管理功能上，MIPv6 的位置管理功能主要由 HA 完成。MIPv6 以〈HoA，CoA〉的形式记录 MN 的位置信息，HA 负责维护移动节点的家乡地址（HoA）和转交地址（CoA）的绑定关系。当 MN 的位置发生变化时，通过绑定更新和绑定确认消息的交互实现位置更新。但 MIPv6 并没有定义寻呼功能，通过扩展方案实现 IP 寻呼。

从移动性管理的切换控制功能上，MIPv6 支持 MN 跨不同接入路由器的基本切换功能。为了实现切换性能的优化，也出现了快速切换的扩展 FMIPv6(Fast MIPv6)协议(可参见下文关于 FMIPv6 的介绍)、平滑切换的扩展。另外，由于 MIPv6 在网络层实施切换，可屏蔽底层接入技术的差异，因此可以用于垂直切换。

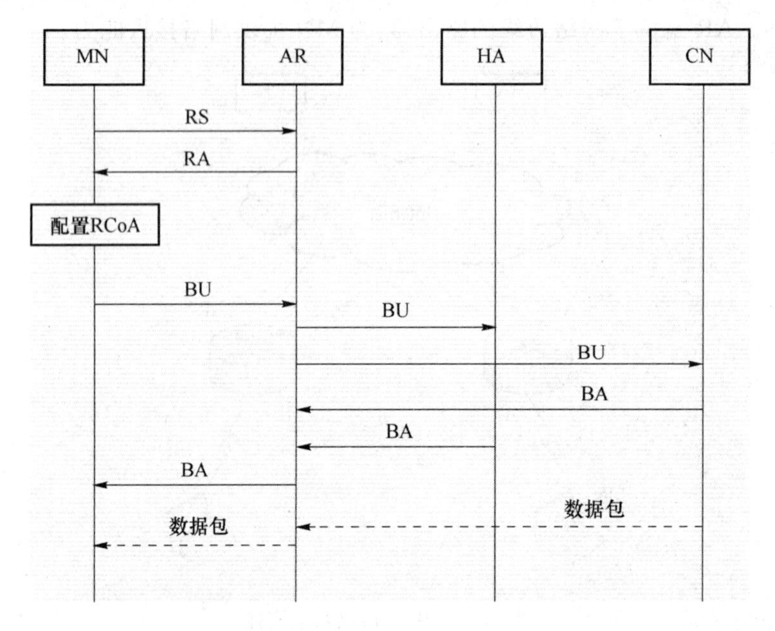

图 2-4 MIPv6 协议流程

(2) FMIPv6

FMIPv6(Fast MIPv6)是针对 MIPv6 协议所做的快速切换扩展[13]。FMIPv6 针对 MIPv6 所具有的切换时延大、切换过程丢包严重的问题，采用预先切换和基于隧道的切换两种机制实现性能优化。所谓预先切换，是指当移动节点仍然与旧接入路由器(oAR，old AR)保持连接，但已可预测到其即将进入新接入路由器(nAR，new AR)的覆盖范围，此时预先执行切换的某些步骤，从而降低切换时延。所谓基于隧道的切换机制，是指在 oAR 和 nAR 之间建立隧道，发送到移动节点的数据都会由 oAR 经该隧道转发到 nAR 并缓存，从而降低了切换过程的丢包。

FMIPv6 的切换信令流程如图 2-5 所示，具体描述如下：

- 当 MN 根据二层的指示预测到自己将要进行切换时，发送 RtSolPr(Router Solicitation for Proxy Advertisement)消息给 oAR，通知 oAR 将要发生切换并请求切换所需的信息。
- oAR 通过与 nAR 之间的 HI(Handover Initiate)和 HAck(Handover Acknowledge)消息的交互，获得 MN 在 nAR 范围内将要使用的转交地址，形成 PrRtAdv 消息，作为 RtSolPr 的响应消息回复给 MN。

- MN 收到 PrRtAdv 消息后，向 oAR 发送 F-BU(Fast Binding Update)消息，oAR 收到后就会建立 oAR 与 nAR 之间的隧道，并回复 F-BACK 消息。为了使 MN 无论是否已经离开 oAR 进入 nAR 范围都能收到 F-BACK 消息，该消息会同时发送到 MN 的旧转交地址，以及通过隧道发送到新的转交地址。
- oAR 与 nAR 之间的隧道保持并使用到 MN 与 CN 之间完成新的绑定更新为止。当 MN 移动到 nAR 范围内时，向 nAR 发送一条 F-NA 消息，通知其到来。

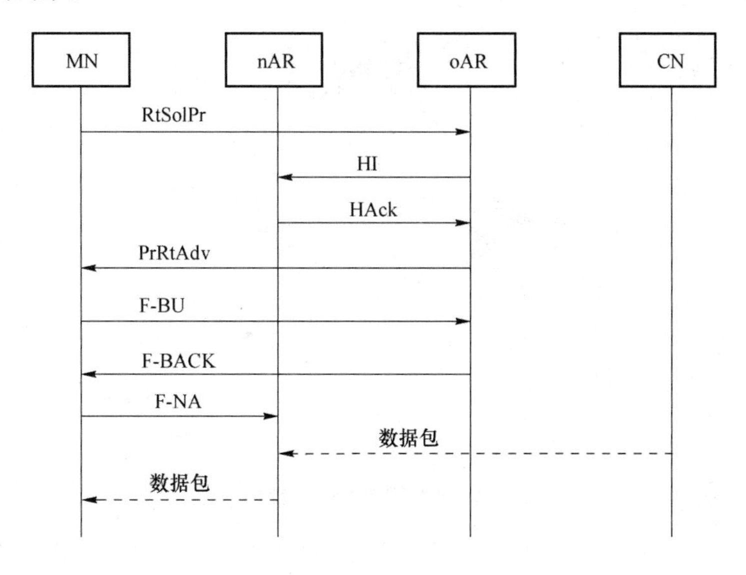

图 2-5 FMIPv6 的切换信令流程

(3) HMIPv6

MIPv6 协议中，MN 每次改变网络接入点，都需要向 HA 和 CN 交互绑定更新和对应的确认消息，以完成位置更新。如果 MN 的数量很大、切换频率很高，将会产生大量的信令及处理开销。IETF 针对该问题，对 MIPv6 协议进行了扩展，提出了层次移动 IPv6 协议(HMIPv6，Hierarchical MIPv6)[14]，通过引入层次化的移动性管理，将 MN 在全局范围的宏移动性和局部范围的微移动性进行区分，从而降低了移动性管理的信令开销。

HMIPv6 的协议功能实体如图 2-6 所示。其中，扩展定义了新的移动性管理实体 MAP(Mobility Anchor Point)。MAP 承担 MN 的局部家乡代理功能，每个 MAP 范围内会部署多个接入路由器(AR)。HMIPv6 定义了两类转交地址：RCoA (Regional CoA)和 LCoA(on-Link CoA)。RCoA 是 MN 根据 MAP Option 自动配置的地址，LCoA是MN根据AR的子网前缀自动配置的地址。另外，HMIPv6扩展了MIPv6中的BU消息，定义LBU(Local Binding Update)消息，由MN发送给MAP，用于建立RCoA和LCoA之间的绑定关系。

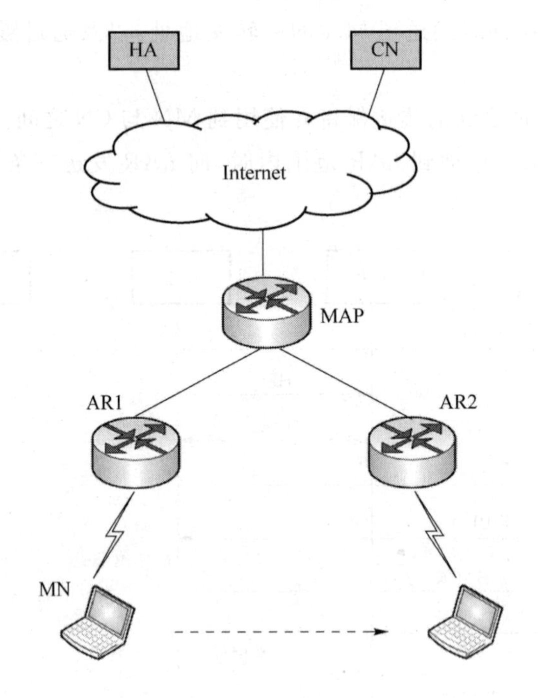

图 2-6 HMIPv6 协议功能实体

所谓的"层次型"，是指HA用于负责全局范围的宏移动性，而MAP负责局部范围的微移动性。因此，HMIPv6区分MAP域内移动和MAP域间移动，对移动性支持的处理有所不同。当MN在MAP域内跨不同AR移动时，只需要向MAP注册新的LCoA，而不需要向HA和CN进行绑定更新。当MN跨不同MAP域移动时，需要向新的MAP注册，并需向HA、CN进行绑定更新。

MN跨MAP域间移动的切换信令流程如图2-7所示。具体描述如下：

- MN接收来自AR的RA消息，判断是否有MAP存在于当前网络中。如果有，根据RA消息中的MAP Option生成RCoA，根据AR的子网前缀生成LCoA。
- MN向MAP发送LBU消息，进行区域位置注册，MAP据此建立RCoA和LCoA之间的绑定关系，并回复确认消息。
- MN向HA和CN发送BU消息，进行家乡位置注册，HA和CN据此更新MN的家乡地址(HoA)与RCoA之间的绑定关系，并回复确认消息。

• CN 经 MAP 及 AR,实现与 MN 的数据传输。

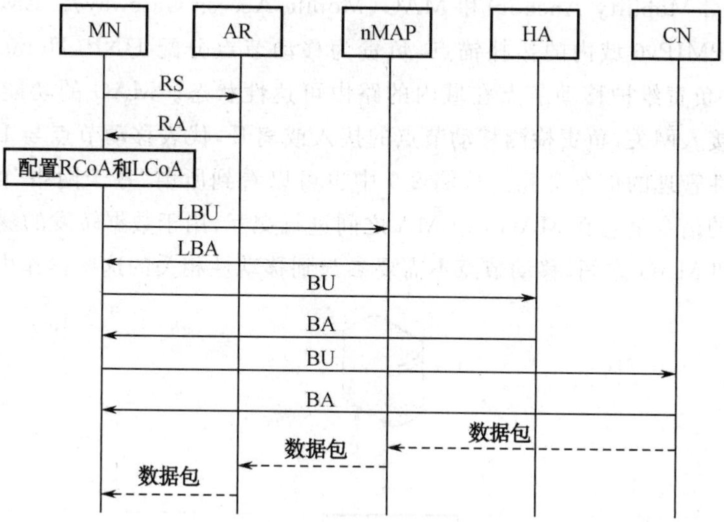

MN
AR
nMAP
HA
CN
RS
RA
配置RCoA和LCoA
LBU
LBA
BU
BA
BU
BA
数据包
数据包
数据包

图 2-7 HMIPv6 的 MAP 域间切换流程

MAP 域内跨不同 AR 的切换信令流程如图 2-8 所示。此时的处理比较简单,由于 MN 在新的 AR 获取了新的 LCoA,只需要通过 LBU 消息向 MAP 更新其 RCoA 与 LCoA 的绑定关系即可。

MN
nAR
MAP
CN
RS
RA
配置LCoA
LBU
LBA
数据包
数据包
数据包

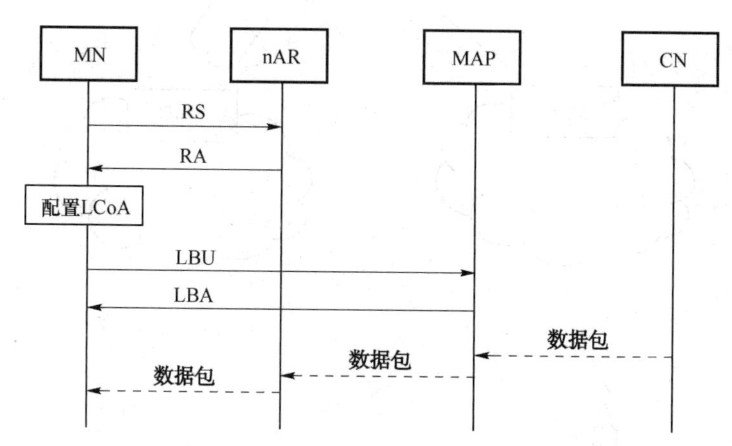

图 2-8 HMIPv6 的 MAP 域内切换流程

(4) PMIPv6

PMIPv6 是基于网络的典型移动性管理协议,由 IETF 在 RFC5213[15]进行标准化。其中,移动性是由网络(而非移动节点本身)来处理。PMIPv6 重用移动 IPv6 的信令和有关特性,通过扩展实现基于网络的区域移动性管理。

PMIPv6 的网络拓扑如图 2-9 所示。其中，用于实现移动性支持的网络实体是 LMA(Local Mobility Anchor)和 MAG(Mobile Access Gateway)。LMA 作为移动节点在 PMIPv6 域内的拓扑锚点，负责为移动节点分配 HNP(Home Network Prefix)，并负责维护移动节点在域内的路由可达性状态。MAG 的功能是作为移动节点的接入网关，负责检测移动节点的接入或离开，代表移动节点与 LMA 之间完成移动性管理的信令交互。从图 2-9 中也可以看到所谓"基于网络"的含义，移动性管理的信令消息在 MAG 和 LMA 之间进行交互，用于数据转发的隧道也建立在 LMA 和 MAG 之间，移动节点不需要参与到移动性相关的这些操作中。

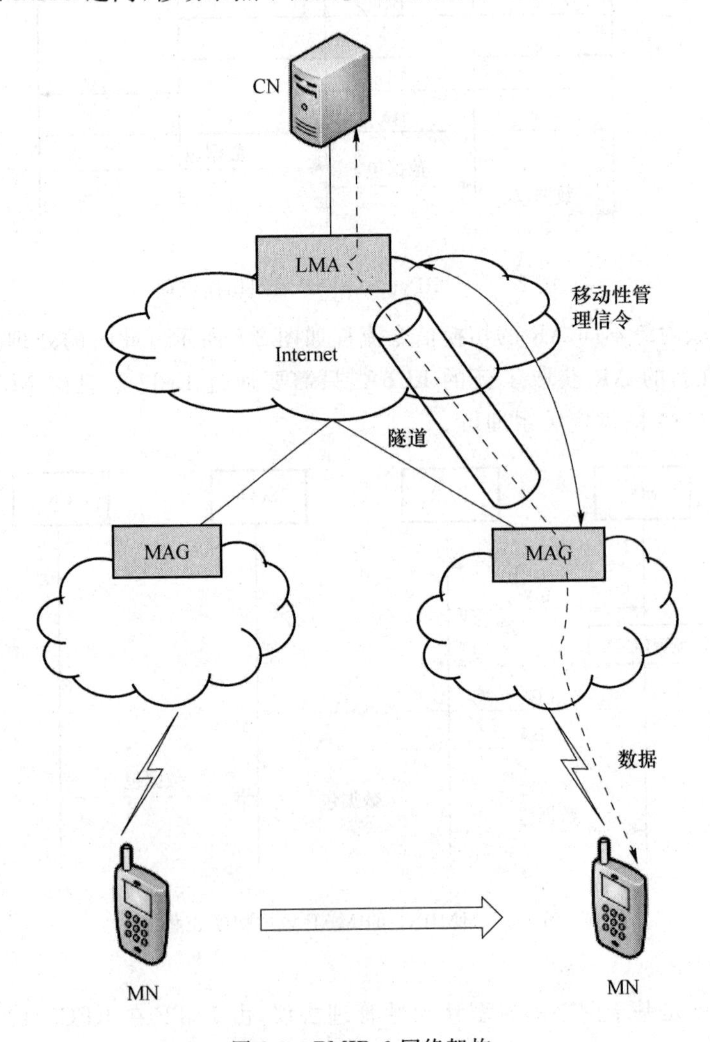

图 2-9 PMIPv6 网络架构

PMIPv6 中的移动性管理信令交互流程如图 2-10 所示，其中，假设 MN 由 oMAG(old MAG)移动到 nMAG(new MAG)。主要流程描述如下：

- 当 MN 接入 oMAG 时，CN 发送到 MN 的数据经过了从 CN 到 LMA、从 LMA 经隧道到 oMAG，再由 oMAG 到 MN 的传输过程。
- MN 由于移动离开 oMAG 的覆盖范围，oMAG 检测到 MN 的离开，会向 LMA 发送 DeReg PBU 消息，通知 LMA 删除有关 MN 与 oMAG 绑定关系的绑定缓存，LMA 执行相应的删除操作，然后回复 PBA 消息确认。
- 随着 MN 的进一步移动，进入 nMAG 的覆盖范围。MN 会发送 RS(Rtr Sol，Router Solicitation)消息给 nMAG，nMAG 收到后，向 LMA 发送 PBU 消息，其中包含了 MN-ID、nMAG 的 IP 地址等信息。LMA 收到该 PBU 消息后，会创建(或更新)对应的绑定缓存，之后回复 PBA 确认消息，其中包含了分配给 MN 的 HNP 信息。之后，MAG 与 LMA 之间建立双向隧道。最后，MAG 发送 RA(Router Advertisement)消息给 MN，将 HNP 告知 MN，MN 据此配置 IP 地址。
- 接下来，当 MN 在 nMAG 范围内时，CN 发送到 MN 的数据经过了从 CN 到 LMA、从 LMA 经隧道到 nMAG，再由 nMAG 到 MN 的传输过程。

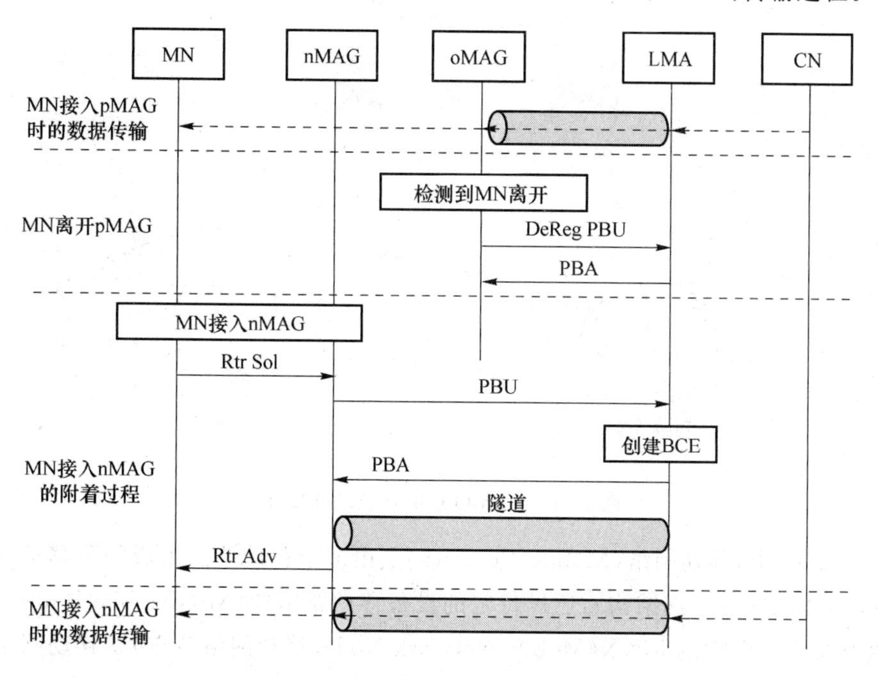

图 2-10 PMIPv6 的移动性管理信令流程

从上述过程可以看到，在 PMIPv6 的位置管理中，是由 LMA 负责维护 MN 的位置信息，其定义包括〈MN-ID，MN-HNP，MAG-IP〉等。MN 所附着的 MAG 节点，代表 MN 通过 PBU 和 PBA 消息的交互实现对位置信息的注册、更新和删除操作。

在 PMIPv6 的切换控制中，是随着 MN 的移动，经历了 MN 离开 oMAG、oMAG 向 LMA 注销、MN 附着到 nMAG、nMAG 向 LMA 注册的信令过程。数据的转发通过 LMA 和 MAG 之间的双向隧道完成。

(5) NEMO BSP

上述 MIPv6 及其扩展都是支持主机移动性的协议。为了能够提供网络移动性的支持，IETF 定义了 NEMO 基本支持协议（NEMO BSP，Network Mobility Basic Support Protocol）[16]。

NEMO BSP 的协议功能实体如图 2-11 所示。

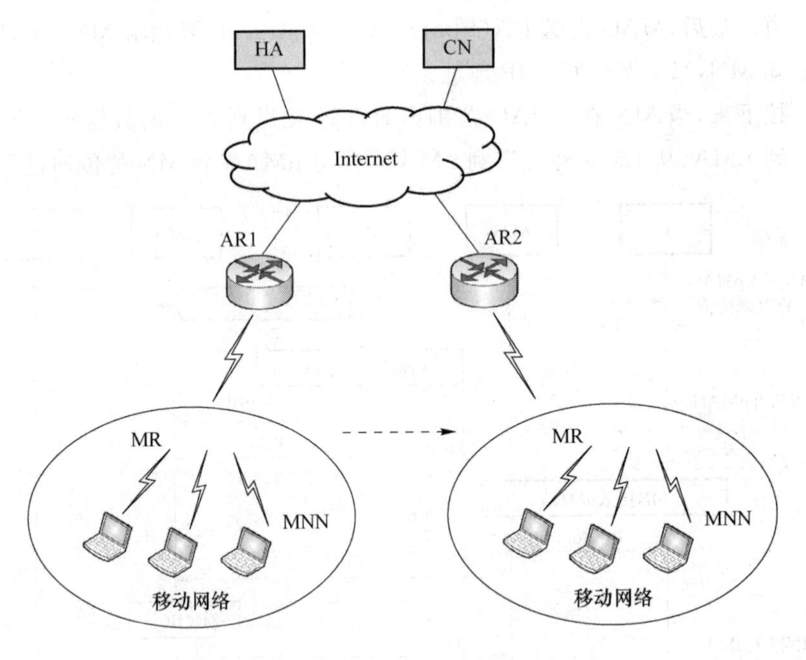

图 2-11 NEMO BSP 协议功能实体

图 2-11 中，移动网络（Mobile Network）是由多个移动节点组成的可移动网络（其中可以为嵌套子网结构），通过特定的设备移动路由器（MR，Mobile Router）实现网络接入。图中的 MNN（Mobile Network Node，移动网络节点）是移动网络中的节点，可以是主机或路由器，相对于移动网络可以是固定节点和移动节点，可以是本地移动节点或访问移动节点。

NEMO BSP 的协议流程如图 2-12 所示。与 MIPv6 的流程对比不难发现，NEMO BSP 的移动性处理思路和流程与 MIPv6 本质相同，区别在于，NEMO BSP 中由 MR 代替 MN 参与移动性管理的处理功能与流程，在 MR 与 HA 之间建立双向隧道用于数据的转发。这种处理方式，也避免各个移动节点同时、单独执行移动性管理流程所带来的信令开销，实现了对网络资源的高效使用。

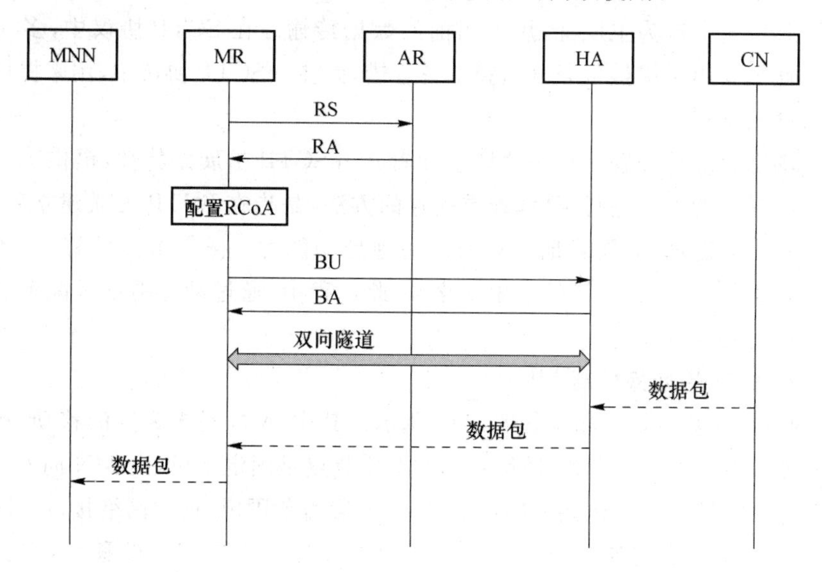

图 2-12 NEMO BSP 协议流程

2.3.3 传输层移动性管理典型技术：mSCTP

由于传输层的 TCP 连接常采用四元组〈源 IP 地址，源端口号，目的 IP 地址，目的端口号〉的形式进行标识，传输层移动性管理的问题根源在于节点移动引起的 IP 地址变化会导致原来的 TCP 连接断开，从而造成通信的中断。因此，传输层的移动性管理技术，就是要使节点移动引起 IP 地址变化时，仍然能够使用已有的连接。

mSCTP(mobile Stream Control Transmission Protocol)是传输层的典型移动性管理协议，它是带有动态地址重配置(DAR，Dynamic Address Reconfiguration)扩展的流控制传输协议(SCTP，Stream Control Transmission Protocol)。

类似 TCP 的定义方式，SCTP 协议中将端点(Endpoint)定义为 SCTP 协议的逻辑端点，用 SCTP 传输地址(由该端点所具有的 IP 地址和 SCTP 端口号共同构成)唯一标识。而 SCTP 支持多家乡特性，即端点可以具有多个网络接口、从而具有多个 IP 地址。此时的多家乡 SCTP 端点就采用 IP 地址集合和 SCTP 端口号的形式定义。

SCTP扩展了TCP协议中对连接的定义，将其称为关联(Association)，是指SCTP端点之间的通信关系，用参与通信的一对SCTP端点表示。

在此基础上，mSCTP能够支持移动性的两大关键属性分别是：

- 多家乡特性。如上所述，多家乡是SCTP协议本身所具有的良好特性，是指SCTP端点可以具有多个网络接口、从而具有多个IP地址。SCTP选择其中一个作为主地址，用于当前的数据传输。在SCTP协议中，多家乡特性主要用于提供负载分担和主备容错，而在mSCTP协议中，用来提供移动性的支持。
- 动态地址重配置。动态地址重配置是mSCTP扩展的特性，提供了一种对已激活的关联进行IP地址重配置的方法，是指在SCTP关联建立后，仍然具有动态增加、删除地址和修改主地址的能力。随着节点的移动，各个接口上的IP地址可用性发生变化，在此过程中，通过动态地址重配置扩展实现对切换的支持。

1. mSCTP的切换控制[2,3]

mSCTP的基本切换场景如图2-13所示。其中，MN是多家乡的移动主机，具有两个网络接口NI1和NI2，通信对端的CN节点是固定主机，由MN向CN发起通信。假设MN最初位于接入路由器AR1的覆盖范围内，通过网络接口NI1连接到AR1并与CN之间通信，此时的IP地址是IP1。随着MN的移动，它会穿过AR1的覆盖范围，进入AR2的覆盖范围，通过网络接口NI2连接到AR2，分配到新的地址IP2。

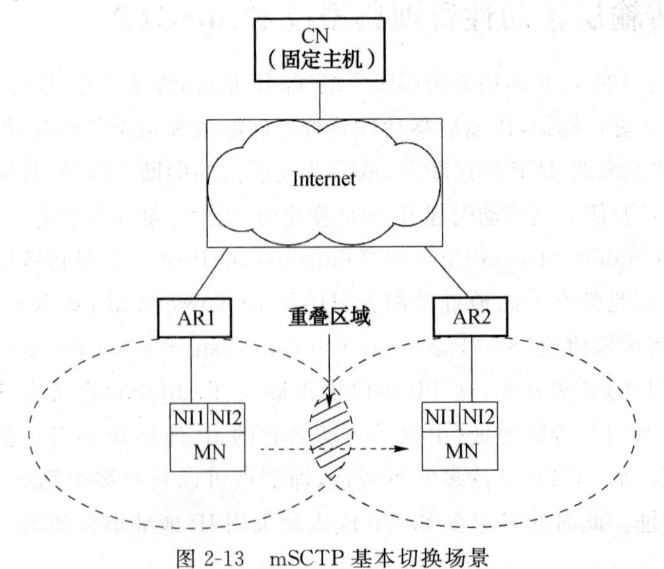

图2-13　mSCTP基本切换场景

在这个简单的移动场景中，基于 mSCTP 的切换过程如图 2-14 所示，主要由四个步骤完成，具体描述如下：

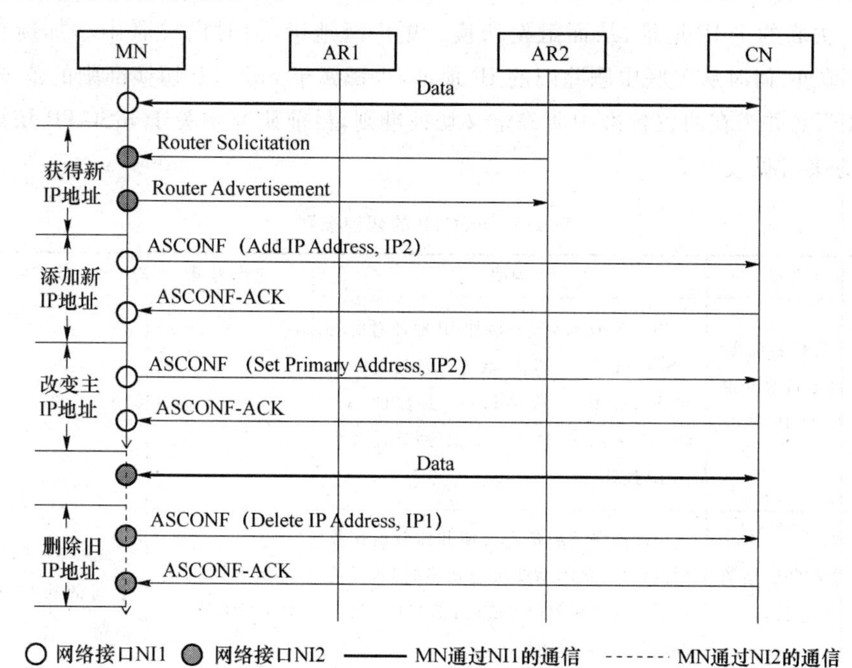

图 2-14　基于 mSCTP 的切换信令流程

(1) 获得新 IP 地址。MN 在图中所示的移动过程中，会逐渐移动到 AR1 和 AR2 的重叠覆盖区域(图 2-13 中的阴影区域)，此时，MN 会通过网络接口 NI2 从 AR2 获得新的地址 IP2。

(2) 向关联添加新 IP 地址。获得新的地址 IP2 后，MN 会发送带有 Add IP Address 参数的 ASCONF 消息给 CN，向原有关联中增加新的地址 IP2。CN 会回复 ASCONF-ACK 消息，地址添加成功。

(3) 改变关联的主 IP 地址。随着 MN 的进一步移动，AR2 的信号强度超过了 AR1，通过 AR2 进行数据传输可能比通过 AR1 的传输性能好，此时，MN 会发送带有 Set Primary IP Address 参数的 ASCONF 消息给 CN，通知 CN 将关联的主 IP 地址改为 IP2，CN 回复确认消息后，MN 将使用 IP2 用于数据传输。

(4) 删除旧 IP 地址。随着 MN 的移动，逐渐移出了 AR1 的覆盖范围，IP1 变得不可用。此时，MN 会发送带有 Delete IP Address 参数的 ASCONF 消息给 CN，将 IP1 从关联中删除掉。mSCTP 的这种切换，实际上是一种软切换的实现方案，可以有效降低切换过程中的丢包。

对于 mSCTP 的切换控制来说，切换准则是指依据一定的准则判断什么时间、根据什么条件发送带有 Set Primary Address 参数的 ASCONF 消息，用于修改 SCTP 关联的主 IP 地址，从而触发切换。更广泛地讲，何时向关联中添加新获得的 IP 地址、何时从关联中删除旧的 IP 地址，也都属于 mSCTP 切换准则的范围。

IETF 并未在协议标准中明确定义切换准则，目前研究中关于 mSCTP 切换准则的方案可见表 2-5。

表 2-5 mSCTP 的切换准则

切换准则	说明	考虑因素	功能扩展
一旦获得新的 IP 地址，就通过改变主地址的操作进行切换	当 MN 收到 CN 对添加 IP 地址对应的 ASCONF-ACK 消息，就马上发送另一个带有 Set Primary Address 参数的 ASCONF 消息，将这个新的 IP 地址设置为主 IP 地址	—	—
通过来自底层的明确指示进行切换	MN 的物理层负责检测和比较所接收到的信号强度，据此决定切换时间，并通过层间交互机制向传输层 mSCTP 发送明确的指示，触发切换过程	每个网络接口上的 RSS	mSCTP 和底层之间的跨层交互机制
通过来自上层的指示进行切换	常用于 MN 有多个可用网络接口的场景，MN 的上层根据这些网络的带宽、覆盖范围、服务资费等多种因素综合判决，并向 mSCTP 发送切换指示	异构网络接口的带宽、时延、覆盖范围、服务资费等	通过持续的 HEARTBEAT 消息或专用测量方法对各个网络性能进行测量

2. mSCTP 的位置管理[2,3]

mSCTP 本身只定义了切换的支持能力，不包含位置数据库，因此并不具有位置管理功能。因此，上述对切换的讨论，也限定在 MN 向 CN 发起通信的场景。

如果考虑 CN 向 MN 发起的通信，就需要配合位置管理功能，使 CN 能够定位到 MN 当前所在的位置。此时，可以将 mSCTP 与 MIP、SIP、DDNS（Dynamic DNS）等技术结合实现位置管理。

以 mSCTP 结合 MIP 实现位置管理为例。从流程上，MIP 只用于 CN 向 MN 发起通信时的位置管理功能，使得 CN 能够定位到 MN，并据此建立关联；数据传输基于 mSCTP over IP 实现；切换控制采用基于 mSCTP 的软切换实现。从功能上，只是用了 MIP 的 HA 用于位置管理，并不使用 HA 和 MN 之间的隧道传输数据，MN 的家乡地址也只用于位置管理，与数据传输无关。

图 2-15 所示为 mSCTP 结合 MIP 时的关联建立过程。图 2-15(a)为 SCTP 协议标准中关联建立的四次握手过程，图 2-15(b)为结合了 MIPv4 实现位置管理功能时的关联建立过程。CN 发出的第一条 INIT 消息，由于 HA 知道 MN 的当前位置，因此需要经 HA 的转发才能到达 MN。MN 会在接下来回复的 INIT-ACK 消息中，将 MN 的转交地址(MIPv4 中为 CCoA)作为关联的主 IP 地址。此后的交互就在 CN 和 MN 的 CCoA 地址之间直接进行，从而完成了 CN 向 MN 发起通信时的关联建立。

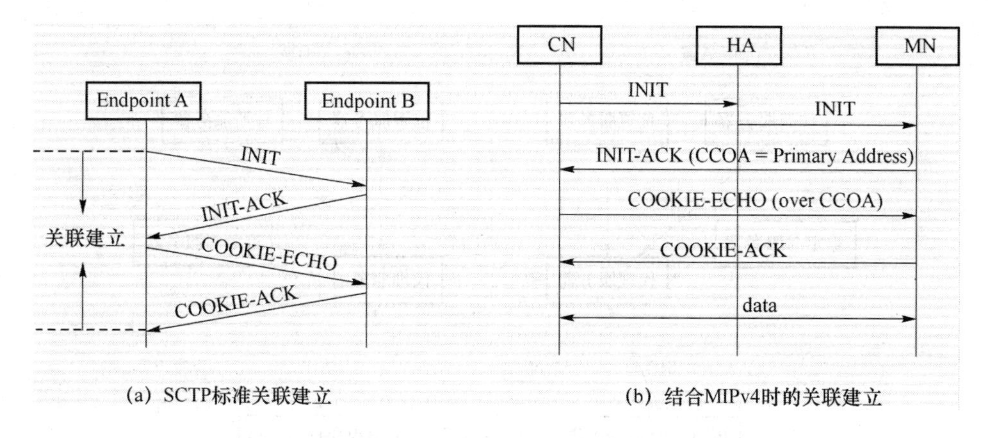

图 2-15 mSCTP 结合 MIPv4 实现位置管理时的关联建立过程

综上，mSCTP 作为传输层的移动性管理协议，遵循了传输层端到端的语义，由端点负责处理移动性，不需要依赖服务器、路由器等网络中间设备的支持，能够尽量保持网络基础设施不变。

2.3.4 应用层移动性管理典型技术：SIP

SIP(Session Initiation Protocol)最初是作为应用层的多媒体会话控制协议提出的，经扩展后具有移动性的支持能力，成为应用层的移动性管理典型协议。

图 2-16 所示为 SIP 的基本网络结构。其中的逻辑实体包括：

- 用户代理(UA，User Agent)。是用于和用户交互的 SIP 实体。
- 代理服务器(Proxy Server)。负责消息的路由转发，还可用于授权认证、计费等功能。
- 注册服务器(Registrar)。接收 UA 的 REGISTER 消息，并将其中的地址绑定信息送到位置服务器进行记录。
- 位置服务器(Location Server)。包含域中所有 UA 位置信息的数据库。

• 重定向服务器(Redirect Server)。将请求中的目的地址映射为零个或多个新的地址，然后返回给客户端。

在具体的网络部署中，上述逻辑功能实体可能同时存在某一个物理实体上，即：同一台物理服务器可能同时承担多种逻辑服务器的功能。

在基于 SIP 的移动性管理中，相关的实体包括：MH、CH、注册服务器、位置服务器。由于注册服务器和位置服务器常常被部署在同一个物理实体上，在下面的内容中，我们不再对二者进行严格区分，而只是区分家乡 SIP 服务器(Home SIP Server)和外地 SIP 服务器(Foreign SIP Server)。

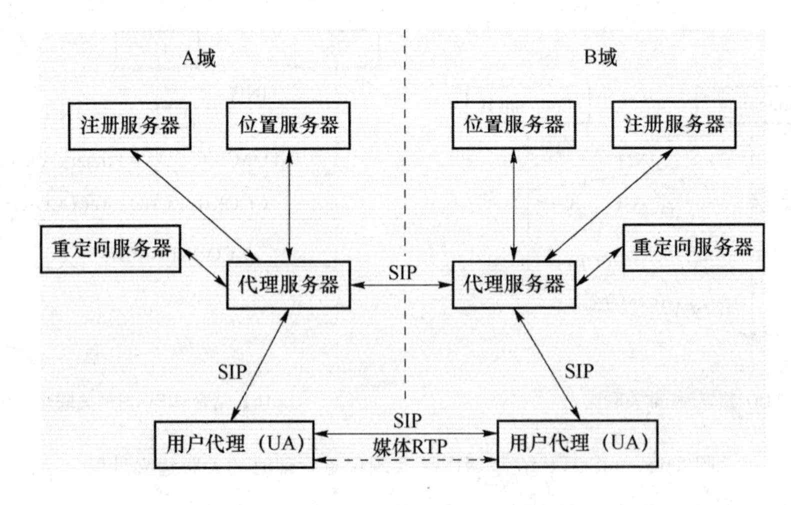

图 2-16 SIP 基本网络架构

1. SIP 的位置管理[2,3]

SIP 协议中定义了基本的位置服务，SIP 的重定向服务器和代理服务器可以通过位置服务获取 MH 的当前位置，从而能够将请求消息转发到 MH。

SIP 协议中的位置信息描述了 AOR（Address-of-Record）URI(Uniform Resource Identifier)与多个 Contact Address 间的绑定关系。其中，AOR URI 可看作家乡地址，Contact Address 可看作转交地址。

实现位置管理的具体方式是：MH 通过注册(发送 REGISTER 消息)更新位置信息；注册服务器负责更新与维护位置绑定信息；重定向服务器和代理服务器使用位置信息实现对 MH 的定位。

图 2-17 所示为 SIP 的位置注册和后续的呼叫建立过程，也称为 SIP 对呼叫前移动性的支持。当 MH 移动到外地网络时，通过向家乡 SIP Server 发送 REGISTER 消息实现位置注册，更新了家乡 SIP Server 所保存的位置信息(图 2-17 中 a 和 b 所示)。如果 CH 要向 MH 发起呼叫，会将用于呼叫建立的请求消息 INVITE

发给 MH 的家乡 SIP Server。由于 MH 的家乡 SIP Server 保存 MH 的位置信息，经查询后会在 302 响应消息中将 MH 的当前位置通知给 CH。CH 接下来就能够将 INVITE 消息发送到 MH 的当前位置，并进而完成后续的呼叫建立过程（图 2-17 中①～⑤所示）。

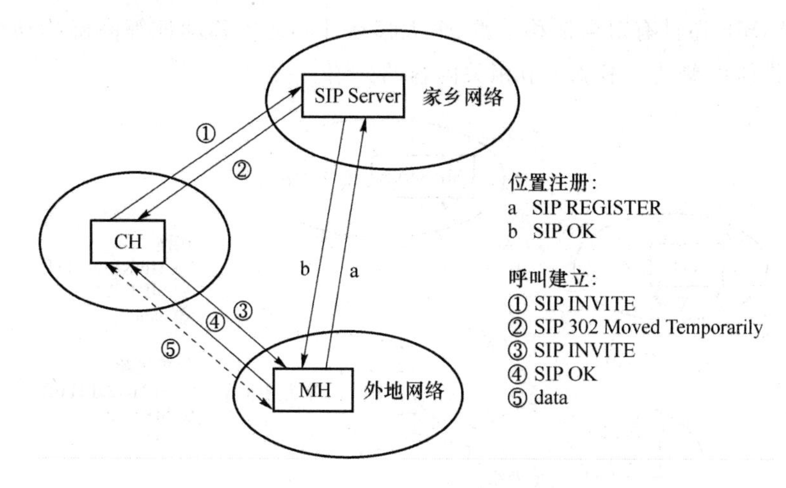

图 2-17 SIP 的基本位置服务

2. SIP 的切换控制[2,3]

SIP 的切换通过 MH 在会话过程中向 CH 发送 re-INVITE 消息实现，也称为 SIP 对呼叫中移动性的支持。图 2-18 所示为基于 SIP 的切换流程。如图 2-18 中①～③所示，MH 发送 re-INVITE 消息触发切换，该 re-INVITE 使用与会话建立时相同的 Call Identifier，其中的 Contact Field 携带 MH 新获取的 IP 地址，SDP Field 也需使用新的 IP 地址用于数据流的重定向。在切换完成后，MH 同样需要向家乡 SIP Server 进行位置更新，以便新的呼叫到达时，能够找到 MH 的最新位置。

以上只介绍了 SIP 协议对位置管理和切换的基本支持能力。相关研究中也对 SIP 的移动性管理进行了很多扩展，例如：

SIP 现有位置管理采用了集中式的架构，本章参考文献[17]提出结合了 P2P 思想的 SIP 位置管理，具体可参见本书第 8 章关于分布式移动性管理中 8.3.9 小节的介绍。

SIP 本身并不具有寻呼功能，本章参考文献[18～20]为休眠状态的 MH 提出了 SIP 的寻呼机制。

SIP 基本切换机制由于在应用层检测底层发生的移动性触发事件（如 link going down event），会导致较大的切换时延，并进而导致较大的切换丢包。另外，IP

地址分配、AAA 等过程带来相应的切换时延及切换丢包。针对这样的切换性能问题,提出了 SIP 的快速切换机制[21~24],通过 MIH、跨层设计等方法降低切换时延。提出了 SIP 的平滑切换机制[25~27],通过数据包复制和双播等方法降低切换过程的丢包。

另外,SIP 还具有对会话移动性、个人移动性和业务移动性等高层移动性的支持能力,具体可参见本书 2.4 节相关内容的介绍。

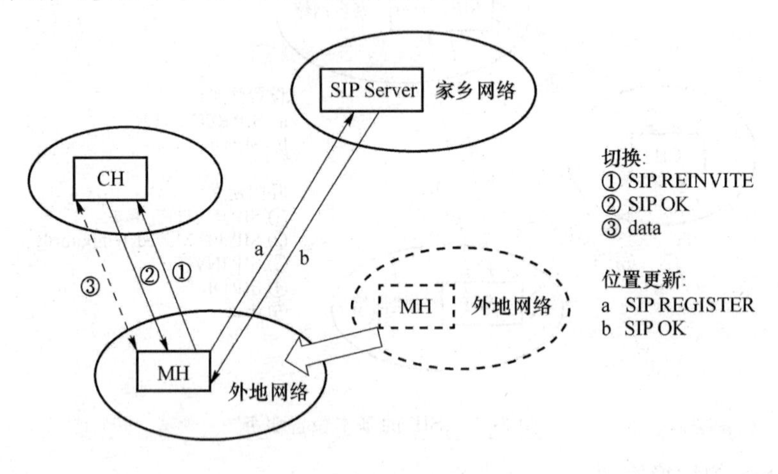

图 2-18 基于 SIP 的切换

2.4 移动性管理目标与技术

本书 2.1.2 小节介绍了不同的移动性管理目标,包括终端移动性、个人移动性、业务移动性和网络移动性。本节围绕这几种移动性的目标,分别介绍相关的移动性管理技术。

2.4.1 终端移动性

终端移动性也称为主机移动性(Host Mobility),是指同一个移动终端在移动中或在不同位置使用时的场景。对终端移动性的支持,需要终端具有在不同位置或在移动中访问仍然能够访问网络和业务的能力,需要网络提供识别与定位移动终端并能保持当前通信的能力[1]。

本书 2.3 节介绍的各协议层的典型移动性管理技术,都提供终端移动性的支持。回顾终端移动性管理技术的发展,其技术思路可分为以下几种。

(1) 基于主机的移动性和基于网络的移动性

基于主机的移动性和基于网络的移动性是根据是否在移动节点上部署移动性管理功能的技术分类(具体可参见本书 2.1.2 小节)。表 2-6 对这两类技术进行了对比。

表 2-6 基于主机的移动性和基于网络的移动性[2,3]

	基于主机的移动性	基于网络的移动性
移动性支持方	MN	网络
移动性范围	全局移动性	局部移动性
优点	支持跨异构接入技术的全局移动性	不需要对 MN 进行修改； 切换时延低； 可以在接近移动节点的接入点改变路由； 能够实现快速切换和平滑切换
缺点	需要修改 MN 的协议栈； 位置更新信令开销大； 需要在无线链路上建隧道	只支持局部移动性
典型技术	MIPv4 MIPv6 HIP (Host Identity Protocol)[28]	PMIPv6 蜂窝移动通信网中基于 GTP 的移动性管理

(2) 水平切换和垂直切换

切换是终端移动性中保持通信连续性的关键控制功能。水平切换和垂直切换是根据切换前后所使用的接入技术是否同类所做的分类(具体可参见本书 2.1.2 小节)。表 2-7 对水平切换和垂直切换进行了比较。

表 2-7 水平切换和垂直切换[2,3]

	水平切换	垂直切换
切换前后使用的接入技术	同构	异构
切换触发原因	移动引起的物理位置变化	移动引起的物理位置变化； 由于 QoS 或用户偏好引起的接入技术变化
切换决策判决因素	RSS 及相关指标； 信道可用性	典型的多属性决策问题； 综合考虑网络、用户、应用相关的各种因素
切换的发起方和控制方	通常网络发起、终端辅助	用户可以主动发起切换

(3) 传统移动性管理和基于身份/位置分离的移动性管理

IP 地址的语义重载问题是移动性问题的根源,也是 MIP 等传统移动性管理协议并不能高效解决移动性的原因。IP 地址的语义重载是指 IP 地址同时作为身份标识和位置标识。从应用的角度,IP 地址作为主机身份的标识,在应用层和传输层使用。因此当主机移动引起 IP 地址变化时,传输层的 TCP 连接会断开从而导致上层应用的中断。从网络层的角度,IP 地址又作为主机位置的标识。

传统移动性管理着眼于寻找一种方法,使得 IP 地址变化时仍然能够保持上层的连接。例如,移动 IP 协议,通过 HA 维护不变的家乡地址和变化的转交地址之间的绑定关系,以及经由 HA 的隧道数据转发实现对移动性的支持。显然,这并不能从根本上解决移动性的问题。

基于身份/位置分离的技术,致力于解决 IP 地址语义重载的问题,只将 IP 地址作为主机位置的标识,而定义其他的主机身份标识并维护身份标识与位置标识之间的映射关系,从而天然地具有了对移动性的支持能力。HIP 和 LISP (Locator/ID Seperation Protocol)[29] 是基于身份/位置分离的技术代表。

图 2-19 所示为 HIP 的协议层次及其与传统 TCP/IP 协议层次的对比。HIP 在 3.5 层增加了主机标识层,定义 Host ID 作为主机的身份标识,网络层仍然使用 IP 地址作为主机位置标识。在传输层就不再使用 IP 地址,而是使用 Host ID。

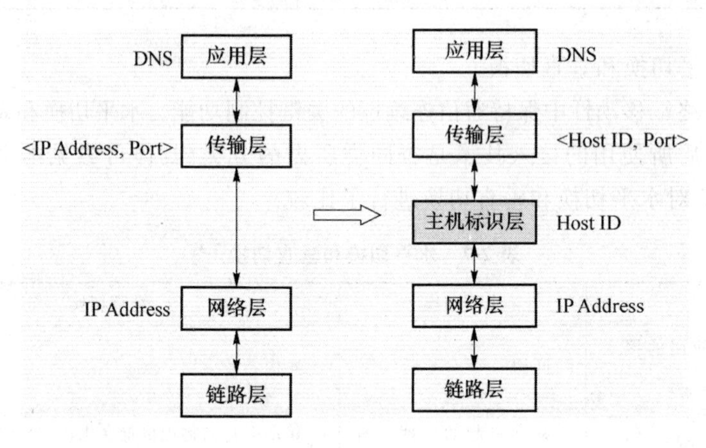

图 2-19 HIP 协议层次结构

2.4.2 个人移动性

个人移动性是指用户在不同位置、使用不同终端的移动性场景。对个人移动性的支持,需要移动用户具有基于统一个人标识、使用不同终端访问网络和业务的能力,需要网络具有基于统一个人标识提供用户定制业务的能力[1]。

解决个人移动性包括两个核心问题[2,3]：

(1) 通信可达性。将用户，而不是终端作为通信的端点，需为每个用户设立唯一的标识，并与通信过程中用到的、应用于特定域或特定终端的标识进行动态映射。

(2) 业务个性化。采用代理技术，使用户属性、用户偏好、业务属性等信息能够跟随用户的移动，从而获得始终如一的、个性化的业务环境。

支持个人移动性的技术方案可分为两类：第一类是基于移动代理的方案[30~36]。这类方案中采用移动代理技术，通过移动代理的迁移和克隆技术跟踪用户的移动，并使用户属性、用户偏好、业务属性等信息跟随用户的移动，从而获得始终如一的、个性化的业务环境。第二类是基于统一移动性管理数据库的方案[37~40]。这类方案的思路来源于对不同网络中移动性管理功能及实体的抽象，除去具体的协议和网络功能实体的差异，定义了移动性管理抽象模型。其中的统一移动性管理数据库负责存储用户的位置信息和用户所定制的业务属性信息，实现统一的位置管理功能，并提供到具体网络系统的协议交互与翻译功能。

2.4.3 业务移动性

业务移动性是从某个特定业务角度出发所描述的移动性目标，要求移动用户对业务的访问不受用户位置和所使用终端变化的影响[1]。业务移动性包含了对业务可携带性、业务环境可携带性和业务定制可携带性的支持。

对业务移动性的支持可分为终端侧的业务移动性和业务提供方的业务移动性。终端侧的业务移动性强调业务可携带性、业务环境可携带性、业务个性定制可携带性。在业务提供方的业务移动性中，业务的定义不局限于传统网络服务，而被扩展至任何网络资源，业务提供方也可以是移动终端、内容提供者或虚拟机，强调的是业务功能在不同业务执行节点间的移动。

2.4.4 网络移动性

网络移动性是指一组节点组成一个子网，作为整体一起移动并改变网络接入点的移动性场景[1,5]。

除了前面介绍的基于 MIPv6 扩展的 NEMO BSP 协议(具体可参见 2.3.2 小节)外，PMIPv6 协议也有支持网络移动性的扩展协议[41~43]。另外，基于 SIP 扩展而来的 SIP-NEMO[44]也具有网络移动性支持能力。

本章参考文献

[1] ITU-T Q. 1706/Y. 2801，Mobility management requirements for NGN[S]，2006.

[2] 陈山枝，时岩，胡博. 移动性管理理论与技术[M]. 北京：电子工业出版社，2007.

[3] CHEN S Z，SHI Y，HU B，et al. Mobility Management：Principle，Technology and Applications[M]. Berlin：Springer，2016.

[4] ITU-T Q. 1703，Service and network capabilities framework of network aspects for system beyond IMT-2000 [S]，2004.

[5] MANNER J，KOJO M. Mobility related terminology[R]. 2004.

[6] 朱艺华. 无线移动网络的移动性管理[M]. 北京：人民邮电出版社，2005.

[7] 王映民，孙韶辉，等. TD-LTE 移动宽带系统[M]. 北京：人民邮电出版社，2013.

[8] 3GPP TS 25. 331. Radio Resource Control (RRC)；Protocol specification (Release 13) [S]. 2016.

[9] 3GPP TS 23. 401. General Packet Radio Service (GPRS) enhancements for Evolved Universal Terrestrial Radio Access Network (E-UTRAN) access (Release 13) [S]. 2016.

[10] 3GPP TS 36. 300. Evolved Universal Terrestrial Radio Access (E-UTRA) and Evolved Universal Terrestrial Radio Access Network (E-UTRAN)；Overall description；Stage 2 (Release 13) [S]. 2016.

[11] IETF RFC 3775. Mobility Support in IPv6 [S]. 2004.

[12] IETF RFC 3344. IP Mobility Support for IPv4 [S]. 2002.

[13] IETF RFC 5268. Mobile IPv6 Fast Handovers [S]. 2008.

[14] IETF RFC 4140. Hierarchical Mobile IPv6 Mobility Management (HMIPv6) [S]. 2005.

[15] IETF RFC 5213. Proxy Mobile IPv6 [S]. 2008.

[16] IETF RFC 3963. Network Mobility (NEMO) Basic Support Protocol [S]. 2005.

[17] PACK S，PARK K，KWON T，et al. SAMP：scalable application-layer mobility protocol [J]. IEEE Communications Magazine，2006，44 (6)：86-92.

[18] SCHULZRINNE H，WEDLUND E. Application-layer mobility using SIP [J]. Mobile Computing and Communications Review，2000，4(3)：47-57.

[19] SARIKAYA B, OZUGUR T. SIP paging of wireless LAN hosts for VoIP [C]//2005 IEEE 61st Vehicular Technology Conference. IEEE, 2005, 4: 2345-2348.

[20] WATANABE F, WU G. Method and apparatus for an SIP based paging scheme: U. S. Patent 7,020,440[P]. 2006-3-28.

[21] MIAO W, YU-JUN Z, JUN L. A Fast Handover solution for SIP-based Mobility[C]//2006 IEEE International Conference on Wireless and Mobile Computing, Networking and Communications. IEEE, 2006: 315-320.

[22] AL MOSAWI T, SHUAIB H, AGHVAMI A H. A fast handover scheme based on smart triggers and SIP[C]//Vehicular Technology Conference Fall (VTC 2009-Fall), 2009 IEEE 70th. IEEE, 2009: 1-5.

[23] CHA E, LEE K, KIM M. Cross layer fast handoff for SIP[C]//21st International Conference on Advanced Information Networking and Applications (AINA'07). IEEE, 2007: 443-450.

[24] DUTTA A, MADHANI S, CHEN W, et al. Fast-handoff schemes for application layer mobility management[C]//Personal, Indoor and Mobile Radio Communications, 2004. PIMRC 2004. 15th IEEE International Symposium on. IEEE, 2004, 3: 1527-1532.

[25] BANERJEE N, ACHARYA A, DAS S K. Seamless SIP-based mobility for multimedia applications[J] IEEE Network, 2006, 20(2): 6-13.

[26] ZHANG W, WANG J. A vertical soft handoff scheme based on SIP in the ubiquitous wireless network[C]//Computer Sciences and Convergence Information Technology, 2009. ICCIT'09. Fourth International Conference on. IEEE, 2009: 794-799.

[27] KOH S J, HYUN W. MSIP: extension of SIP for soft handover with bicasting[J]. IEEE communications Letters, 2008, 12(7): 532-534.

[28] IETF RFC4423. Host Identity Protocol (HIP) Architecture [S]. 2006.

[29] IETF RFC 6830. The Locator/ID Seperation Protocol (LISP) [S]. 2013.

[30] Di Stefano A, Santoro C. NetChaser: Agent support for personal mobility [J]. IEEE Internet Computing, 2000, 4(2): 74.

[31] JUNG E, PARK Y J, PARK C. Mobile agent network for supporting personal mobility[C]//Information Networking, 1998. (ICOIN-12) Proceedings. , Twelfth International Conference on. IEEE, 1998: 131-136.

[32] MANIATIS P, ROUSSOPOULOS M, SWIERK E, et al. The mobile people architecture[J]. ACM SIGMOBILE Mobile Computing and Communications Review, 1999, 3(3): 36-42.

[33] THANH D, SVERRE-AUDESTAD J A. Using mobile agent paradigm in mobile communications [C]//Ericsson Conference Software Engineering. 1999.

[34] WANG H J, RAMAN B, CHUAH C, et al. ICEBERG: An Internet core network architecture for integrated communications[J]. IEEE Personal Communications, 2000, 7(4): 10-19.

[35] THAI B, WAN R, SENEVIRATNE A. Personal communications in integrated personal mobility architecture[C]//Networks, 2001. Proceedings. Ninth IEEE International Conference on. IEEE, 2001: 409-414.

[36] THAI B, WAN R, SENEVIRATNE A, et al. Integrated personal mobility architecture: a complete personal mobility solution[J]. Mobile Networks and Applications, 2003, 8(1): 27-36.

[37] HAASE O, MURAKAMI K, LAPORTA T F. Unified mobility manager: Enabling efficient SIP/UMTS mobile network control[J]. IEEE Wireless Communications, 2003, 10(4): 66-75.

[38] ISUKAPALLI R, ALEXIOU T, MURAKAMI K. Global roaming and personal mobility with COPS architecture in SuperDHLR[J]. Bell Labs technical journal, 2002, 7(2): 3-18.

[39] MURAKAMI K, HAASE O, SHIN J S, et al. Mobility management alternatives for migration to mobile Internet session-based services[J]. IEEE Journal on Selected Areas in Communications, 2004, 22(5): 818-833.

[40] HAASE O, XIONG M, MURAKAMI K. Multi-protocol profiles to support user mobility across network technologies[C]//Mobile Data Management, 2004. Proceedings. 2004 IEEE International Conference on. IEEE, 2004: 100-105.

[41] SOTO I, BERNARDOS C J, CALDERON M, et al. NEMO-enabled localized mobility support for internet access in automotive scenarios[J]. IEEE Communications Magazine, 2009, 47(5):152-159.

[42] 延志伟. 基于 MIPv6/PMIPv6 的移动性支持关键技术研究[D]. 北京:北京交通大学,2011.

[43] LEE H B, MIN S G, LEE K H, et al. PMIPv6-based NEMO protocol with efficient buffering scheme[C]//Ubiquitous Information Technologies and Applications (CUTE), 2010 Proceedings of the 5th International Conference on. IEEE, 2010: 1-6.

[44] HUANG C M, LEE C H, ZHENG J R. A novel SIP-based route optimization for network mobility[J]. IEEE Journal on selected areas in communications, 2006, 24(9): 1682-1691.

第3章　无线泛在网络移动性管理需求

无线泛在网络因为其异构、协同、自组织和移动的特征，为移动性管理技术带来了新的技术需求和挑战。国际学术研究及 IETF、ITU-T、3GPP、IEEE 等标准化组织都将其作为重要研究内容展开了相关工作。本章概要介绍相关研究项目及各个标准化组织的研究进展，分析无线泛在网络的移动性场景及移动性管理面临的技术需求。

3.1　相关研究项目

近些年，随着网络技术和终端技术的演进，移动性管理的重要性日渐凸显。在美国、欧盟、韩国等研究项目中，都将移动性管理作为网络架构及其关键技术演进中的重要研究内容。本节选取一些知名的研究项目进行简要介绍。

1. AN[1]

AN(Ambient Network)是欧盟第六框架计划(EU FP6，European Sixth Framework Project)下的研究项目，对异构网络融合开展了深入的研究，致力于为未来的无线移动通信环境提供无线组网的新技术。

AN 提出了"Ambient Networking"的全新概念，希望能够促进异构无线接入网络之间的互联与协作，定义了能够将异构的无线接入网络、多样化的用户终端和丰富的应用实现融合的组网架构，如图 3-1 所示[2]。其中，ACS(Ambient Control Space)定义了实现网络间协作所需要的控制功能。Ambient Connectivity 作为一个抽象层，为 ACS 提供了通用的、独立于接入技术的底层网络连接的抽象描述。AN 的架构中包含了三类接口：ANI(Ambient Network Interface)是不同网络之间实现互联与协作的接口；ARI(Ambient Resource Interface)是 ACS 和 Ambient Connectivity 抽象层之间的接口；ASI(Ambient Service Interface)是 ACS 向上层的应用或业务开放的接口。

关于移动性管理，AN 项目认为这是未来泛在网络必须支持的特性之一，并且包括了用户移动性、业务移动性、会话移动性、终端移动性、网络移动性等不同的移动性目标。从图 3-1 可以看到，移动性管理是 AN 的 ACS 中重要的控制功能之一。

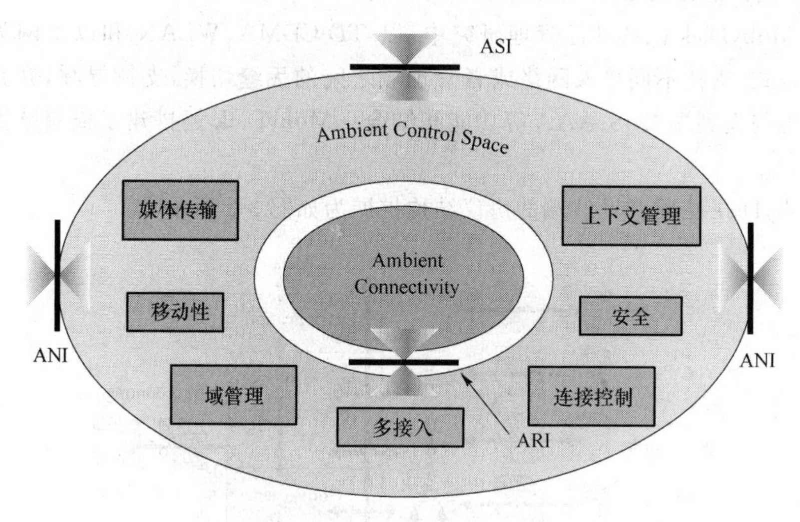

图 3-1 Ambient Network 架构

在 AN 的架构中，定义了两个功能实体(FE，Functional Entity)用于实现移动性管理的相关功能：TRG(Triggering) FE 和 HOLM(Handover and Locator Management) FE。

① TRG FE：在 AN 中，认为未来的移动性可以看作不同事件触发的状态变化，TRG FE 正是负责对移动性触发事件进行收集、分类、过滤和传输的功能实体，由 TRG FE 将触发事件通知到 HOLM 或其他的 ACS 功能实体。

② HOLM FE：HOLM FE 中定义了与切换和标识管理相关的功能，它负责切换的决策和执行，负责 ARI 所使用的位置标识(即 Locator)和 ASI 所使用的标识(即 Identifier)之间的映射。

另外，AN 的移动性管理中还定义了一个群组移动的概念，即 RG(Routing Group)。一个 RG 是指具有相似的移动模式的一组节点，可以根据这种相似性，以群组为粒度，而不是以单个终端为粒度实现移动性管理，完成移动性管理和路由的优化设计[3]。

值得注意的是，在 AN 的研究中，已经包含了对异构、多家乡、多连接、群组移动等特性的支持[3]。AN 项目认为，为了实现有效的移动性管理，命名与寻址机制非常重要，并在 AN 的系统中设计了相应的标识分配、注册、映射和解析功能[4]。

2. MobyDick[5]

Mobydick(Mobility and Differentiated Services in a Future IP Network)也是

欧盟 FP6 的项目，旨在：在 IPv6 的基础上定义、实现和评估具有移动性管理、QoS 和 AAA 支持能力的全 IP 体系结构。

在 MobyDick 的移动性管理研究中，以 TD-CDMA、WLAN 和以太网为主要的接入方式，支持不同接入网络或者管理域之间的无缝切换，支持寻呼，并且将移动性管理与端到端 QoS、AAA 等功能相结合。MobyDick 还搭建了横跨欧洲的实验网[6]。

MobyDick 中将移动终端的协议结构扩展为如图 3-2 所示[7]。

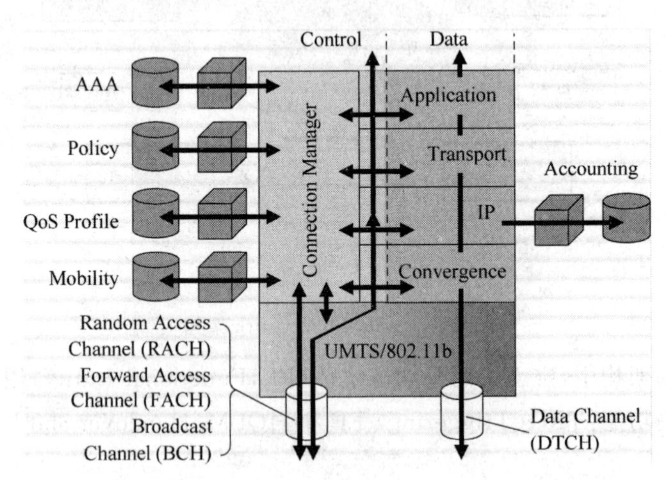

图 3-2 MobyDick 中定义的移动终端协议结构

由于 MobyDick 关注的是异构接入技术间的移动性，因此，所有的移动性管理功能都在 IP 层及以上实现。在图 3-2 所示的协议结构中，与移动性管理密切相关的部分是 Convergence Layer 和 Connection Manager。前者负责管理当前与无线接入和资源相关的信息。后者负责进行一些高层的决策，如切换的决策、QoS 需求的适配等。

MobyDick 关于移动性管理的具体研究包括[8]：

① 无缝切换。针对 MIPv6 切换时延过长的问题，采用 make-before-break、二层 WLAN 接入点的快速发现等方法，有效降低了切换时延和切换过程中的丢包，并通过仿真和原型系统进行了性能验证。

② 上下文转移。在切换的过程中，结合了 QoS 与 AAA 的控制功能，通过在切换前后的接入路由器之间引入了上下文转移的机制实现。

③ 寻呼。对于处于休眠状态的移动终端，MobyDick 设计了 IP Paging 的功能和过程，通过扩展 MIPv6 的信令和 PA(Paging Agent)实体实现。

3. DAIDALOS[9]

DAIDALOS(Designing Advanced network Interfaces for the Delivery and Administration of Location independent, Optimised personal Services)也是欧盟FP6的项目。DAIDALOS项目旨在实现异构网络的无缝互联,使得用户能够跨异构网络实现对内容和业务的无缝、普适访问[10]。

DAIDALOS项目认为移动性已经成为未来通信中无处不在的核心属性[11]。因此,在其用户为中心、场景分析为基础和运营商驱动的整体研究思路中,也将移动性场景作为项目整体场景分析的重要出发点[12]。

在DAIDALOS的总体系统架构中,分为三个子层,分别是:移动性子层、系统业务子层和泛在服务子层。其中,移动性子层包括了各种异构的接入技术,并对底层接入进行了抽象,向上层业务提供统一接口。基于IPv6进行扩展,实现对IP移动性的支持,包括主动和被动切换管理、移动性事件监控与触发、切换决策、切换性能优化等。

关于移动性管理,DAIDALOS项目的目标是实现异构接入技术间开放、可扩展的无缝融合及移动性支持。这里所考虑的异构网络,包括了蜂窝移动通信网络、卫星广播网络、有线网络、无线自组织网络和无线传感器网络。同时,在移动性管理中还结合了对QoS的优化支持。图3-3所示为DAIDALOS所定义的移动性管理相关场景。

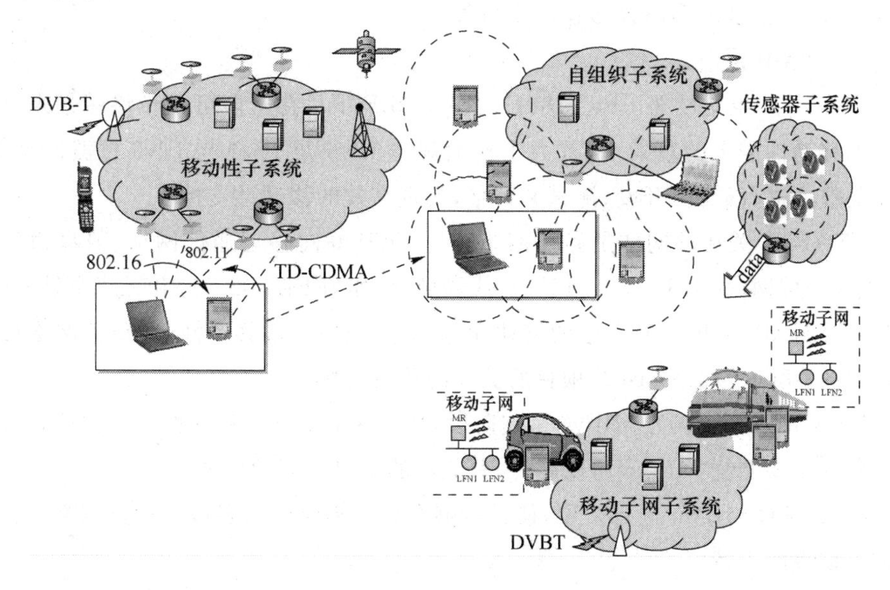

图3-3 DAIDALOS定义的移动性场景

DAIDALOS关于移动性管理的具体研究如下：

① 异构网络间的切换优化。主要研究了切换与CARD(Candidate Access Router Discovery)协议的结合、基于终端和基于移动子网的快速切换、切换决策中的接口选择、切换性能优化。

② 寻呼。通过二层和三层的优化，实现节能的寻呼。

③ 多家乡支持。通过对多家乡终端的支持，实现异构网络间的负载均衡。

④ 垂直切换中的端到端QoS保障。研究了不同接入网络中的QoS保障技术，提出了端到端的QoS保障架构，提供域内和域间切换时的QoS一致性。

⑤ 自组织网络的融合支持。提出了网关发现、路由等机制，支持基础设施网络与自组织网络结合时的单播与组播、多路径传输和QoS支持。

⑥ 自组织网络间切换。基于MIPv6的扩展，设计和实现了不同Ad Hoc网络间的切换支持机制。

⑦ 网络移动性优化。基于NEMO BS协议的扩展实现了网络移动性中的路由优化，设计和实现了网络移动性中的组播移动性支持。

值得注意的是，DAIDALOS项目中所考虑的移动性场景比较广泛，除了传统的终端移动性、切换优化的内容外，还考虑了网络移动性、基础设施网络与自组织网络(包括无线自组织网络和无线传感器网络)结合场景中的移动性、移动性与广播的结合、多家乡和多路径传输的支持等。

4. ENABLE[13]

ENABLE也是欧盟FP6的项目。ENABLE项目在智能可携带终端带来日益增加的移动性需求的背景下，致力于在大规模IPv6及IPv4与IPv6过渡网络中，对相关技术进行研究、开发、测试和评估，实现高效的移动性支持。

ENABLE关注的同样是异构网络环境，包括蜂窝移动通信网络、卫星通信网络、无线城域网(如IEEE 802.16)、无线局域网(如IEEE 802.11)和无线个域网(如蓝牙)。ENABLE项目所考虑的移动性，除了传统的终端移动性，还包括网络移动性。图3-4所示为ENABLE项目所关注的移动性场景。

ENABLE项目认为MIPv6是现阶段IPv6网络中支持移动性的主协议，因此，相关研究主要围绕MIPv6协议展开，其关注的主要研究领域如下：

① 如何对MIPv6进行扩展，使其能够在大规模、异构、多域的运营网络中提供终端移动性的支持？

② 如何对MIPv6进行扩展，使其除了具有基本的移动性支持能力外，还能够提供多家乡、QoS和快速切换的支持能力？

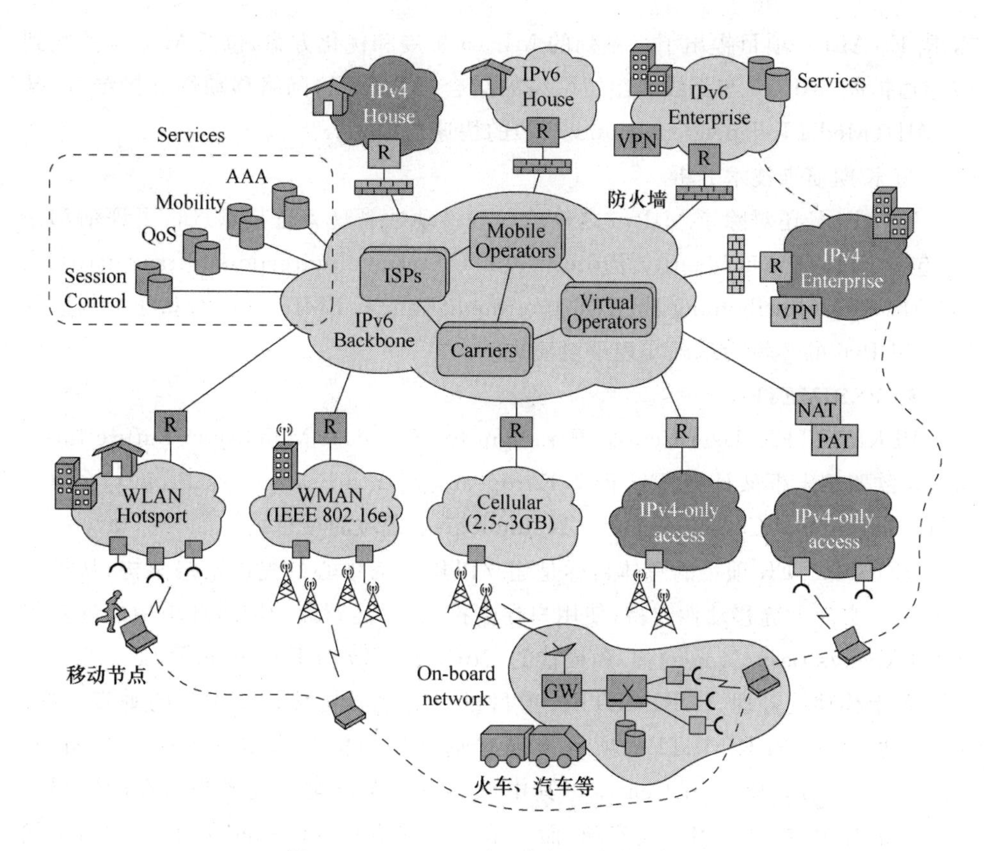

图 3-4　ENABLE 项目关注的移动性场景

③ 从长期演进的角度，MIPv6 是否具有从可扩展性和性能等方面的问题？还有哪些其他的备选移动性管理技术？孰优孰劣？

为了解决这些问题，ENABLE 项目的主要研究内容如下。

① MIPv6 的运营架构与部署技术

MIPv6 作为一个由 IETF 完成标准化的协议，在面临实际运营网络部署时，仍然面临很多问题。ENABLE 项目对此进行了研究。针对手动、静态的 HA 注册方式在大规模网络环境中的缺陷，设计了 HA 和 HoA 的动态获取技术；针对大规模网络中的多 HA 部署，设计了多 HA 之间的负载均衡机制；针对 IPv4 网络与 IPv6 网络共存的现状，提出了与 IPv4 网络的互联技术；针对现有 IP 网络中防火墙、VPN(Virtual Private Network)网关大量存在的情况，设计了相应的穿越技术。

② MIPv6 的扩展和优化

ENABLE 项目对移动性管理的需求包括可扩展性、优化网络资源使用、最小化端到端传输时延、支持多家乡、支持 QoS、支持快速切换等多个方面。针对这些需求,ENABLE 项目提出了一系列的 MIPv6 扩展和优化方案,包括 MIPv6 的端到端隧道扩展、MIPv6 与无线自组织网络的结合、MIPv6 的网络移动性支持结合、基于 MIH(Media Independent Handover)的快速切换等。

③ 长期演进技术分析

ENABLE 还对除了 MIPv6 之外的一些移动性管理备选技术进行了评估和比较,包括 HIP(Host Identity Protocol)、I3(Internet Indirection Infrastructure)、SHIM6(Site Multihoming by IPv6 Intermediation)和 PMIPv6,并分析了如何以部署了 MIPv6 的环境为基础实现平滑演进。

5. PERIMETER[14]

PERIMETER(User-Centric Paradigm for Seamless Mobility in Future Internet)是欧盟第七框架计划(EU FP7,European Seventh Framework Project)在 ICT (Information and Communication Technologies)领域的项目之一。

PERIMETER 项目的总体目标是建立以用户为中心的先进网络架构,从用户需求出发实现无缝移动性支持,使用户在多接入、多运营商的网络环境中能够获得 ABC(Always Best Connected)和最佳的 QoE(Quality of Experience)。

关于移动性管理,PERIMETER 项目重点关注异构接入技术间的垂直切换。从技术思路上,PERIMETER 项目将现有垂直切换的技术实现思路分为两类:Network-Centric 和 User-Centric。其中,User-Centric 类的技术是指在网络层以上实现的技术,更多在用户端实现,而不依赖于网络基础设施的支持。例如,传输层的 TCP-R(TCP - Redirection)、mSCTP(mobile Stream Control Transmission Protocol)、MSOCKS(Mobile SOCKS)、DCCP(Datagram Congestion Control Protocol)、3.5 层的 HIP、应用层的 SIP 都被 PERIMETER 项目归为 User-Centric 类的技术。Network-Centric 类的技术是指需要网络基础设施支持的垂直切换技术。例如,网络层的 MIPv4/MIPv6、LIN6(Location Independent Network Architecture for IPv6)都归为这一类技术。这两类技术虽然各有其优缺点,但由于 PERIMETER 项目整体的研究思路遵循 User-Centric 的原则,因此,User-Centric 是 PERIMETER 项目中选择的垂直切换技术思想[15]。

在 PERIMETER 的垂直切换实现中,主要的实现架构如图 3-5 所示。其中,实现垂直切换的关键所在是虚拟接口(Virtual Interface)。虚拟接口可以看作是在物理网络接口之上的一个抽象层。在用户移动过程中,虚拟接口向下抽象底层不同物理接口上的不同 IP 地址及其变化,而向上层应用提供一个固定不变的 IP 地址——PIP(Perimeter IP Address),因此实现了对移动性的支持。PIP 是由用户的上层应用标识经 Hash 算法计算而来的。应用的数据在通信两端的虚拟接口之间，通过UDP隧道实现传输，因此可以认为PERIMETER的垂直切换采用的是传输层实现技术。随着用户的移动、接入网络可用性的变化和接入点的变化，数据流的切换通过隧道的增加、删除和中继实现[15]。

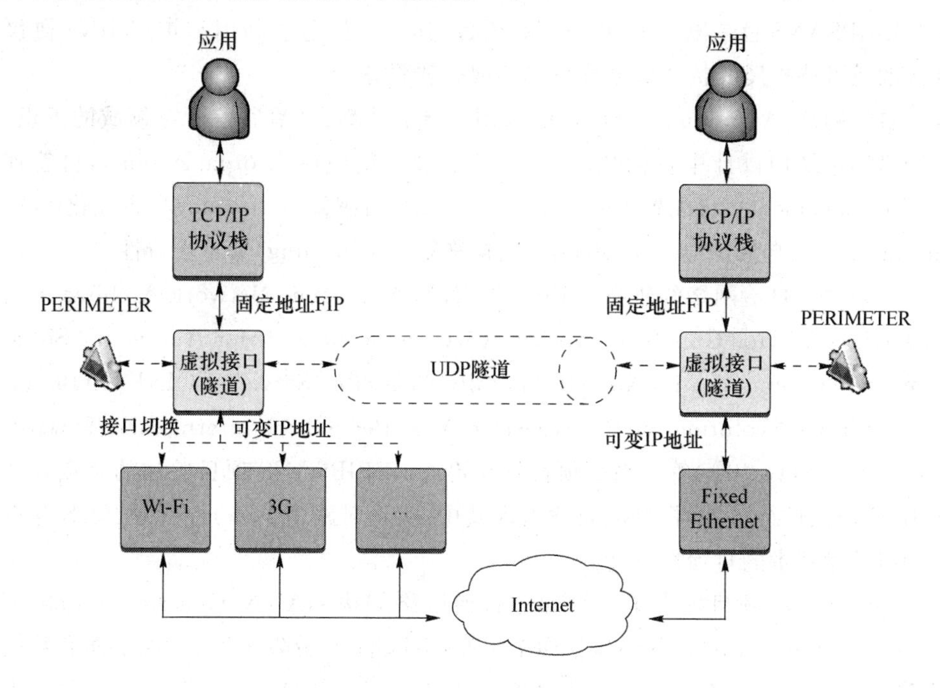

图3-5 PERIMETER项目定义的垂直切换实现架构[15]

在具体实现中，PERIMETER的垂直切换功能主要由三个模块实现：测量子系统（Measurement Subsystem）、垂直切换子系统（Vertical Handover Subsystem）和位置服务器（Location Server）[15,16]。

① 测量子系统

负责垂直切换相关的测量并据此生成移动性管理的触发事件。测量的内容包括对当前连接和网络接口的监控信息、对网络质量（如时延和丢包率性能）的测量。网络接口可用性的变化和网络性能的急剧下降都将触发垂直切换的操作。

② 垂直切换子系统

负责根据不同的隧道策略实施切换。这里的策略定义了对隧道进行管理、经过隧道实现数据传输的不同方式。

③ 位置服务器

用于保存和维护位置管理信息，具体来讲，就是为每个移动用户维护了上层应用标识（如SIP URI）、虚拟接口固定IP地址和目前激活的物理接口IP地址列表之间的映射关系。当移动节点启动、切换、接口可用状态发生变化时,都会执行位置信息的更新操作。

6. EFIPSANS[17]

EFIPSANS 也是欧盟 ICT FP7 的项目,其目标是通过利用和扩展 IPv6 协议现有的或可待扩展的特征以创建自治的网络和服务。

自治网络(Autonomic Network)采用了自治计算、自治通信研究领域的思想,在网络体系结构设计中自治化功能,以便实现自组织(self-organization),自管理(self-management)、自配置 (self-eonfiguration)、自感知(self-aware)、自优化(self-optimization)、自保护(self-protection)、自修复(selr-healing)等自治特性。

欧盟关于自治网络的研究自 FP6 的 ANA(Autonomic Network Architectur)、HAGGLE(Ad Hoc Google)、CASCADAS(Component-ware for Autonomic Situation-aware Communication and Dynamically Adaptable Servie)、BOINETS(Bio-inspired Serviee Evolution for the Pervasive Age, Beyond the Internet and Towards Autonomic Networks)等一系列项目就开始了。EFIPSANS 项目关注的重点是基于 IPv6 协议进行扩展,将自治属性引入其中,实现对路由、移动性管理、QoS 等重要网络控制技术的自治性支持。

EFIPSANS 项目提出了一个通用自治网络架构 GANA(Generic Autonomic Network Architecture),其中包括四个平面:决策平面、分发平面、发现平面和数据平面。其中,决策平面引入了自治决策元(DE,Decision Making Element),每一个 DE 管理一组被管理实体(ME,Managed Element),不同 DE 之间也可以进行交互。DE 根据收集到的各种信息,做出相应决策,驱动以该 DE 为核心的控制环,从而控制或影响被管理实体的行为。EFIPSANS 项目在 GANA 架构基础上,将自治控制思想和自治属性引入到网络、节点、功能和协议等不同层次。

关于自治性的移动性管理,EFIPSANS 项目基于异构网络环境,同时结合无线自组织网络、无线传感器网络、车载通信网络、蓝牙等近距离通信技术,定义了自发现、自优化、自适应、自配置等自治需求。其中,自发现包括接入网络发现、多跳转发中的邻居发现、网络性能变化发现、终端能力发现等,自优化包括切换决策的优化、通信模式选择的优化、多跳路由优化等,自适应包括跨异构接入网络的 QoS 自适应、根据终端能力的业务自适应等,自配置是指移动节点实现自我配置以控制自身的行为。

EFIPSANS 项目研究了如何实现异构网络环境下联合资源管理、接入选择、多连接管理、车载通信网络移动性管理、无线传感器网络移动性管理的自治性。在不同场景中,定义了不同层次的 DE 及对应的控制环。

图 3-6 所示为 EFIPSANS 项目中异构网络环境下的连接管理机制，其基本思想是：在 GANA 架构下，设计基于连接的移动性管理决策元（Connection-based Mobility Management DE(即 FUNC_LEVEL_CM_DE)，通过该 DE 与其 ME 及其他 DE 间的信息交互形成控制环，实现对多连接的有效管理并优化网络资源使用效率。

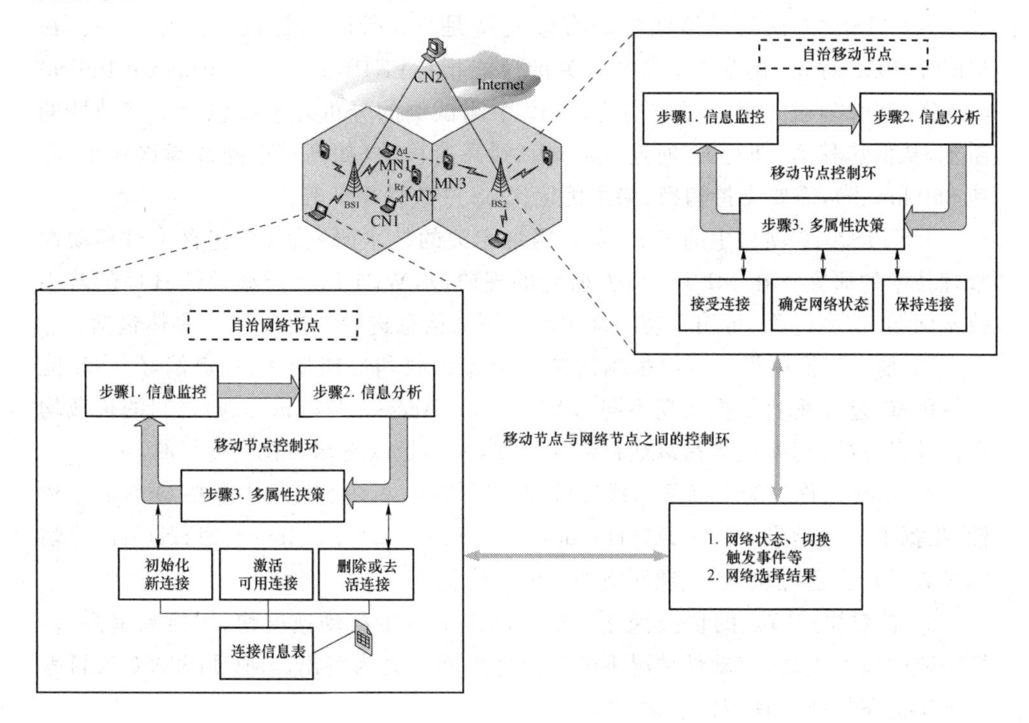

图 3-6　EFIPSANS 项目中的连接管理机制

从图 3-6 中可以看到，连接管理机制中为移动节点和网络接入点（蜂窝网的基站或 WLAN 的 AP 节点）分别定义了节点级别的控制环，并且，两个控制环之间还需要交互有关网络状态、切换触发事件及网络接纳控制结果等信息。

7. METIS2020[18]

METIS2020(Mobile and Wireless Communications Enablers for the Twenty-Twenty (2020) Information Society)是欧盟于 2013 年启动的 5G 研究项目，将实现“连接世界的无线移动通道”作为面向 2020 年及其以后人类信息社会的基本目标之一。METIS2020 的研究目标是为建立下一代(5G)移动和无线通信系统奠定基础，为未来的移动通信和无线技术在需求、特性和指标上达成共识，取得在概念、雏形、关键技术组成上的统一意见。

METIS2020 所研究的 5G 技术将面向未来的 5 个主要应用场景：一是超高速

场景，为未来移动宽带用户提供极速数据网络接入；二是支持大规模人群，为高人群密度地区或场合提供高质量移动宽带体验；三是随时随地最佳体验，确保用户在移动状态仍享有高质量服务；四是超可靠的实时连接，确保新应用和用户实例在时延和可靠性方面符合严格的标准；五是无处不在的物物通信，确保高效处理多样化的大量设备通信，包括机器类设备和传感器等。

METIS2020 认为对移动性的有效支持是 5G 所面临的核心挑战之一。在 METIS2020 对 5G 的场景、需求和关键性能指标（KPI，Key Performance Indicator）分析中[19]，对 5 个主要应用场景、12 个测试例的分析几乎都包含了移动性的需求，从低速移动（如行人，时速 3 km/h）到高速移动（如高速公路或高铁列车，时速 350 km/h），需要支持切换、路由优化、QoS 一致性保证等。

METIS2020 项目中的 WP4 负责网络相关的技术研究，其中包含了对移动性管理技术的研究。在 METIS2020 研究的现阶段，WP4 已经对移动性管理的若干技术问题、信令过程、可用于切换优化的上下文信息进行了梳理[20]。具体包括：

① 垂直切换决策。可以根据网络的动态负载和性能变化、用户偏好、终端能力等因素，基于垂直切换实现不同 RAT（Radio Access Technology）之间的负载均衡。并且，这种切换决策是以数据流为粒度，而不是以终端为粒度进行的。

② 切换优化。为了降低切换失败和乒乓切换，在切换过程中保持 QoS 的一致性，根据上下文信息，对 HOM（Handover Margin）、TTT（Time to Trgigger）等切换参数进行自适应调整，实现网络切换的自优化。

③ 针对快速节点的切换优化。车载网络中由于移动速度快、切换频率高，切换失败的概率也高，移动性情况下的切换性能问题尤为突出。METIS2020 项目考虑基于道路拓扑实现切换优化。

④ D2D（Device to Device）切换控制。D2D 通信具有能量受限、数据速率高、时延小的特性，在考虑移动性的场景中，如何提供可靠、连续的 D2D 通信是 5G 面临的挑战之一。例如，当某一终端由于移动切换至另一个基站范围内，如何在多个基站参与、基站间有没有回程连接的情况下提供 D2D 业务的连续性保证？

⑤ 用户移动预测。移动预测是实现移动性管理优化的重要前提。METIS2020 项目考虑了如何根据用户上下文或历史移动信息统计数据预测用户的下一个接入点，以实现接入选择和切换的优化，定义了移动预测的可能的信令过程。

⑥ 节点分群机制。将节点划分为群组实现通信，具有降低开销、节约能耗、提高可靠性等优点。METIS2020 项目已经对现有的分群机制进行了分类调研，后续将研究如何根据不同的场景、优化目标选择合适的分群方法。

8. MobilityFirst[21]

MobilityFirst 是美国自然科学基金会（NSF，National Science Foundation）在

未来互联网架构(FIA,Future Internet Architecture)研究计划中资助的研究项目。

MobilityFirst 项目认为,移动性已经成为未来互联网发展的核心驱动力。移动终端的数量、移动应用的数据流量激增,加上 M2M、车载通信、物联网等新型移动终端和移动业务的出现,使得以固定主机为前提的传统互联网面临前所未有的挑战。MobilityFirst 项目正是在此背景下,将移动性作为未来网络无处不在的需求而非一种特殊场景,致力于全新的互联网架构及协议研究。

MobilityFirst 项目的设计原则来自对未来移动性场景中特征的分析。这些特征包括由于多接口终端带来的多家乡和多路径、移动内容服务常常采用的组播、多个终端间近距离自组织组网和通信而不需要经过核心网、以内容为中心的数据传输、多个终端同时移动的网络移动性、新型的 M2M 通信支持、车载通信中的高速移动支持、情境感知等[22]。由此,MobilityFirst 围绕移动性和可靠性这两个相辅相成的目标进行设计,其两个基本设计原则是:将无线/移动终端作为主流接入设备设计网络架构;设计更为强大的安全和信任机制。MobilityFirst 对移动性的支持渗透在从网络架构、命名与寻址体系到协议设计中,而不再将移动性管理作为网络中的一个关键技术进行研究。

MobilityFirst 体系架构如图 3-7 所示,其基本技术特征包括支持快速的全局名字解析;采用公钥基础设施实现网络设备的验证核心网络采用扁平地址结构;支持存储-转发的路由方式;支持逐跳的分段数据传输;支持可编程的移动计算模式等[23]。

在 MobilityFirst 架构中,采用了扁平、不分层的全局唯一标识符(GUID,Global Unique Identifier)来标识网络上连接的各种对象(物理移动终端设备、抽象设备、用户、内容等)。相应地,采用快速的全局名称解析服务 GNRS(Global Name Resolution Services)实现名字与路由地址(即 GUID 与实际网络地址)的动态绑定。这种位置和标识分离的设计思路,是 MobilityFirst 支持移动性的核心所在[24,25]。

MobilityFirst 将移动管理和路由设计统一考虑。其中,使用基于名称/地址的混合路由,以实现可扩展性。另外,设计了考虑存储的域内路由和考虑边缘的域间路由。域内路由利用网络存储来提升节点服务过程中服务和数据的获取效率,应对网络中链路质量的变化和断开。域间路由会考虑边缘网络在数据速率等方面的不同特点,实现数据到(从)边缘网络的有效传递[23~25]。

MobilityFirst 支持主机移动性和网络移动性。对于多家乡的移动主机,采用基于名字的消息传递,利用多家乡设备的 GUID 作为发送到该设备不同接入网络的数据包的目的地址,从而支持无缝移动性和多家乡特性支持。支持移动子网,并支持移动设备间的近距离自组织通信[24,25]。

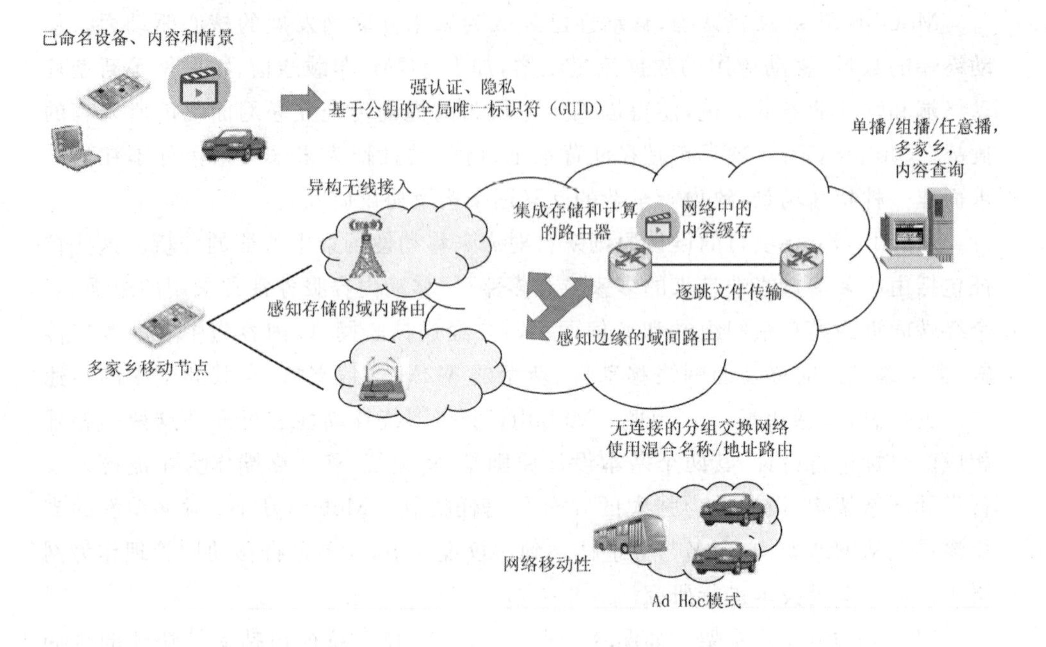

图 3-7 MobilityFirst 体系架构

总体来说，MobilityFirst 支持动态性的基本思路是：位置和标识分离，使得节点在移动过程中具有唯一、稳定的标识；移动管理和路由设计统一考虑；支持主机和网络移动；采取缓存机制，提升节点移动过程中服务和数据的获取效率；设计良好的安全机制，支持用户自认证，支持动态信任传递，提升接入效率[23]。

9. MOFI[26]

MOFI(Mobile Oriented Future Internet)是韩国关于未来互联网的研究项目之一。MOFI 认为移动性是未来网络设计中的核心因素[27]。

MOFI 项目的研究针对传统互联网架构在面对移动性时存在的以下挑战：IP 地址的双重语义问题(IP 地址同时作为身份标识与位置标识)、异构网络使用同样的协议(协议设计中未考虑网络的异构性)、数据传输与控制功能不分离(未区分控制平面和数据平面)、集中式的移动性管理(使用集中式锚点带来非优化路由、单点故障等问题)。

针对这些挑战，MOFI 认为未来互联网的架构设计具有以下技术需求：身份与位置标识分离以更好地支持移动性和多家乡性、骨干与接入网络分离以更好地支持异构接入、控制与数据转发分离、分布式移动性管理。具体到移动性管理，MOFI

认为未来互联网在移动性管理方面具有以下技术需求：位置管理（身份与位置标识的映射、绑定与查询）、路由优化（设计通信主机间的优化路由）、切换控制（支持无缝切换）。

为了解决 IP 地址二义性在移动性支持方面的不足，在 MOFI 的设计中，采用了身份与位置分离的设计思想。MOFI 定义了全局的主机身份标识（HID，Host ID）和局部的位置标识（LOC，即 IP 地址）。两台主机之间的端到端通信基于全局 HID 建立，而数据的传输则是通过局部的 LOC 跨多个网络完成。从图 3-8 中可以看到 MOFI 中基于 HID 的端到端通信和基于 LOC 的路由设计思想。通信两段的应用均建立在 HID 之上，而在数据跨多个网络（包括接入网和骨干网）的逐段转发中，是基于 LOC 完成的。

为了解决非优化路由问题，在 MOFI 的设计中，采用了基于查询的数据传输（QFDD，Query First Data Delivery）。在数据传输开始之前，先查询移动节点目前所在的位置。如图 3-8 所示，MOFI 定义了 HID-LOC 的映射系统，负责对全局 HID 和局部 LOC 之间的映射关系进行绑定、保存和更新。当对端主机想要发送数据给移动节点时，首先由对端主机的接入路由器向该映射系统执行查询操作，获得移动节点的当前位置，并且将数据直接发送到移动节点的当前位置，而不需要像 MIP 协议中那样经过 HA 的转发，从而实现优化路由。

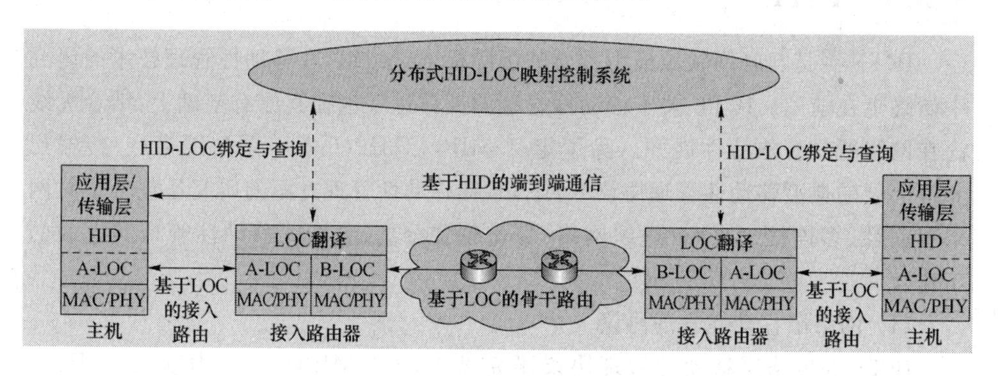

图 3-8　MOFI 中的优化路由

为了解决集中式移动性管理所面临的可扩展性问题，MOFI 采用了分布式移动性管理的思想，将 HID-LOC 的映射控制功能分布化部署在网络中的各个接入路由器上。图 3-9 所示为 MOFI 中的分布式 HID-LOC 映射系统。

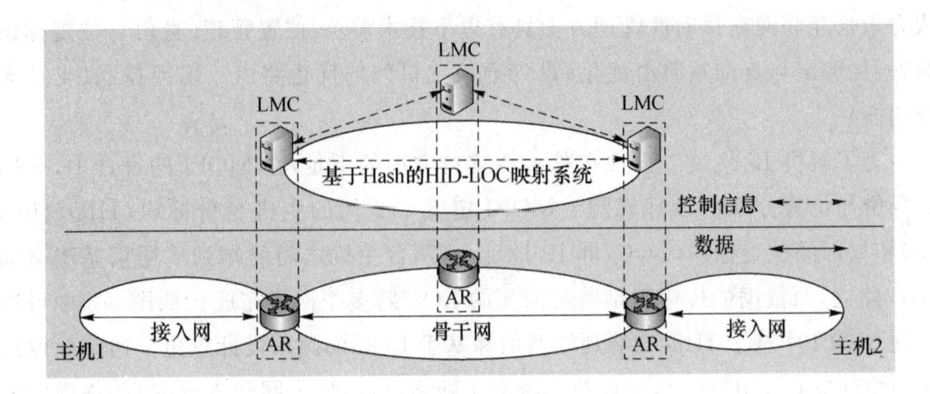

图 3-9 MOFI 中的分布式 HID-LOC 映射

3.2 国际标准化工作进展

移动性管理是无线泛在网络中用于保证业务连续性的关键技术。IETF、ITU-T、3GPP、IEEE 等标准化组织都将其作为重要研究内容展开了相关工作。本节概要介绍各个标准化组织的研究进展。

3.2.1 IETF

IETF[28]是互联网领域最为重要的国际标准化组织,在移动性管理技术的研究中始终走在前列。IETF 关于移动性管理的工作进展也在其原有基础上,结合无线泛在网络所具有的特性展开。除了定义 MIPv4/MIPv6 等一系列网络层、传输层和应用层的典型移动性管理协议外,IETF 在移动性管理方面的研究还包括了对网络移动性、多连接、移动自组织网络、身份位置分离、分布式移动性管理等方面的工作。

(1) 网络层移动性管理协议

IETF 在网络层移动性管理协议研究以 MIPv4/MIPv6 协议为基础。MIPv4 的成果涵盖了 IPv4 网络中支持节点移动性研究的主要方向,具体内容包括:移动 IPv4 协议的标准化及修订;移动 IPv4 协议的管理信息库;移动 IPv4 中的低时延切换和快速切换;区域位置注册;移动 IPv4 支持 VPN 等。MIPv6 的研究以增强 IPv6 协议的移动性支持能力为目标,解决移动 IPv6 协议制定和测试中出现的问题。除了基本协议,MIPv6 的研究内容包括:对家乡链路重编号、家乡代理发现、路由优化等工作的进一步细化(提出增强 IPv6 基本移动性的技术,如改进家乡代理的可靠性,带有安全机制的路由优化等);探索在防火墙、组播路由等环境中移动

IPv6的应用问题；移动IPv6协议安全性的扩展，支持AAA(Authentication, Authorization and Accounting)服务等。[29]

针对降低协议信令开销、优化切换性能、减小移动节点切换时延、降低分组丢失等目标，IETF对MIPv6进行了优化扩展，具体如下：

- 层次型移动IPv6(HMIPv6, Hierarchical Mobile IPv6)。HMIPv6协议[30]通过引入一个新的网络功能实体——移动锚节点(MAP, Mobility Anchor Point)实现了对外地接入网络内部的区域管理。MAP的功能类似于一个外地区域家乡代理，相对于HA隐藏了移动节点在外地接入网络内部移动的情况，减少了网络中的注册信令负荷，改善了移动节点的切换性能。
- 移动IPv6快速切换(FMIPv6, Fast Handovers for Mobile IPv6)。FMIPv6协议[31]中，通过链路层检测移动节点的运动，并通过预配置移动节点将要到达网络的相关信息，减小移动节点的切换时延和数据包丢失率，提高移动IP协议性能。此外，该工作组还进一步给出了无线局域网中部署移动IPv6快速切换机制的建议。
- 针对基于主机的移动性管理协议(如MIPv6及其扩展协议)需要修改终端协议栈而面临大规模推广和部署的困境，IETF也提出了基于网络的移动性管理协议PMIPv6(Proxy Mobile IPv6)[32]。移动节点只需要拥有一般的移动性功能(如移动检测)将自己的移动告知接入路由器，不需要参与移动性管理的信令交互和基于隧道的数据转发。

(2) 传输层移动性管理协议

SCTP(Stream Control Transmission Protocol)协议[33]是IETF TSVWG(Transport Area Working Group)工作组提出的一种通用传输层协议。SCTP具有对多家乡特性的支持，但最初的目的只是用于容错。之后对SCTP协议进行了动态地址重配置的扩展，使其具有对移动性的支持，称其为mSCTP(mobile SCTP)协议[34]，允许多接口终端能够根据多个网络接口的可用性动态调整用于数据传输的目的地址及其传输路径。

DCCP(Datagram Congestion Control Protocol)[35]协议是IETF DCCP工作组提出的、在传输层经扩展后同时支持多家乡和移动性的一种协议。DCCP是可以进行拥塞控制的非可靠传输协议，并同时提供多种拥塞控制机制，在通信开始时由用户进行协商选择。经扩展后的DCCP协议，可以同时支持多家乡和移动性。

(3) 应用层移动性管理协议

SIP(Session Initiation Protocol)协议[36]是IETF定义的应用层协议。虽然SIP协议最初是作为多媒体信令控制协议提出的，但是经过扩展具有了对移动性的支持能力。SIP 协议支持基本位置服务、支持呼叫过程中的切换,并具有对个人移动性、业务移动性等高层移动性的支持能力。

(4) 对网络移动性的支持

针对网络移动性支持,IETF 基于 MIPv6 协议扩展了 NEMO BSP(Network Mobility Basic Support Protocol)[37]。移动网络通过移动路由器(MR, Mobile Router)连接到互联网,并作为一个相对稳定的整体随着移动路由器的移动改变网络接入位置。NEMO BSP 将 MR 下节点的移动性管理功能集中在 MR 上,通过 MR 在 HA 处注册网络前缀信息、家乡地址(HoA, Home Address)及转交地址(CoA, Care-of-Address),每个 MR 与其 HA 建立双向隧道,所有进出 NEMO 移动网络的数据都经过隧道进行传输,MR 下节点发出的数据在 MR 处封装,发往 MR 的数据在 HA 处封装。但 NEMO BSP 并不考虑移动网络内部存在自组织路由的情况。

(5) 对多连接的支持

针对异构网络环境普遍存在的多接口终端,IETF 研究了对多连接支持。MIF (Multiple Interfaces)工作组针对多接口主机会导致的问题及其解决方案进行了广泛的讨论,对多接口节点在配置中可能存在的问题进行了分析。针对 MIPv6 及 NEMO BSP 协议、PMIPv6 协议进行流移动性的扩展,针对 IP 流实施移动性管理,以支持多连接场景。

(6) 对移动自组织网络的支持

关于移动自组织网络,IETF 的 MANET(Mobile Ad hoc Network)工作组致力于研究开发在因特网框架下的移动自组织网络技术规范,推动这些技术成为因特网标准。这个工作组在之前的工作中开展了广泛的研究,探讨了适合自组网的路由和性能,完成了一批移动自组织网络的路由、消息格式、性能等方面的协议。

(7) 身份与位置分离技术

作为未来互联网架构演进的重要方向,IETF 也关注身份与位置分离技术,而基于身份与位置分离思想的协议具有对移动性天然的支持能力。例如,HIP(Host Identity Protocol)通过在 3.5 层定义 HID(Host ID)解决了 IP 地址的二义性问题,使得移动节点 IP 地址变化时能够保持通信的连续性。LISP(Locator/Identifier Seperation Protocol)定义了 EID(Endpoint Identifier)和 RLOC(Routing Locator)分别作为身份和位置的标识。

(8) 分布式移动性管理

针对传统移动性管理采用集中式架构存在的路由迂回、单点故障、扩展性差等问题,IETF 正在开展分布式移动性管理(DMM, Distributed Mobility Management)研究工作,通过将移动性锚点分布、动态地部署到距离用户更近的网关位置来提供更优化的移动性管理,以支持并引领下一代移动性管理技术的演进方向。DMM一方面提供分布式的移动性锚点支持,对分布式部署锚点的路由等进行优化;另一方面提供更加智能的移动性管理,只为需要移动性管理的终端和用户业务提供动态的移动性管理支持。

3.2.2 ITU-T

ITU-T[38]是电信领域重要的国际标准化组织。ITU-T关于移动性管理的研究主要由SG13(Study Group 13)中的Q9(Mobility management)和Q10(Multi-connection)负责,已经发布了多个移动性管理相关建议,包括对移动性场景的分类和技术需求分析、移动性管理框架定义、对多连接的支持等几个方面。

(1)移动性场景分类和技术需求分析

ITU-T在Q.1706/Y.2801中定义了不同的移动性场景分类方法,具体可参见本书2.1.2小节中的具体介绍。

(2) 移动性管理框架

ITU-T在Q.1707/Y.2804、Q.1708/Y.2805、Q.1709/Y.2806等标准中定义了移动性管理框架,包括:通用移动性管理框架(Q.MMF)定义了通用的移动性管理框架、相关功能实体及其交互,并确定了位置管理和切换控制两大核心功能研究中的基本原则;位置管理框架(Q.LMF)定义了位置管理的框架、功能实体及交互;切换控制框架(Q.HCF)定义了切换控制的框架、功能实体及交互。

(3) 对多连接的支持

ITU-T关于多连接的支持研究,主要在Q10/SG13展开,负责对NGN中多连接的场景、需求、架构和关键技术进行研究和标准化。其中,对多连接场景下的移动性管理相关的研究包括多连接场景下的接入网络发现与选择、标识定义与管理、多路径传输控制和基于流的业务连续性支持。

3.2.3 IEEE

IEEE中与泛在网及移动性管理相关的工作组主要包括IEEE 802.15.4及IEEE 802.21。

IEEE 802.15.4标准主要制定无线个域网的物理层和MAC层标准。其目标是为低能耗的简单设备提供有效覆盖范围在10 m左右的低速连接,主要应用于传感器网络。IEEE 802.15.4网络根据应用的需要可以组织成星型网络,也可以组织成点对点网络。在星型结构中,所有设备都与中心设备PAN网络协调器通信。

在这种网络中，网络协调器一般使用持续电力系统供电，而其他设备采用电池供电。星型网络适合家庭自动化、个人计算机的外设以及个人健康护理等小范围的室内应用。与星型网不同，点对点网络只要彼此都在对方的无线辐射范围之内，任何两个设备之都可以直接通信。点对点网络中也需要网络协调器，负责实现管理链路状态信息，认证设备身份等功能。点对点网络模式可以支持 Ad Hoc 网络允许通过多跳路由的方式在网络中传输数据。

IEEE 802.21 工作组主要制定介质独立切换（MIH，Media Independent handover）的相关标准，其目标是在 MAC 层和 IP 层之间定义一个中间层，为上层移动性管理协议提供优化手段。802.21 定义的服务包括介质独立事件服务（MIH Event Service）、介质独立切换命令服务（MIH Command Service）、介质独立切换信息服务（Information Service）。其中，介质独立事件服务定义了网络底层的一些事件信息，比如网络接口的启动与关闭，信号强度的变化等，并将这种事件信息发送给本地或者远端的 MIH 用户；介质独立命令服务则将上层 MIH 用户的控制命令传递给本地或者远端的网络底层进行执行；介质独立信息服务则为移动节点提供了某个地理位置的网络分布等信息以辅助终端进行网络发现和选择。

3.2.4 3GPP

3GPP（The 3rd Generation Partnership Project）[39]是移动通信领域最为重要的国际标准化组织，主导了 GSM 和演进技术标准的制定。移动性管理技术一直是移动通信系统中的关键技术之一，因此也包含在 3GPP 的研究范围内。关于泛在网络环境相关的移动性管理技术，3GPP 的工作包括：3GPP 接入和非 3GPP 接入的融合架构及移动性管理；面向多连接的移动性管理优化；面向 M2M 通信的移动性管理优化和移动中继的相关研究。

(1) 3GPP 接入和非 3GPP 接入的融合架构及移动性管理

3GPP 在 EPC（Evolved Packet Core）架构中定义了 3GPP 网络接入和非 3GPP 网络接入的融合架构，主要规范在 3GPP TS23.402 中进行定义。融合架构中，支持终端在 3GPP 网络和非 3GPP 网络之间的移动性管理。

非 3GPP 网络可以分为可信的非 3GPP 接入（Trusted No-3GPP IP Access）和不可信的非 3GPP 接入（Untrusted Non-3GPP IP Access）。可信的非 3GPP 网络接入 EPC 网络，可以基于 PMIPv6 或 GTP（GPRS Tunnel Protocol）协议实现移动性管理。非可信的非 3GPP 网络接入到 EPC 网络，可以使用 PMIPv6 协议或 DSMIPv6（Dual Stack Mobile IPv6）协议实现移动性管理。

关于 3GPP 对异构网络环境移动性管理的更多介绍，可参见本书 4.3 节。

(2) 面向多连接的移动性管理优化

3GPP也已经开始关注多连接场景的需求，并开始着手研究如何以相关规范中的移动性管理为基础，扩展其对多连接特性的支持。在3GPP Release 8系统中，用户可以通过多种可用的3GPP和非3GPP接入系统接入到同一个PDN(Packet Data Network)，但是并不允许通过这多种接入系统同时连接到同一个PDN。但随着多接口终端设备以及运行在之上的应用的多样化，多连接场景的应用和需求越来越广泛。从Release 9起，3GPP开始研究终端同时通过一种3GPP接入和一种非3GPP接入连接到不同PDN的场景以及该场景下的移动性问题，目标是允许终端通过3GPP和非3GPP接入系统同时接入到一个或多个PDN，同时引入了IP Flow Mobility的概念，通过运营商的策略来指导将不同的IP Flows动态路由到不同的接入系统，并实现IP Flows在多种接入系统之间的动态切换，这样既可以提升用户的体验，也可以实现最优化的资源配置、吞吐量，及最优化的运营商连接开销。3GPP的研究分为基于PDN连接粒度的移动性和基于IP流颗粒度的移动性两类展开。PDN粒度的移动性在Release 9完成了标准化，在Release 10完成了基于终端的IP流粒度移动性的方案标准化。

关于3GPP对面向多连接的移动性管理技术研究的更多介绍，可参见本书4.5.1小节。

(3) 面向M2M通信的移动性管理优化

未来MTC(Machine-Type Communication)终端的数量与现有传统终端相比，将呈数量级的增长。虽然这些终端可能相对静止同时产生的业务数据流量也比较小，但每个终端却产生与传统终端几乎相同的信令数量，因此，当将来大量的MTC终端与网络进行信令交互时，势必会对网络产生巨大的冲击，致使网络产生过载和拥塞。为了应对这一变化，随着物联网的发展，弱移动性MTC终端对网络产生新的需求，3GPP提出针对弱移动性管理的方案，解决弱移动性设备的移动性管理过于复杂的问题，如简化相应的移动性管理流程(包括附着、去附着、安全，位置区管理、空闲态寻呼和连接态切换等)。

3GPP早在2005年9月就开展了移动通信系统支持机器通信应用的可行性研究，正式研究启动于Release 10阶段，相继在NIMTC(Network Improvements for Machine-Type Communications)相关课题中研究支持机器类型通信对移动通信网络的增强要求，在FS_MTCe(Study on MTC enhancement)、FS_AMTC(Study on Alternatives to E.164 for Machine-Type Communications)、SIMTC(System Improvements for Machine-Type Communications)等一系列项目中开展了相关研究工作。

为了对弱移动性设备的移动性管理进行优化，3GPP在TR23.888中在以下几个方面提出相应解决方案:在配置区域内寻呼、逐步寻呼、在报告区域内寻呼、优化的周期性 LAU/RAU/TAU 信令。

关于 3GPP 对面向 M2M 通信的移动性管理技术研究的更多介绍,可参见本书第 7 章。

(4) 移动中继

高速铁路在全球范围的部署越来越多,但高铁场景下的服务质量和用户体验却一直面临巨大的挑战。3GPP 针对高铁场景,研究了移动中继(MR,Mobile Relay)的部署。移动中继也被看作高铁场景中解决群组移动性的技术,将车厢内同时移动的用户终端看作群组实施移动性管理,从而能够降低大量终端同时移动造成的信令风暴问题,有效降低信令开销。相应地,3GPP 也讨论了基于移动中继的架构扩展和移动性信令过程定义[40]。

3.2.5 ETSI

ETSI(European Telecommunications Standards Institute)[41]是欧洲的电信标准化组织。关于泛在网络及其移动性管理,ETSI 开展了包括面向车联网和面向 M2M 通信的相关研究。

(1) 面向车联网的研究工作

ETSI 的 TC-ITS(Technical Committee on Intelligent Transport and Systems)主要任务是制定及维持未来交通系统中使用信息通信技术的相关标准和规范,其标准研究工作主要围绕车到车及车到路侧设施间的无线通信标准展开。ETSI TC-ITS 与 ISO、IEEE、ARIB、TTA 和 IETF 等其他国际标准化组织开展了积极的合作,主要工作内容包括应用需求定义、系统架构定义、网络与传输协议、安全性等几个方面。

(2) 面向 M2M 的研究工作

ETSI 是国际上较早系统展开 M2M 相关研究的标准化组织,2009 年年初成立了专门的工作组(TC-M2M,Technical Committee on Machine-to-Machine Communications)来负责统筹 M2M 的研究,旨在制定一个水平化的、不针对特定 M2M 应用的端到端解决方案的标准。其研究范围可以分为应用案例分析、统一 M2M 解决方案两个层面,研究工作分为需求定义、功能架构定义和 M2M 相关协议制定三个阶段。

3.3 无线泛在网络的移动性场景分析

如前所述，泛在网络从终端类型上丰富了传感器、近距离无线通信设备等，从网络架构上扩展了感知延伸层，从通信方式上扩展了自组织通信，从技术特点上更强调协同、移动性、共性支撑等问题。相应地，泛在网络中的移动性场景也更加丰富。

场景一：跨异构网络的移动性

由于泛在网络中的移动终端通常配置了多个不同的网络接口，跨异构网络的移动性成为泛在网络中非常典型的移动性场景。当用户跨异构网络移动时，移动性管理技术用于保持业务的连续性和一致性。

泛在网中网络的异构性更为突出，其网络构成中既包括互联网、传统通信网（包括移动通信网）、宽带无线接入网等基础设施型网络，又包括传感器网络、无线自组织网络等无基础设施型网络。此时，这些异构网络之间的融合表现为多种形式：

（1）异构基础设施网之间的融合。这种形式的融合体现为多种异构接入网以其互补特征共同为用户提供泛在的接入与服务。真正的融合要求能够以抽象、统一的方式代替目前各接入网中分而治之的网络管理、控制技术。

（2）基础设施网与无基础设施网之间的融合。这种形式的融合更多地在端到端的垂直方向上体现。泛在网中感知延伸部分的引入带来了更为灵活、多样的组网方式，位于基础设施网与无基础设施网之间的网关设备负责数据转发、信息汇聚、协议转换等功能，成为这一类融合的关键所在。

（3）无基础设施网之间的融合。目前的泛在网应用中，感知延伸部分体现出明显的局部性，基于 RFID、蓝牙、Zigbee、NFC 等技术构成的延伸子网常常局限于其内部及其与基础设施网之间的通信，不同的延伸子网之间往往是割裂的，缺乏真正意义上的融合。也即，常常表现为“Intranet of Things”[42]，而非“Internet of Things”。

场景二：支持多连接的移动性

多连接是指移动终端与网络之间同时保持多个网络连接的能力和场景。对多连接的支持使得用户能够同时利用多个可用的网络连接为不同的业务提供数据流传输，甚至同一个业务的数据也可以拆分在多个连接上实现并发传输，由此达到了提高可靠性、负载分担、带宽聚合、提高网络资源利用效率等目的。在多连接场景下，移动性管理的粒度由终端级转变为数据流级，为此，需要移动性管理策略、移动性管理协议扩展和移动终端操作系统扩展等各方面的研究来实现对面向多连接的移动性支持。

场景三:网络移动性与群组移动性

如 2.1.2 小节所述,网络移动性是指一组节点组成一个子网,作为整体一起移动并改变网络接入点的移动性场景[43,44]。行驶中的汽车、火车或飞机中的移动终端的整体移动,可以看作网络移动性的例子。车载网络中的一组移动终端都通过车上部署的移动路由器接入外部网络,就可以看作一个移动网络。车上部署的这个移动路由器负责为车内移动网络中的所有节点提供移动性管理的功能。3GPP 为高铁场景定义的移动中继,也承担类似的功能,为高铁车厢内的移动终端提供外部网络接入和移动性管理。卫星 IP 融合网络中也存在网络移动性的例子:飞机机舱内的移动终端通过机上部署的移动路由器所具有的卫星链路实现网络接入,该移动路由器同样负责移动性管理功能,通过卫星链路实现与地面系统中部署的移动性管理实体间的移动性管理的信令消息交互。GSMOB(GSM on Board)[45]为这种飞机上的网络移动性场景提供了一种可能的解决方案。

显然,在上述描述的各种网络移动性场景中,整体移动的移动节点依赖事先部署好的设备(如移动路由器或移动中继)实现外部网络接入和移动性管理。在移动过程中,到外部网络的这个接入点保持不变,移动网络内部的拓扑也保持相对稳定。

在泛在网络中,还有另一种更为灵活的、一组节点同时移动的场景——群组移动性。群组移动性中,不存在移动路由器或移动中继这样事先部署好的设备,而是从这组节点中动态选择某一个节点作为组内其他节点到外部网络的接入点。并且,在移动过程中,组内的拓扑会发生动态变化,到外部网络的接入点也会随着组内拓扑的变化而发生变化。例如,应急现场由一组救援人员临时组建的 Ad Hoc 网络,在相互之间采用自组织通信方式的同时,也动态选择某个节点为组内其他节点提供外部网络接入能力;车载网络中一组移动特性相似的车辆,组成动态群组,相互之间以自组织方式实现 V2V(Vehicle-to-Vehicle)通信,也通过动态选择的某个节点(可以称为头节点)实现 V2I(Vehicle-to-Infrastructure)通信。

可见,在这种动态群组移动的场景中,群组移动性呈现出移动主体多样性、移动行为不确定性、群组形态高度动态性的特征。在群组移动的过程中,首先,从群组移动性导致的变化看,负责和外部网络进行互联的节点可能发生变化,与外部网络的附着点可能发生变化,网络内部的拓扑结构也可能发生变化;其次,从群组移动涉及的终端范围看,可能是原有群组整体移动,也可能是群组中部分终端移动;最后,从群组移动的触发原因看,可能是终端物理位置变化引起的,可能是终端加入或退出引起的，还可能是网络的某种调度策略引起的。因此，动态群组中的移动性问题会更加复杂，移动性管理的难度也更大。

场景四：终端协同中的移动性

终端协同是泛在网络中一种新型的业务提供模式，也是实现异构融合、有效利用各种网络资源与能力的有效途径。多个临近的设备通过相互协同为用户提供更加灵活的通信、更为丰富业务内容、更为强大的终端能力，提高了网络资源的利用效率。例如，在虚拟现实（VR，Virtual Reality）和增强现实（AR，Augmented Reality）中的终端协同。终端协同的场景又可以分为：单个用户的多终端协同和多个用户的多终端协同。

（1）单个用户的多终端协同

在单个用户多终端协同的场景中，属于同一个用户的多个终端协同构成一个虚拟终端，服务于该用户，作为通信的端点。此时，移动性的主体就是以用户为中心的这个协同虚拟终端。其中，为了完成业务提供，需要进行协同终端群的建立与维护、业务数据的分流传输与聚合，相应地，移动性管理将以数据流为粒度进行。

（2）多个用户的多终端协同

在多个用户的终端协同场景中，属于不同用户的多个终端以 Ad Hoc 的方式实现近距离互联。某个终端对其他用户的终端提供到基础设施网络的中继接入和数据转发能力，以达到扩大网络覆盖、消除盲区等目的。多个终端之间通过近距离通信技术实现自组织组网及组内直接通信。多个终端间也可以基于应用上的共同兴趣或基于相近的地理位置，通过 P2P 实现相互之间应用数据的共享、交互与补偿。显然，这种场景中的自组织特性、拓扑动态变化、与应用提供模式的结合，都将使移动性管理变得更为复杂。中继协同中的中继节点的发现与选择、多跳混合路由与重路由和通信方式的切换，近距离自组织协同通信中的终端间的动态发现与选择、自组织组网方式、寻呼、连接建立与维护，P2P 协同中的重叠网的自组织建立与维护、数据流的汇聚与控制等，都是移动性管理需要考虑和解决的问题。

场景五：M2M 通信中的移动性

M2M 通信是指有一方或多方不需要人参与的数据通信方式[46]。M2M 通信越来越多地应用在健康医疗、智能电网、智能交通、物流、监控等各个应用领域。对于不同的 M2M 应用来说，由于其采用的网络架构不同、其中 M2M 终端的移动特性不同、业务流量特征不同，因此带来了一些新的移动性管理需求。

不同的 M2M 通信场景中，其移动性具有不同的特点。在智能电表应用中，电表通常都安装在固定的地点，每个电表或者配备通信模块用于发送/接收测量数据和配置数据，或者通过网络接入网络实现通信。智能电表场景的特点非常明显：低移动性、业务数据量小、发送/接收时间(即通信时间)呈现周期性但具有明显的突发性。而另一些场景中,M2M 终端则表现出高移动性(例如智能交通和动物养殖监控的场景)。此时,节点的高移动性、以及节点之间移动行为的独立性,会导致频繁的拓扑变化。

除了低移动性和高移动性的差别外,在某些场景中,还会表现出明显的群组移动特征。例如,物流管理系统中的某集装箱内的所有监测设备。再如,在远程医疗监护应用中,用户便携终端包含了常见的传感器,其工作方式可以是无线或有线,电源方式为有线或电池供电,这些无线传感器组成了一个 M2M 群组,该 M2M 群组主要用于采集血压、心率、体温等健康参数,并自动通过无线网络技术上传到 M2M 网关。

因此,移动性管理技术需要针对不同 M2M 场景中移动性和业务流量的不同特性进行必要的优化,降低信令开销、降低终端能耗。

场景六:车载通信网络的移动性

车载通信网络也是泛在网络中重要且颇具特色的移动性场景之一。在多种无线接入技术融合与协同的背景下,异构车载网络(HVN,Heterogeneous Vehicular Network)成为现阶段车载通信技术研究的更好选择[47,48]。异构车载网络融合了 802.11 系列 WLAN、802.11p WAVE (Wireless Access in the Vehicular Environment)、DSRC(Dedicated Short Range Communications)、802.16、蜂窝移动通信网络等多种无线接入技术,同时包括车辆之间基于 Ad Hoc 技术的通信,以及通过中继技术实现的异构混合多跳通信。这些多样化的接入技术,能够满足异构车载网络中丰富的业务种类对带宽、时延、覆盖范围、通信可靠性、移动性支持等的不同要求。

其中,由于无线接入的异构性、通信场景的多样性(V2V 和 V2I)、数据传输策略的不同(直接传输、多跳传输、基于 cluster 的传输)、丰富多样的车载应用及其不同 QoS 需求等多种原因,使得车载通信网络中的移动性问题更为复杂。

另外,车载通信网络中节点的移动呈现出速度快的显著特点。高速移动会带来网络拓扑的动态性强、切换频繁、车辆稀疏区域的网络分割问题严重等问题,从而为移动性管理带来了更多的挑战。同时也应看到,车载通信网络中的节点移动同时还具有路径受限性、可预测性的特点。路径受限性是指节点的移动路径受道路拓扑、交通信号等道路信息的约束。从单个节点看,这表现为单个节点的移动方向受道路和路口规划的限制;从位置相近的多个节点看,体现在其移动方向的一致性和移动速度、加速度的关联性。这种路径受限性和关联性也使得车辆的移动具有一定的可预测性,从而又是移动性管理可以用于优化的特性。

3.4 无线泛在网络的移动性管理技术需求

根据上述对无线泛在网络移动性管理场景和相关研究项目、标准化进展的介绍，本节分析无线泛在网络的移动性管理技术需求。

3.4.1 支持多样化的移动性主体

由于无线泛在网络中异构和延伸的网络环境、多样的移动终端设备、丰富的应用场景，移动性的主体也呈现出多样化的特征。

首先，从传统的人的移动扩展到了人、物和服务的移动的融合。传统移动性管理中所考虑的场景，主要是由人的移动引起进而考虑终端的移动、用户的移动。而无线泛在网络中还会由于 M2M 通信的出现，需要处理其中物（不同的机器通信终端）的移动带来的特殊移动性场景及需求。传统的业务移动性主要考虑同一用户跨不同终端移动时对业务的访问不受影响，而无线泛在网络中由于业务提供模式更为灵活，任何一个移动终端都可能承担业务或业务组件提供者的角色，这时，需要移动性管理技术能够支持业务或业务组件的迁移。另外，云计算（尤其是移动云计算）的存在，其中计算的迁移、代码的迁移也是未来移动性管理技术能够支持的新型移动性场景和移动主体。

其次，除了传统移动性管理较多考虑的个体移动，更多的群组移动性场景值得引起关注。这里所说的群组移动性，不仅仅包括传统网络移动性研究的场景，即：整体移动的移动节点依赖事先部署好的设备（如移动路由器或移动中继）实现外部网络接入和移动性管理，在移动过程中，到外部网络的这个接入点保持不变，移动网络内部的拓扑也保持相对稳定。更多需要关注的是动态群组的场景，即组内拓扑动态变化、为组内节点提供外部网络接入的节点动态变化、群组到外部网络的附着点也会动态变化的场景。

最后，不同场景中的移动性模型呈现出各具特色。移动性模型用于描述移动节点的移动速度、方向等物理移动属性如何随时间变化，一直都是移动性管理技术研究中的重要基础。在不同的移动性场景中，移动节点具有各自特殊的移动性特点，这也是移动性管理技术研究中必须考虑的重要因素。例如，在不同的 M2M 应用中，M2M 终端有时呈现出低移动性的特点（如智能抄表应用），有时却呈现出高速移动（如智能交通应用）。又如，在车载通信网络和高铁场景中，终端的移动呈现出高速但受限于道路拓扑等特性。

相应地，本书将在第 4 章介绍异构网络环境中的移动性管理技术，在第 5 章介绍车联网中的移动性管理技术，在第 6 章介绍 M2M 通信中的移动性管理技术。

3.4.2 扩展的移动性管理功能

传统移动性管理的两大控制功能是位置管理和切换控制。为了能够支持无线泛在网络中各种复杂的移动性场景，移动性管理的控制功能也需要进行扩展。

传统的位置管理负责保存移动节点的位置信息，并负责相应的更新和查询。在无线泛在网络中，由于移动终端和移动主体的多样化、无线泛在网络中的标识体系远比传统移动性管理中的位置信息复杂且量大。因此，位置管理功能需要根据标识体系确定位置信息的定义方式、选择合适的数据库结构、位置管理的效率也需要通过映射系统结构、映射方法等得到优化。

传统的切换控制负责在移动节点的接入点变化时保持通信的连续性。在无线泛在网络中，随着移动主体的移动，变化的不仅仅是网络接入点，实际上可以看作通信资源的迁移，包括通信资源、计算资源和存储资源的迁移。因此，切换控制功能需要扩展为支持通信、计算和内容服务中的资源迁移以保证服务的连续性。例如，计算任务在虚拟机之间的迁移，某个内容存储位置发生变化时的路径更新都可以纳入切换控制的研究范围。

除此之外，由于无线传感器网络、无线自组织网络在无线泛在网络中的广泛部署，以及终端间的多跳协同、车载网络的 V2V 自组织通信等场景的存在使得多跳路由与重路由及其与现有移动性管理技术的结合，也成为移动性管理需要考虑的问题。

3.4.3 移动性管理架构演进

传统移动性管理中通常采用层次化架构，实现集中式移动性管理，在移动终端数量和数据业务流量激增的情况下，面临以下问题：

- 可扩展性问题。由集中式的移动性管理实体（如 MIPv6 中的 HA、PMIPv6 中的 LMA）负责网络中所有移动节点的位置管理信息的存储、更新和查询，以及用户数据的转发，当网络中移动节点数量增多时，会导致可扩展性的问题。
- 迂回路由问题。迂回路由问题是指用户数据必须经过集中式移动性管理锚点转发导致的路由低效问题。
- 单点故障与单点攻击问题。在移动终端数量和数据业务流量激增的背景下，集中式、层次化架构所使用的集中式移动性管理实体会成为数据传输的瓶颈，也会由于单点失效导致系统瘫痪，更容易受到单点恶意攻击的影响。

在网络架构扁平化的演进趋势下，分布式移动性管理成为移动性管理架构演进的新趋势。其主要思想是将移动性锚点部署在离用户更近的位置，实现更加动态、智能的移动性管理。

相应地，本书的第 8 章将介绍分布式移动性管理技术。

3.4.4 移动性管理中的自治性

自治性及其相关的自管理、自组织、自配置、自感知、自优化等属性是未来网络研究中的一个重要方向和趋势。移动性管理也需要支持自治性和自感知、自优化、自适应等属性。

移动性管理中的自感知体现在：移动性管理触发事件的感知（可用接入技术的变化、无线链路状态的变化、当前通信路径性能的变化等）；终端能力的感知（如终端是否支持多个接口、多个接口能否同时使用、用户是否被授权进行切换决策等）；网络所支持的移动性管理协议的感知（如网络中配置了 MIP、PMIP、SHIM6、HIP 等协议）；考虑到多跳网络及其与基础设施网络的结合，还需支持邻居节点的发现、通信方式的发现等。移动性管理中的自优化体现在：自优化的切换目标网络或目标接口的选择；多跳场景中自优化的通信方式选择、多跳场景中自优化的路由选择和重路由等。移动性管理中的自适应体现在对异构网络中不同机制的处理上，包括：自适应的 QoS 映射机制，以降低用户跨异构接入技术时的 QoS 波动；根据终端能力及网络状况进行 QoS 适配（如媒体编码格式的适配）；终端及网络支持的不同移动性管理协议间的自适应等。

另外，在移动性管理技术中引入上述自感知、自优化、自适应特性并非针对孤立的技术点而言，而是应该将感知、分析、决策、执行形成系统的控制环，并渗透在网络、节点、控制功能、协议等各个层次。

相应地，本书的第 7 章将介绍自治型的移动性管理技术。

本章参考文献

[1] Ambient Network Project[EB/OL]. [2016-12-21]. http://www.ambient-networks.org.

[2] OHLMAN B, EGGERT L, SMIRNOV M, et al. The Ambient Networks Control Space Architecture[C]//Proceedings of the 15th World Wireless Research Forum, Paris. 2005.

[3] CALVO R A, SURTEES A, EISL J, et al. Mobility management in ambient networks [C]//2007 IEEE 65th Vehicular Technology Conference-VTC2007-Spring. IEEE, 2007: 894-898.
[4] Ambient networks: Co-operative mobile networking for the wireless world [M]. John Wiley & Sons, 2007.
[5] MobiDick Project [EB/OL]. [2016-12-21]. http://www.ist-mobydick.org/.
[6] HANS J E, AMARDEO S et al. Mobility and Differentiated Services in a Future IP Network Final Project Report [R]. 2004.
[7] EINSIEDLER H, RUI L A, J? HNERT J, etal. The Moby Dick Project: A Mobile Heterogeneous ALL-IP Architecture[C]// Advanced Technologies, Applications and Market Strategies for 3G. 2001:17-20.
[8] MARCO LIEBSCH, RALF SCHMITZ, TELEMACO MELIA et al. Mobility Architecture Implementation Report [R]. 2002.
[9] DAIDALOS Project [EB/OL]. [2016-12-21]. http://www.ist-daidalos.org.
[10] DAIDALOS Project Summary: Designing Advanced network Interfaces for the Delivery and Administration of Location independent, Optimised personal Services [EB/OL]. [2016-12-21]. http://www.ist-daidalos.org/daten/publications/EU-leaflet/EU-project_Daidalos_II_Summary.pdf.
[11] PACYNA P, GOZDECKI J, LOZIAK K, et al. Mobility Across Multiple Technologies-the Daidalos Approach[J]. Interdisciplinary Information Sciences, 2006, 12(2): 127-132.
[12] Consolidated Scenario Description. Daidalos Project Deliverable D111 [R]. 2005.
[13] ENABLE Project[EB/OL]. [2016-12-21]. http://ist-enable.org.
[14] PERIMETERProject [EB/OL]. [2016-12-21]. http://www.ict-perimeter.eu/.
[15] DAVID E, MARKUS F, KAREL D V, SELIM I. Detailed Design of User Centric Mobility in Heterogeneous Environments: PERIMETER Deliverable D3.2 [R], 2010.
[16] SALGARELLI L, GRINGOLI F, BONOLA M, SALSANO S. et al. Architecture Specifications: PERIMETER Technical Report[R]. 2010.
[17] EFIPSANS Project[EB/OL]. [2016-12-21]. http://www.efipsans.org/.
[18] METIS2020 Project [EB/OL]. [2016-12-21]. https://www.metis2020.com/.
[19] FALLGREN M, TIMUS B. SCENARIOS, requirements and KPIs for 5G

mobile and wireless system[J]. METIS deliverable D, 2013, 1:1.

[20] BRAHMI N, VENKATASUBRAMANIAN V. Summary on preliminary trade-off investigations and first set of potential network-level solutions[J]. Proc. Eur. 7th Framework Res. Project METIS, 2013.

[21] MobilityFirstFuture Internet Architecture ProjectOverview [EB/OL]. [2016-12-21]. http://mobilityfirst. winlab. rutgers. edu/.

[22] MobilityFirst: A Robust and Trustworthy Mobility-Centric Architecture for the Future Internet. IEEE Talk on MobilityFirst Architecture. [EB/OL]. [2016-12-21]. http://mobilityfirst. winlab. rutgers. edu/documents/IIT_Future_Internet _Talk_912. pptx.

[23] 谢高岗,张玉军,李振宇,等. 未来互联网体系结构研究综述[J]. 计算机学报,2012,06:1109-1119.

[24] RAYCHAUDHURI D, NAGARAJA K, VENKATARAMANI A. Mobilityfirst: a robust and trustworthy mobility-centric architecture for the future internet[J]. ACM SIGMOBILE Mobile Computing and Communications Review, 2012, 16(3): 2-13.

[25] 张燕咏. MobilityFirst:以移动支持为中心的未来互联网架构[J]. 中国计算机学会通讯. 2013, 09(12):47-52.

[26] MOFI Project[EB/OL]. [2016-12-21]. http://www. mofi. re. kr/.

[27] Future Network - Mobility. Future Internet Standards Workshop with Global Future Internet Week (GFIW), [EB/OL]. (2011-12-1) [2016-12-21]. http://protocol. knu. ac. kr/MOFI/pub/mofi-ws-2011-GFIW. pdf.

[28] The Internet Engineering Task Force[EB/OL]. [2016-12-21]http://www. ietf. org.

[29] 泛在网环境下的移动性管理技术研究[R]. CCSA TC10 研究报告(送审稿). 2012.

[30] Hierarchical Mobile IPv6 (HMIPv6) Mobility Management [S]. IETF RFC5380. 2008.

[31] Mobile IPv6 Fast Handovers [S]. IETF RFC 5268. 2008.

[32] Proxy Mobile IPv6 [S]. IETF RFC5213. 2008.

[33] Stream Control Transmission Protocol [S]. IETF RFC 2960. 2000.

[34] Mobile SCTP (mSCTP) for IP Handover Support [S]. IETF draft-sjkoh-msctp-01. 2005.

[35] Datagram Congestion Control Protocol (DCCP)[S]. IETF RFC4340. 2006.

[36] SIP: Session Initiation Protocol [S]. IETF RFC 3261. 2002.

[37] Network Mobility (NEMO) Basic Support Protocol [S]. IETF RFC3963. 2005.

[38] ITU Telecommunication Standardization Sector[EB/OL]. [2016-12-21]. http://www.itu.int/en/ITU-T/Pages/default.aspx.

[39] The 3rd Generation Partnership Project (3GPP)[EB/OL]. [2016-12-21]. http://www.3gpp.org.

[40] 3GPP TR36.836. Mobile Relay for E-UTRAN [S]. 2013.

[41] European Telecommunications Standards Institute [EB/OL]. [2016-12-21]. http://www.etsi.org.

[42] ZORZI M, GLUHAK A, LANGE S, et al. From today's intranet of things to a future internet of things: a wireless-and mobility-related view[J]. IEEE Wireless Communications, 2010, 17(6): 44-51.

[43] ITU-T Q.1706/Y.2801, Mobility management requirements for NGN [S], 2006.

[44] IETF RFC 3753, Mobility Related Terminology [S], 2004.

[45] GONZAGA L? PEZ C. GSM on Board Aircraft. [EB/OL]. (2008-12-1) [2016-12-21] https://www.researchgate.net/publication/42252150_GSM_on_board_aircraft.

[46] ITU-T FG on CloudComputation,Cloud-O-0024,Draft deliverable on Functional Requirements and Reference Architecture [S]. 2012.

[47] HOSSAIN E, CHOW G, LEUNG V C M, et al. Vehicular telematics over heterogeneous wireless networks: A survey[J]. Computer Communications, 2010, 33(7): 775-793.

[48] FOKUM D T, FROST V S. A survey on methods for broadband internet access on trains[J]. IEEE communications surveys &tutorials, 2010, 12(2): 171-185.

第4章　异构融合环境中的移动性管理

异构性是无线泛在网络在网络接入方面的重要特征。本章介绍异构融合环境中的移动性管理，包括3GPP所研究的异构移动通信网络中的移动性管理、异构融合网络中的垂直切换，以及面向业务流的移动性管理。

4.1　异构融合网络环境

泛在网中网络的异构性表现为：其网络构成中既包括互联网、传统通信网（包括移动通信网）、宽带无线接入网等基础设施型网络，又包括传感器网络、无线自组织网络等无基础设施型网络。此时，这些异构网络之间的融合表现为多种形式，包括：

（1）异构基础设施网之间的融合。体现为多种异构接入网以其互补特征共同为用户提供泛在的接入与服务，要求能够以抽象、统一的方式代替目前各接入网中分而治之的网络管理、控制技术。

（2）基础设施网与无基础设施网之间的融合。更多地体现在端到端的垂直方向，位于基础设施网与无基础设施网之间的网关设备负责数据转发、信息汇聚、协议转换等功能，成为这一类融合的关键所在。

（3）无基础设施网之间的融合。现有的泛在网应用中，感知延伸部分体现出明显的局部性，不同的延伸子网之间往往是割裂的，缺乏真正意义上的融合[1]。

4.2　异构融合环境中的移动性管理技术需求

异构网络的并存与融合为无线泛在网络的移动性管理技术带来了新的需求和挑战。主要包括：

（1）异构接入技术间的垂直切换

如本书2.2.2小节所述，垂直切换与水平切换是根据切换所涉及的接入技术是否同类所做的切换技术分类。移动节点在同类型接入技术之间的切换称为水平切换;在不同类型接入技术之间的切换称为垂直切换。

由于无线泛在网络的异构性特征,垂直切换是其中移动性管理技术的重要需求之一。异构的无线接入技术在频谱资源、组网方式、覆盖范围、用户行为、业务类型及数据流特征等方面存在明显的差异。因此,从切换的三个重要控制功能(即切换准则、切换控制方式、切换时的资源分配)来看,垂直切换都与水平切换有着明显的区别,面临更多的挑战。

(2) 面向数据流的移动性管理

垂直切换技术局限于同一时刻只能使用唯一的网络接口,不利于网络资源尤其是有限的无线网络资源的有效利用。因此,可以将应用层的数据拆分成多个数据流,允许同时使用多个可用的网络接口进行数据传输,其目的在于有效提高网络资源的利用效率,提高应用层端到端的吞吐量[2]。另外,如本书 3.3 节所述,终端协同是无线泛在网络中的重要场景之一。分流传输是实现多终端协同的重要基础之一,此时,移动性管理的粒度将由终端级/接口级演进到更细的数据流级。并且,此时的流移动性管理也区别于多连接场景的流移动性管理,需要与终端间的协同转发相结合。

本章针对上述异构融合环境中的移动性管理技术需求,在 4.3 节针对异构移动通信网络(即 GSM/GPRS 接入网、WCDMA 接入网或 TD-SCDMA 接入网同时接入到同一核心网时构成的异构接入环境)介绍其中的移动性管理,4.4 节介绍异构融合网络中的垂直切换,4.5 节介绍面向业务流的移动性管理。

4.3 异构移动通信网络中的移动性管理

4.3.1 异构移动通信网络概述

在 3GPP 讨论的范围内,当 GSM/GPRS 接入网、WCDMA 接入网或 TD-SCDMA 接入网同时接入到同一核心网时,即构成了一种异构移动通信网。此异构移动通信网络需要管理特性不同的无线接入网,且需要支持终端在不同制式的接入网之间的移动性管理。3GPP 的 Release-99 起定义的移动通信网络,即为满足上述需求的异构移动通信网络。这种异构不但体现在支持 GSM/GPRS、WCDMA 或者 TD-SCDMA 等异质无线接入网,还体现在支持和 WLAN 网络的互通上(即 I-WLAN(InterworkingWLAN)架构,在 Release 7 完成,本书将在后续章节介绍)。

随着用户移动业务快速增长,移动通信网络需要向高速率、低时延、低成本、基于 IP 分组业务的方向进行演进,并且需要在未来的至少十年内具有足够的竞争力。LTE(LTE,Long Term Evolution)这一新型无线接入技术的出现,也急需新型的网络架构。3GPP 自 2004 年 12 月起,展开了移动通信网络长期演进的研究,其中,系统架构演进(SAE,System Architecture Evolution)项目重点研究网络架构的演进。SAE 研究的网络架构,需要满足以下需求:(1)支持多种接入系统,包括 3GPP 组织定义的无线接入系统和非 3GPP 组织定义的无线接入系统,如 cdma 2000、Wi-Fi 等;(2)具有良好的系统结构和性能,提供可升级的系统结构,网络节点均支持分布式资源处理等;(3)采用全 IP 网络,支持 IPv4 和 IPv6 连接;(4)移动性管理功能要演进网络内部以及演进网络和其他非 3GPP 系统之间的移动性,且要支持不同移动性要求的终端;(5)更完善的安全机制;(6)支持漫游、IMS 等重要特性。需要特别说明的是,SAE 项目在立项之初就明确这个未来的系统是一个基于分组交换(PS,Packet Switched)的系统,即只有 PS Domain,并假设话音业务由 PS Domain 来支持。但出于保护现有网络投资的需要,后来又引入了电路域回退技术(CS Fallback)来支持网络没有部署 IMS 网络的话音业务。

从移动性管理的角度看,SAE 项目不仅需要考虑 intra LTE 接入的移动性,更需要考虑 inter 3GPP Radio Access 之间的移动性、3GPP Radio Access 和 non 3GPP Radio Access 之间的移动性,不但涉及空闲态,还需要考虑连接态/激活态的 inter Radio Access 之间的移动性。通过一年多的研究,在 2006 年年底,就移动性管理方面达成了如下一致结论:(1)3GPP 接入技术之间的移动性是在用户 IP 层之下进行锚定,这就意味着需要一个公共的用于 2G/3G/LTE 的移动性锚点和机制,来执行控制现有 2G/3G 接入的用户面隧道和 EPC 系统用户面隧道之间的移动性;(2)eNodeB 和 CN(Core Network,核心网)之间的 S1 参考点既要支持分离的移动性管理实体(MME,Mobility Management Entity)和 UPE(User Plane Entity)场景,也要支持联合的 MME 和 UPE 部署场景,这一点直接影响到网络架构信令面和用户面功能实体和接口的设计。

在 2006 年年底的 SA 第 34 次全会上,经过激励的讨论,会议认为 SAE 的架构应该能满足与传统 GPRS 网络无缝互通,且能满足从 GPRS 网络无缝演进的需求;同时 SAE 架构也应能满足与非 3GPP 接入(如 WLAN、WiMAX)无缝互通,因此 SAE 架构演进将基于两种基础架构,即支持 LTE 接入的 GPRS 架构增强架构、支持非 3GPP 接入的增强架构。

4.3.2 支持 LTE 等 3GPP 接入的 SAE 网络及移动性管理

本节将介绍支持 LTE 等 3GPP 接入技术的网络架构(即 SAE 网络架构)及移动性管理相关的内容。

1. 网络架构

支持 LTE 等 3GPP 接入的非漫游网络架构(和支持漫游的架构)基于控制平面和用户平面分离的原则,如图 4-1 所示,MME 负责控制平面的处理,Serving Gateway 和 PDN (Packet Data Network)Gateway 负责用户平面的处理。根据需要,Serving GW 和 PDN GW(Packet Data Network Gateway)这两个逻辑实体可以分别单独设置为物理实体,也可以合并在一个物理实体。当支持漫游时,依据网络架构中的 PDN GW 是位于漫游网络还是用户的归属网络,可进一步分为本地疏导和归属地路由两种架构。前者 SGW 和 PDN GW 之间仍然是 S5 接口,后者则是 S8 接口。本地疏导架构中,用户数据直接经由漫游网络的 PDN GW 路由到对应的分组数据网,而无须路由到用户的归属网络中的 PDN GW(即归属地路由方式)。

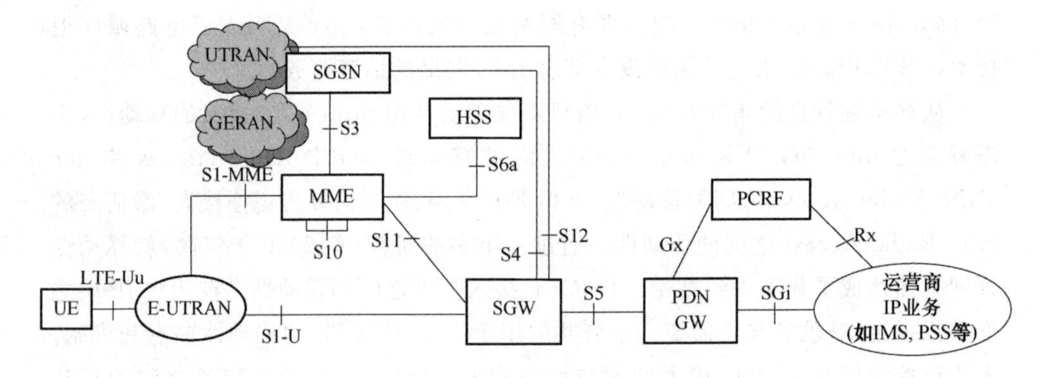

图 4-1 支持 3GPP 接入的非漫游网络架构[3]

为更好地支持网络平滑演进,使用 Gn/Gp 接口的 SGSN(Serving GPRS Support Node)也可以接入到 SAE 网络,并实现对通过 2G/3G 接入网接入的终端的移动性管理等功能。支持 3GPP 接入的与 Gn/Gp 互操作的漫游架构如图 4-2 所示。

在上述两个架构中,最为重要的功能实体如下。

(1) 移动性管理实体 MME 和 S4-SGSN

顾名思义,MME 是负责移动性管理功能的控制节点。其主要功能有:用户终端空闲态移动性管理,如实现对用户终端的位置管理,当有下行数据或信令到达时对终端进行寻呼等;连接态的移动性管理,如实现切换控制等功能;安全相关功能,如用户终端的接入控制和鉴权认证、信令和用户数据的完整性保护和加密保护的控制等;承载管理相关功能,如在用户终端在附着到网络过程以及移动性过程中为用户终端选择合适的网关节点,在用户终端的移动性管理过程中用于管理用户承载等。

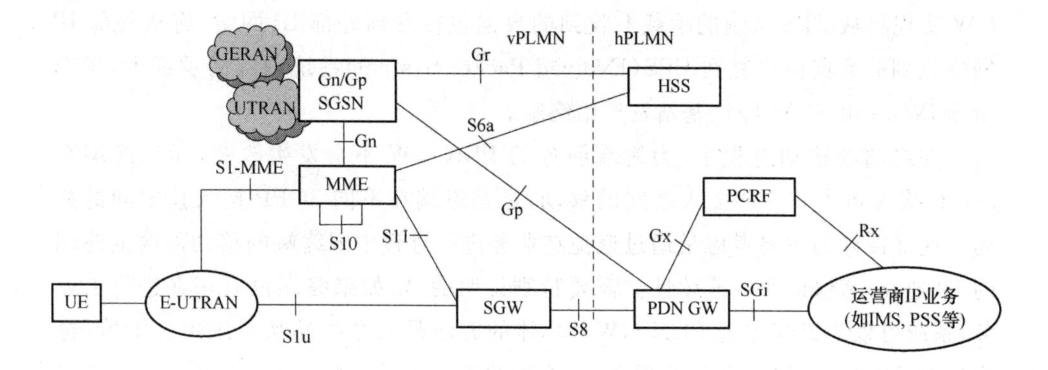

图 4-2 支持 3GPP 接入的与 Gn/Gp 互操作的漫游架构[3]

在移动性管理过程中，MME 是终端和网络之间非接入层(Non-Access Stratum)信令的终结点，还是与其他网络节点如 SGW、S4-SGSN、其他 MME 之间的 GTP-C(GPRS Tunneling Protocol-Control Plane)控制面信令消息的终结点。

图 4-1 中的 SGSN 使用 S4 接口连接到 SGW，称为 S4-SGSN，连接 2G/3G 接入网和 LTE 核心网，实现对通过 2G/3G 接入网接入的终端的移动性管理等功能。

(2) 服务网关 SGW

服务网关 SGW 是 LTE 网络中的用户面锚点，在任何一个时刻，任何一个 UE (User Equipment)只能有一个服务网关。SGW 支持基于 GTP 协议和基于 PMIP 协议建立其与 PDN GW 之间的用户平面承载，并在建立的用户面承载上进行用户数据的转发和路由。在用户的移动性过程中(如终端处于空闲态时的 TAU (Tracking Area Update)过程、连接态时 S1 切换过程等)，服务网关可能发生改变，以实现更好的数据路由或者负载均衡。

服务网关的另一重要功能是触发 MME 对终端进行寻呼。对于空闲态 UE，网络并不知道终端的准确位置，终端和基站之间，基站和网络之间并没有针对空闲态终端的连接。当 SGW 收到来自 PDN GW 的下行用户数据包时，会先缓存收到下行数据包，并发送信令消息给 MME 以触发 MME 发起寻呼过程。MME 会在终端注册的跟踪区中对终端进行寻呼。

在 S1 切换和 inter-RAT(Radio Access Technology)切换过程中，SGW 实现间接数据转发功能，保证用户数据流在切换过程中不发生丢失。SGW 还具备合法监听功能，能够将被监听用户的数据流复制到指定的监听设备。

(3) 分组数据网网关 PDN GW

PDN GW 是 LTE 网络和分组数据网络(PDN，Packet Data Network)之间的网关，是终端连接到 PDN 网络的关口节点，也是终端用户面 IP 数据锚点。PDN

GW 实现将从 EPS 系统的承载上收到的数据包转发到外部 IP 网络，将从外部 IP 网络收到的数据包映射到 EPS(Evolved Packet System)系统内部的承载上，发送给 SGW，并由 SGW 经过基站发送给终端。

在终端的移动过程中，为终端服务的 PDN GW 不会发生改变，无论终端在 3GPP 接入和非 3GPP 接入之间的移动，还是终端在不同 3GPP 接入技术间的移动。这样设计的主要考虑是通过避免在业务进行过程中因终端的移动而改变终端的 IP 地址，来保证业务连续性。需要特别说明的是，如果终端没有正在进行了业务，系统可以为终端重选 PDN GW。具体的方法是命令终端从系统中去附着(也称分离，DETACH)后再重新附着，在重新附着过程中，网络为终端选取一个用户面路径更优化的 PDN GW。

在 LTE 网络中，终端附着到网络时，网络会为其建立到默认 PDN 的 PDN 连接。终端的默认 PDN 可以是 IMS(IP Multimedia Subsystem)业务网络，也可以是互联网；具体看用户签约和运营上策略。但对于成功附着到 EPS 系统的终端来说，至少有一个 PDN GW 为其服务。根据业务需要，终端可以建立到不同 PDN 网络的连接，此时将可能有多个 PDN GW 为其服务。

对于 UE 建立的每一条 PDN 连接，其对应的 PDN GW 将为其分配一个 IP 地址。PDN GW 还具有深度包检测功能、分组过滤功能、用户业务流的下行速率控制和流量整形功能。同样的，此外，PDN GW 也具备合法监听功能，能够将被监听用户的数据流复制到指定的监听设备。

2. 逻辑接口及协议栈

SAE 网络架构中各逻辑节点间的接口，可以大致分为控制平面接口和用户平面接口。控制平面接口有 S1-MME、S3、S4、S5/S8、S6a、S9、S10、S11 等；用户平面接口有 S1-U、S5/S8、S12、SGi 等。

(1) 控制平面接口

① S1-MME 接口

S1-MME 接口位于 eNodeB 和 MME 之间，如图 4-3 所示。其间最重要的是 S1-AP(S1 Application Protocol)协议。该协议用于控制管理终端用户面承载、控制管理 eNodeB 上的 UE 上下文、两个实体间的配置信息传输、寻呼消息发送、切换相关控制消息的传递等。S1-AP 协议还透明地传递终端和 MME 之间的 NAS (Non-Access Stratum)消息。

② S11 接口

如图 4-4 所示，S11 接口位于 MME 与 SGW 之间，基于 GTPv2-C 协议，用于传递位置更新、切换、服务请求，用于创建和管理会话连接，用于建立和维护

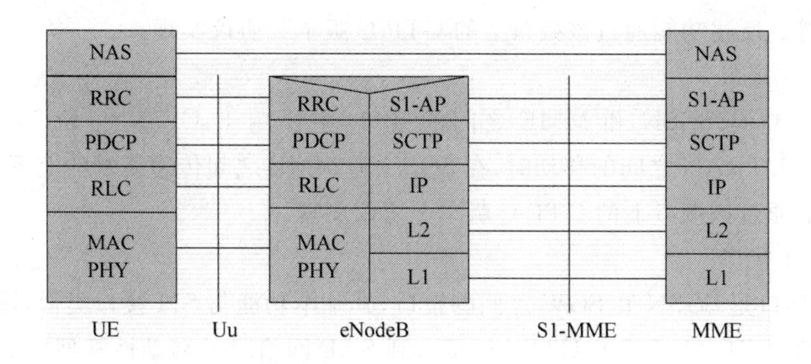

图 4-3 控制面接口协议栈(UE-MME 部分)[3]

eNodeB和 S-GW 之间的直接隧道等移动性管理和会话管理的信令消息。SGW 在收到下行数据时,通过 S11 接口向 MME 发送下行数据到达通知,触发 MME 发起 paging 过程。

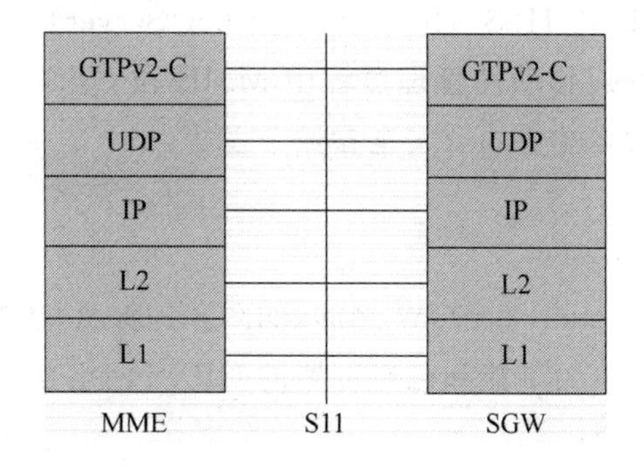

图 4-4 S11 接口协议栈[3]

③ S5/S8 接口

S5/S8 接口位于 SGW 和 PDN GW 之间,一方面用于控制在两者之间创建和管理控制平面隧道和用户平面隧道,另一方面用于传递用户平面的用户数据。当 SGW 和 PDN GW 位于相同的 PLMN(Public Land Mobile Network)时,称为 S5 接口。当 SGW 和 PDN GW 位于不同的 PLMN 时,称为 S8 接口。

S5/S8 接口多采用 GTP 协议,其控制面协议为 GTP-C 版本 2,用户面协议为 GTP-U(GPRS Tunneling Protocol-User Plane)版本 1。S5/S8 接口还可以采用 PMIPv6 协议,其控制面协议为 Proxy MIP,用户平面数据采用 GRE(Generic Routing Encapsulation)协议进行封装。

④ S10 接口

S10 接口是两个 MME 之间的接口,主要用于在 UE 发生 inter-MME 的移动时,在 MME 之间传递终端的上下文信息,如移动性管理信息和会话管理信息、安全参数等。所述功能通过该接口上的 GTP-C 版本 2 协议实现。

⑤ S3 接口

S3 接口是 SGSN 和 MME 之间的接口，主要用于 UE 发生 E-UTRAN 和 GERAN/UTRAN 之间的移动时，在 SGSN 和 MME 之间传递终端的上下文信息。所述功能通过该接口上的 GTP-C 版本 2 协议实现。

⑥ S4 接口

S4 接口是 SGSN 和 SGW 之间的接口，其基本功能与 S11 接口类似，用于提供当终端通过 GERAN 或者 UTRAN 接入到 SAE 网络时的移动性管理以及会话管理功能，所述功能通过 GTP-C 版本 2 协议实现。如果在 GERAN 或者 UTRAN 的 Radio Network Controller 节点(即 RNC)和 SGW 之间没有采用直接隧道机制，S4 接口还将传输用户平面数据，此时采用 GTP-U 协议版本 1。

⑦ S6a 接口

S6a 接口是 MME 和 HSS(Home Subscriber Server)之间的接口，通过扩展 Diameter 协议实现，完成移动性管理过程中 MME 和 HSS 之间的信令交互，如终端当前位置信息上报、终端签约及安全参数下发等。

(2) 用户平面

① S1-U 接口

S1-U 接口位于 eNodeB 和 SGW 之间，如图 4-5 所示，通过建立的用户平面隧道，传输用户平面数据。为了能和已经部署的 GPRS 网络在用户平面兼容，其采用的是 GTP-U 协议版本 1。

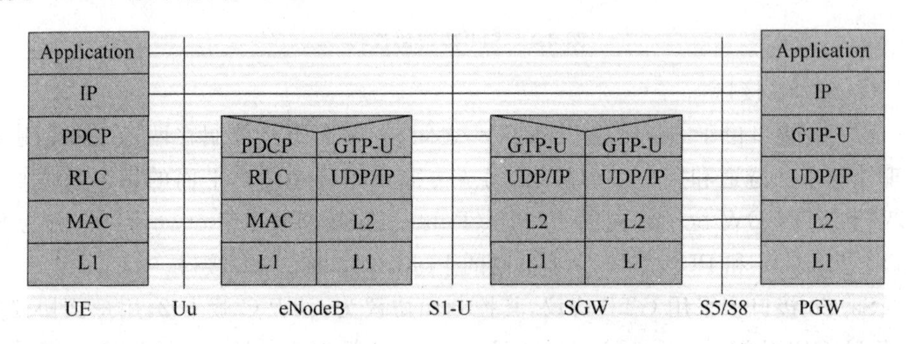

图 4-5 采用 GTP-U 协议的用户平面协议栈[3]

② SGi 接口

SGi 接口是 PDN GW 和分组数据网络之间的接口，采用 IP 协议。

3. 移动性管理

与 GPRS 网络中的 GMM(GPRS Mobility Management)类似，LTE 网络中的

移动性管理(EMM,Evolved Mobility Management)主要实现终端的位置管理和可达性管理两大功能。在位置管理过程中,还实现对终端的鉴权、信令和数据的安全加密控制等功能。

终端和 MME 之间的信令称为非接入层信令(终端和基站之间的信令称为接入层信令),用于传递移动性管理等相关信令消息和维护终端的移动性管理相关的状态。当终端开机并成功完成网络注册后,即进入“已注册”状态。当终端关机后,即进入“未注册”状态。

在“已注册”状态,基于终端与网络之间是否存在信令连接,将终端的状态分为“连接态”和“空闲态”。在“连接态”,终端和 MME、终端和基站之间存在非接入层信令连接和接入层的信令连接,网络准确地知道终端当前的位置信息,如其当前接入的基站和无线小区。在“空闲态”,终端和网络之间不存在连接,网络只知道终端的注册位置(即在哪些跟踪区),不知道终端具体在哪个无线小区。当网络需要和终端通信(如有下行数据或者信令到达),网络通过在终端的注册位置发起寻呼过程,终端应答后即进入“连接态”。

下面依次介绍几个关键的移动性管理的协议过程。

(1) 附着过程

LTE 系统中的附着过程主要实现了终端入网时的双向鉴权、默认 PDN 连接的建立、注册跟踪区的分配、终端临时标识分配等主要功能。与 GPRS 系统的附着过程不同,LTE 系统的附着过程新增了默认 PDN 连接建立过程,即为终端建立一条其签约数据中指定的默认分组数据网络的连接,如果不能建立该 PDN 连接,该附着过程失败。这是 LTE 系统为支持终端“永远在线(Always on)”特性所引入的一个重大修改。

注册跟踪区的分配也和 GPRS 系统有显著不同:MME 将根据终端上一次访问的跟踪区,为终端选取一个或者多个跟踪区,作为注册跟踪区并通知给终端。这样就可以根据终端的历史位置信息,为不同的终端分配不同的注册跟踪区了。不同终端的注册跟踪区,将具有不同的形状,利于优化移动性管理相关的信令。

附着流程如图 4-6 所示,该流程可简述如下:UE 发送附着请求消息,这是一个 NAS 消息,将触发 UE 和基站建立用于传输 NAS 信令的 RRC 连接,以及基站和 MME 之间和 S1-AP 信令连接。MME 收到该请求后,将向 HSS 获取该终端用户的签约数据和安全相关参数,并执行鉴权过程(是双向鉴权,也称为 EPS-AKA 过程)完成。通过后,MME 将向 HSS 发送更新位置请求,用于注册终端当前服务 MME 的信息。随后,MME 发起到默认 PDN 的 PDN 连接建立过程,为该终端建立从基站-服务网关-分组数据网关之间的用于承载该 PDN 连接的默认 GTP 隧道

(也称默认 EPS 承载)。最后,通过附着接受消息,将为终端分配的临时标识和注册跟踪区发送给终端。在该消息的发送过程中,建立空口的用户面承载。

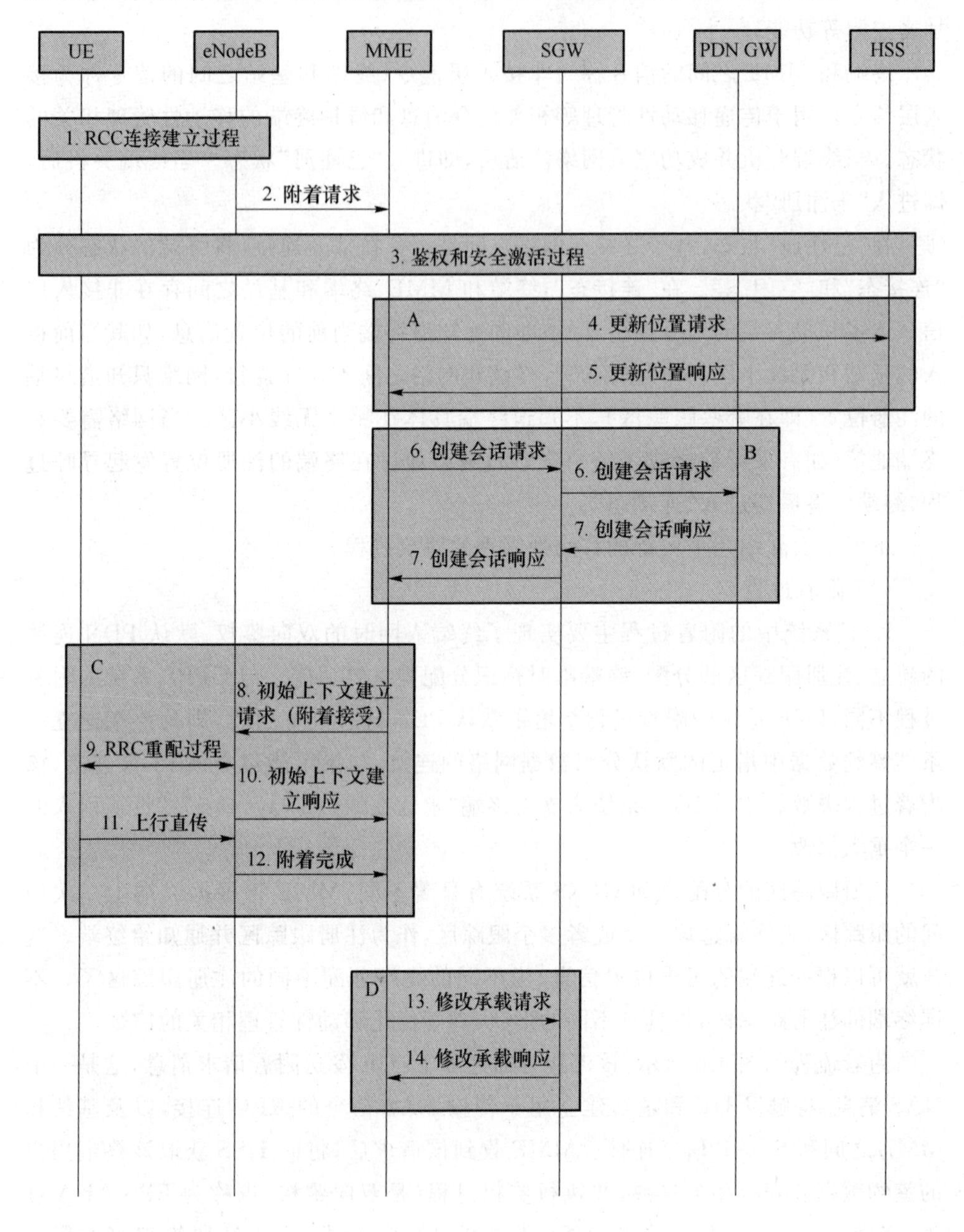

图 4-6 附着过程流程

终端和 PDN 网络中的其他节点通信必须具备 IP 地址。通常,PDN-GW 在终端附着过程中为终端分配 IP 地址。根据 PDN 网络配置、终端能力、签约等因素，终端将获得 IPv4 地址或 IPv6 地址或者两个地址。PDN GW 是终端用户面在 IP 网络的锚点，当终端由于移动改变无线接入时，终端获得的 IP 地址直至该 PDN 连接被拆除都不会发生改变。这样就保证了各种移动场景下终端用户的 IP 业务连续性。

(2) 跟踪区更新过程

跟踪区更新过程如图 4-7 所示。这一终端发起的跟踪区更新过程主要用于：①终端周期性地向网络更新其当前的状态；②当终端移动到其注册的跟踪区之外时，向网络报告这种移动性及其当前位置。第一种周期性跟踪区更新当终端在空闲态运行的周期性跟踪区定时器超时时发起。第二种普通跟踪区过程只要满足该条件即发起，无论终端处于连接态还是空闲态。如果是连接态，通常是在切换过程完成之后立即发起。针对这两种移动，假设终端此前通过 2G 或者 3G 接入网接入到分组域，当移动为通过 LTE 接入时，也需要发起第二种跟踪区更新过程(如果接入的跟踪区不是终端已经注册的跟踪区的话)。总体上看，跟踪区更新过程和路由区更新过程实现的移动性管理功能是基本一致的，详细过程请参考相关书籍或者规范。

为了进一步优化移动性管理过程，LTE 系统引入了"跟踪区(TA，Tracking Area)"的概念。与 GPRS 系统中的"路由区"的不同之处在于，跟踪区的覆盖范围比较小。如前所述，网络根据终端的历史位置信息结合其移动性状态，在移动性管理过程中为终端分配多个跟踪区，这些跟踪区整体作为终端的注册位置区。这样一来，每个终端可以获得为其定制的注册位置区。对比 GPRS 系统中注册位置区等同于其当前路由区的方法，LTE 的这种方法可以减少第二种跟踪区更新的次数。

在跟踪区更新过程中，终端的服务 MME 可能发生改变。例如，当终端移出旧 MME 所服务的区域之外，也有可能是出于负载均衡的考虑，基站在收到跟踪区请求消息时，为终端选择新 MME。如果选择了新 MME，新、旧 MME 之间需要执行上下文传输过程。新 MME 将为终端分配新的临时标识和新的一个或多个跟踪区。新 MME 在为终端分配新的多个跟踪区时，还可以将终端上次驻留的跟踪区也包含在内，从而防止乒乓效应。

在跟踪区更新过程中，MME 可能会为终端选择新的服务网关，此时网络需要为终端更新用户面承载。即建立经由新服务网关的承载，删除经由旧服务网关的承载。如果终端在跟踪区更新过程中请求数据传输或者在此过程中网络恰巧有数据要发送给终端，网络还将在此过程中建立空口承载，以及基站到服务网关之间的承载。

当终端从 2G/3G 接入移动到通过 LTE 接入时，也需要发起跟踪区更新过程。终端在跟踪区请求消息中需要提供临时标识，这个标识是由其在 2G/3G 接入时 SGSN 为其分配的临时标识 P-TMSI(Packet Temporary Mobile Subscriber Identity)和路由区标识按照一定规则映射生成，MME 将用这个标识寻找到分配该标识的 SGSN，并获取该终端的上下文。

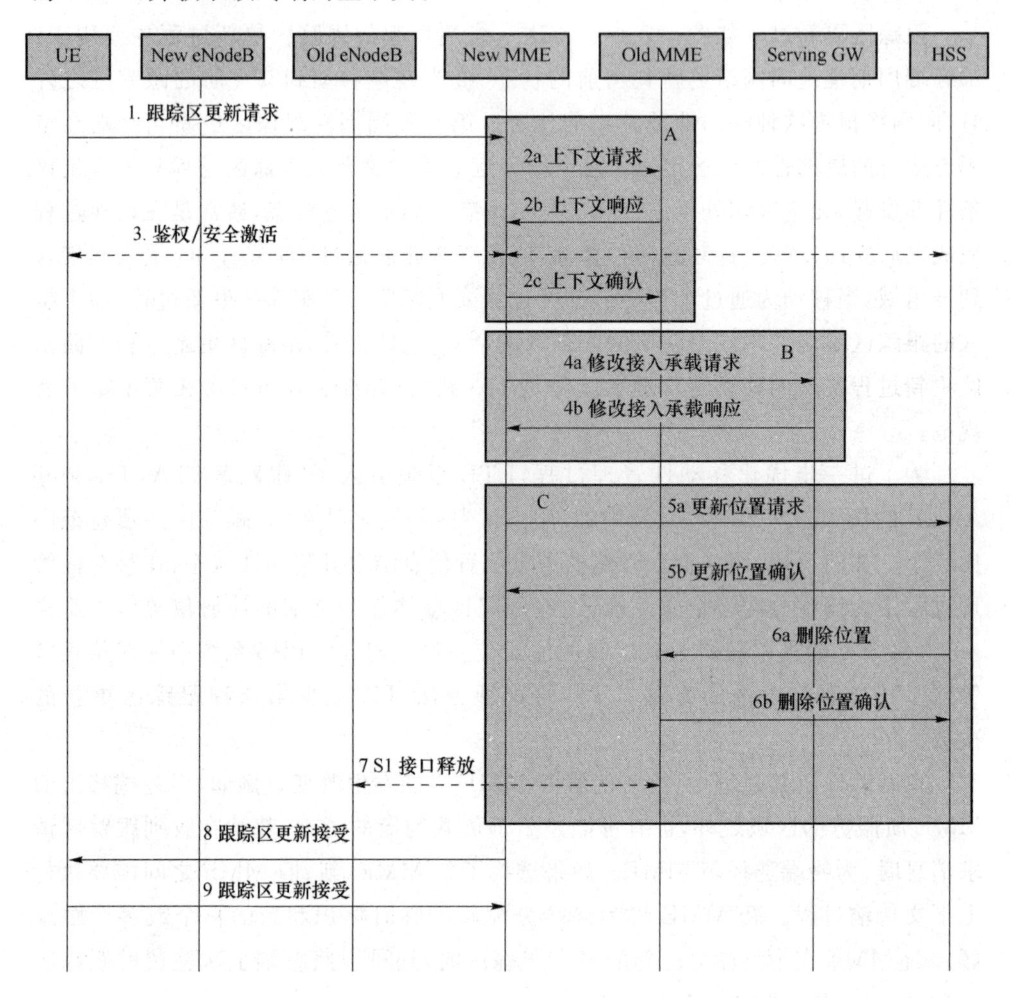

图 4-7 跟踪区更新流程图

(3) 业务请求过程

业务请求过程适用于空闲态的 UE 进入连接态的过程，在业务请求过程中要为 UE 建立 RRC(Radio Resource Control)连接和 S1 接口连接，网络还要为 UE

处于激活状态的承载建立相应的 S1 接口承载和空口承载。终端和网络均可以发起业务请求过程。终端处于空闲态，如果网络要发送信令消息给终端，或者有下行用户面数据发送给终端，网络将发起业务请求过程。

当 ISR(Idle-mode Signaling Reduction)激活时，网络发起的业务请求过程流程如图 4-8 所示。

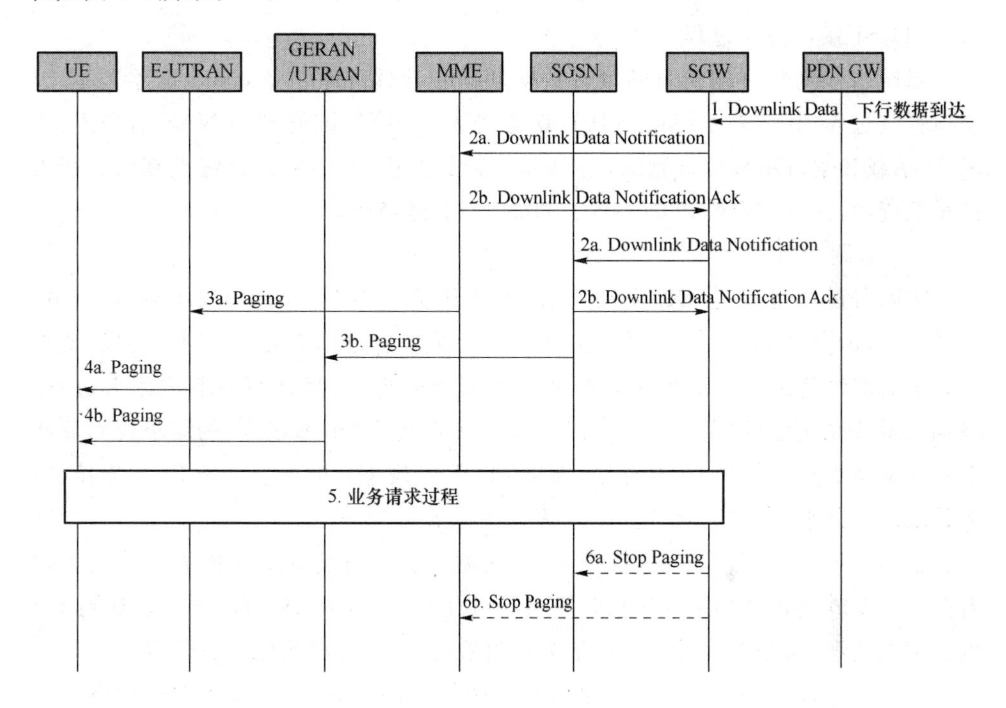

图 4-8 网络发起的 Service Request 过程

步骤 1～4：SGW 收到下行数据，但空闲态终端 SGW 并没有到 eNodeB 之间的下行通道，因此它将缓存数据并向 UE 注册的 MME 和 SGSN 发送 Downlink Data Notification 消息来触发 MME 和 SGSN 进行寻呼。此时 MME 和 SGSN 分别向终端注册位置范围内的 LTE 接入网和 2G/3G 接入网发送寻呼该 UE 的寻呼消息。如果是 PDN GW 发送的承载相关的信令到达 SGW，且终端也处于空闲态，SGW 需要缓存信令消息并触发寻呼过程。如果 MME 有信令要发送给终端(比如来自 SGs 接口的信令)，则 MME 直接发起寻呼过程即可。

步骤 5：激活了 ISR 的终端可能驻留在 LTE 接入网，也可能驻留的 2G/3G 接入网。如果 UE 从 LTE 接入网收到寻呼指示，UE 将发起 UE 发起的 service requet 过程。如果从 UTRAN 或者 GERAN 接入收到寻呼指示，MS 将在各自接入系统返回响应消息，并由 SGSN 通知 SGW。MME 和 SGSN 都将启动一个定时器用于监视寻呼过程，如果在确定的时间间隔内没有收到响应消息，MME和SG-SN将重复寻呼。时间间隔和重复次数由运营商配置。

步骤6a：如果收到来自E-UTRAN接入的寻呼响应，SGW发送“Stop Paging”消息到SGSN，SGSN将停止在GERAN/UTRAN中寻呼终端。如果寻呼响应来自UTRAN或GERAN，SGW发送“Stop Paging”消息给MME。

(4) S1接口释放过程

当网络检测到终端长时间没有数据发送时，网络（通常是eNodeB）会发起S1接口释放过程，其结果是终端将从连接态进入空闲态（该终端的NAS信令连接，S1-U承载和空口承载均被删除）。S1接口释放过程，并不释放该终端在核心网内的承载资源，即SGW和PDN GW之间的GTP隧道等。

(5) 去附着过程

去附着过程可以是UE主动发起，如UE关机，或者USIM（Universal Subscriber Identity Module）卡异常拔出等场景。去附着过程也可以由网络触发，比如当UE的签约信息改变导致UE被禁止接入当前小区，MM将发起去附着过程。终端的承载变化也可能引起UE去附着，SAE系统中“永远在线”的需求要附着状态的终端至少具有一个PDN连接，如果MME发现UE的最后一条PDN连接（或者是最后一条承载）被删除，MME会发起去附着过程。

根据UE与MME之间的信令交互，去附着可以分为显式去附着和隐式去附着两种类型。显式去如果UE长时间与网络没有交互，MME可能不会发起到UE的去附着消息，而是本地将UE标记为去附着，这一过程称为隐式去附着。

去附着过程的一个主要功能是清除网络终端的承载资源，如SGW、PDN GW处用于终端的承载资源。去附着完成后，MME也将删除终端的重载资源，但MME会保留终端的移动性管理上下文（含终端的临时标识、签约数据、鉴权安全参数等）一段时间，在该段时间内如果该终端使用此前分配给它的临时标识附着到网络，则网络可以使用该MME处的移动性管理上下文中的信息。这避免了查询HSS过程，加速了附着过程。

4. 切换控制

切换控制用于实现将连接态终端的和PDN GW之间的端到端承载从源侧网络移动到目标侧网络，在此过程中，需要保证业务数据报文传输的QoS（Quality of Service），将丢包、乱序、时延等降低到最小。

连接态终端在LTE接入网内移动时，发生的切换有两种类型：一种是基于X2接口的切换；另一种是基于S1接口的切换过程。如果不同eNodeB之间有X2接口且连接到同一个MME，则可以执行X2切换（此时终端的服务MME不发生改变)。如果没有 X2 接口,则执行 S1 切换。这两个过程中,MME 将为终端选择新 SGW,如果新 SGW 可以优化该终端用户路径,或者旧 SGW 无法继续服务该终端时(例如,无法连接到切换后的要使用的 eNodeB)。当连接态终端从 2G/3G 网络切换使用 LTE 网络时,也需要使用 S1 切换。无论是哪种类型的切换,终端的 PDN GW 都不发生改变。

LTE 系统支持 GERAN 和 E-UTRAN 之间的切换,也支持 UTRAN 和 E-UTRAN之间的切换。这两种类型都被称为 INTER-RAT 切换。由于 UTRAN/GERAN、E-UTRAN 对应的网络中移动性管理实体不同,且作为独立系统,具有各自的切换流程,因此在 INTER-RAT 切换时,均需使用遵循各自系统的切换流程和消息。不同之处在于,SGSN 和 MME 之间不但要进行终端的上下文的交互,还要进行承载参数、安全参数等的映射。

下面以从 E-UTRAN 到 UTRAN 为例,说明一个 INTER-RAT 切换过程。这个切换过程分为两个阶段:切换准备和切换执行,其流程分别如图 4-9 和图 4-10 所示。

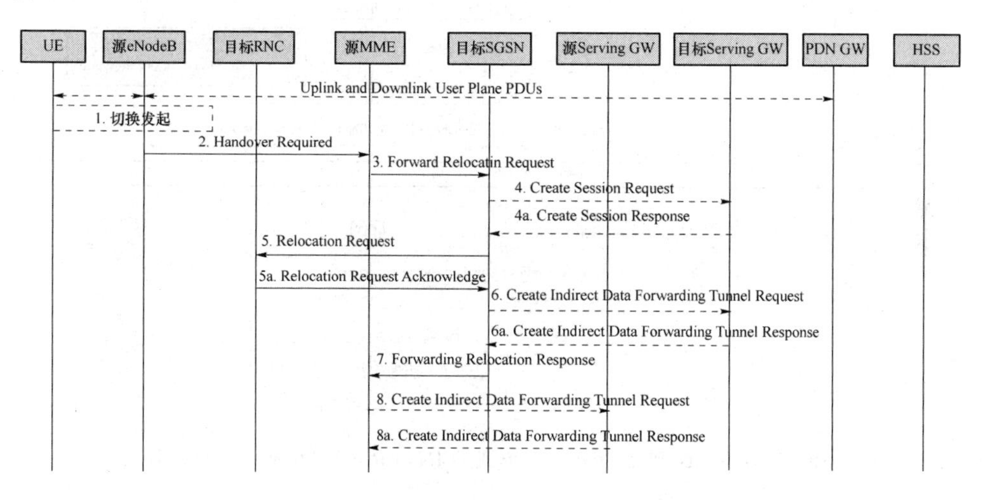

图 4-9 E-UTRAN 到 UTRAN Iu 模式的 INTER-RAT 切换——准备阶段[3]

切换准备过程的大部分步骤都与 Intra LTE 切换相同。比较大的区别是在步骤 2 中,source eNodeB 将 target RNC ID 发送给 source MME,MME 根据这个标识符确定这个切换是一个 INTER-RAT 切换,向 target SGSN 发送 Forward Relocation Request。使用 S4 接口的 S4-SGSN 需要将 EPS 承载映射为 PDP Context,将 EPS bearer 的 QoS 参数映射为 SGSN 系统能够识别的 QoS 参数(如果 SGSN 使用 Gn/Gp 接口,这些映射由 MME 完成,这样就避免了对 SGSN 的修改,可以实现和已经部署的 SGSN 互通)。另外,源系统中的承载是否激活,也将通过参数指示给目标系统。在步骤 5a 中会包含没有在目标 SGSN 和 UE 建立和保存的 RAB (Radio Access Bearer),这些 EPS 承载上下文在 RAU 过程完成后由目标 SGSN 使用显示的信令过程去激活(执行过程中的第 11 步及之后的过程)。

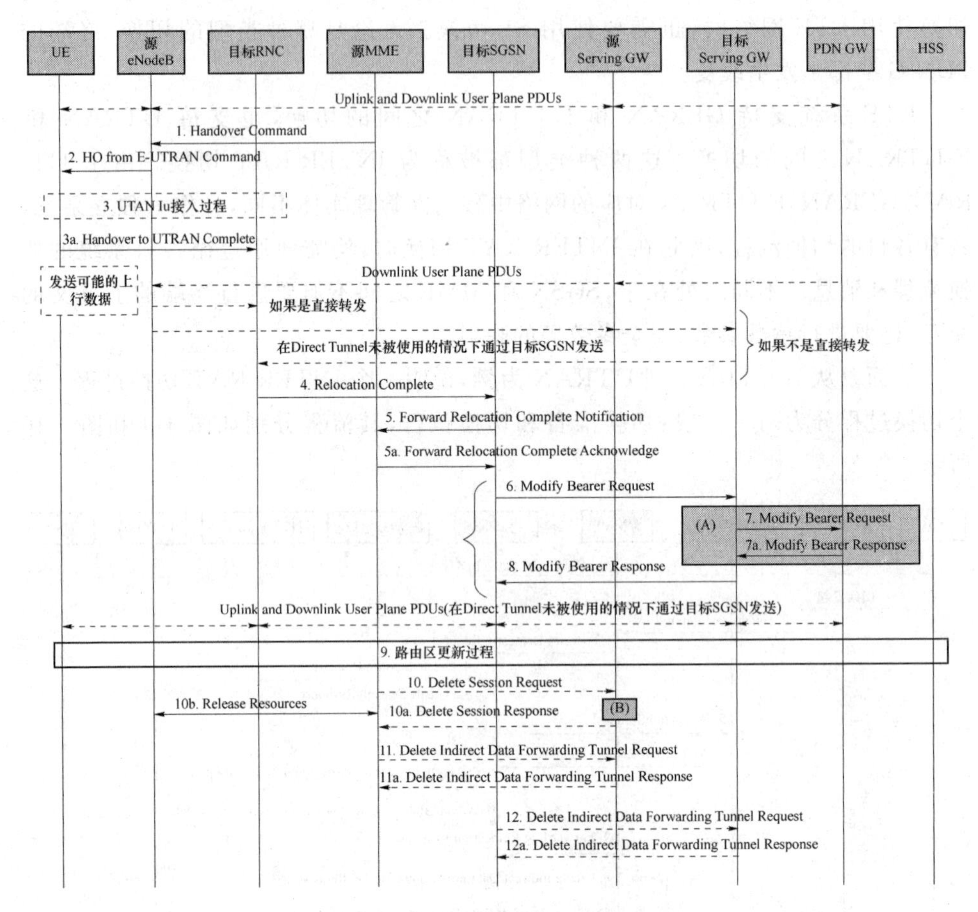

图 4-10 E-UTRAN 到 UTRAN Iu 模式的 INTER-RAT 切换——执行阶段[3]

在切换执行过程中,E-UTRAN 中执行的过程基本和 Intra E-UTRAN 切换过程一致[4],而在 UTRAN 中执行的为 UTRAN 中规定的 PS 切换流程[5]。UE 可以根据收到的 HO command 消息获取目标侧没有接纳的承载信息,UE 将本地去激活所有没有建立的承载而不需要发送任何信令给网络。

5. 空闲信令缩减

在多种接入系统并存的情况下,特别是 LTE 技术早期采用热点覆盖方式时,空闲态终端在不同 3GPP 接入系统之间的移动经常发生。ISR 特性是指激活了 ISR 功能后,空闲态终端在 2G/3G 系统和 LTE 系统之间移动时,如果终端没有移动到注册的位置区域之外，无须执行正常 TAU 或正常 RAU(Routing Area Update)过程，以实现缩减信令的目的。ISR 不但可以缩减终端和网络之间的信令，还可以缩减网络节点间的信令。

在 2G/3G 系统中，当终端在 2G 系统和 3G 系统之间移动时缩减信令的方法是通过同时支持 2G 接入和 3G 接入的公共 SGSN 和公共路由区(RA，Rouging Area)实现的。当 2G 的 GERAN(GSM/EDGE Radio Access Network)小区和 3G 的 UTRAN(Universal Terrestrial Radio Access Network)小区属于同一个 RA 时，网络可以在这些小区同时进行寻呼，终端在同一个 RA 中的不同接入技术间移动时，也不需要执行 RAU。这种方法对 SGSN 提出了较高的要求，降低了 GERAN/UTRAN 网络规划的灵活性。

在 LTE 中，可以采用类似的方法实现终端在 GERAN/UTRAN 和 E-UTRAN(Evolution- Universal Terrestrial Radio Access Network)之间移动时的信令缩减，但是考虑到 LTE 网络架构发生了较大变化以及跟踪区概念和路由区有较大不同等因素，3GPP 决定采用新方法来实现。这种新方法支持独立的 SGSN 和 MME、独立规划的 RA 和 TAs，通过引入 SGSN 和 MME 之间的关于 ISR 支持能力的信令交互来实现。新方法避免了引入 ISR 特定功能节点，降低了网络部署成本，增加了网络规划的灵活性。

当 ISR 激活后，终端在 2G/3G 中注册到一个 RA，同时在 LTE 中注册到 TAs。终端同时保持这两个注册，并为这两个注册独立地运行对应的周期性更新过程(即 RAU 和 TAU)。同样的，网络也同时保持这两个注册，当有下行数据需要发送给终端时，网络可以同时在终端所注册的 RA 和 TA List 中对终端进行寻呼。

ISR 的激活和去激活是指网络节点通过信令的方式为终端启用和停止使用 ISR 功能。当网络初次附着到网络时，ISR 并不能激活。只有当终端成功通过一种接入网络(如 GERAN/UTRAN)注册到网络后，又通过另一种接入网络(如 E-UTRAN)注册时，ISR 才能被网络激活。比如，终端首先在 2G/3G 的一个 RA 中注册后又在 LTE 的 TAs 中执行注册过程时，或者终端首先在 LTE 的 TAs 中成功注册后又在 2G/3G 的一个 RA 中执行注册过程时，网络才能激活 ISR。

以终端首先通过 GERAN/UTRAN 接入并注册到 SGSN 为例。此后由于终端移动、无线网络环境发生变化等原因，终端选择通过 E-UTRAN 接入，则终端要执行 TAU 过程，在这个过程中，SGSN、MME 和 SGW 通过信令交互各节点支持 ISR 的能力，如果这些节点都支持 ISR，则 MME 将在 TAU Accept 消息中指示终端激活 ISR。ISR 激活后，终端在 SGSN 和 MME 上有注册，SGSN、MME 和 SGW

都建有控制面连接，且 SGSG 和 MME 都注册到 HSS。终端即存储来自 SGSN 的移动性管理参数，如分配给终端的分组临时移动用户标识（P-TMSI，Packet-Temporary Mobile Subscriber Identity）、RA，也存储来自 MME 的移动性管理上下文，如分配给终端的全球唯一临时标识（GUTI，Globally Unique Temporary Identity）、TAs，以及针对 GERAN/UTRAN 和 E-UTRAN 公共的用户面信息。当 ISR 激活时，SGSN 和 MME 要记录对方的 IP 地址，用于将来转发寻呼消息。

激活了 ISR 的终端，进入空闲态时需启动周期性 RAU 定时器和周期性 TAU 定时器。与终端的信令连接释放后，SGSN、MME 需要启动移动可达定时器。如果终端驻留在 GERAN/UTRAN，周期性 RAU 超时时，需要执行 RAU 过程，但是周期性 TAU 超时时，终端并不执行 TAU 过程，而是在下次选择接入到 E-UTRAN 时才执行 TAU 过程。同样的，如果终端驻留在 E-UTRAN，周期性 TAU 超时时，需要执行 TAU 过程，但是周期性 RAU 超时时，终端并不执行 RAU 过程，而是在下次选择接入到 GERAN/UTRAN 时才执行 RAU 过程。

如果在移动可达定时器超时前，MME 或 SGSN 没有收到来自终端的周期性更新，则在移动可达定时器超时时，MME 或 SGSN 启动隐式去附着定时器，当这个定时器超时时，MME 或 SGSN 将发起隐式去附着过程。隐式去附着不但删除了终端移动性管理和承载相关的上下文信息，也删除了和 SGW 之间的控制面信令连接。一侧的核心网节点执行隐式去附着后，网络侧的 ISR 功能就被去激活了。

6. LIPA

本地 IP 接入（LIPA，Local IP Access）是一种流量卸载技术。LIPA 使得终端可以通过家庭基站直接访问家庭或企业所部署的本地 IP 网络，相应的用户平面数据由家庭基站直接路由到与其相连接的 IP 本地网络（如图 4-11 中左侧的粗虚线所示），而无须再通过的核心网，从而减少了核心网的负荷。

在 LTE 网络中，LIPA 的网络架构如图 4-11 所示。

图 4-11 所示的 LIPA 架构中，家庭基站和用于连接本地 IP 网络的 PDN 网关合设在一起，这个网关称为本地网关（LGW，Local GW）。如果签约数据允许，在终端建立到本地 IP 网络的 PDN 连接时，网络选择与当前终端所驻留的家庭基站合设的 LGW，并允许家庭基站与 LGW 之间建立一个直接隧道，用于传递用户面数据。由于经由 LIPA 接入的业务没有较为明确的 QoS 需求，LIPA 的 PDN 连接中只有默认承载，而没有专用承载。由于 WLAN 网络与 LTE 网络集成、Small Cell 技术等其他分流技术得到越来越多运营商的认可，LIPA 技术没有得到进一步的发展，如 LGW 和家庭基站分设的架构虽然得到了讨论，但却没能标准化。

针对家庭基站和 LGW 合适的场景，移动性管理主要集中在如何解决本地网络连接的建立、寻呼和终端移动场景如何处理本地网络连接等问题。下面依次介绍。

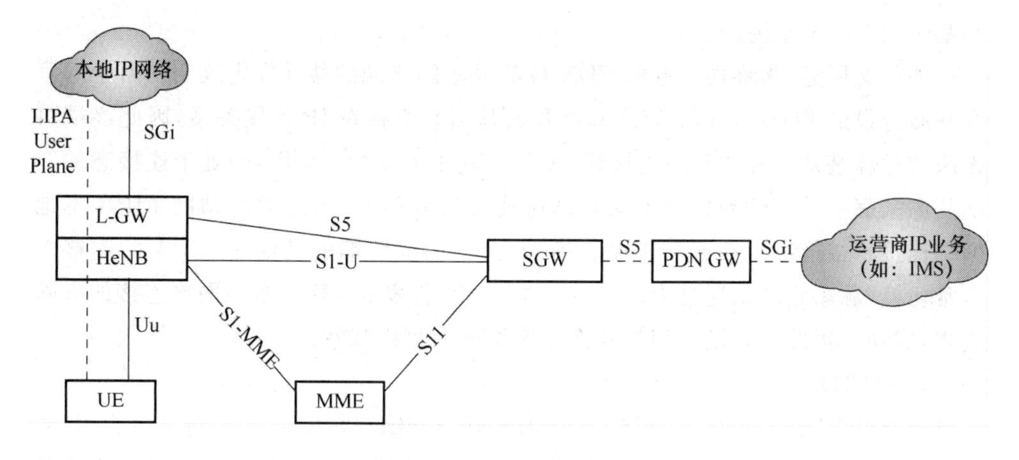

图 4-11 LIPA 架构图

虽然 LIPA 方式的本地网络连接的数据传输不用经过核心网，但建立过程仍然由核心网节点来控制。针对终端的 LIPA 本地网络连接，用户面存在两个通路：一个是 SGW 到 LGW 的 S5 接口承载通路，另一个是家庭基站和本地网关之间的直接通路。前者通过扩展现有 PDN 连接激活过程建立，不同之处在于家庭基站通过信令告知 MME 本地网关的 IP 地址，MME 判断该 APN(Access Point Name)允许为该 UE 建立 LIPA 本地连接后，建立该 LGW 和 SGW 之间的默认承载。后者由合设的家庭基站和本地网关通过内部实现方式完成，该直接通路使用的关联标识由 MME 告知，取值为与 LGW 分配的 S5 GTP-U TEID(Tunnel Endpoint ID)相同。当终端已经处于连接态时，终端 LIPA 本地网络的数据直接由后者承载，而并不经过前者。当终端处于空闲态，且有来自 LIPA 本地网络的下行数据到达家庭基站时，需要先对终端进行寻呼，才能进行数据的传输。

当终端处于空闲态但仍处于 MME 为其分配的 TAI(Tracking AreaIdentity)LIST 所限定的跟踪区内时，在周期性跟踪定时器超时之前，终端并不会发起跟踪区更新过程。在此期间，如果有下行数据到达 LGW，由于 LGW 和家庭基站均无法确定终端的准确位置，需要通过 MME 发起的寻呼过程来寻找终端。LGW 会将一个下行数据报文通过 S5 承载通路发送给 SGW，SGW 将按照收到来自核心网中 PDN GW 数据报文相同的流程，发送消息给 MME 以触发寻呼过程。当终端响应寻呼并通过家庭基站进入连接态后，SGW 会将这一个数据报文发送给家庭基站并由其发送给终端。此后，LGW 会将缓存的其他下行报文通过直接通路发送给家庭基站并由其发送给终端。如果 MME 判断出终端已经移动到之前连接的家庭基站覆盖之外(通过 MME 本地存储的 LGW 的 IP 地址和寻呼响应过程中基站上报 LGW 地址是否相同或者是否上报来判断)时,MME 会拆除终端之前连接到该家庭基站的 LIPA 连接。

如前文所述,为终端服务的 PDN GW 并不随终端的移动发生改变。由于源家庭基站合设的 LGW 与其他家庭基站和宏基站并不存在 IP 连接关系,因此终端将无法通过源基站之外的基站连接到 LGW。基于上述两个原因,当处于连接态的终端从源家庭基站移动到另一个家庭基站或者宏基站时,通过源基站的 LIPA 本地网络连接将被拆除。在这个连接态场景,为了保证终端的其他非 LIPA 的连接能正常切换,源家庭基站通过内部信令要求 LGW 先发起 LIPA 本地网络连接的拆除过程,成功后再发起切换过程将其他连接切换到目标基站。

7. SIPTO

选择性 IP 流量卸载(SIPTO,Selective IP Traffic Offload)是一种选择性 IP 流量卸载技术,如果终端的签约数据允许,网络可以选择性地将访问互联网业务的 PDN 连接卸载到距离终端接入点地理位置或者逻辑位置比较接近的一组网关节点(即 SGW 和 PDN GW)。在宏蜂窝网络,SIPTO 称作接入网之上的 SIPTO,其操作非常简单:在跟踪区更新过程中,当目标 MME 判断某 PDN 连接可以进行 SIPTO 时(如目标 MME 进行网关选择时发现该 PDN 有路由更优的网关时),MME 将通过网络发起的 PDN 连接去激活过程指示终端拆除该 PDN 连接并立即重建该 PDN 连接。如果 MME 判断该终端的所有 PDN 连接均可以 SIPTO,则将通过网络发起的分离(Detach)过程指示终端在分离后立即执行附着过程。在终端发起的 PDN 连接建立或者附着过程中,MME 将为新建的 PDN 连接选择路由更优的 SGW 和 PDN GW。对于 UTRAN 接入,由 SGSN 完成 SITPO 的判断和流程发起。由于 SIPTO 过程导致 PGW 改变,终端的 IP 地址将发生改变。网络判断可以发起 SIPTO 时,通常选择在终端没有业务数据收发时进行。即使这样,如果终端有激活的应用,将导致应用的中断。如果漫游协议许可,漫游网络同样可以对漫游进入的终端发起 SIPTO 过程。

SIPTO 技术同样可以应用到家庭基站场景,此时称作本地网络的 SIPTO(即 SIPTO@Local Network),使终端访问互联网的 PDN 连接不通过核心网节点。具体对应有两种网络架构:其一和 LIPA 类似,家庭基站与本地网络合设;其二为独立于家庭基站设置的独立的本地网关(含本地服务网关和 PDN 网关),这个独立网关位于运营商网络之外的企业网络或者家庭网络中。

第一种架构中,移动性管理流程和 LIPA 大致类似,但家庭基站向网络发送的用于 SIPTO 的 LGW 的 IP 地址和用于 LIPA 的 LGW 的地址是需要区分开的。

当终端从源家庭基站切换到别的基站时，源家庭基站通过内部信令要求与之合设的 LGW，LGW 将发起 SIPTO 的 PDN 连接的去激活过程并要求终端重建该 SIPTO 的 PDN 连接。

第二种架构中，一个或者多个家庭基站连接到同一个独立网关，隶属于该本地网络每个家庭基站在发给网络的初始 NAS 消息、上行 NAS 传输消息、切换通知和路转转换请求消息中，都需要包含本地网络的标识(用于标识同一个本地网络：包含一个本地网关即隶属于该本地网络的多个家庭)，供 MME 判断终端是否移出了该本地网络。在跟踪区过程和切换过程结束后，如果 MME 判断终端移出了本地网络(移动到另一个本地网络或者是移动到宏网络)，MME 将发起去激活 SITPO 的 PDN 连接过程，并指示终端重新建立 SITPO 的 PDN 连接。第二个架构中引入了本地 SGW，当终端在该本地网络初始附着时，无论是否需要建立 SIPTO 连接，MME 通常将为终端选择本地 SGW，当终端移动到宏基站且没有 SIPTO 连接时，将通过 SGW 重定位过程为终端重选一个位于运营商网络的 SGW。终端虽然通过家庭基站附着，但网络已经为其选择了运营商网络中的 SGW，如果终端新要求建立的 PDN 连接是 SIPTO 连接即该连接需要使用本地 SGW，此时 MME 将发起 SGW 重选过程，将终端当前在服务网关重新定位到本地 SGW。

和 LIPA 类似，本地网络 SIPTO 架构的 PDN 连接仅有默认承载，一方面的原因是需求中没有明确的要求有 QoS 业务支持，另一方面也是因为本地网关和核心网络的策略控制实体之间没有接口。

8. 电路域回退

在 2G 和 3G 时代，电路交换(CS，Circuit Switched)域得到了广泛的大规模的部署，成功地实现了移动话音业务和短消息业务。出于保护这部分网络的投资的考虑，也考虑到 IMS 方式实现话音业务对分组域在高接入速率和广网络覆盖等要求在较短时间内还难于实现，运营商和设备商希望在部署 IMS 业务前，LTE 终端仍然用 CS 域承载话音业务。为实现这一目标，3GPP 提出了电路交换回退(CS Fallback，Circuit Switched Fallback)技术。其核心思想是驻留在 LTE 网络的终端需要发起或者接受 CS 域的语音呼叫时，UE 回退到 2G/3G 网络的 CS 域网络完成该呼叫的接续。当呼叫结束后，终端即返回到 LTE 网络。为了实现 CS FallBack，一方面 UE 应具备支持 CS Fallback 的能力，另一方面 LTE 系统与回退到的 2G/3G 网络在无线网络覆盖上有重叠。

CSFB(Circuit Switched Fallback)的网络架构如图 4-12 所示。

该架构中新引入的接口是 CS 域的控制平面管理实体移动交换中心(MSC，Mobile Switching Center)/拜访位置寄存器(VLR，Visitor Location Register)和

LTE 系统中的移动管理实体(MME,Mobile Management Entity)之间的 SGs 接口。在 SGs 接口上,实现了 CS FallBack 业务移动性管理相关功能的消息传递,如位置管理功能、可达性管理等。

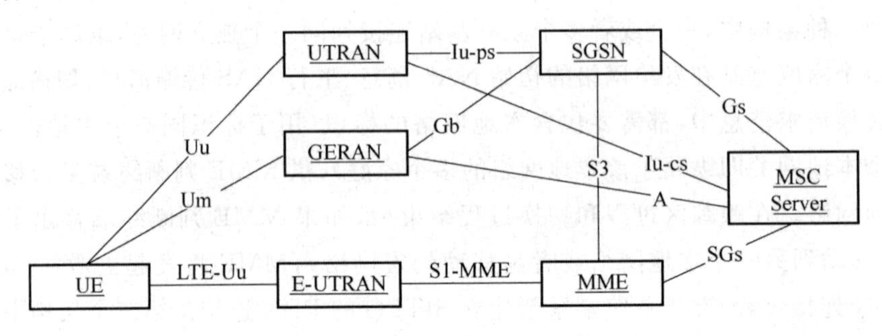

图 4-12 电路交换回退网络架构[6]

在位置管理方面,为了实现基于 CS Fallback 的语音呼叫,终端必须同时附着到 LTE 网络和传统 2G/3G 网络的 CS 域,即同时注册到这两个网络对应的移动性管理实体 MME 和 MSC/VLR 上。终端在执行 LTE 的附着过程时,将附着类型设置为 EPS/IMSI(International Mobile Subscriber Identity)联合附着,同时包含其支持 CS Fallback 的能力。MME 收到联合附着请求后将通过 SGs 接口向对应的 MSC/VLR 发起位置更新请求过程,将终端注册到该 MSC/VLR。

为了保持在 CS 域的注册状态,终端在后续 LTE 网络发起的跟踪区更新过程均为联合跟踪区更新过程。MME 将在该过程中,通过 SGs 接口向 MSC/VLR 更新终端的注册状态。如果跟踪区过程中发生 MME 改变,新的 MME 将为终端选择一个 MSC/VLR 并将其注册到 MSC/VLR。在上述联合附着和联合位置更新过程中,MSC/VLR 会为终端分配在 CS 域使用的临时标识(TMSI,Temporary Mobile Subscriber Identity),供终端回退接入到 CS 域使用。

在可达性管理方面,为了让 MSC/VLR 在有 Mobile Terminating Call 到达时能够找到被叫终端,MSC/VLR 此时会通过 SGs 接口将对应的 CS 域 Paging 消息发给 MME。MME 判断被叫终端是否和网络有信令链接:如果有,则直接通过 NAS 信令通知终端它有 CS 域的呼叫;如果没有,则在该终端所注册的所有跟踪区中寻呼终端,寻呼消息中指示终端这个寻呼是用于 CS 域。终端收到寻呼后,通过发起扩展的业务请求过程,回退到 CS 域响应该呼叫。针对终端发起的呼叫,终端也是通过发起扩展的业务请求过程,先回退到 CS 域,然后再按照已有 CS 呼叫流程进行主叫过程。

终端在 LTE 系统完成附着后,LTE 网络即为该终端建立并激活 PDN 连接,并建立相关承载。在 CS Fallback 过程中,还需要针对这些 PS 承载进行对应的处理。如果终端和回退到的网络系统部署了 PS 域，且支持分组交换的切换过程，则当发生回退时，可以将该终端所激活的 PDN 连接的承载切换到 PS 域。此时，终端即可以通过 PS 域网络使用数据业务，同时通过 CS 域实现语音呼叫。如果终端或回退系统没有部署 PS 域或不支持分组交换的切换过程，这些激活承载将无法切换，对应的分组交换业务将终止。

在传统的 2G/3G 网络中，短消息通常是在电路域传输的。基于 CSFB 网络架构，新增了一种“仅使用短消息”〔即“SMS(Short Message Service) only”〕的业务选项，即终端不需要基于电路域的话音业务，仅仅需要经由电路域传递的短消息业务。这个技术使得运营商仅通过升级或者部署少量的支持 SGs 接口的 MSC/VLR、不部署 2G/3G 接入网，即可提供短消息业务。终端在联合 EPS/IMSI 附着过程以及联合跟踪区/位置区更新过程中，向网络表明它只需要“SMS only”，来获得 SMS only 业务。终端后续的移动性管理过程和使用 CSFB 业务的类似，不同之处在于下行短消息触发寻呼和响应过程。该寻呼消息中的域指示设置为 PS 域，终端在 LTE 覆盖收到该寻呼消息后，通过业务请求过程和 MME 建立 NAS 信令连接，但没有回退到电路域的协议过程。下行的短消息及其响应将经过 NAS 信令、SGs 接口在终端和 MSC/VLR 之间传递。终端需要发送短消息时，也无须回退到电路域，只需将短消息封装在 NAS 消息中发送给 MME 即可。

9. 异构无线接入网中的移动性增强

越来越多的数据业务通过移动通信网络接入，其数据业务量呈现爆炸式增长，仅采用传统的宏小区组网已经无法满足业务增长的需求。通过叠加部署用于增加系统容量的小小区，如家庭基站、微小区等，不但能够有效提高网络的总容量，还能降低宏小区的负荷。这些宏小区和小小区不但可以同频组网，还可以异频组网。上述宏小区和小小区同时存在的无线接入网络称为异构网(HetNet，Heterogeneous Radio Network)，如图 4-13 所示。

异构无线接入网给 UE 的移动管理带来如下挑战：

- 同频组网时，终端在宏小区和小小区间移动时，容易发生切换失败和无线链路失败；一旦发生失败，终端在进行 RRC 连接重建时的成功率比单纯的宏小区组网有所下降。
- 异频组网时，现有异频测量方法用于异频小小区发现将给终端带来较大能耗增加。
- 配置使用长周期的 DRX(Discontinuous Reception)终端，因 L3 测量上报不及时而导致移动性性能的降低。

3GPP 在 Rel-12 的 HetNet Mobility Enhancements 项目中，明确了针对异构

无线接入网场景的下述研究目标[7]。

- 提高终端的切换性能，如减少切换失败、无线链路失败和乒乓切换的发生概率。
- 在提高终端发现异频小小区的效率的同时降低终端能耗。
- 提高配置了长周期 DRX 的终端的移动性性能。

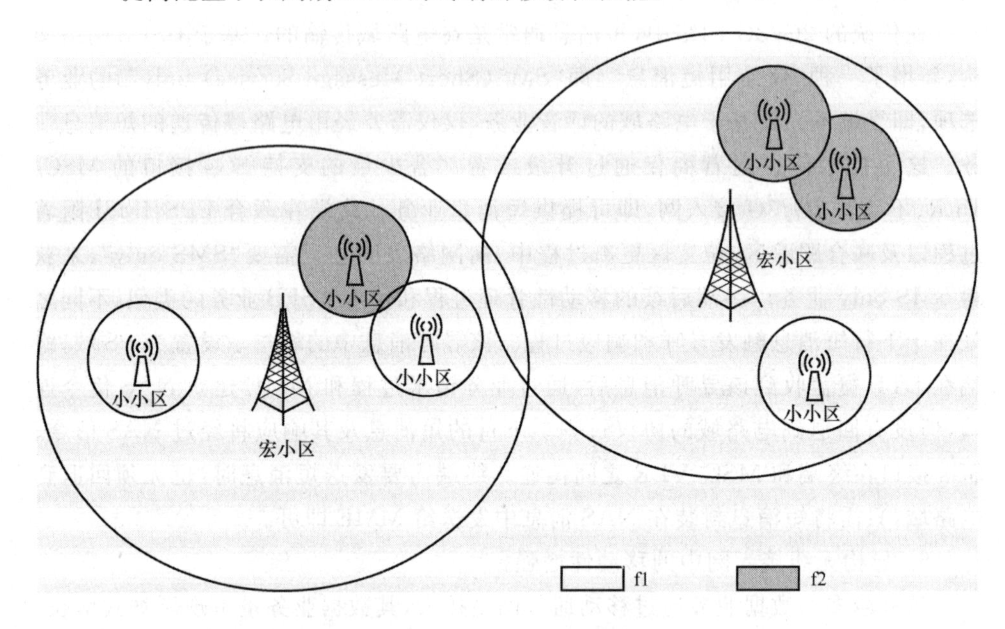

图 4-13 异构网示意图

由于时间不足等原因，在 Rel-12 时间窗内该项目没能就提升异频小小区发现效率、提高长周期 DRX 终端的移动性性能这两个目标完成标准化工作。如何提高切换性能形成标准化的方案，简单介绍如下。

为了保证切换成功，终端应尽可能在规划的切换带内完成切换，即在终端从源小区向目标小区移动的过程中，来自源小区的信号质量不断下降，来自目标小区的信号强度不断增强，网络选择恰当的时机，控制终端从源小区接收切换命令，并且能在目标小区成功完成随机接入的位置进行切换。当源小区为小小区时，切换较窄，容易因为实际切换发生过迟而导致连接失败。如果过早地发起切换过程，虽然能够保证终端在源小区信道质量较好的时候收到切换命令，但终端可能会由于目标小区信号质量不佳而导致随机接入失败或引发乒乓切换。当目标小区为小小区时，切换也较窄，切换过早将导致切换失败或乒乓切换。因此，确保在适当的时候进行切换，是保证切换成功的重要手段。R12 的标准采纳了两个方案用于提升切换成功率。一个是终端在进入连接状态时根据网络要求上报移动性相关信息，能够保证对终端速度估计的准确性，据此对切换参数进行适当调整，从而提升切换成功率。另一个是网络基于目标小区的类型配置单独的切换参数即确定何时触发 Time to Trigger，以保证切换的成功率，且又能够尽可能减少乒乓失败。

4.3.3 GPRS 网络和 Wi-Fi 网络的互通架构及移动性管理

3GPP 自 Release 6 开始研究 GPRS 网络（即 2G 和 3G 网络的分组域）和 WLAN（指基于 IEEE 802.11 系列标准的 WLAN）的互通，在 Release 7 完成全部工作。这个互通的架构通常被称作 I-WLAN（Interworking WLAN），是该研究工作的项目名称的缩写。自 Release 8 起，3GPP 开始研究基于 LTE 网络架构的异构网络互通，如 LTE 网络与 WiMax、WLAN、cdma2000 High Rate Packet Data 等网络的互通。在 Release 12 Stage 2 冻结时，3GPP 决定不再维护 I-WLAN 相关规范，并推荐采用基于 LTE 网络实现与 WLAN 网络的互通。本节介绍 I-WLAN 相关内容，下一节介绍 LTE 网络和 WLAN 等网络的互通。

（1）I-WLAN 的场景和网络架构

I-WLAN 在其系统中定义了两个新的过程。第一个是 WLAN DIRECT IP ACCESS，用户的 AAA 过程交给 3GPP 系统控制，用户可以通过 WLAN 访问本地的 IP 内联网以及因特网。第二个是 WLAN 3GPP IP ACCESS，用户不但可以访问 3GPP 网络的分组域及业务，还可以通过 3GPP 系统访问外部的 IP 网络（如企业网、互联网等）。上述两个过程如图 4-14 所示，图中(b)的阴影部分表示 WLAN 3GPP IP ACCESS 功能。

WLAN 和 3GPP 互联互通的六个场景如下。

场景 1：公共计费和用户服务

这种场景中，WLAN 和 3GPP 网络使用各自的安全机制，仅对用户关系上是统一的。针对 WLAN 和 3GPP 两种业务，用户只需和一个移动网络运营签约，收到的账单包含上述两种业务的计费信息。

场景 2：基于 3GPP 系统的接入控制和计费

当用户接入到 WLAN 时，AAA（Authentication，Authorization and Accounting）相关功能由与其互通的 3GPP 系统提供。针对 WLAN 网络，3GPP 系统可以提供在线、离线计费。用户通过 WLAN 接入时，只能使用 WLAN 原有的业务。

场景 3：接入访问 3GPP 系统的分组域业务

当用户通过 WLAN 接入时，可以访问基于 3GPP 系统的分组域业务，如短消息、即时消息、多媒体消息、呈现业务、基于 IMS（IP 多媒体子系统）域的业务、基于位置信息的业务、基于 MBMS（Multimedia Broadcast/Multicast Service）的业务等。本场景尚未提供 WLAN 和 3GPP 系统之间的业务连续性。

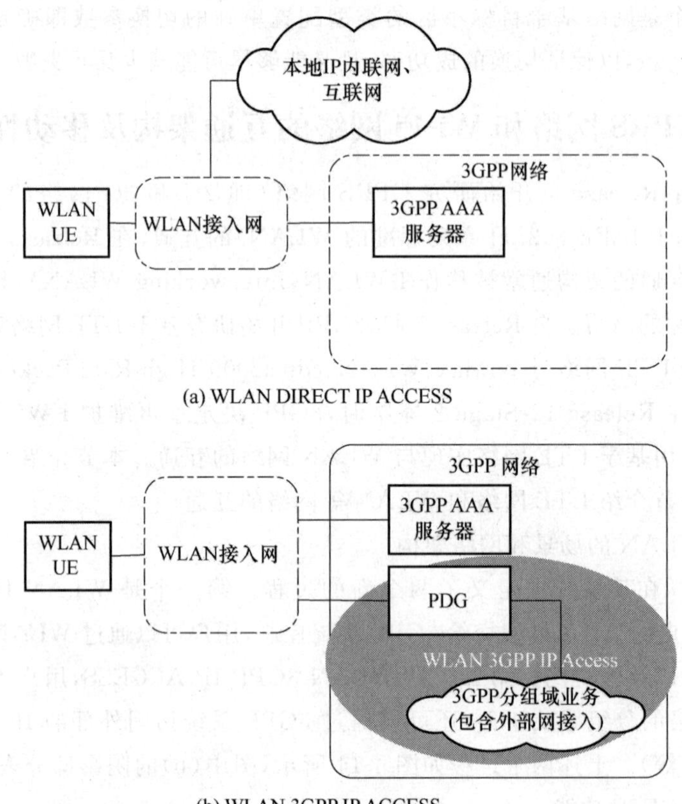

图 4-14 WLAN-3GPP 两个新过程：简化的网络结构示意图

场景 4：业务连续性

当用户在不同接入技术之间切换时，比如由 3GPP 系统接入改为从 WLAN 接入，本场景要能够保证场景 3 中所支持的业务的连续性。用户在改变接入点时，可能会感觉到业务中断，但无须用户或终端去重建业务；因为接入网络的能力，改变接入点前后的用户业务的服务质量也许会不同；也许部分业务在接入点改变后得不到支持。

场景 5：无缝业务

当用户在不同接入技术之间切换时，本场景要保证场景 4 中业务的无缝业务连续性，即用户在不同接入技术之间切换时，数据丢失和中断时间降低到最短，用户也感觉不到业务的任何中断。

场景 6：接入 3GPP 系统电路域业务

本场景中，用户通过 WLAN 接入时，可以使用 3GPP 电路域提供的业务。本场景的实现方案要使得用户在不同的接入技术之间切换时，不但切换对用户是透明的，还能保证 3GPP 电路域提供的业务的无缝业务连续性。

标准化工作完成了前 5 个场景所需的协议过程指定等过程，场景 6 实际需求少，因此没有驱动力去讨论具体方案。实际网络部署中，也少有运营商基于 I-WLAN架构部署，而是基于 S2b 的架构(参见本书 4.3.4 小节)有实际部署。

(2) 用户面协议栈

I-WLAN 架构对终端通过 3GPP 接入时的协议栈没有影响，在 WLAN 网络时，WLAN 接入的终端和 PDG(Packet Data Gateway)之间的协议栈如图 4-15 所示。

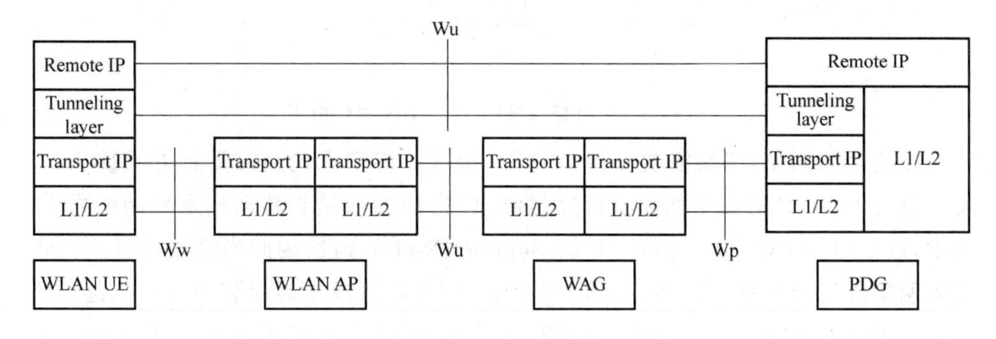

图 4-15 WLAN UE 与 PDG之间的协议栈

WLAN UE 和 PDG 之外的网络，采用 IPinIP 的方式经由 PDN 实现 IP 通信。即外部网络使用该远端 IP 地址寻址 WLAN UE，IP 数据分组将路由至 PDG，PDG 将这些 IP 数据封装通过 IP 隧道发送给 WLAN UE。所述 IP 隧道是 WLAN UE 和 PDG 间建立端到端隧道，隧道层使用传输 IP 报文来封装终端和外部网络之间的 IP 数据分组。IP 隧道实际上是 WLAN 接入网和 PDG 之间的私有网络，包括 WLAN AP 和 WAG(WLAN Access Gateway)等网络实体。此时，该私有网络可以采用私有地址空间。

(3) I-WLAN 架构中的业务连续性

场景 4 和场景 5 的目标依次是业务连续性和无缝的业务连续，分别需要支持垂直切换和无缝垂直切换，即终端在 WLAN 和 3GPP 接入之间移动时保持 IP 层业务的连续性。这两个场景中，接入系统之间的移动性管理基于 IP 层技术实现。

在这些场景中，保证业务连续性最为关键是要做到终端在两种接入之间移动时，终端用于和外部网络通信的 IP 地址保持不变，相关机制被称为“IP 地址保持”。为实现场景 4 和场景 5 的目标，采用 DSMIP(Dual Stack Mobile IP)协议管理接入系统之间的移动性，并基于此对 I-WLAN 架构进行了增强，增强后的逻辑架构如

图 4-16 所示。

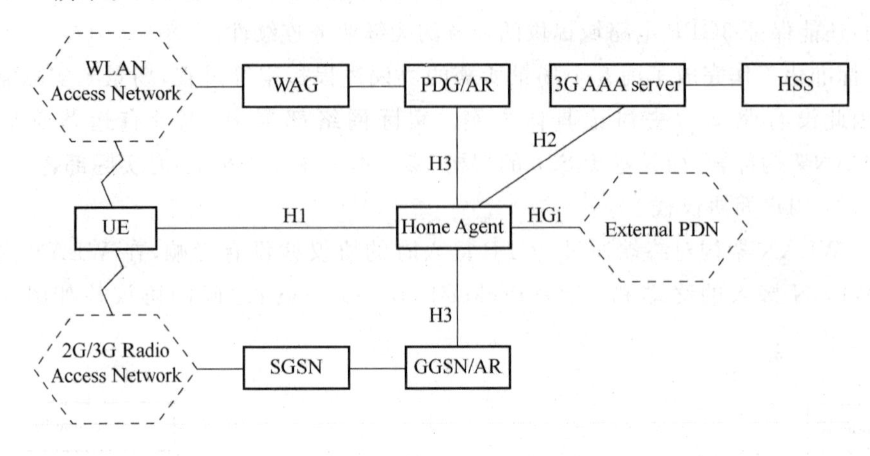

图 4-16 支持移动性的 I-WLAN 架构增强

在这个架构中，终端需要支持 DSMIP 协议。终端无论通过哪种方式接入，都需要进行 DSMIP 协议中的家乡链路检测，以发现当前是否移动到家乡网络之外。通常，HA 和 GGSN(Gateway GPRS Support Node)合设，因此当终端通过 2G/3G 接入网接入时是在家乡网络，采用 GTP 实现 IP 数据报文的封装即可。当终端在 2G/3G 接入网间移动时，仍采用 GPRS 系统的移动性管理机制。当终端通过 WLAN 网络接入连接到 PDG 时，需要将 WLAN 网络分配给它的 IP 地址作为 Care of Address 通过 DMSIP 注册到 HA(Home Agent)。而 HA 的地址是此前通过静态配置到终端或 DNS(Domain Name System)查询，通过 3GPP 接入的 PCO (Protocol Configuration Option)信息单元或 PDG 通过 IKEv2(Internet Key Exchange Version 2)配置发送给终端的。如果终端从 HA 处获得 IP 地址，那么 GGSN 在给通过 3GPP 接入的终端分配地址时，需要保证和终端此前在另一接入分配得到的 IP 地址一样，从而保证终端业务的连续性。

4.3.4 LTE 和非 3GPP 网络的融合架构及移动性管理

自 Release 8 起，3GPP SA2 工作组开始研究 LTE 网络和非 3GPP 等其他标准组织定义的无线网络的融合，如 CDMA、WiMax 和 Wi-Fi 等无线网络。这些无线网络被 3GPP 统称为非 3GPP 接入。不同标准组织定义的无线接入网络的融合非常困难，因此，LTE 网络与非 3GPP 的融合首先出现在核心网的网络层。本节依次介绍 LTE 网络和非 3GPP 网络融合的通用架构，LTE 网络与 cdma2000 High Rate Packet Data 网络的融合与优化及其对应的移动性管理关键技术。

(1) LTE 网络与非 3GPP 网络的融合通用架构

根据运营商的策略和非 3GPP 接入网运营商之间的协议，可以将非 3GPP 接入网络分为可信和非可信两种。这种信任关系和该非 3GPP 接入网是否采用、采用何种安全机制没有关系。终端通过可信的非 3GPP 接入网可以直接接入 EPC (两者间的参考点为 S2a，故称为 S2a 架构)；而通过非 3GPP 接入网接入时需要采用额外的安全保护机制，例如建立 IP 安全(IPSec，IP Security)隧道来保护终端和 EPC 之间的通信安全，此时的非可信非 3GPP 接入网需要通过接入到部署在 EPC 中的演进分组数据网关(ePDG，evolved Packet Data Gateway)的方式，由 ePDG 连接到 PDN GW(两者间的参考点为 S2b，故称为 S2b 架构)。

S2a 参考点既可以采用基于网络的移动性管理协议(如 GTP 或 PMIPv6)，也可以采用基于主机的移动性管理协议(如移动 IPv4 的外地代理模式)。S2b 参考点位于 ePDG 与 PDN GW 之间，可以采用 GTP 或 PMIPv6 协议。当非 3GPP 接入网不支持上述移动性管理协议时，可以使用 S2c 参考点时，在这种场景下可以不考虑接入网络的信任类型，此时 S2c 参考点位于 UE 与 PDN GW 之间，该参考点上使用基于主机的移动性管理协议 DSMIPv6(称为 S2c 架构)。

非漫游场景下，使用 S2a/S2b 参考点的融合架构如图 4-17 所示。在这两种架构中，当终端从非 3GPP 接入网络接入 EPC 核心网时，需要执行基于 3GPP 的鉴权过程，PDN GW 和 ePDG 分别通过 S6b 和 SWm 接口与 3GPP 认证授权计费(AAA，Authentication Authorisation Accounting)服务器交互，3GPP AAA 服务器通过 SWx 接口从 HSS 中获取终端的签约数据和鉴权参数。

非漫游场景下使用 S2c 参考点的融合架构如图 4-18 所示，包括可信接入和非可信接入两种情况。此时，终端与 PDN SW 之间使用 DSMIPv6 协议。在这种架构下，可以实现基于 IP 流粒度的移动性，即将一个或多个 IP 流在 3GPP 接入和非 3GPP 接入间移动。具体将在后续 4.5.1 小节介绍。

(2) 移动性管理机制选择(IPMS，IP Mobility management Selection)

移动性管理协议分为基于网络的移动性(NBM，Network Based Mobility)管理协议和基于主机的移动性(HBM，Host Based Mobility)管理协议。GTP、PMIP 是典型的 NBM 协议，而 MIPv4、DSMIPv6 等则是 HBM 协议。两者的区别在于后者需要终端支持对应的 HBM 协议，而前者不需要。当终端在 3GPP 接入和非 3GPP 接入技术之间移动时，仅当两个系统在网络侧和终端侧支持相同类型的移动性管理协议，才能保证业务的连续性。因此，如何选择 IP 移动性管理协议类型，是 3GPP 系统和非 3GPP 系统之间融合要解决的关键问题之一。为此，3GPP 定义了 IPMS 机制。

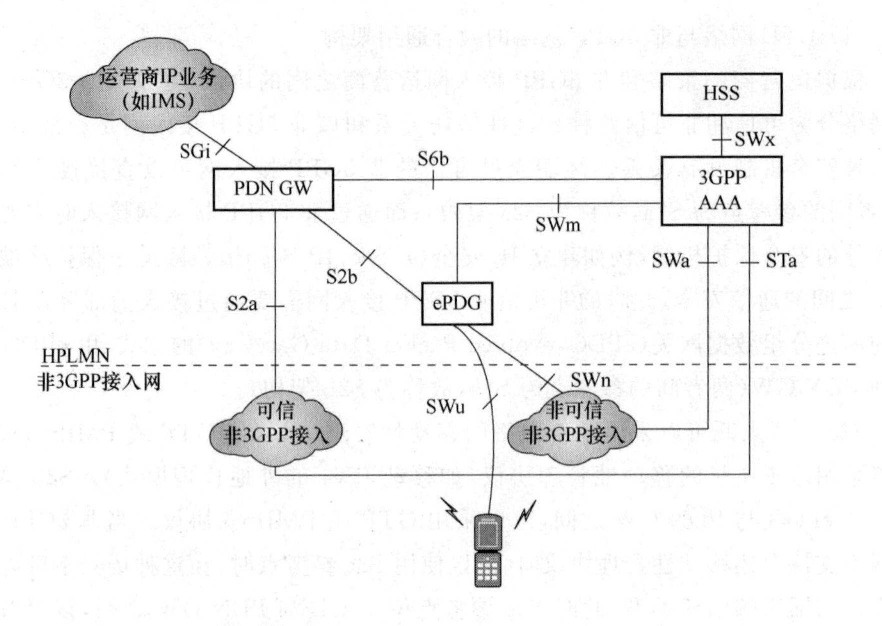

图 4-17　非漫游场景下与非 3GPP 接入网的融合架构(S2a/S2b)

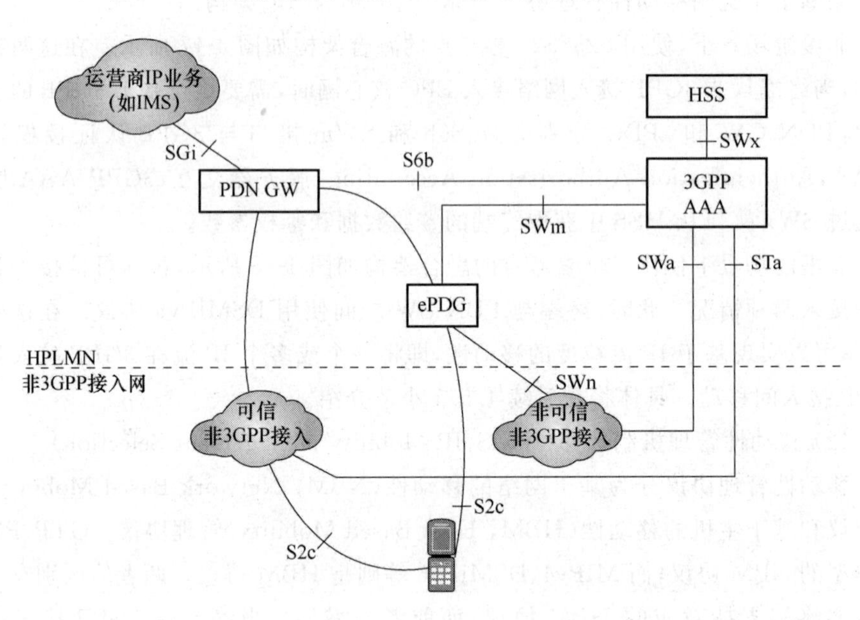

图 4-18　非漫游场景下与非 3GPP 接入网的融合架构(S2c)

当终端从 3GPP 接入网络初始接入时，只能使用基于网络的移动性管理协议，具体使用 GTP 还是 PMIP 依据网络配置，但最终使用哪个协议对终端是透明的。当终端从非 3GPP 接入网络初始接入时，终端向网络指示其支持的和想要使用的协议，网络根据配置将最终选定的协议类型指示给终端，结果可能是 NBM 也可能 HBM 协议。当终端从 3GPP 接入到非 3GPP 接入进行非优化的切换时，也需要进行这种协商。

使用 MIP 或者 DSMIP 时，由于是 PDN GW 承担 Home Agent 功能并为终端分配家乡 IP 地址，因此当使用 3GPP 接入时，终端认为自己接入到 Home Link。

(3) 接入网络发现与选择(ANDSF，Access Network Discovery and Selection Function)

异构网络环境中，终端同时处于多个 3GPP 和非 3GPP 接入网络的共同覆盖，这些无线接入覆盖可能属于不同的运营商、提供到不同网络的接入。完全依赖终端自行进行网络接入的尝试，一方面不利于终端节省能耗，另一方面运营商也无法有效控制终端的接入网络发现和选择。在 Release 8 中就引入了接入网络发现与选择功能(ANDSF，Access Network Discovery and Selection Function)，让网络控制终端进行接入网络发现和选择。

ANDSF 功能属于应用层功能，终端和 ANDSF 实体之间的接口(S14，一个用户面接口)可以由任何接入技术来承载。通过 S14 接口，网络可以动态地向终端提供接入网络发现和选择相关的信息，终端则向 ANDSF 实体提供其当前所处的位置。ANDSF 的工作模式包括 Push 和 Pull 两种：在 Push 模式中，ANDSF 在网络的触发下或根据其前期与 UE 的交互主动向 UE 下发策略；在 Pull 模式中，ANDSF 根据 UE 的请求向 UE 下发策略。

这些策略按功能分为：跨系统移动性策略(ISMP，Inter-System Mobility Policy)、接入网络发现信息(ANDI，Access Network Discovery Information)、跨系统路由策略(ISRP，Inter-System Routing Policy)等。

跨系统移动性策略是一系列运营商定义的规则，用于影响终端跨系统移动性时的选择决策。这些策略包含接入 EPC 最优的接入技术或具体的接入网络、允许或禁止 UE 执行跨系统移动的时间、是否限制 UE 从一种接入技术移动到另外一种接入技术、使用这些 ISMP 策略的条件以及更新 ISMP 的方式等信息。

接入网络发现信息是 ANDSF 在终端请求下，向其提供的其当前所处位置的附近可用的接入网络的信息(如可用接入技术类型、接入网络标识等)，以避免终端在不必要的频点上进行网络发现和接入尝试。

跨系统路由策略用于控制 PDN 粒度的移动性和 IP 流粒度的移动性(将在后续 4.5.1 小节介绍)。ISRP 可以预配置在 UE 中，也可以基于网络触发或 UE 请求由 ANDSF 进行更新。

(4) LTE 网络与 cdma 2000 HRPD 网络的融合与优化

cdma2000HRPD 接入网络是一种典型的可信非 3GPP 接入网，可采用 S2a、S2b 方式接入到 EPC，但在这种架构下，终端在两个接入系统间的切换时延较大。为了优化 E-UTRAN 与 CDMA HRPD 接入之间的切换性能，设计了一种优化的架构，如图 4-19 所示。

该架构在 HRPD 接入网与 MME 之间引入新参考点 S101，并在 cdma2000 网络中新增实体 HRPD 服务网关（HSGW，HRPD Serving GW），该实体通过参考点 S103 接入到 SGW。通过 S101，当终端驻留在 LTE 接入网络时，可以预注册到 cdma2000 系统中。反之，当终端驻留在 HRPD 接入网络时，也可以预注册到 SAE 系统中，从而避免了切换接入到另一种接入时的认证过程，降低了切换时延。S103 参考点则用于提升用户面的切换性能。

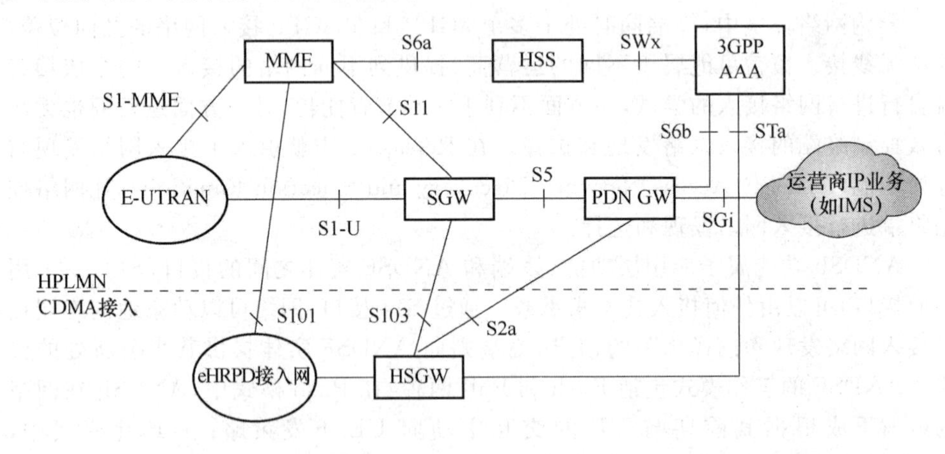

图 4-19 非漫游场景下与 eHRPD(evolved High Rate Package Data)的融合架构

4.4 异构融合网络中的垂直切换

垂直切换与水平切换在切换涉及的接入技术、切换触发原因、切换决策判决因素、切换的发起方和控制方等多方面存在差异，如表 4-1 所示。

除了切换过程中所涉及的接入网络技术是否同类，垂直切换与水平切换的差异还包括[2,8]：

(1) 切换原因不同。水平切换往往和终端移动引起的物理位置变化有关，是动态的。垂直切换强调接入点的变化，而接入点变化并不一定由物理位置变化引起，还可能由接入技术的变化引起，因而可能是静态的。

(2) 切换决策判决因素不同。水平切换的决策通常根据终端所接收到的物理信号强度（RSS，Received Signal Strength）及其变化指标（如带门限的 RSS、带滞后余量的 RSS）和信道可用性进行。而在垂直切换中，由于切换前后的网络特征差异较大，网络间的 RSS 指标不具有可比性，虽然可以分别为不同的网络设置不同的切换门限值，但是，只基于此进行垂直切换决策是不够的，还需要考虑 QoS、用户偏好、服务资费等多种因素。

表 4-1 垂直切换与水平切换的比较

	水平切换	垂直切换
切换涉及的接入技术	同构(homogeneous)	异构(heterogeneous)
切换触发原因	• 移动引起的物理位置变化	• 移动引起的物理位置变化； • 由于 QoS 或用户偏好引起的接入技术变化
切换决策判决因素	• RSS 及相关指标； • 信道可用性	• 典型的多属性决策问题； • 综合考虑网络、用户、应用相关的各种因素
切换的发起方和控制方	• 通常网络发起、终端辅助	• 用户可以主动发起切换

(3) 切换的发起方和控制方不同。水平切换通常是由网络发起,终端是被动的。垂直切换中,用户可以根据偏好设置或者 QoS 的考虑,主动发起切换。

垂直切换包括三个阶段(如图 4-20 所示[2,9]),即系统发现、切换决策和切换执行。系统发现阶段用于发现当前可用的网络系统,切换决策阶段用于决定在最恰当的时间切换至最恰当的网络,切换执行阶段用于进行切换实施过程。4.4.1～4.4.3 小节将分别对三个阶段进行介绍。

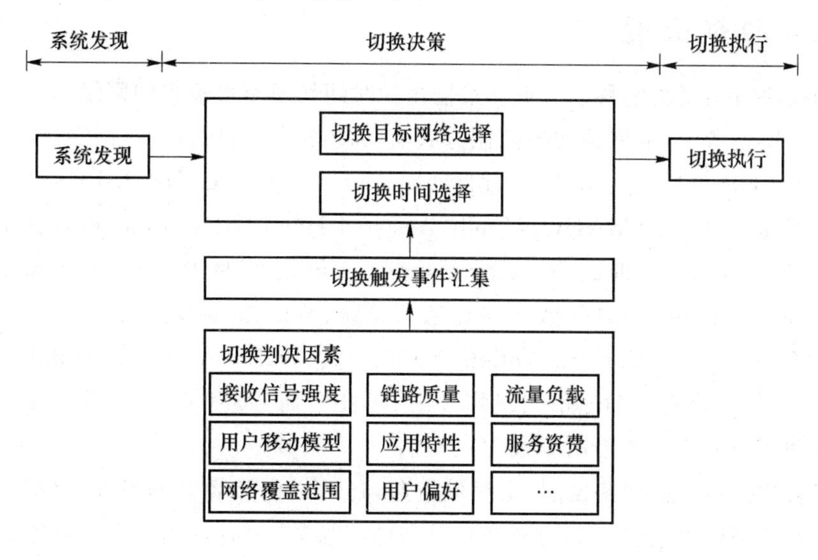

图 4-20 垂直切换的三个阶段

4.4.1 系统发现

在系统发现阶段,移动节点搜索和发现当前可用的无线网络。其中,系统发现时间和终端的能耗是两个重要的互相矛盾的参数。

一种系统发现方法基于不同网络接口上接收到的广播消息。各种无线网络会定时不断发送广播消息,例如,GSM 网络中的小区广播消息、WLAN 中的信标帧。多网络接口终端根据不同接口上所接收到的广播消息,得知当前的可用网络。一种简单方法是,移动节点的所有网络接口始终保持激活状态。这样虽然可以保证快速的系统发现,却造成了移动终端较大的能耗。对于能量有限的终端而言,显然需要对此进行改进。改进的方法是移动终端定时开启网络接口搜索可用网络[10]。这种方法兼顾系统发现效率与终端能耗,但是需要确定恰当的网络接口开启时间间隔,在二者之间达到良好的平衡。

另一种系统发现方法则是基于 LSS(Location Service Server)实现[11,12]。LSS 中存储了位于不同区域的各种无线网络的信息,基于移动终端的地理位置(可由 GPS(Global Positioning System)协助提供),向移动终端提供其周围可用的网络系统及其带宽、时延等参数。这种方法有效地节约了能耗,但是,需要在 LSS 中保存每个网络系统的精确数据,数据库的建立和维护操作开销较大,实现也比较困难。

4.4.2 切换决策

切换决策用于决定移动节点在最恰当的时间切换至最恰当的网络。

在切换技术中,常见的切换控制方式有移动终端控制的切换(MCHO,Mobile Controlled HandOff)、网络控制的切换(NCHO,Network Controlled Hand Off)和移动终端辅助的切换(MAHO,Mobile Assisted Hand Off)。例如,欧洲的 DECT (Digital European Cordless Telecommunications)和北美的 PACS(Personal Access Communications System)等数字无绳通信系统、WLAN 系统采用 MCHO 方式,TACS(Total Access Communications System)及 AMPS(Advanced Mobile Phone System)等模拟蜂窝移动通信网络均采用 NCHO,而 GSM/GPRS、CDMA 等数字蜂窝移动通信网络通常采用 MAHO 方式。

垂直切换可以由网络发起,由终端发起,还可以由二者共同发起。但是,因为垂直切换的判决因素包括不同网络状况和性能参数,只有移动终端可以方便地获取不同网络接口上的相关信息,显然 NCHO 方式不适合。另外,MAHO 方式通常由网络根据终端报告的各种信息进行总体的优化和控制,而垂直切换跨越异构网络,无法实现跨网络的总体控制。又考虑网络边缘化和终端智能化的发展趋势,可以认为 MCHO 是垂直切换中最恰当的控制方式。很多研究中将切换决策功能放在移动终端中实现,使得终端可以基于某些因素主动发起切换。例如,可以基于服务资费,总是选择资费最低的网络;为了提高 QoS,可以主动从低性能网络切换至高性能网络;为了提高网络资源的总体利用效率,可以使用高带宽网络完成 FTP (File Transfer Protocol)、视频通信等应用,而使用低性能网络完成网页浏览、电子邮件等应用。

在垂直切换决策中,应根据当前可用网络的不同状况和特性、当前所运行的应用的不同特点和需求,以及用户和终端的特性与偏好,进行综合判断,是一个多维决策问题。表 4-2 对垂直切换决策中需要考虑的各种因素进行了总结。

表 4-2 垂直切换决策因素[8]

类别	决策因素	
	静态因素	动态因素
网络相关	网络运营商、网络配置、网络类型、覆盖面积、地理信息、典型带宽和时延	当前可用状态、信号强度、错误率或丢包率、流量负载、当前带宽和时延
应用相关	应用特性、服务费用、安全因素	资源分配、优先级
用户相关	用户属性、用户偏好、终端特性	用户移动速度、位置、用户行为的历史信息

由于垂直切换决策是多标准决策问题,决策中涉及的因素多样化、度量值又各不相同,如何根据这些因素进行统一、综合的决策和判断,研究者们提出了各种不同的方法,包括[2,8]:

(1) 基于简单加权和的方法[13]

在这种方法中,采用各种因素的线性组合,为决策中要涉及的每种因素分配相应的权重值,选择加权和最高的网络为切换的目标网络。可表示为

$$Q = \sum_{n} f_i \omega_i, \sum_{n} \omega_i = 1$$

其中,f_i 为垂直切换决策中涉及的因素 i 对应的度量值,ω_i 为其对应的权重值。

(2) 基于策略的方法[14]

基于 RFC2753[15] 中定义的策略框架结构,包括策略数据库(Policy DB)、策略执行点(PEP, Policy Enforcement Point)和策略决策点(PDP, Policy Decision Point)等主要部分。根据策略库定义的策略和规则,由 PDP 进行切换决策,PEP 负责执行。PDP 和 PEP 是驻留在某网络节点中的功能模块。对于 NCHO 和 MAHO 方式,该网络节点是网络接入点,对于 MCHO 方式,则是移动终端。

(3) 基于模糊推理的方法[16]

由于垂直切换决策中涉及的因素多,其中一些难以量化,可以采用基于模糊推理的方法进行决策。将切换决策中需要考虑的因素作为模糊推理系统的输入,首先经过模糊化,然后根据规则库中定义的对应不同输入组合的规则,得到模糊化的切换决策结果,再经过决策结果的解模糊,得到是否执行切换的最终决策结果。

(4) 基于层次分析法(AHP,Analytic Hierarchy Process)的方法[17]

层次分析法是多标准决策中的常用方法之一,将之应用于垂直切换决策,包括以下几个步骤:首先,将切换决策目标分解成若干准则,并与可用网络共同构成包括目标层、准则层和方案层的层次结构;然后,采用1～9互反标度等方法构造各个准则之间的两两比较矩阵,并据此计算各个决策因素的相对权重;最后计算每个可用网络对应的加权和,并据之选择切换的目标网络。

(5) 基于博弈论的方法[18～22]

在垂直切换中,用户和网络常常可以被看作是竞争关系,用户希望以最低的费用接入最好的网络,而网络希望最大化收益。因此,可以将博弈论用于垂直切换决策的建模分析中。在现有研究中,不同的博弈论模型都有应用,包括合作博弈、非合作博弈、层次化博弈和演化博弈等。

(6) 基于马尔可夫决策过程的方法[23～28]

马尔可夫决策过程(MDP,Markov Decision Process)是垂直切换决策中一种常用的方法。马尔可夫决策过程是一种离散时间随机控制过程,是基于马尔可夫过程理论针对随机动态系统进行决策优化的方法。

将马尔可夫决策过程应用于垂直切换决策时,通常把当前可用网络作为系统的状态,把"选择一个可用网络"(即:仍然使用现在的网络或者切换至另一个网络)作为系统的动作,而在此基础上,根据优化目标定义回报函数,例如,为用户提供更好的QoS或最大化网络收益。

4.4.3 切换执行

垂直切换的执行阶段要将正在进行的通信会话从切换前的网络接入点转移至新的目标网络接入点。目前用于垂直切换执行的技术分别位于协议栈的不同层次上,包括网络层、传输层和应用层,分别以MIP(见本书2.3.2小节)、mSCTP(见本书2.3.3小节)和SIP(见本书2.3.4小节)为代表技术。这些技术在设计之初都针对有线网络环境中的切换,如果要应用于重叠层次网络环境中的垂直切换,需要针对以下几个特点进行相应的改进:①无线网络误码率高的特性;②垂直切换前后的网络特性差异较大;③需要考虑用户跨越异构网络漫游时的鉴权和注册过程,以及由此造成的切换时延。

（1）网络层垂直切换协议

网络层的垂直切换技术以移动 IP（MIP，Mobile IP）为代表，本章参考文献[29]～[34]中分别研究了基于 MIPv4 和 MIPv6 的垂直切换，基于基本的 MIPv4 和 MIPv6 协议，针对上述垂直切换不同于水平切换的特点，进行了改进，包括：

① 切换前后链路特性的差异会造成的对传输层性能的影响，MIP 之上的传输层协议应能根据网络的不同特性对流量控制、拥塞机制等进行调整。

② 切换性能需要进一步提高，实现无缝切换。可以通过链路层信息触发的预先注册和预先鉴权降低切换时延，通过双播、缓存机制，或利用多接口实现软切换，降低切换过程中的丢包。

例如，HOPOVER[32]是对 MIP 的改进，使其同时支持垂直切换和水平切换，根据切换类型不同进行不同处理。其中，包括切换准备、切换和 MIP 信息更新三个阶段。通过资源预留保证 MN 一进入新的网络就已获得足够的资源，通过缓存机制降低切换过程中的丢包率。OmniCon[33]也对 MIP 进行了修改，应用于垂直切换，提供了分组调度和缓存机制，以适应垂直切换中不同网络传输特性的差异。

（2）传输层垂直切换协议

传输层的垂直切换技术分为两类。一是基于 TCP 协议的改进。例如，本章参考文献[35]中扩展了 TCP header 中的一个可选字段，用不同的值表示不同的切换状态(包括无切换、水平切换和垂直切换)。接收方发送 ACK 消息时，根据切换决策的结果设置该字段值。发送方据之进行处理，在切换过程中暂停数据传输。在切换完成之后，若为水平切换，采用拥塞避免方式重启数据传输，拥塞窗口大小值(cwnd)与切换前相同；若为垂直切换，采用慢启动方式重启数据传输，cwnd 值设置为 1。二是提出新的、支持切换的传输层协议。mSCTP 是这类技术的代表，通过其多家乡性和动态地址配置特性，在传输层实现端到端的移动性支持。基于 mSCTP 实现对垂直切换的支持，还需要对基本的 mSCTP 协议进行改进，以适应垂直切换中的特殊需求。传输层垂直切换协议包括：

① 设计相应的机制，感知切换前后链路特性差异，区分网络拥塞造成的丢包、无线链路错误造成的丢包，以及切换造成的丢包，改进 mSCTP 的拥塞控制和避免机制，提高切换性能，这些需要来自物理层、链路层、网络层等的信息和支持。

② 虽然 mSCTP 具有动态地址配置的特性，但是，根据什么条件在何时进行添加地址、删除地址和设置主地址的操作，现有的研究中基本上还是以信号强度为判断依据。但是，在垂直切换中，不同网络的链路特性差异很大，单纯依靠信号强度显然是不可行，而且也不够的。

本章参考文献[36,37]研究了基于 mSCTP 实现垂直切换的系统结构、信令流程及性能仿真和分析。

(3) 应用层垂直切换协议

应用层的垂直切换技术以 SIP 为代表[38]，基本过程与 SIP 支持的呼叫过程中的终端移动性类似。但是，在发送 re-INVITE 消息之前，需要依赖下层协议和机制处理物理网络连接问题[38]，即经过不同无线网络的接入过程(例如，WLAN 的 DHCP 过程，GPRS 的附着和 PDP 上下文激活过程)。

基于 SIP 的垂直切换最大的问题在于切换时延相当大。这里的切换时延包括两部分：网络附着时延和 SIP 消息传输时延。其中，SIP 消息传输时延又包括在移动节点、通信对端及 SIP 各个服务器处的处理时延，在无线信道上的传输时延以及在有线信道上的传输时延。不同方向的垂直切换时延表现出了明显的不对称性，这是由于不同网络的附着过程复杂程度不同、不同网络的无线链路性能差异造成的。

大的切换时延又会导致丢包率高和服务质量下降。为了提高切换性能，可以采用高性能的服务器，降低在服务器处的处理时延，还可以采用基于 SIP 的软切换技术，用于降低切换过程中的丢包率。例如，本章参考文献[39]中利用 SIP 协议的 JOIN 头域扩展[40]实现软切换，从而有效降低了切换过程中的丢包和时延抖动。

表 4-3 对 MIP、mSCTP 和 SIP 协议在垂直切换执行中的应用进行了总结比较。

表 4-3 现有垂直切换执行技术比较[2,8]

协议层次	网络层	传输层	应用层
协议	MIPv4 MIPv6	mSCTP	SIP
是否需要额外部署网络设备	是，需要部署 HA、FA 等	否	是，需要部署代理服务器、注册服务器、重定向服务器等
是否需要修改 MN 的协议栈	是，需要网络层支持 MIP	是，需要传输层支持 mSCTP	是，需要应用层支持 SIP
是否支持软切换	否	通过多家乡特性实现多 IP，从而支持软切换	利用 SIP 的 JOIN 头域扩展可实现软切换
是否对应用透明	是	是	否
切换决策机制	无，只能通过额外的垂直切换决策控制功能	有，可采用协议内在的切换决策功能，也可采用额外的切换决策控制功能	无，只能通过额外的垂直切换决策控制功能

4.5 异构网络中面向业务流的移动性管理

异构网络中面向业务流的移动性管理技术需求来自泛在网络中多流并发传输与终端协同等场景。无论在标准化研究中还是在学术研究中，面向业务流的移动性管理都是近年来的重点研究方向之一。

(1) IETF 的工作

IETF 关于流移动性的研究，关键词为多家乡(multi-homing)和多接口(multi-interface)，指的是一个终端或网络有多个可用的连接，能够进行并行通信，也就是一个移动或固定的主机有多个接口或地址。IETF 的主要工作如下：在网络层，研究了经典的移动性管理协议 MIPv4/v6 和 PMIPv6 支持流移动性的扩展[41~44]；在传输层，MPTCP(Multipath TCP)工作组定义了 TCP 协议面向多路径并发传输的扩展[45,46]，还提出了 SCTP 协议的多路并发传输扩展[47,48]；另外，MIF(Multiple Interface)工作组研究了通过多个接口同时访问网络的主机(多接口主机)在运行过程中出现的一系列问题，并对现存的各种机制进行整理分析[49~52]。

(2) ITU-T 的工作

ITU-T 关于流移动性的研究，关键词为多连接(multi-connection)，主要目的在于联合使用各种可用的接入技术，为用户提供泛在(随时随地)的网络接入能力。通过多连接技术，同时为用户提供多个网络连接，以提高网络连接的可达性，并且使站点或主机合理有效使用多个网络连接，保证负载均衡、会话连续，提高传输效率等。

ITU-T 关于流移动性的研究工作主要在 SG 13(Study Group 13)的 Q10 展开[53]。目前已对多连接的应用场景、需求、功能架构、业务分流传输、统一认证、接入选择、多路径传输控制等问题进行了标准化。

ITU-T 在标准 Y.2027[54]中定义了多连接架构，如图 4-21 所示，其中定义了 MUE(多连接用户终端，Multi-connection User Equipment)。为了实现多接入间的并发传输和协同工作所需要的功能和架构增强，所需要的功能和架构增强主要包括：

- 连接的建立、释放、更新和切换；
- 基于静态和动态接入信息的业务流管理；
- 为会话/业务提供连续性和移动性支持；
- 支持业务流的分流与合并；

• 支持 AAA 和 QoS。

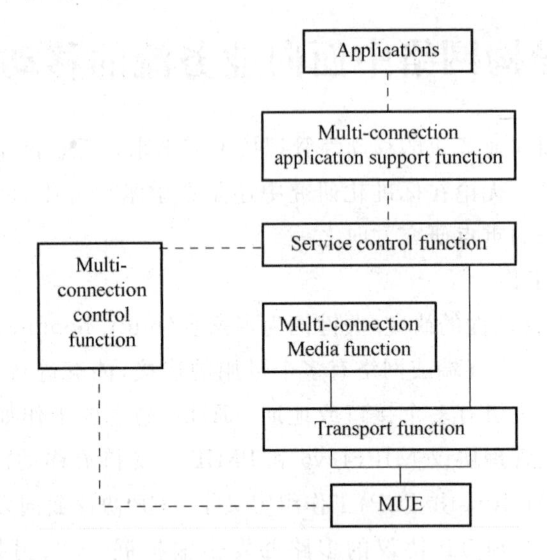

图 4-21　ITU-T 定义的多连接架构

为了实现多接入的智能选择，ITU-T 在本章参考文献[55]中研究了多连接的接入选择机制，分别从网络和终端的角度定义了接入发现和接入选择的相关策略。另外，ITU-T 还在本章参考文献[56]中探讨了多连接中的多路径传输控制。其中，明确了拥塞控制、流量调整、重传机制、业务流拆分与聚合、路径管理等技术需求与相应的控制功能。

(3) 3GPP 的工作

在 3GPP 的研究范围中，自 Release 8 开始研究如何支持多接入特性，即终端如何通过多种不同的异构无线接入网络(如 cdma2000、Wi-Fi、WiMAX、固定宽带接入等)接入到 SAE 核心网，但并没有考虑终端同时通过两种无线接入网络连接到同一 PDN 的场景。从 Release 9 起，3GPP 开始研究终端同时通过一种 3GPP 接入和一种非 3GPP 接入连接到不同 PDN 的场景，以及该场景下的基于 PDN 连接颗粒度的和基于 IP 流颗粒度的移动性问题。内容包括：研究终端同时通过 3GPP 接入和非 3GPP 接入系统接入一个或者多个 PDN 的协议过程；在不同的接入之间选择性地将部分 PDN 连接(或者全部)从一个接入移动到另一个接入；将不同的 IP 流路由在不同的接入系统之间动态路由等。PDN 颗粒度的移动性在 Release 9 完成了标准化，在 Release 12 完成了基于 IP 流颗粒度移动性的方案标准化。

另外，在关于泛在网络的研究项目中，也关注了面向业务流的移动性管理技术。例如，在我国“新一代宽带无线移动通信网”国家科技重大专项关于泛在网络的项目“泛在网络下多终端协同的网络控制平台及关键技术”中，针对泛在网络中多个终端设备协同为用户提供信息服务的场景，研究和开发部署支持多终端协同的网络控制机制。其中，多接口、多流并发传输及相应的移动性管理和业务连续性支持是重要的研究内容。

本章将在4.5.1小节介绍3GPP研究的LTE网络中面向业务流的移动性管理，在4.5.2小节介绍“新一代宽带无线移动通信网”国家科技重大专项的“泛在网络下多终端协同的网络控制平台及关键技术”项目中面向终端协同的流移动性管理研究。

4.5.1 LTE网络中面向业务流的移动性管理

LTE网络中面向业务流的移动性管理分为面向多PDN连接的移动性管理和面向IP流的移动性管理。

1. 面向多PDN连接的移动性管理

当终端同时通过一种3GPP接入和一种非3GPP接入接入到EPC网络，并连接到不同PDN网络时，需要重点解决的问题有：①多接入场景下选择哪个接入建立PDN；②如何将已经建立的PDN从一个接入移动到另一个接入；③已建立PDN连接的拆除等问题。其中问题②和移动性密切相关。下面介绍解决这些问题的关键技术。

(1) 接入技术的选择

因为Release 8中的假设是终端同一时刻只能使用一个无线接口，Release 9及以后版本是可以同时使用一个3GPP无线接口和一个非3GPP无线接口。所以，为支持多接口同时工作场景PDN连接粒度的移动性，需要定义新的ISMP策略。PDN连接颗粒度的移动性，其前提是到任何一个PDN的连接在同一时刻只能通过一种接入网络接入(同时通过两种接入到同一PDN的场景，请参见下面的IP流移动性部分)。新增的策略是针对APN给出其对应接入技术和/或接入网络的优先级，供处于多种接入的覆盖终端为PDN连接选择合适的接入系统进行PDN颗粒度的接入选择，以及控制后续PDN连接在不同接入网之间的路由。

(2) PDN连接的移动性

当将一个PDN连接从一个无线接入移动到另一个无线接入时，为了该PDN连接所承载的业务的连续性，终端在该PDN连接中使用的IP地址应保持不变，即该PDN连接的用户面锚点PDN GW不应发生改变。因此，网络需要在目标接入网络中选择与源接入网络中相同的PDN GW。但终端并不知道PDN GW的标识，因此需要通过网络侧的方法来实现，即网络中需要保存PDN连接使用的PDN

GW 的信息，并将上述信息传递给目标接入网络中执行 PDN GW 选择的网络节点。在核心网络中，最适合保存该信息的网络节点是 HSS。因此，无论终端通过 3GPP 接入还是非 3GPP 接入，建立一个 PDN 连接都需要在建立成功后将该 PDN 连接的 PDN GW 的信息发送给 HSS。在 3GPP 接入时，是 MME 上报，在非 3GPP 接入时，是可信非 3GPP 接入网中的实体或者是 ePDG 上报给 AAA Server，由 AAA Server 将所述信息传递给 HSS。

根据 ISMP 策略或终端移动，需要将已建立的 PDN 连接从一个接入切换到另一个接入时，是通过在目标接入系统中执行扩展已有的 PDN 连接建立过程实现的。在这个 PDN 连接建立过程中，最为关键的是终端要向目标接入系统指示该 PDN 连接建立原因是“切换”，以区分“初始建立”场景。在 PDN GW 选择过程中，目标接入系统将从 HSS 获得该 PDN 连接的 PDN GW，并选择该 PDN GW 作为终端在目标接入系统的 PDN GW。这样就保证了该 PDN 连接上业务的连续性。

2. 面向 IP 流的移动性管理

为了更细颗粒度的业务移动性控制，需要研究实现基于 IP 流移动性管理机制。如图 4-22 所示，终端同时使用 3GPP 接入和非 3GPP 接入接入到一个 PDN 网络(此处为互联网)，根据运营商策略、用户偏好和业务特性，终端和网络将部分 IP 流〔如 P2P(Peer-to-Peer)下载、媒体同步流和可视电话的视频流〕通过非 3GPP 接入路由，而将另一部分 IP 流〔如 IPTV(Internet Protocol Television)、可视电话的音频流〕通过 3GPP 接入路由。根据运营商策略，或者当终端移出了非 3GPP 接入网络的覆盖，之前通过非 3GPP 接入路由的 IP 流则都移动到通过 3GPP 接入路由(如图 4-23 所示)。

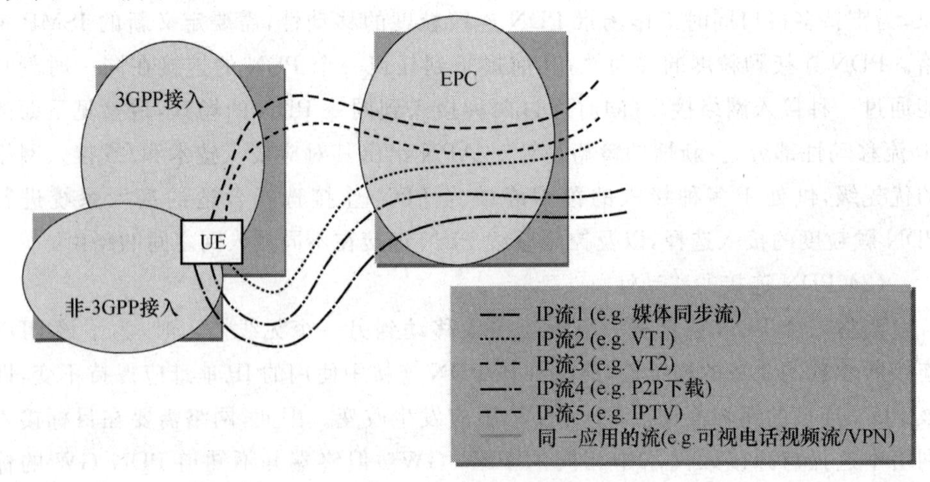

图 4-22　将不同 IP 流通过不同接入路由

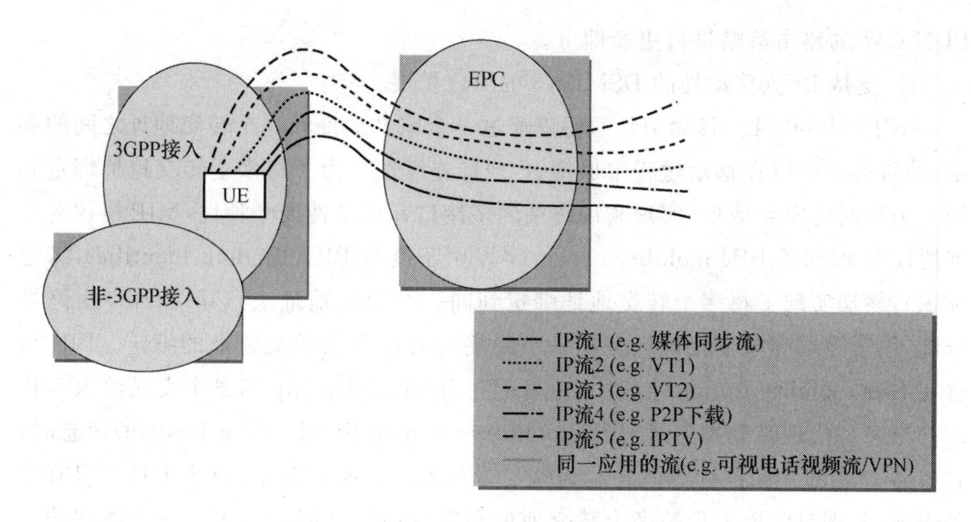

图 4-23 所有 IP 流通过 3GPP 接入路由

为了实现上述 IP 流的移动性，融合网络系统需要实现下述功能：①通过不同的无线接入系统，分别建立到同一 PDN 的 PDN 连接；②通过不同的接入系统，路由属于同一 PDN 连接的不同 IP 流；③可以在任意时刻，将同一 PDN 连接的 IP 流从一种无线接入移动到通过另一种接入。

DSMIPv6 协议的扩展已经实现了对 IP 流移动性的支持，即可以为同一个 HomeAddress 的不同的 IP 流绑定不同转交地址。基于这个技术现状，3GPP 已经完成了基于该协议的 IP 流移动性管理机制的标准化（通过 S2c 接口）。这个方法需要终端支持 DSMIPv6 及相应扩展，因此也可以称为基于终端的 IP 流移动性。为避免对终端的影响，在不需要终端增加 DSMIPv6 等 HBM（Host-Based Mobility）协议栈的前提下，可以由基于网络移动性管理协议（如 GTP 或者 PMIP）来实现 IP 流的移动性，这种方法被称为基于网络的 IP 流移动性（通过 S2a 和 S2b），这部分工作已经在 Release 13 中完成。

（1）基于终端的 IP 流移动性管理机制

实现 IP 流移动性管理的关键是：(a)终端和 PDN GW 能够将不同的 IP 流通过不同的路径进行路由；(b)根据需要将一个 IP 流从现有的路由路径（一种接入）移动目标路径（另一种接入）。其中，(a)需要将不同的 IP 流绑定到不同的传输路径，运营商可以通过 ANDSF 中的 ISRP 策略控制终端将特定的 IP 流路由到特定的接入技术，或者通过预配置的方法将路由策略提供给终端（用户喜好也可以实现对终端上路由策略的配置，如计费策略等）；对于 PDN GW，则需要通过 DSMIPv6 协议扩展来实现。实现(b)方法比较直接，只需要能够实现对(a)中的终端侧和

PDN GW 的路由策略进行更新即可。

① 支持 IP 流移动性的 DSMIPv6 的协议扩展

MIP(Mobile IP,移动 IP[57])协议通过一个家乡地址和一个转交地址之间的绑定,使得终端可以在移动过程中保持 IP 地址连续性。为了将多个转交地址绑定到同一个相同的家乡地址,实现利用终端的多接口和移动性两个特性,MIP 协议的扩展协议[42]增加了 BID mobility option 字段用于携带 BID(Binding Identifier,绑定标识),终端实现了将多个转交地址绑定到同一个家乡地址上。其中,BID 由终端分配,用于终端和家乡代理区分同一个终端的对应不同转交地址的绑定。BID 包含在 BID mobility option 字段中,由终端在 Binding Update 消息中发送给家乡代理。当家乡代理收到携带了 BID mobility option 的 BU(Binding Update)消息时,它将 BID 复制并保存针对该终端到绑定缓存表。该缓存表中,每个 UE 可以有多条表项,分别对应该 UE 的多个转交地址和家乡地址之间的绑定。一个终端的绑定缓存表的例子如表 4-4 所示。

表 4-4 HA 中保存的绑定缓存表

Home Address	Care-of Address	Binding ID	Priority
HoA1	CoA1	BID1	x
HoA1	CoA2	BID2	y
…	…	…	…

为了支持 IP 流在多接入之间的迁移,还需要在上述扩展上进一步扩展,让家乡代理知道每个 IP 流需要路由到哪个 CoA(Care of Address)。这个扩展在 RFC 6089[43]定义,定义了 FID mobility option 字段用于携带 FID(Flow Identification,流标识)和路由过滤器(Routing Filter)、路由地址等信息。其中,FID 唯一标识一条 IP 流路由规则;路由过滤器包含源、目的 IP 地址、端口号等内容,定义了具体 IP 流;路由地址字段填写 BID,由于每个 BID 标识了一个唯一的转交地址,因此也标识了该 IP 流对应的转交地址。FID mobility option 中还包括每条路由规则对应的优先级信息。终端在 Binding Update 消息中向 HA 发送 FID mobility option,HA 收到后将保存 FID 和路由过滤器等信息到流绑定表中。需要注意,流绑定表与绑定缓存表仅通过 BID 关联,流绑定表的增删并不会影响绑定缓存表。家乡代理中支持流绑定的绑定缓存表(逻辑示意图)如表 4-5 所示。

表 4-5 支持流绑定的绑定缓存表

Home Address	Routing Address	Binding ID	BID Priority	Flow ID	FID Priority	Routing Filter
HoA1	CoA1	BID1	x	FID1	a	Description of IP flows…
				FID2	b	Description of IP flows…
HoA1	CoA2	BID2	y	FID3	…	…

通过在 DSMIPv6 协议实现上述两个扩展，PDG GW/HA 就可以实现将下行的数据流按照 IP 流的颗粒度路由到不同的 CoA 地址。终端可以在任意时刻通过 DSMIPv6 信令在家乡代理上创建、删除和修改 IP 流绑定信息，也即修改 IP 流对应的 BID，从而实现 IP 流在不同接入之间的迁移。

② 一个实现 IP 流移动性的例子

首先，终端通过 3GPP 接入建立某个 PDN 的首个 PDN 连接，并完成了 HA 发现等过程，其流程如图 4-24 所示。

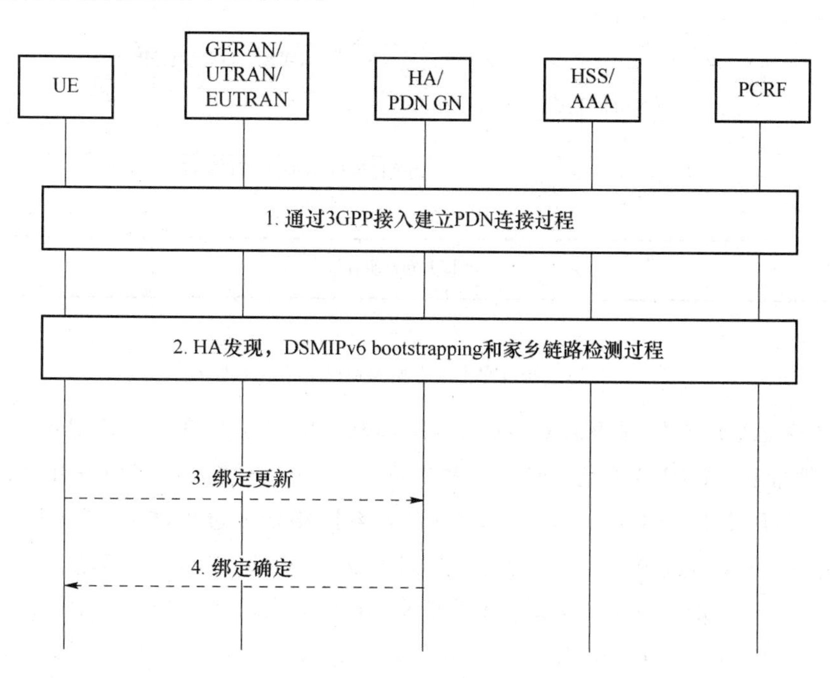

图 4-24 通过 3GPP 接入建立首个 PDN 连接的过程

假设终端刚开机，通过 3GPP 接入的附着过程建立了到一个 PDN 的首个 PDN 连接。在执行了本章参考文献[3]定义的附着过程后，终端通过家乡代理发现、DSMIPv6 bootstrapping 和家乡链路检测过程来获知网络的 IFOM 支持能力。如果 UE 发现其不在家乡链路，UE 向 HA 发送 Binding Update 消息，消息中包含

HoA,CoA,BID 移动性选项以及 FID 移动性选项等信息。HA 验证 Binding Update 消息，安装 IP 流移动性路由规则，建立 DSMIPv6 绑定并向 UE 返回 BA (Binding Acknowledgment)消息。终端通过 LTE 接入时，将永远认为是在家乡链路上，因此不会有绑定更新过程。

其次，终端通过 WLAN 接入，建立了到该 PDN 的第二条 PDN 连接，其流程如图 4-25 所示。

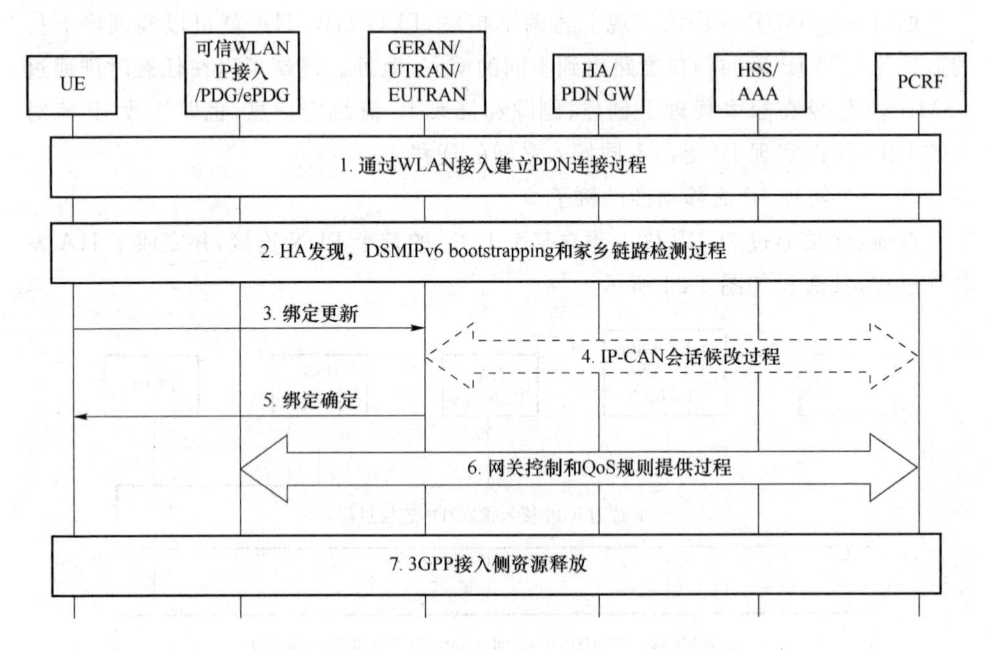

图 4-25　通过 WLAN 接入到已有 PDN 连接

终端发现并连接到 WLAN 接入网络，WLAN 接入网络为 UE 配置 IP 地址(IPv4 地址和/或 IPv6 地址/前缀)。如果终端在 3GPP 接入过程中没有执行 HA 发现过程，DSMIPv6 bootstrapping 过程和家乡链路检测过程，则需要执行上述过程。此后，终端通过 WLAN 接入网络向 HA 发送 Binding Update 消息，消息中包含 HoA、CoA、BID、FID 以及流描述等信息，用于指示需要通过 WLAN 接入路由的 IP 流。Binding Update 消息中还指示家乡链路(3GPP 接入)仍然处于连接状态，BID 移动性选项指示 HoA 和 CoA 的绑定关系。HA 功能和 PDN GW 合设，且网络部署了 PCC(Policy and Charging Control)，则 PDN GW 向 PCRF(Policy and Charging Rules Function)发起 IP-CAN(IP Connectivity Access Network)会话修改过程，并提供更新的路由规则，PCRF 向 PDN GW 返回响应，其中可能包含更新的 PCC 规则。PDN GW/HA 则建立 DSMIPv6 绑定，安装 IP 流路由规则并向 UE 返回 BA 消息。基于 IP-CAN 会话修改请求,PCRF 通过网关控制和 QoS 规则提供过程安装 QoS 规则到相关网络实体。最后将 3GPP 接入系统中的已经交由 WLAN 接入路由的 IP 流的资源释放。

再次,终端发起的 IP 流移动性过程如图 4-26 所示。终端决定将一个或多个 IP 流从一种接入移动到另一种接入,以及对应的网络发起的动态 PCC 过程以实现建立或删除相应的资源。

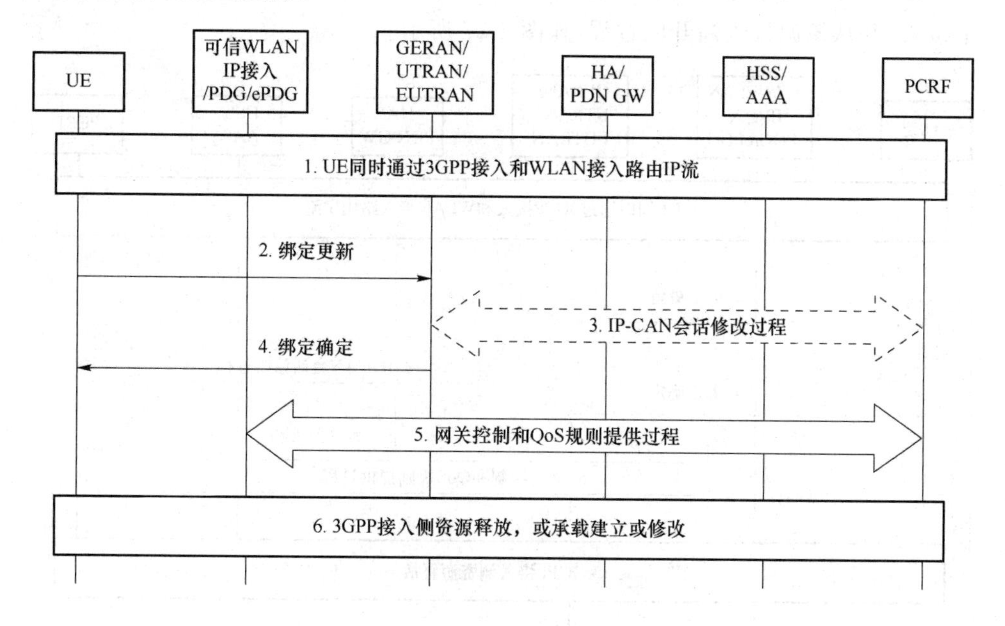

图 4-26 IP 流移动性和网络发起的 PCC 过程

此时,终端已经同时通过 3GPP 接入和 WLAN 接入连接到同一 PDN,根据路由规则一些流量经过 3GPP 接入而另一些流量经过 WLAN 接入路由。当终端决定需要将一部分 IP 流改由另一种接入路由时,终端通过发送 Binding Update 消息给 PDN GW/HA,来安装新的路由规则、修改现有路由规则中的路由地址或者删除现有的路由规则。PDN GW/HA 通过 IP-CAN 会话修改请求向 PCRF 提供更新的路由规则,PCRF 存储更新的路由地址和 SDF(Service Data Flow)之间的映射。

如果在 WLAN 接入中成功建立了用于 IP 流的相关资源,PCRF 在向 PDN GW/HA 返回的确认消息中包含更新的 PCC 规则。HA 向 UE 返回 BA 消息指示被接受的路由规则。基于 IP-CAN 会话修改请求,PCRF 通过网关控制和 QoS 规则提供过程安装 QoS 规则到相关网络实体。PCRF 或者 PDN GW/HA 为移动到 3GPP 接入的 IP 流建立相应的承载资源,或者为移出 3GPP 接入的 IP 流删除相应的承载资源。

这个过程的发起,可能是由于终端收到了新的 ISRP 策略触发,也可能是终端根据本地 IP 流路由策略改变发起。当终端在 3GPP 接入侧发起了承载资源修改过程,并导致 3GPP 接入侧的承载发生改变时,终端也需要通过发起绑定更新过程,触发 IP 流移动性过程。

最后,终端发起接入的退出过程,当终端将某个接入的所有 IP 流移动到另一个接入,并从该源接入断开的过程,如图 4-27 所示。

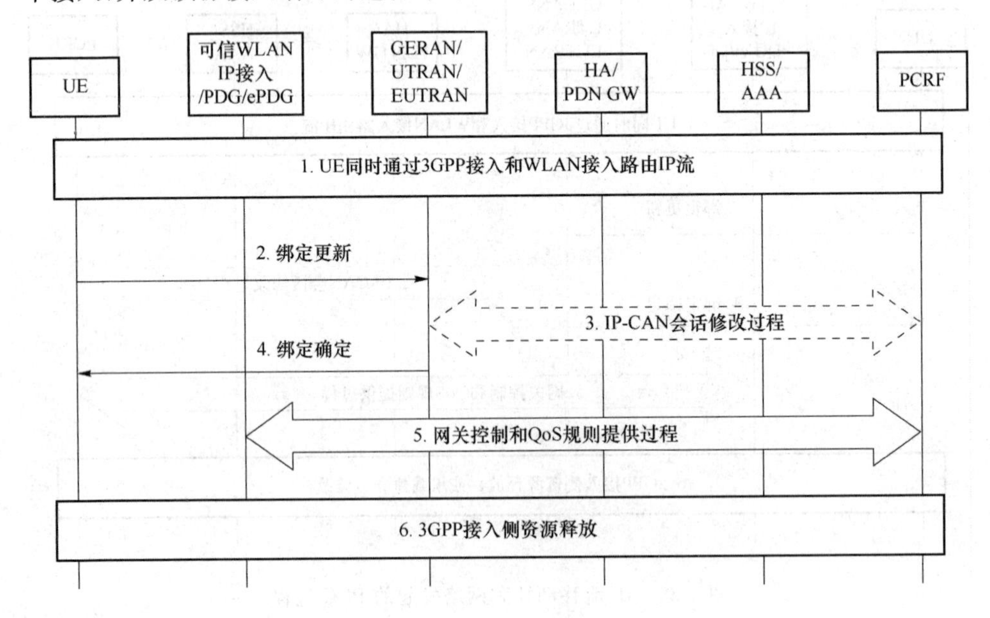

图 4-27 UE 发起的接入退出过程

终端决定将所有的 IP 流从 3GPP 接入移动到 WLAN 接入并从源侧断开连接。此时,终端向 HA 发送 Binding Update 消息以删除 3GPP 连接侧的 BID。PDN GW 向 PCRF 发起 IP-CAN 会话修改过程,删除与被删除的 BID 相关的路由地址。HA 向 UE 返回 BA 消息。PCRF 通过网关控制和 QoS 规则提供过程保证与 SDF 相关的 QoS 规则安装到 BBERF(Bearer Binding and Event Reporting Function)。PDG GW 释放 3GPP 侧的所有资源。

网络也可以发起接入退出过程,当 PDN GW/HA 决定不通过某种接入路由用户数据后,HA 向终端发送 BRI(Binding Revocation Indication)消息(包含 BID 移动性选项)以删除这种接入。终端将删除 HA 指示的 BID 并通过 BRA(Binding Revocation Acknowledgement)消息向 HA 响应。PDN GW/HA 向 PCRF 发起 IP-CAN 会话修改过程,PDN GW/HA 删除与被删除的 BID 关联的路由地址。如果终端从 3GPP 接入去连接，PDN GW/HA 还要释放 3GPP 侧的资源。

(2) 基于网络的 IP 流移动性管理机制

基于网络的 IP 流移动性是针对使用 S2a 或 S2b 的网络、采用基于 GTP 或 PMIP 协议时的 IP 流移动性解决方案。其核心思想是 PDN 连接支持通过不同的接入网络(3GPP 接入网络和 WLAN 接入网络)同时接入一个 PDN 时，一方面是终端能够同时通过 3GPP 接入和 WLAN 接入建立和维护该 PDN 连接，另一个方面是根据网络或者终端制定的 IP 流颗粒度的路由规则，将 IP 流从一个接入网络移动到通过另一个接入网接入。

这个路由规则描述了一组 IP 流和终端路由接入类型之间的映射关系，即该路由接入类型代表将相应的 IP 流从 3GPP 接入还是从 WLAN 网络接入。路由规则既可以由网络中的实体(如 PDN GW)负责制定，也可以由终端来制定。谁来制定路由规则是在 PDN 链接初始建立过程中协商确定(即是终端发起的 NB_IFOM (Network based IP Flow Mobility)，还是网络发起的 NB_IFOM)，确定后在 PDN 链接保持期间是不能更改的。在 PDN 链接保持期间的任何时间，制定方都可以发起路由规则的指定过程。当路由规则制定完成后，需要传递给对方。传递路由规则使用的是控制面协议。例如，通过 3GPP 接入传递时使用 NAS 协议，通过 WLAN 接入交换时使用 WLCP(Wireless LAN Control Protocol)/IKE 协议。之所以要传递给对方，是因为下行方向由 PDN GW 负责根据该规则将 IP 流路由到指定的接入，而上行方向由终端根据该规则将 IP 流使用指定的接入传输。

由 UE 发起的 NBIFOM 流程如图 4-28 所示，UE 通过 3GPP 接入提供路由规则给网络中的 PDN GW，用于将一个或多个 IP 流从 WLAN 接入移动到 3GPP 接入内。下述过程通过 E-UTRAN 传输路由规则，主要步骤如下。

步骤 1：UE 同时连接到 3GPP 接入和 WLAN 接入，并在同一 PDN 连接内建立了传输多个 IP 流的多个承载。

步骤 2～3：UE 向 MME 发送请求承载资源修改消息，消息中包括路由规则，用于将部分 IP 流移动到 3GPP 接入。

步骤 4～5：MME 通过 SGW 向 PDN GW 转发路由规则。

步骤 6：如果部署了动态 PCC，PDN GW 发起 IP-CAN 修改过程，向 PCRF 提供路由规则。

步骤 7：PDN GW 执行专用承载激活过程或承载修改过程，为这部分 IP 流在 3GPP 接入侧预留资源，这就表明路由规则被网络接受。

步骤 8：对于移动到 3GPP 接入的 IP 流，PDN WG 释放或者修改这些 IP 流在 WLAN 内使用的资源。

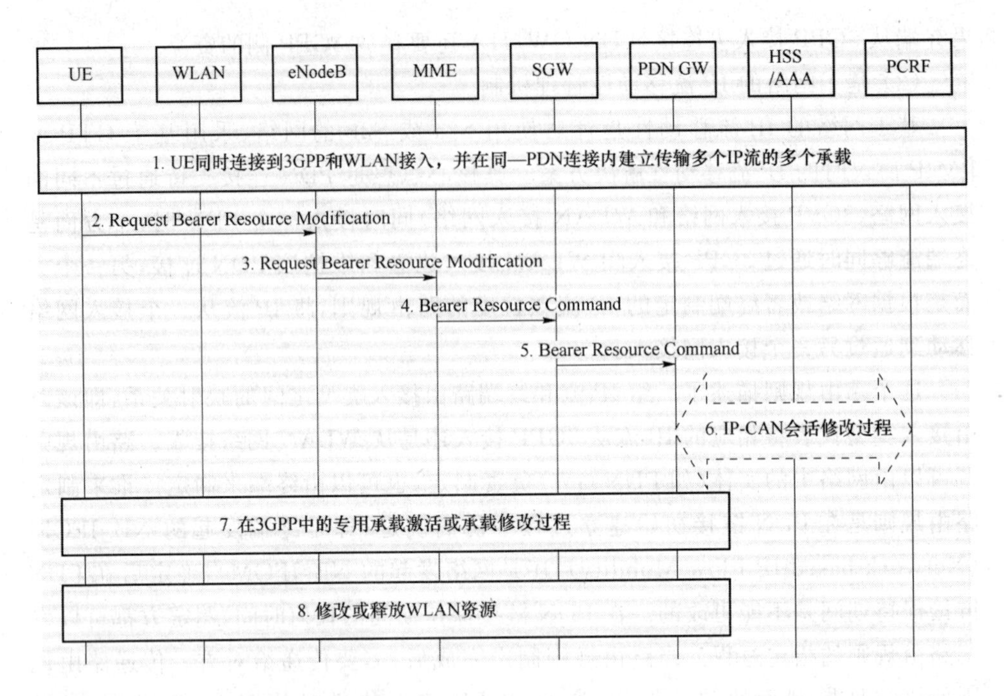

图 4-28 UE 发起的 NBIFOM 模式下通过 3GPP 接入(E-UTRAN 接入)传输路由规则

4.5.2 支持泛在终端协同的流移动性管理①

在泛在网络的终端协同场景中，同一用户的多个终端及不同用户的多个终端之间通过相互协同，突破单一终端在功能、性能、接入资源等方面的限制，为用户提供前所未有的智能业务应用。其中，分流传输是实现多终端协同的重要基础之一，此时，移动性管理的粒度将由终端级/接口级演进到更细的数据流级。并且，此时的流移动性管理也区别于多连接场景的流移动性管理，需要与终端间的协同转发相结合。

多终端协同参与的多流并发传输与流移动性场景如图 4-29 所示。在图 4-29(a)中，终端 A 具有 3G 接入网能力并向上下文管理服务器进行了注册。首先，终端 A 向内容源服务器申请数据传输，并建立图 4-29(a)中所示的数据通路。

随后，终端 B 加入域内。终端 B 具有 Wi-Fi 接入能力并向上下文管理服务器进行了注册。终端 A 和终端 B 通过上下文管理服务器的公告发现了对方，并根据

① 本节内容来自北京邮电大学、西安电子科技大学等单位共同承担的“新一代宽带无线移动通信网”国家科技重大专项关于泛在网络的项目“泛在网络下多终端协同的网络控制平台及关键技术”(No. 2011ZX03005-004-02)。

上下文管理服务器的决策进行协同。图4-29(b)中终端A和终端B之间物理路径可达,并具有协同逻辑关系。终端A告知内容源服务器添加一条新的子流,新的子流通过终端B的转发流向终端A。终端A进行数据的汇聚。

接着,终端B离开该域,并向上下文管理服务器发送了终端注销消息。终端A通过协同感知发现终端B退出该域,并通告内容源服务器位于终端B上的物理路径已经失效。内容源服务器将建立于终端B路径上的逻辑子流迁移到终端A的主物理路径上。内容源服务器删除位于终端B上的物理路径信息,并将其逻辑数据通道绑定到主路径上。这样,终端A就完成了基于终端协同的流移动性管理。

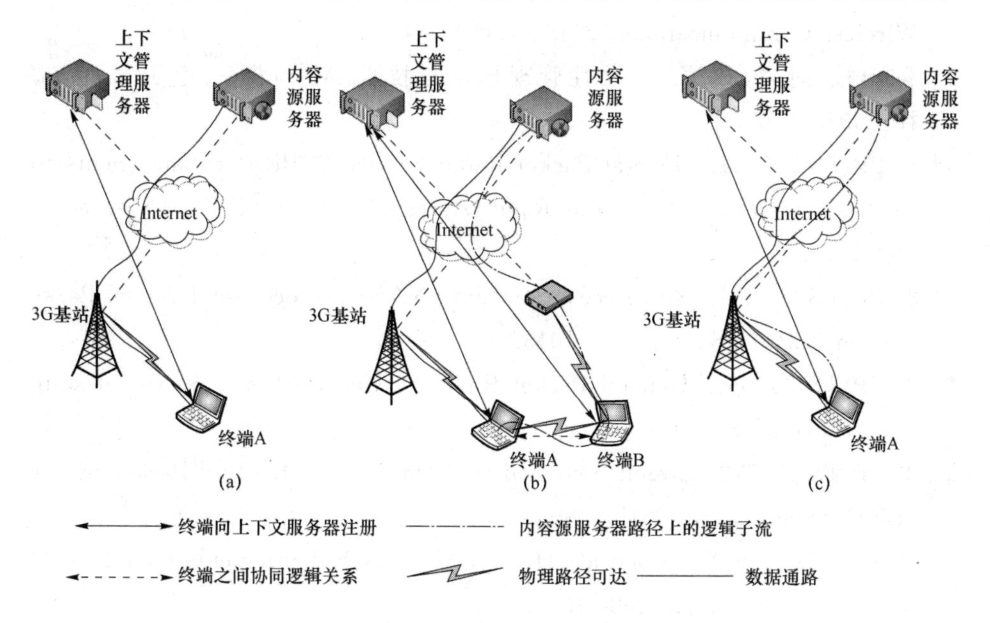

图4-29 多终端协同参与的多流并发传输与流移动性场景

支持终端协同的流移动性管理技术研究需要与多流并发传输、流切换、流调度相结合。

业务数据的多流并发传输是流移动性管理的重要前提。多流并发传输(带宽聚合)可以在网络层、传输层或应用层实现,而基于流的移动性管理目前也有网络层和传输层的实现方案。如何将两种功能需求相结合完成技术选型,实现协议栈修改、对现有技术的兼容性、性能与效率等因素的均衡优势,是支持终端协同的流移动性管理首先要解决的问题。

流切换负责将某一数据流从一条传输路径切换至另一切换路径。切换可能由物理移动、接口可用性、网络性能变化等多种因素触发。切换的实施基于现有移动性管理协议扩展实现。

流调度功能负责数据流的拆分与动态调整。其基本原则是保证在各个路径上传输的数据量符合多个路径传输性能的比例关系，但也需要结合应用层相关的分流策略(如基于 SVC 编码的分流)综合考虑。

本章参考文献

[1] ZORZI M, GLUHAK A, LANGE S, et al. From today's intranet of things to a future internet of things: a wireless-and mobility-related view[J]. IEEE Wireless Communications, 2010, 17(6): 44-51.

[2] 陈山枝,时岩,胡博. 移动性管理理论与技术[M]. 北京:电子工业出版社,2007.

[3] 3GPP TS 23.401. General Packet Radio Service (GPRS) enhancements for Evolved Universal Terrestrial Radio Access Network (E-UTRAN) access [S]. 2015.

[4] 3GPP TS 24.301. Non-Access-Stratum (NAS) protocol for Evolved Packet System (EPS); Stage 3 [S]. 2015.

[5] 3GPP TS 23.060. General Packet Radio Service (GPRS); Service description; Stage 2 [S]. 2001.

[6] 3GPP TS 23.272. Circuit Switched (CS) fallback in Evolved Packet System (EPS); Stage 2 [S]. 2015.

[7] RP-122007 New WI proposal: HetNet Mobility Enhancements for LTE: Alcatel-Lucent Shanghai Bell [R] 2007.

[8] CHEN SZ, SHI Y, HU B, et al. Mobility Management: Principle, Technology and Applications[M]. Berlin:Springer, 2016.

[9] 李军. 异构无线网络融合理论与技术实现[M]. 北京:电子工业出版社,2009.

[10] STEMM M, KATZ R H. Vertical Handoffs in Wireless Overlay Networks [J]. ACM Mobile Networking (MONET), Special Issue on Mobile Networking in the Internet, 1998, (3):335-350.

[11] INOUE M, MAHMUD K, MURAKAMI H, et al. MIRAI: a solution to seamless access in heterogeneous wireless networks[C]//Communications, ICC'03. IEEE International Conference on. IEEE, 2003,2:1033-1037.

[12] CHEN W T, SHU Y Y. Active application oriented vertical handoff in next-generation wireless networks[C]//IEEE Wireless Communications

and Networking Conference, 2005. IEEE, 2005, 3:1383-1388.

[13] HASSWA A, NASSER N, HASSANEIN H. Generic vertical handoff decision function for heterogeneous wireless[C]//Second IFIP International Conference on Wireless and Optical Communications Networks, 2005. WOCN 2005. IEEE, 2005: 239-243.

[14] ZHU F, MCNAIR J. Optimizations for vertical handoff decision algorithms [C]//Wireless Communications and Networking Conference, 2004. WCNC. 2004 IEEE. IEEE, 2004, 2: 867-872.

[15] R. YAVATKAR, D. PENDARAKIS, R. Guerin, "A Framework for Policy-based Admission Control", RFC 2753 [S]. 2000.

[16] GUO Q, ZHU J, XU X. An adaptive multi-criteria vertical handoff decision algorithm for radio heterogeneous network[C]//IEEE International Conference on Communications, 2005. ICC 2005. 2005. IEEE, 2005, 4: 2769-2773.

[17] BALASUBRAMANIAM S, INDULSKA J. Vertical handovers as adaptation methods in pervasive systems [C]//The 11th IEEE International Conference on Networks, 2003 (ICON2003). IEEE, 2003:705-710.

[18] ZEKRI M, JOUABER B, ZEGHLACHE D. A review on mobility management and vertical handover solutions over heterogeneous wireless networks [J]. Computer Communications, 2012, 35(17): 2055-2068.

[19] NIYATO D, HOSSAIN E. A cooperative game framework for bandwidth allocation in 4G heterogeneous wireless networks[C]//2006 IEEE international conference on communications. IEEE, 2006, 9: 4357-4362.

[20] NIYATO D, HOSSAIN E. WLC04-5: bandwidth allocation in 4G heterogeneous wireless access networks: a noncooperative game theoretical approach[C]// Global Telecommunications Conference (GLOBECOM 2006), 2006 IEEE. IEEE, 2006:1-5.

[21] HADDAD M, ALTMAN Z, ELAYOUBI S E, et al. A nash-stackelberg fuzzy Q-learning decision approach in heterogeneous cognitive networks [C]//Global Telecommunications Conference (GLOBECOM 2010), 2010 IEEE. IEEE, 2010:1-6.

[22] NIYATO D, HOSSAIN E. Dynamics of network selection in heterogeneous wireless networks: an evolutionary game approach[J]. IEEE transac-

tions on vehicular technology, 2009, 58(4): 2008-2017.

[23] SUN C, STEVENS-NAVARRO E, SHAH-MANSOURI V, et al. A constrained MDP-based vertical handoff decision algorithm for 4G heterogeneous wireless networks[J]. Wireless Networks, 2011, 17(4):1063-1081.

[24] CHEN Y, CHEN H, XIE L, et al. A Handoff Decision Algorithm in Heterogeneous Wireless Networks with Parallel Transmission Capability[C]//Vehicular Technology Conference (VTC Fall), 2011 IEEE. IEEE, 2011: 1-5.

[25] ZHANG J, CHAN H C B, LEUNG V C M. Wlc14-6: A location-based vertical handoff decision algorithm for heterogeneous mobile networks[C]//Global Telecommunications Conference (GLOBECOM 2006), 2006 IEEE. IEEE, 2006: 1-5.

[26] STEVENS-NAVARRO E, WONG V W S, LIN Y. A vertical handoff decision algorithm for heterogeneous wireless networks[C]//2007 IEEE Wireless Communications and Networking Conference, 2007 WCNC. IEEE, 2007: 3199-3204.

[27] SONG Q, JAMALIPOUR A. A quality of service negotiation-based vertical handoff decision scheme in heterogeneous wireless systems[J]. European Journal of Operational Research, 2008, 191(3): 1059-1074.

[28] ZHU L, YU F R, NING B. An Optimal Handoff Decision Algorithm for Communication-Based Train Control (CBTC) Systems[C]//Vehicular Technology Conference Fall (VTC 2010-Fall), 2010 IEEE 72nd. IEEE, 2010: 1-5.

[29] CHOI H, SONG O, CHO D H. A seamless handoff scheme for UMTS-WLAN interworking[C]//Global Telecommunications Conference (GLOBECOM 2004), 2004 IEEE. IEEE, 2004, 3: 1559-1564.

[30] MONTAVONT N, NJEDJOU E, LEBEUGLE F, et al. Link Triggers Assisted Optimizations for Mobile IPv4/v6 Vertical Handovers[C]//Proceedings of 10th IEEE Symposium on Computers and Communications (ISCC 2005), IEEE,2005: 289-294.

[31] BERNASCHI M, CACACE F, IANNELLO G. Vertical handoff performance in heterogeneous networks[C]//Parallel Processing Workshops, 2004. ICPP 2004 Workshops. Proceedings. 2004 International Conference

on. IEEE, 2004: 100-107.

[32] DU F, NI L M, ESFAHANIAN A H. HOPOVER: a new handoff protocol for overlay networks[C]//Communications, 2002. ICC 2002. IEEE International Conference on. IEEE, 2002, 5: 3234-3239.

[33] SHARMA S, BAEK I, DODIA Y, et al. Omnicon:a mobile ip-based vertical handoff system for wireless LAN and GPRS links[C]// International Conference on Parallel Processing Workshops, 2004. ICPP 2004 Workshops. Proceedings. IEEE, 2004:330-337.

[34] LEE C W, CHEN L M, CHEN M C, et al. A framework of handoffs in wireless overlay networks based on mobile IPv6[J]. IEEE journal on selected areas in communications, 2005, 23(11): 2118-2128.

[35] KIM S E,COPELAND J A. TCP for seamless vertical handoff in hybrid mobile data networks[C]// IEEE Global Telecommunications Conference, 2003. GLOBECOM'03. IEEE, 2003, 2: 661-665.

[36] CHEBBINE S,CHEBBINE M T,OBAID A, et al. Framework architecture and mathematical optimization of vertical handover decision on 4G networks using mSCTP[C]// IEEE International Conference on Wireless and Mobile Computing, NETWORKING and Communications. IEEE, 2005 (2): 235-241.

[37] MAL, YU F,LEUNG V C M, et al. A new method to support UMTS/WLAN vertical handover using SCTP[J] IEEE Wireless Communications, 2004, 11(4): 44-51.

[38] WU W, BANERJEE N, BASU K, et al. SIP-based vertical handoff between WWANs and WLANs[J]. IEEE Wireless Communications, 2005, 12(3): 66-72.

[39] BANERJEE N, ACHARYA A, DAS S K. Seamless SIP-based mobility for multimedia applications[J]. IEEE Network, 2006, 20(2): 6-13.

[40] R. MAHY, D. PETRIE, "The Session Initiation Protocol (SIP) "Join" Header", RFC 3911[S]. 2004.

[41] IETF RFC 7629. Flow-Binding Support for Mobile IP [S]. 2015.

[42] IETF RFC 5648. Multiple Care-of Addresses Registration [S]. 2009.

[43] IETF RFC 6089. Flow Bindings in Mobile IPv6 and Network Mobility (NEMO) Basic Support [S]. 2011.

[44] IETF RFC 7864. Proxy Mobile IPv6 Extensions to Support Flow Mobility [S]. 2016.

[45] IETF RFC 6182. Architectural Guidelines for Multipath TCP Development [S]. 2011.

[46] IETF RFC 6824. Architectural Guidelines for Multipath TCP Development [S]. 2013.

[47] IETF draft-tuexen-tsvwg-sctp-multipath-12. Load Sharing for the Stream Control Transmission Protocol (SCTP) [S]. 2016.

[48] IETF draft-dreibholz-tsvwg-sctpsocket-multipath-13. SCTP Socket API Extensions for Concurrent Multipath Transfer [S]. 2016.

[49] IETF RFC 6418. Multiple Interfaces and Provisioning Domains Problem Statement [S]. 2011.

[50] IETF RFC 6419. Current Practices for Multiple-Interface Hosts [S]. 2011.

[51] IETF RFC 6731. Improved Recursive DNS Server Selection for Multi-Interfaced Nodes [S]. 2012.

[52] IETF RFC 7556. Multiple Provisioning Domain Architecture [S]. 2015.

[53] SG13 of ITU-T：Coordination and management for multiple access technologies (Multi-connection). [EB/OL]. [2016-12-21] http://www.itu.int/en/ITU-T/studygroups/2013-2016/13/Pages/q10.aspx.

[54] ITU-T Y.2027. Functional architecture of multi-connection [S]. 2012.

[55] ITU-T Y.2028. Intelligent access selection in multi-connection [S]. 2015.

[56] ITU-T Y.2029. A multi-path transmission control in multi-connection [S]. 2015.

[57] IETF RFC 3775. Mobility Support in IPv6 [S]. 2004.

第5章 车联网中的移动性管理①

车联网是泛在网络与泛在应用的典型场景之一，其中的节点移动具有其独特之处，如高移动性、拓扑受限性、可预测性等。这些特征为车联网的移动性管理技术带来了新的需求和挑战。本章将在介绍车联网背景的基础上，分析这些需求，并介绍面向主机和群组的移动性管理机制。

5.1 车联网概述

5.1.1 车联网研究背景

车联网是智能交通系统（ITS，Intelligent Transport System）中的重要支撑技术，也是泛在网络、物联网在汽车及交通领域的重要应用。车联网技术可以提高ITS服务水平，促进城市宽带无线信息系统建设，为无线城市发展和建设数字化网络城市提供有力的支持。

广义上讲，车联网是指通过无线移动通信、传感器、卫星定位、地理信息系统、海量数据处理、智能控制等技术相结合，对车辆、人、道路等属性、静态和动态信息进行识别、处理和有效利用并提供服务的信息网络系统。狭义上讲，车联网是指实现车辆与车辆（V2V，Vehicle-to-Vehicle）通信和车辆与基础设施（V2I，Vehicle-to-Infrastructure）通信、并提供各种应用的网络系统。

与车联网类似的另一个术语为车载自组织网络（VANET，Vehicular Ad Hoc Network）。2003年ITU-T在瑞士日内瓦召开的汽车通信标准化会议上，各国专家提出了VANET的概念，并认为VANET技术有望在2010年将交通事故带来的损失降低50％[1]。在2004年第一届ACM International Workshop on Vehicular Ad Hoc Network上也使用了VANET的概念[2]。VANET最初用于反映车载

① 本章部分内容来自由北京邮电大学承担的国家自然基金课题“基于移动特征分析的异构车载网络移动性管理技术研究”（No. 61300183）

网络无中心、高度动态和自组织特性，是传统无线自组织网络(MANET，Mobile Ad Hoc Network)在车载通信领域的应用。

车联网的应用可以分为以下三类：

(1) 交通事故告警类应用。这类应用主要是当行驶的车辆发生故障或发生交通事故时，通过车间通信技术能及时将这一消息广播出去，使驾驶员能及时做出反应，避免交通事故的进一步恶化。这类应用对延时的要求很高，因为能否及时有效地避免或减少交通事故，直接取决于该告警信息是否能快速、无错误地传输到邻居车辆节点。同时，车辆自身安装了传感器，如果监测到异常将立即发出告警信息，提醒驾驶员进行检查。

(2) 辅助驾驶类应用。道路上行驶的车辆能收集路面信息和交通状况信息，通过车载自组织网络，车辆间能共享这些信息，从而能主动回避交通拥挤的路段，有效地帮助了驾驶员安全快速到达目的地。

(3) 普通信息服务类应用。该应用能为用户提供周边的服务信息，如附近加油站的位置、餐馆信息、酒店信息、停车场的位置等。除了这些信息，用户还能查询当地的实时交通状况信息以便制订更好的出行路线。车辆行驶途中，该应用能为用户提供 Internet 服务，用户能及时收发邮件、浏览网页、下载音乐、玩网络游戏等。

车联网技术研究中，节点的移动性具有一些独有的、不容忽视的特征，包括：

(1) 地理受限的拓扑分布。车辆沿道路行进，道路的分布天然地限制了车辆的分布，再加上通常道路周围存在对无线信号遮挡的障碍物(如建筑物和广告牌)，进一步使得网络的拓扑整体受限于道路形状。同时在市区和郊区高速公路上车辆的分布也常常表现出明显的差异性，因此针对车联网的研究场景常常被分为基于高速公路和基于城市的解决方案。

(2) 车联网的拓扑结构是多样化的。首先，不同的场景中，车联网的网络拓扑结构是不同的。例如，在郊区，车载自组织网络呈现稀疏的低密度的网络拓扑，整个网络被划分为一个个孤岛。网络的不连通使得车辆只能在相遇时进行通信。而在大城市的中心位置，车载自组织网络则可能呈现大范围、高密度的网络拓扑结构。其次，在不同的时段，车联网的网络拓扑也是大不相同的。白天交通高峰时段，网络拓扑结构是大范围、高连通、高密度的。而在深夜和凌晨，即便在大城市的中心地带，节点也是稀疏的。

(3) 节点的高速移动性与轨迹的可预测性。与传统 MANET 中研究的移动节点不同，车辆的移动速度要快许多，这会导致网络拓扑频繁发生改变，而传统的 MANET 路由协议会在维护路由信息上耗费过高。但是因为车辆的移动轨迹受到道路分布的限制，又受到物理上的运动学知识约束，甚至包括对驾驶人员意图与历史行为的分析都使得车辆的移动轨迹呈现出可预测性。

(4) 易得到地图信息和节点移动数据。随着电子地图及GPS定位设备在车辆装备中的普及，可以很方便地获取当前位置附近地图信息。另外，由于车载传感器与车载电脑的存在，对于车辆节点的移动特征(如速度、加速度、车头偏向角等)同样易于获取。

(5) 网络规模较大。在高速公路环境下，车辆的移动节点有时可达数百辆甚至几千辆。而在城市环境下，由于大城市可能会拥有数百万辆的汽车，处于移动中的车辆有时能达到数万甚至数十万辆；而中小型的城市中，移动车辆也可达数千甚至数万辆。

(6) 能量消耗限制较少。传统的MANET中(尤其是由传感器组成的MANET)节点的能量往往是有限的，它们的生命周期通常依赖于它们自身的电池容量，所以在设计相关协议时可能会将一部分注意力放在节约能量消耗上。然而在车联网中车辆通常可以持续地给计算设备与通信设备提供所需能量，故车联网在协议设计中不用过多地担心对能量的损耗。

5.1.2 车联网相关的标准化研究

各个国际标准化组织都开展了与车联网相关的标准化工作，主要包括：国际电信联盟(ITU)、美国电气和电子工程师协会IEEE、国际标准化组织智能运输标准化技术委员会(ISO/TC204)、欧洲标准化委员会道路运输和交通通信及信息处理技术委员会(CEN/TC278)、欧洲电信标准化协会智能运输标准化技术委员会(ETSI/ TC ITS)等。

ITU-T从2003年就开始与其他国际标准化组织和产业联盟相结合，共同推进ITS和汽车通信的标准化研究。2009—2013年成立焦点工作组FG CarCOM (Focus Group on Car Communication)，开展了关于车内通信、汽车免提通信子系统需求、语音识别等方面的工作。以NGN为主要研究内容的SG13也于2011年发布了Y.2281[3]，定义了如何基于NGN提供车辆间的互联及应用，包括V2V和V2I的通信，以及道路安全、交通效率、多媒体和位置服务等各类应用。SG16下的Q27旨在定义汽车网关的全球统一标准，使得所有汽车用户可以享受即插即用、无缝连接的服务。其主要工作内容包括汽车网关能够支持V2V和V2I通信的功能与业务需求、功能架构、与ICT设备的开放接口、节能减排的优化机制等。

DSRC(Dedicated Short Range Communication，专用短距离通信)是为支持车与车、车与路边基础设施通信而设计的短距离或中等距离通信服务技术。DSRC

通信协议覆盖了很多应用,包括车到车的安全信息传递、电子收费系统、免下车的付费等。DSRC 的目标是在一个相对较小的范围内给车辆提供高速率的数据传输和较低的通信时延[4]。DSRC 的标准化研究主要以美国 ASTM(American Society for Testing and Materials)/IEEE、日本的 ISO TC204 和欧洲 CEN TC278 标准体系为代表,目前尚未形成统一的国际标准,在制式、频段和调制方式等方面存在差异。

美国关于 DSRC 的工作自 2004 年起逐渐在 IEEE 开展,进行了 WAVE(Wireless Access in Vehicular Environments)的标准制定工作。WAVE 协议栈结构中,IEEE 802.11p 是由 IEEE 802.11 标准扩展的、用于车载通信的协议标准,主要定义了物理层和 MAC 层的标准。IEEE 1609 主要定义 DSRC 的上层标准,包括资源管理、安全机制、网络层通信协议和切换等。

另外,随着 4G 网络的普及,基于 LTE 技术实现车车、车路、车人之间直接通信成为当前研究热点。3GPP 于 2015 年 2 月,在 SA1(Service Aspect——Services)工作组正式启动了 LTEV2X 业务需求研究项目,拉开了 LTE-V 技术标准化的序幕。随后于 2015 年 6 月,在 RAN(Radio Access Netowrk)工作组由 LG、大唐和华为 3 家公司联合牵头启动"基于 LTE 的 V2X 可行性研究"工作项目。随着研究推进,各工作组陆续启动相应标准工作项目,根据目前进展,目前已经完成"基于 LTE 的 V2X 业务需求"技术报告[5]和标准规范"V2X 业务需求"[6];完成"基于 LTE 的 V2X 研究报告"[7]。当前 3GPP 已于 2016 年 9 月完成 V2V 核心规范制定工作,预计 LTE-V 的标准将于 2017 年 3 月完成。LTE-V 定义了两种通信方式:LTE-V-Cell 和 LTE-V-Direct。LTE-V-Cell 采用集中式系统,用于支持 V2I 的通信;LTE-V-Direct 采用分布式架构,支持 V2V 的直接通信[8]。

ETSI TC-ITS(Technical Committee on Intelligent Transport and Systems)主要任务是制定及维持未来交通系统中使用信息通信技术的相关标准和规范,其标准研究工作主要围绕车到车及车到路侧设施间的无线通信标准展开。ETSI TC-ITS 与 ISO、IEEE、ARIB、TTA 和 IETF 等开展了积极的合作,主要工作内容包括应用需求定义、系统架构定义、网络与传输协议、安全性等。

另外,值得一提的是 C2C-CC (Car 2 Car Communication Consortium)[9]。C2C-CC 成立于 2002 年,是由汽车厂商、供应商与研究机构构成的非赢利性产业联盟,致力于车-车与车-路通信的产品研发、市场化部署和商业模型研究,同时积极参与并推进车载通信欧洲标准的制定。

中国通信标准化协会 CCSA(Chinese Communication Standards Association)已经针对 LTE V2X 进行了深入研究,并且启动了《基于 LTE 的车联网无线通信技术空口技术要求》的行业标准立项工作。同时 CCSA 也针对《智能交通车-车、车-路主动安全应用的频率需求和相关干扰共存研究》展开了研究。此外,中国汽车工程学会和中国智能交通产业联盟(C-ITS 产业联盟)联合展开 V2X 应用层标准制定工作。

5.1.3 车联网相关的研究项目

车联网作为泛在网络和物联网的重要应用领域，也成为国际上的研究前沿，欧洲各国、美国、日本、中国等都开展了与车联网相关的研究项目，具体如下。

(1) FleetNet[10]

FleetNet 项目是 2000—2003 年的研究项目，是欧洲多个汽车公司、电子公司和大学的合作项目，其主要目标是基于 Ad Hoc 网络技术实现车辆之间、车辆与路边基础设施节点之间的通信，能够提供辅助驾驶、分布式车辆数据通信和用户通信及信息服务[11]。

FleetNet 项目的研究具有以下特色：基于无线多跳 Ad Hoc 网络实现组网以扩展通信范围；使用非授权无线频段以实现低成本数据传输；尽量降低传输时延以适用于辅助驾驶与安全类应用；根据位置的车辆寻址以实现基于位置的路由与位置服务；同时考虑车-车通信与车-路通信以实现与互联网的融合。围绕这几个特征，FleetNet 完成了网络架构设计、基于位置的路由与转发、车载无线通信等方面的研究，搭建了试验网络，并完成了标准化推进方面的一些工作。[12]

NOW(Network on Wheels)是 FleetNet 的后续项目，主要关注车-车通信协议和数据安全相关的内容[13]。

(2) CarTalk 2000[14]

CarTalk 2000 是一个从 2001 年开始由 EU FP5 支持的为期三年的项目。其主要目标如下：开发一种新的基于车间通信的合作驾驶辅助系统(Coo perative Driver Assistance Systems)，建立车辆与车辆之间可相互通信的平台，提高驾驶的安全性和舒适性；研究装载有无线通信装置的车辆间自组织网络，为未来的标准制定做准备。

该项目的主要研究内容包括：对现有及未来可能出现的合作驾驶辅助系统相关应用进行评估；开发相关软件构架与算法；开发车-车以及车-路通信的无线自组织系统；为高度动态的无线自组织网络拓扑设计算法；将通信系统硬件和算法集成到测试车辆中；在真实或构建的交通场景下测试系统功能等。

CarTalk 2000 项目最后在一个由 6 辆车组成的，综合的仿真环境下演示了三个主要的应用场景，它们分别是信息与告警服务(IWF，Information & Warning Functions)、基于通信的车队纵向控制(CBLC，Communication-Based Longitudinal Control)、合作驾驶辅助(CODA，Co-operative Driver Assistance)。[15]

(3) DRIVE C2X[16]

DRIVE C2X 项目是 EU FP7 的车联网项目，重点关注 C2C 和 C2I(Car to

Infrastructure)通信，基于欧盟之前开展的车联网相关技术研究成果，开展真实环境下的大规模路面试验。

DRIVE C2X 项目历时三年半，在芬兰、法国、德国、意大利、荷兰、西班牙、瑞典七国完成了超过 200 台测试车、超过 750 个驾驶员参与的超过 150 万千米的路面测试[17]。共测试了急救车辆提醒(AEVW，Approaching Emergency Vehicle Warning)、前方拥堵警告(TJAW，Traffic Jam Ahead Warning)、车内信号牌(IVS，In-Vehicle Signage)、道路施工警告(RWW，Road Works Warning)、障碍警告(OW，Obstacle Warning)、抛锚车辆警告(CBW，Car Breakdown Warning)、天气警告(WW，Weather Warning)、绿灯车速建议(GLOSA，Green Light Optimal Speed Advisory)等八项车路协同功能[18]。

DRIVE C2X 项目于 2014 年 7 月公布了测试结果，认为其测试已经充分体现了车路协同在提高交通安全和效率、减少交通拥堵方面的积极效果[17]。

(4) MIT CarTel[19]

CarTel 项目是由 MIT 开发的一个分布式移动传感器网络和远程通信系统，它综合利用了移动计算和传感技术、无线网络以及数据密集型算法来解决车辆行驶的有效性和安全性。CarTel 的应用能够收集、处理、传递、分析和可视化来自手机或者车辆的传感器数据，用于环境监测、路况收集、车辆诊断和路线导航等[19]。

在该项目中，安装在车辆上的嵌入式 CarTel 节点，负责收集和处理车辆上多种传感器采集的数据，包括车辆运行信息和道路信息等。使用 Wi-Fi 或 BlueTooth 等通信技术，CarTel 节点在车辆相遇时可以直接交换数据。同时，CarTel 节点也可以通过路边的无线接入点将数据发送到 Internet 上的服务器。服务器进一步对数据进行分析，然后提供给最终用户多种不同的服务[20]。

CarTel 项目的研究贡献主要包括交通流的缓解(开发基于 iPhone 平台的 iCarTel 应用程序)、道路表面状况监控和危险检测系统(Pothole Patrol)、车载网络(Cabernet，CafNet)、私密协议设计(Vpriv，PrivStats)、容忍网络连接中断的数据库系统(ICEDB)以及传感器数据采集的硬件和软件等[19]。

(5) California PATH[21]

PATH(California Partners for Advanced Transportation Technology)是加州大学伯克利分校发起的一个关于智能交通系统的综合性研究项目。该项目始于 1986 年，主要由伯克利分校的交通研究学院负责管理，同时也和加州交通部有密切的合作关系。California PATH 致力于运用前沿技术解决和优化加州道路系统存在的问题。其主要研究领域包括[21]：

- 交通运输安全(Transportation Safety)：它的目标是系统地提高基础设施、车辆、道路使用者以及它们之间交互的安全性。主要内容包括设计基于位置的安全应用，评估高速公路网络的安全性能，分析历史碰撞记录，确定事故频发的精确位置以及开发车与基础设施通信的安全方法等。

- 交通流管理(Traffic Operation)：重点关注交通管理和交通信息系统中当前最为先进的技术，并产生能够在真实世界中应用的成果，帮助减少交通系统的阻塞，提高公共交通的出行效率，从根本上改善交通流的管理。
- 持续性(Sustainability)：应对不断出现的新挑战，以维护项目持续的高质量。
- 模块应用(Modal Application)：开发新的方法和技术，更好地平衡整个交通系统的需求和供给，提供更可靠、更高效的运输方案。
- 综合道路管理(Integrated Corridor Management)：综合考虑高速公路、城市道路以及运输系统多种元素来改善交通，优化基础设施的使用，使交通投资走得更远。

(6) UMass DieselNet[22]

UMass DieselNet 是美国马萨诸塞大学研发的项目，该项目主要研究车辆传感网络的试验床。系统是由 35 辆配备 HaCom Open Brick 嵌入式计算机(1GHz CPU, 1GB RAM, 60GB or greater hard drive, Linux OS)的公交车组成，对于每辆公交车还配备分布式 Wi-Fi 接入点，用于提供实时定位服务的 GPS 接收终端，此外系统还包括安装在路边用于提高网络连通性的路边设备 Throwboxes。

(7) VII[23]

VII(Vehicle Infrastructure Integration)项目是由政府交通部门和汽车制造商共同发起的项目，时间是从 2004 年到 2009 年。该项目的目标是为各种车辆交通安全应用部署通信基础设施，这些基础设施将支持车与车、车与基础设施间的通信[23]。

研究和实验主要是由美国政府主导。项目涉及的应用主要包括警告司机不安全环境或者即将到来的碰撞，警告司机车辆行驶是否偏离路线或者车速在转弯处过快，告知系统调度机制实时拥堵状况、天气状况和交通事故等[24,25]。美国交通部通过该项目来调研基于 5.9GHz 的 VII 概念验证 POC(Proof of Concept)，相关试验在密歇根州底特律城郊完成。POC 验证的应用包括改善安全问题、移动性管理以及其他一些商业应用。[26]

IntelliDrive 是美国交通部发起的新项目，这个项目包含 VII 的所有内容[27]。

(8) ASV

ASV(Advanced Safety Vehicle Program)项目是日本交通部、汽车制造商(Honda、Mitsubishi、Suzuki 以及 Toyota 等)以及一些院校和科研机构共同研究的车载安全项目。ASV 的目标一方面是减少交通事故的发生，另一方面是改善交通效率、缓解交通拥堵现象[28,29]。

ASV 项目第一阶段的时间从 1991 年开始到 1995 年结束，这一阶段主要关注的是高新技术应用在车辆上的成功率以及这些技术可以在多大程度上减少交通事故。ASV 项目的第二阶段从 1996 年开始，历时五年。这一阶段开始对系列研究成果进行检验，包括技术领域的扩展以及对“smart cruise 21”和高速公路高级巡航辅助系统 ASH(Advanced Cruise-Assist Highway System)的联合演示[28]。

ASV 项目投入实际使用的项目有向前碰撞损伤减轻制动控制系统(Forward Collision Damage Mitigation Braking Control System)、行车线路保持支援系统(Lane-keeping Assistance System)、带制动控制的自适应巡航控制系统(Adaptive Cruise Control System with Brake Control)[30]。

(9) 中国的研究项目

“新一代宽带无线移动通信网”国家科技重大专项针对车联网对通信技术的新需求和车联网的新业务设置了一系列的相关课题，如 2015 年重大专项课题“低时延、高可靠性场景技术方案研究与验证”、2016 年重大专项课题“LTE-V 无线传输技术标准化及样机研发验证”和“面向自动驾驶的 5G 关键技术研究与演示”。通过上述课题支持展开低时延、高可靠通信关键技术研究，支持中国 LTE-V 标准和产业研发，同时在未来自动驾驶应用相关需求方面进行了布局。

科技部(全称：中华人民共和国科学技术部)在“十二五”的 863 计划项目“智能车路协同关键技术研究”中，围绕车路协同关键技术开展了系统性的探索研究，提出了“智能车路协同系统体系框架”，搭建智能车路协同集成测试验证实验系统，依托典型应用研究车路协同关键技术，采用国外厂商现有 IEEE 802.11p 芯片进行车车通信，建立真实环境的车路协同测试环境，进行实际道路环境下的集成、测试和验证，展示了十余个智能车路协同系统典型应用场景，如盲区预警、多车协同换道、交叉口冲突避免、行人非机动车避撞、紧急车辆优先通行、车速引导、车队控制、车队协同通过信号交叉口等。

另外，由工信部与北京、上海、重庆、河北、浙江等各地方政府签署框架合作协议，15 家企事业单位发起设立“智能汽车与智慧交通产业联合创新中心”，4 家企业发起设立北京未来车联网创新基金。项目“基于宽带移动互联网的智能汽车与智慧交通应用示范”的目标是推动新一代信息技术与汽车产业的深度融合，以宽带移动互联网为依托，推动智能汽车、智慧交通等产品、服务和解决方案的发展与应用。将基于宽带移动互联网的智能汽车、智慧交通应用示范作为工业转型升级的重要方向予以支持。

5.1.4 车联网通信场景

C2C-CC 定义了车联网通信架构[31]，如图 5-1 所示。该车联网通信架构将车联网通信分为车内通信、车间 Ad Hoc 通信和基础设施通信三种场景。车内通信是指车内的传感器等固化设备或乘客的笔记本电脑等可携带设备通过无线或有线方式与车载通信单元(OBU,On-Board Unit)联网实现的通信。车间 Ad Hoc 通信是指配置了车载通信单元的车辆与路边单元(RSU,Road-Side Unit)之间的通信,可能是 OBU 之间或 OBU 与 RSU 之间的多跳或多跳自组织通信,一般可基于 IEEE 802.11p 或 LTE-V 标准实现。基础设施通信是指通过 WLAN 或蜂窝移动通信网等方式连接到互联网的通信。

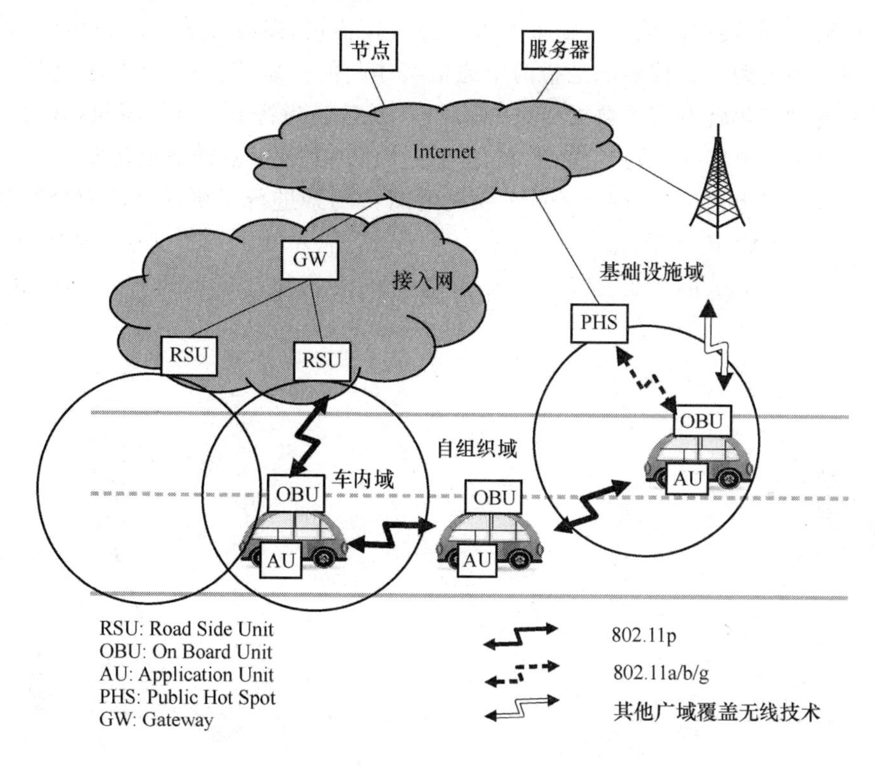

图 5-1 C2C-CC 定义的车联网通信架构[31]

仔细分析不难发现,车联网中的通信场景非常丰富,这是由无线接入的异构性、通信模式的不同、数据传输策略的不同、丰富多样的车载应用及其不同 QoS 需求等多种原因共同造成的。

首先,车载网络中包含了多种异构接入技术,如 802.11 系列 WLAN、802.16、蜂窝移动通信网络、DSRC/WAVE 等多种无线接入技术,同时包括车辆之间基于 Ad Hoc 技术的通信,以及通过中继技术实现的异构混合多跳通信。这些多样化的接入技术,能够满足异构车载网络中丰富的业务种类对带宽、时延、覆盖范围、通信可靠性、移动性支持等的不同要求,也使得通信场景变得更加复杂。

其次，车联网需要提供 V2V（Vehicle-to-Vehicle）和 V2I（Vehicle-to-Infrastructure）两种通信模式。V2V 实现车与车之间的通信，V2I 实现车与路边基础设施之间的通信。不同的车联网应用基于不同的通信模式实现。例如，道路安全类应用依赖车-车之间的直接通信能力将车辆故障及事故信息及时、准确地传播出去；信息服务类应用需依靠车-路通信能力建立与互联网上应用服务器的连接；而交通效率类应用则需同时利用车-车与车-路通信能力，实现车、信号灯、后台服务器等设备间的有效协同。

最后，车联网中的数据传输策略可分为直接传输、多跳传输、基于 cluster（簇）的传输三种类型。直接传输是指两个通信实体间的一跳传输；多跳传输是指两个实体间通过多跳转发实现数据传输；基于簇的传输是指将节点分为群组，并为每个群组选择 Head（簇头）节点，由 Head 节点负责组内其他节点的数据转发[32]。

充分考虑上述因素，图 5-2 对车联网的通信场景进行了更详细的划分。其中包括：多跳的 V2V 通信、基于 cluster 的 V2V 通信、单跳的 V2I 通信、多跳的 V2I 通信、基于 cluster 的 V2I 通信，以及车内设备构成移动子网时基于 NEMO 的通信。

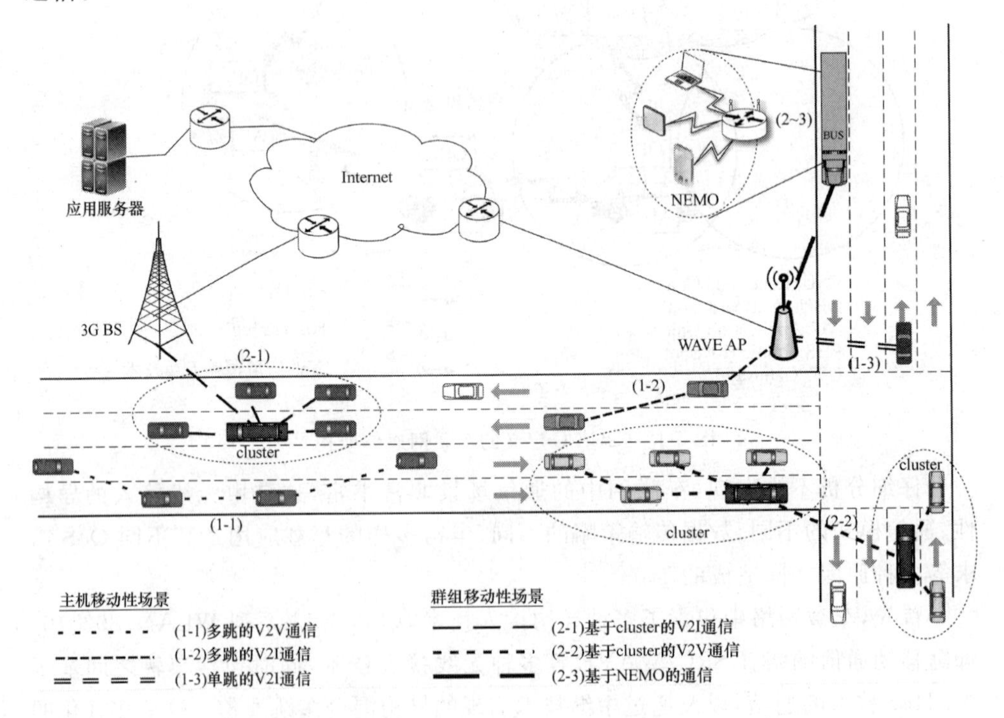

图 5-2 车联网中的通信场景

5.2 车联网的移动性管理场景与技术需求

在具有明显高移动性特征的车联网中,丰富的通信场景也带来了多样化的移动性场景。以图 5-2 为基础,我们将车联网中的移动性场景分为主机移动性和群组移动性两大类[33,34]。相应地,车联网的移动性管理机制针对不同的移动主体展开。针对单个车载移动节点提供移动性支持能力的,称其为主机移动性管理。针对多个车载移动节点同时移动时提供移动性支持能力的,称其为群组移动性管理。本章后续内容的组织也以上述移动性场景的分类为主线,5.2.1 小节将讨论主机移动性管理的场景和技术需求,5.2.2 小节将讨论群组移动性管理的场景和技术需求,5.3 节和 5.4 节将分别介绍车联网中的主机移动性管理机制和群组移动性管理机制。

5.2.1 主机移动性管理

主机移动性是指单个节点的移动性,根据移动的节点接入无线接入点的方式不同,又可分为单跳接入的主机移动性和多跳接入的主机移动性。

主机移动性场景包括了图 5-2 中单跳 V2I 通信、多跳 V2I 通信、多跳 V2V 通信的移动性,具体如下:

(1) 在单跳 V2I 通信中,车辆通过 WLAN AP 或蜂窝移动通信网的基站接入互联网。随着车辆的移动,车辆需要在不同接入点之间进行切换,以保持通信和业务的连续性。

(2) 在多跳 V2I 通信中,车辆通过多个中继节点多跳到 WLAN AP 或蜂窝网 BS 实现互联网接入。随着车辆的移动,中继节点可能发生变化,中继节点到互联网的接入点也会发生变化,或者车辆到互联网的接入也会发生多跳接入到单跳直接接入的变化。这种场景下切换的处理会更加复杂,需要将传统的移动性管理协议和多跳混合路由与重路由相结合,实现对业务连续性的支持。

(3) 在多跳 V2V 通信中,多个车辆以 Ad Hoc 方式构成 VANET 进行 V2V 通信,其中对移动性的支持更多的是由 VANET 中的路由与重路由技术实现。

在车联网高速移动的场景下,传统移动性管理协议的性能缺陷尤为显著,表现为:切换时延大,切换过程中丢包严重。相应地,车联网中主机移动性管理的技术需求如下:

(1) 移动性决策功能需要紧密结合车联网中节点移动的特殊性,尤其是车辆移动受限于道路拓扑、单个车辆移动的时间依赖性、相邻车辆移动的空间依赖性,都使得车辆移动具有显著的可预测性。另外，大部分车辆配备了 GPS 设备，能够方便地获取车辆的位置信息。在此基础上，可采用预测的方法优化移动性决策，是避免频繁切换、降低切换时延、降低信令开销的有效方法。

(2) 移动性管理协议设计以降低切换时延和丢包为主要优化目标。可以分析切换实施过程，剖析切换时延的组成部分，从其中的某些子过程入手，寻求有效的优化方法。车联网独特的移动性特征，如车辆移动受限于道路拓扑从而具有易于利用的邻居关系，可以提供优化设计的思路。另外，引入车辆上配置的多个网络接口或相邻车辆间网络接口的协作可以实现平滑切换的优化。

5.2.2 群组移动性管理

群组移动性是指多个移动节点构成群组一起移动的场景，根据群组内拓扑变化是否具有自组织特性、群组接入外部网络的网关节点是否动态变化，又可分为 NEMO-based 和 cluster-based 两类。

群组移动性场景包括了图 5-2 中基于簇的 V2I 通信、基于簇的 V2V 通信和基于 NEMO 的通信中的移动性。

(1) 在基于簇的通信中，临近车辆构成群组，群内节点通过群首或其他网关节点实现与外部网络的连接和通信。在 V2I 通信中，能够降低网络接入点的请求处理和数据传输负载，避免拥塞；在 V2V 通信中，能够提供一种层次型的网络架构，提高了网络的可扩展性。这种场景中的移动性，首先应解决以稳定性为目标的动态分群，其次需要面向动态群组完成切换控制。

(2) 在基于移动子网(NEMO，Network Mobility)的通信中，移动子网内的拓扑相对稳定，通过预先部署的移动路由器或网关节点实现与外部网络的连接。这种场景中，主要依赖移动路由器或网关节点，基于典型移动性管理协议对 NEMO 支持能力的扩展，实现对移动性的支持。

相应地，车联网中的群组移动性管理也应区分不同的场景，针对不同的技术需求展开研究。

(1) 在基于移动子网的移动性管理中，主要针对现有典型移动性管理协议进行子网移动性支持能力扩展的同时，考虑车联网高速移动场景的需求，进一步实现移动性管理性能的优化设计。

(2) 在基于簇的移动性管理中，动态分群(Clustering)成为移动性决策的主要研究内容，以群组稳定性作为主要的性能评价指标。另外，由于动态群组的内部拓扑会发生变化，动态群组到外部网络的附着节点也会发生动态变化，移动性管理也变得更为复杂，性能优化依然是主要优化目标之一。

5.3 车联网的主机移动性管理机制

车联网中的主机移动性管理技术的研究主要针对主机单跳接入和多跳接入的场景，围绕移动性决策和移动性管理协议优化两大部分展开。

5.3.1 移动性决策

在车联网中，由于车辆高速移动引起频繁切换，从而导致切换延迟过长、丢包率严重。因此，车联网主机移动性决策的研究，主要根据车辆移动的拓扑受限性特征（例如，车辆移动受限于道路拓扑从而具有易于利用的邻居关系，车辆移动方向用于获取可用网络连接信息），完成高效的移动性决策，以降低切换延迟、降低切换丢包。

本章参考文献[35]提出了一种基于 MIH（Media Independent Handover）的跨层切换决策优化方案。其基本思想如图 5-3 所示。

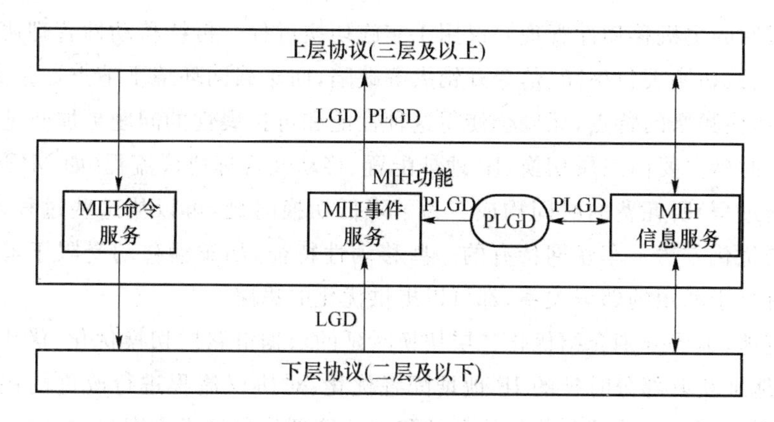

图 5-3　基于 MIH 的切换决策优化基本思想[35]

在此方案中，触发上层移动性管理协议进行切换实施的事件包括 LGD（Link_Going_Down）和 PLGD（Predictive_Link_Going_Down）两种。LGD 是 MIH[36] 中定义的事件，来自二层及以下与网络接口相关的信息，是 MIH 中提供网络接口可用性变化的预测事件。但是，在车联网中节点移动速度较快的情况下，LGD 的预测指示不能在当前网络接口断开之前使新的链路完成配置，从而导致较大的切换时延和丢包。因此，本章参考文献[35]定义了 PLGD 事件，利用地图和网络状况预测车辆移动，因此可以正确预测网络性能下降的时间，从而预测切换执行的触发时间。

其中,实现 PLGD 事件预测需要的基本信息来自 MIH 信息服务(Media Independent Information Service, MIIS)。MIIS 提供邻居接入网络信息的查询和相应服务,具体信息包括:邻居接入网络的拓扑信息、地理信息和动态实时信息(如带宽和 QoS 条件)等。

移动节点基于从 MIIS 获得的信息来预测当前链路状态。收到邻居接入网络信息之后,移动节点就可以获知有哪些备选网络,然后决定切换类型是垂直切换还是水平切换、需要扫描的备选 AP 数目,以及是否需要上层切换等[37]。

在具体的预测方法上,定义了一个数学模型,该模型使用车辆位置和速度以及邻居 BS 的地理位置信息作为输入,来估计网络连接失效的时间,从而触发 PLGD 事件,也即意味着切换过程的开始。从备选接入网络中选择 MN 在其覆盖范围内停留时间最长的一个,作为切换的目标网络,这样,在备选接入网络中停留相对较长的时间,从而避免了频繁切换。

5.3.2 移动性管理协议优化

车联网的主机移动性管理协议用于实施切换过程。传统移动性管理协议具有切换时延长、切换丢包率高、信令开销大等缺陷,而车载网环境下节点数量大、移动速度快、切换频繁的特点,无疑会使得这种性能和可扩展性的问题更加凸显[34]。

切换时延主要由二层切换、IP 地址配置、移动性管理协议流程(如 MIPv6 中的绑定更新过程)所耗费的时间构成。为了降低切换时延,可以从这些过程入手,寻找有效的优化方法。车联网特有的一些移动性特征,如车辆移动受限于道路拓扑从而具有易于利用的邻居关系,都可以提供优化的思路。

相应地,本节分别介绍优化二层切换时延的数据链路层切换优化、优化切换过程中 IP 地址获取部分时延的 IP 地址配置优化、对协议流程进行改进的快速切换和平滑切换优化,以及基于位置服务的移动性管理优化技术方案。

1. 数据链路层切换优化

数据链路层的切换也是切换时延的重要组成部分,主要是移动节点扫描信道、移动节点和接入点之间的认证/连接过程所耗费的时间。其中,在信道扫描阶段,移动终端接收来自不同信道的信标消息(Beacon Signal),从中选择信号强度最高的接入点作为切换的目标接入点。实验表明,在 WLAN 网络中,信道扫描会带来 310ms 的切换时延[38]。

本章参考文献[39]指出,WLAN 不能够支持高速环境下的车辆移动无缝切换,两个主要问题是:由信道扫描引起的时延较长;与新 AP 建立连接较慢。

于是,作者提出两个方法来解决这两个问题。第一,通过限制扫描信道的数目来缩减信道扫描造成的延迟。第二,在MH上扩展了三个功能:①从不同AP以短暂周期(2Hz)监测beacons的RSSI;②从第一步监测到的RSSI中选择一个较高RSSI的AP,与这个新的AP建立连接;③在较短周期内改变无线转移率(Wireless Transfer Rate)以适应RSSI的快速变化。通过这些功能,在MN连接的当前AP的RSSI信号降到一定程度时,MN可以避免与当前的AP保持不必要的连接,开始搜索新的AP以建立连接。

本章参考文献[38]也提出了一种降低IEEE 802.11 WLAN二层信道扫描时间的切换优化机制。其主要思想如下:

首先,建立并维护信道扫描表,其中记录了每个接入点的信息,包括MAC地址、信道数量、可提供的数据速率和可用信道数量等。网络中的接入点、接入路由器(AR)、核心路由器都维护信道扫描表,移动终端以固定时间间隔周期性地获取信道扫描表中的信息。

其次,将每个接入点的覆盖范围按照信号强度划分成不同的区域Z1和Z2。Z1为信号强度很好的区域,Z2为信号强度一般的区域。以Z1和Z2区域的划分为基础,定义了两个信号强度阈值点Th_{min}和Th_{max},如图5-4(a)所示。

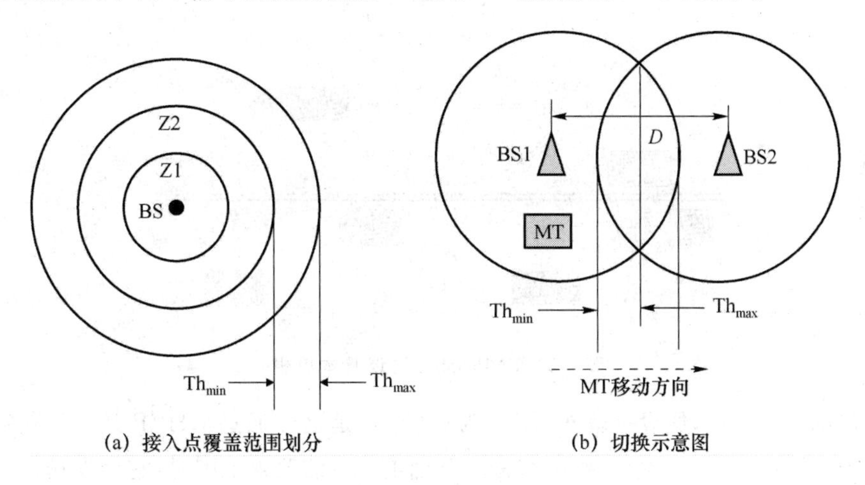

图5-4 基于信道扫描表的二层切换优化机制

如图5-4(b)所示,移动终端MT起初连接在接入点BS1上,沿着图中箭头所示的方向移动。在终端的移动过程中,当MT移动至BS1的Th_{min}位置,意味着它即将离开BS1。此时,将触发切换过程,并在移动终端移动到Th_{max}点前完成切换。在此过程中,移动终端基于信道扫描表中的信息快速完成信道扫描,并提出了一个位置预测机制,提前为其预留BS2的信道资源,从而提高了切换的成功率。

2. IP 地址配置优化

在 VANET 中，车辆通过接入点（AP，Access Point）实现与因特网的连接。由于车辆高速移动，AP 的覆盖范围又非常有限，车辆与每个 AP 的连接时间很短暂。而在车辆与 AP 连接的短暂时间段内，又有很大一部分耗费在通过动态地址配置协议（DHCP，Dynamic Host Configuration Protocol）获得可用 IP 地址的操作，之后真正能够用于数据传输和业务访问的时间非常有限。因此，在这样的场景中，如何缩减通过 DHCP 获得 IP 地址的时间至关重要。

为了减少网络开销，增加可用于数据传输的有效网络连接时间，本章参考文献[40]提出了一个在 VANET 中快速获得 IP 地址的策略——IP Passing。IP Passing 策略基于车载网络中车辆移动的拓扑受限性，利用临近车辆携带可用的网络连接信息；通过传递 IP 地址包，实现 IP 地址从离开当前 AP 范围内的车辆传递到新进入到该 AP 范围内的车辆上。实现 IP 地址的快速分配。

IP passing 协议的基本思想如图 5-5 所示。

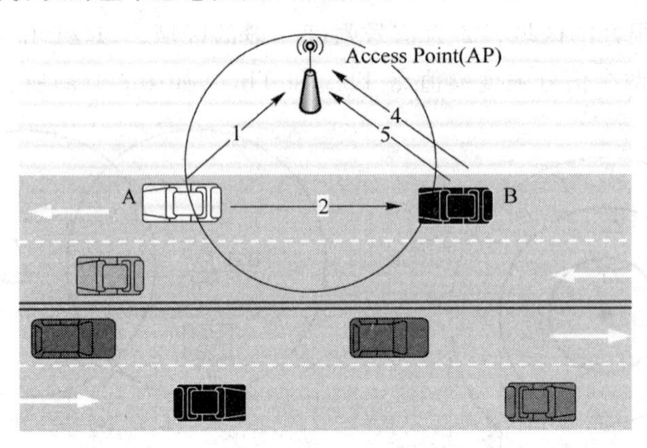

图 5-5　IP Passing 协议基本思想

如图 5-5 所示，假设一辆车（图中为车辆 A）是已经通过 DHCP 从 AP 获得了可用 IP 地址的车辆。当车辆 A 准备离开当前 AP 的覆盖范围时，它会发送一个包含它当前 IP 地址的 IP 数据包。所有最新进入这个 AP 覆盖范围内的车辆检测当前是否有 IP 地址包可用。如果成功检测到 IP 地址包，车辆即使用此包内的 IP 地址作为自己新的 IP 地址。如果没有检测到，车辆就通过 DHCP 过程获得一个 IP 地址。图中为车辆 B 接收 A 的 IP 地址。

之后，通过 IP 地址包获得 IP 地址的车辆 B 与 AP 建立网络连接。同时，车辆 B 通过广播地址解析协议（ARP，Address Resolution Protocol）数据包来更新它在 ARP 缓存中的 IP 地址。其他收到 ARP 数据包并发现此 IP 地址已被占用的车辆就不会再把这个 IP 地址作为自己的候选地址。一旦发送 IP 数据包的车辆 A 收到了 ARP 响应的包,它会立刻断开与 AP 的连接。

IP passin 协议可以将上述场景中用于获取 IP 地址的时间减少到 0.1 s 以下,从而能够在很大程度上提高效率、缩短延迟、增加车辆的有效网络连接时间。

上述 IP Passing 协议能够通过 IP 地址传递获得新的 IP 地址,降低切换延迟。但当车辆密度小或者车辆速度差异很大时,由于网络分割和网络拓扑碎片的存在,车辆就不能直接或以多跳的方式与传递 IP 的车辆通信,导致 IP Passing 协议不可用。

为改善 IP Passing 协议,本章参考文献[41]提出了存在网络碎片情况下的 IP Passing 协议,这里称其为 IP Passing-NF 协议。

IP Passing-NF 协议以本章参考文献[40]中的 IP Passing 协议为基础,还使用了 Virtual Bus[42] 的概念。Virtual Bus 方案借鉴并扩展了 Real Bus 方案。Real Bus 方案是一种应用在公交车上的预切换机制。其中,在公交车上一前一后放置了两个移动路由 MR(Mobile Router),即前置路由 FMR(Front Mobile Router)和后置路由 RMR(Rear Mobile Router)。RMR 检测当前 BS 的信号强度变弱后就通知 FMR 触发预切换机制。与 Real Bus 机制类似,Virtual Bus 应用于同向行驶且具有相似速度的两辆车上,行驶在前面的车辆作为 FMR,后方车辆作为 RMR。

在 IP Passing-NF 协议中,当一辆车(假设为车辆 A)准备离开当前接入点时发生了网络分割,导致网络碎片产生。此时,尽管该车辆不能将 IP 地址传递给即将达到此接入点范围内的其他车辆,它仍会将 IP 地址传递给仍留在此接入点覆盖范围内的车辆,这样就推迟了将 IP 地址释放给 DHCP 服务器的时间,也即延长了该 IP 地址的生命周期。之后,在延长的 IP 地址生命周期内,一辆即将到达该接入点覆盖范围内的车辆通过多跳中继方式从车辆 B 获得这个 IP 地址。这样,就增加了车辆通过 IP Passing 方式快速获取 IP 地址的机会。

3. 快速切换优化

快速切换优化的主要目标是降低切换时延。事实上,上面介绍的数据链路层切换优化和 IP 地址分配优化方案,是从切换时延的不同构成部分入手,达到降低切换时延的目的。这里的快速切换优化,主要是从 MIPv6、PMIPv6、FMIPv6 等移动性管理协议流程出发进行的快速切换优化。

(1) VMIPv6(Vehicular MIPv6)

本章参考文献[43]提出,VMIPv6 协议是车载网络中基于 MIPv6 的一种切换优化机制,主要的优化目标是降低切换时延。其应用场景如图 5-6 所示,车辆通过 AP 接入,经 AR 实现与 Internet 的连接。

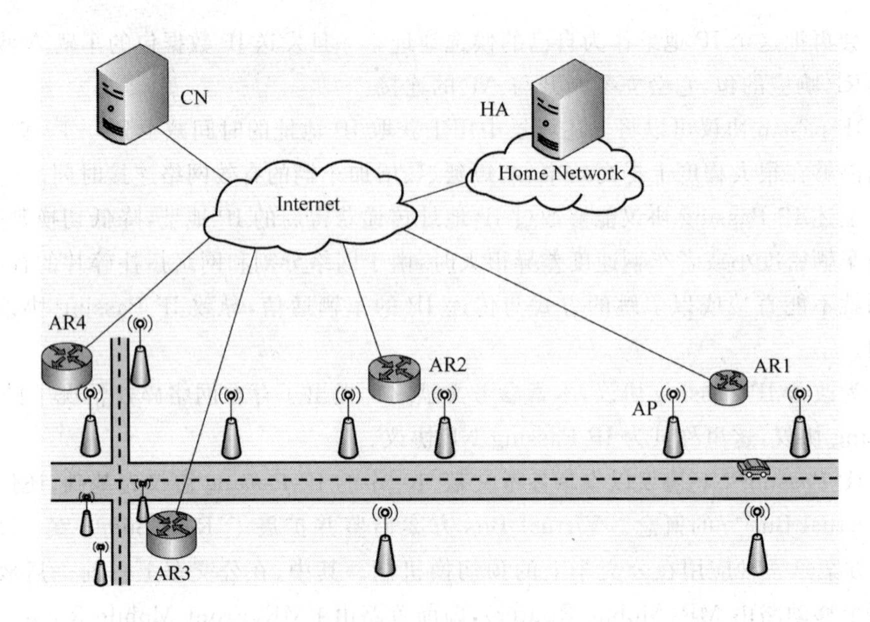

图 5-6　VMIPv6 应用场景

根据车载网络的通信场景，VMIPv6 考虑两种切换场景：在非十字路口（即在两个十字路口之间的路段上）实施切换和在十字路口实施切换，并对两种场景采用不同的方法。

① 在非十字路口实施切换

在非十字路口上，当一辆拥有旧转交地址（oCoA，old Care of Address）的车辆离开旧接入路由器（oAR，old Access Router）的覆盖范围进入新接入路由器（nAR，new Access Router）的覆盖范围时，车辆保持 oCoA 而不是获取 nCoA，只需要在 oAR 上用 oCoA 进行绑定更新。通信对端节点（CN）发送的数据包从 oAR 传递到 nAR，再由 nAR 转发到该车辆。这样，一方面可以减少 IP 配置的次数，比如在 nAR 上配置 nCoA 的 IP 地址；另一方面因为车辆是在 oAR 上而不是在距离遥远的 HA 上进行绑定更新，可以减少绑定延迟。因此，可以显著降低切换延迟。

② 在十字路口实施切换

随着车辆在某个路段上的移动，按照上述切换处理方法，其初始绑定的网络与当前接入网络之间的距离不断增大，导致 oAR 与 nAR 之间的数据转发跳数也不断增加，并因此带来额外的延时。车辆进入十字路口的 nAR 范围内，VMIPv6 会重新配置一个 nCoA，然后发送绑定更新信息（BU，Binding Update）给 HA。在 nCOA 到 HA 的绑定更新完成之前，车辆仍然可以暂时使用 oCoA 继续转发数据，以减少切换延迟和切换过程的丢包。绑定更新的过程仅仅是在十字路口上，这样就可以降低 HA 绑定延迟。

（2） ePFMIPv6(enhanced Fast Handover for PMIPv6)

ePFMIPv6 是本章参考文献[44]中提出的一种基于 PMIPv6 的车载网络切换优化协议，主要优化目标是降低切换时延。

IETF 曾经提出 PFMIPv6（Fast Handover for PMIPv6）协议[45]，以降低 PMIPv6 的切换时延。PFMIPv6 借鉴 FMIPv6 的思想应用于 PMIPv6 协议，在 pMAG(previous MAG)和 nMAG(next MAG)之间通过 HI(Handover Initiate)和 HAck(Handover Acknowledge)消息的交互建立双向隧道。在 MN 与新的接入网建立连接前，MN 发送的数据先通过该隧道转发并缓存到 nMAG 中，连接建立之后，nMAG 会将缓存的数据发送给 MN。

但是，即使已经做了快速切换的优化，将 PFMIPv6 直接应用于车载网络中，仍然面临切换时延高的问题。主要原因是：一方面，在 PFMIPv6 切换机制中，当前 MAG(pMAG)只有在收到新 MAG(nMAG)的 Hack/HI 消息时，才能转发数据包，即使在 nMAG 收到 HAck/HI 前车辆已经到达下一个 MAG，也是同样的处理。另一方面，PFMIPv6 并没有考虑车辆移动受限于道路拓扑的特性。

在 ePFMIPv6 中，假设车辆都配备了全球定位系统(GPS，Global Positioning System)，因此 MN 可以通过 GPS 获得当前位置信息。另外，每一个 MAG 都维护一个邻居 MAG 的列表(NML，Neighboring MAG List)，其中存储了：

- 邻居 MAG 的 ID，根据 ID 当前 MAG 就可以建立支持切换过程所用的隧道；
- 与 MAG 连接的 RSU 的 ID；
- 每一个 MAG 的位置信息(LI，Location Information)。

ePFMIPv6 的切换过程如图 5-7 所示。

步骤 1：当 MN 向当前 MAG(即图 5-7 中的 pMAG)发起切换请求时，它会发送一个路由请求(RS，Router Solicitation)消息。RS 消息中包含了 MN 的位置信息(LI，Location Information)，即：{道路 ID(road ID)，路段 ID(segment ID)}。

步骤 2：pMAG 收到 RS 信息后，会查询它的邻居 MAG 列表信息 NML，从所有的候选 MAG(cMAGs，candidate MAGs)找到下一个可以为 MN 进行切换的 MAG(即：nMAG)。在 NML 中找到 cMAGs 后，当前 MAG 给所有的 cMAG 发送一个带有 V 标志的 HI(Handover Initiate)信息。

步骤 3：收到 HI 信息后，就在当前 MAG 与每一个 cMAG 之间建立一个双向通道，这些通道具有预先定义的生命周期。此时 cMAG 就可以接收(缓存)来自当前 MAG 的数据包了。未收到 HI 信息的 cMAG 在生命周期结束后释放预先建立的隧道。

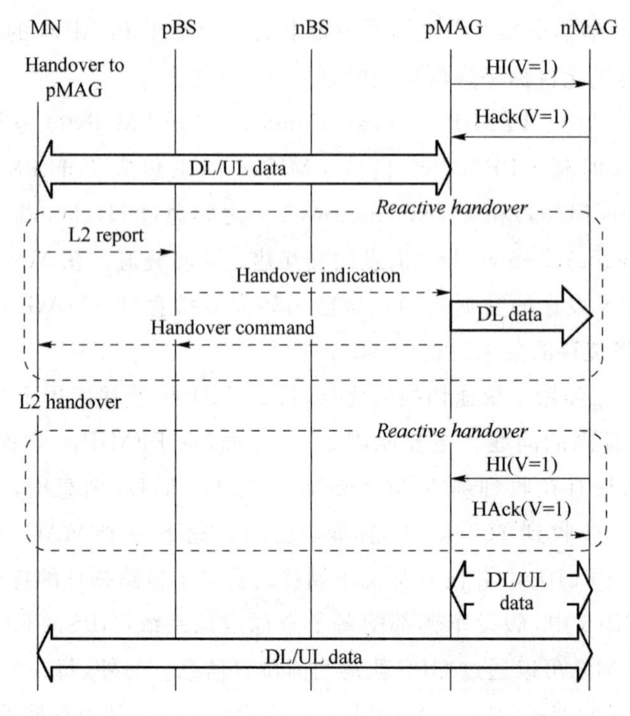

图 5-7　ePFMIPv6 切换过程[44]

步骤 4：如 PFMIPv6 机制相似，如果正在服务的网络的接收信号强度（RSS，Received Signal Strength）低于预先定义的阈值，就发起切换（HO-Initiate，Handover Initiate）过程。当前一个路边单元（pRSU，previous Roadside Unit）收到来自 MN 的 L2 报告时，pRSU 指示 pMAG 需要进行 MN 的切换过程，并将 nRSU 的 ID 也告知 pMAG。

步骤 5：pMAG 可以从 NML 中得出 nMAG 的 ID，接着 pMAG 就可以立即转发包给 nMAG，这个 nMAG 必须是 cMAG 中的一个。

步骤 6：nMAG 收到 pMAG 的数据包并缓存起来，同时发送一个带有"V"标志的 Hack 给 pMAG。

步骤 7：当 MN 连接到新的网络时，nMAG 即将缓存的数据包转发给 MN，MN 发送的数据包先发送给 nMAG，然后由 nMAG 转发给 pMAG。接着 nMAG 执行步骤 1，开始在 LMA 中登记。

(3) PFC(Packet Forwarding Control)

在基于 MIPv6 的快速切换扩展 FMIPv6（具体介绍参见本书 2.3.2 小节）中，nAR 和 oAR 之间建立一条转发隧道，用于切换过程中由 oAR 将数据转发到 nAR

进行缓存。但是，如果 oAR 到 nAR 的传输路径过长，会导致经由隧道的数据传输时延过大。例如，由于车载网络中节点移动速度很快，会存在多次连续切换，这时，数据需要从 oAR 经过多个隧道的连续转发，才能到达最新的 nAR，从而导致经由隧道的数据传输时延过大。再如，在以树形结构部署接入路由器的情况下，也会由于 oAR 和 nAR 所属的分支结构关系导致过长的传输路径。

为了解决这个问题，本章参考文献[46]提出了 PFC(Packet Forwarding Control)机制。其主要思想是选择一个合适的位置(文中称其为 CAP，Common Ahead Point)作为转发隧道的起点。在切换过程中，来自通信对端的数据可以由 CAP 经隧道转发给 nAR，无须经过 oAR。在 PFC 中，CAP 的位置定义为 CN 到 oAR 传输路径和 oAR 到 nAR 传输路径的交叉点。PFC 机制正是通过这样的方式，使得切换过程中的数据转发在一个较短的路径上完成，从而能够降低数据传输时间，降低切换时延。

PFC 中改进后的快速切换流程如图 5-8 所示。在移动车辆节点由 oAR 移动到 nAR 的过程中，首先与 oAR 进行 RtSolPr 和 PrRtAdv 消息的交互。检测到二层的切换触发事件后，MN 向 oAR 发送 FBU 消息，之后 oAR 发送 HI 消息。该 HI 消息携带了 Hop-by-Hop 选项，意味着该分组会被传输路径上所经过的每一个节点进行检查。当 HI 逐跳转发到 CAP 节点位置时，CAP 节点通过对分组的检查会发现自己曾经处理过 CN 到 MN 的数据分组，也即，CAP 位于 CN 到 oAR 的路径上。于是，CAP 将自己的 IP 地址写入扩展的 PFC Option，包含在 HI 消息的头部，并继续转发 HI 消息，直至被 nAR 收到。

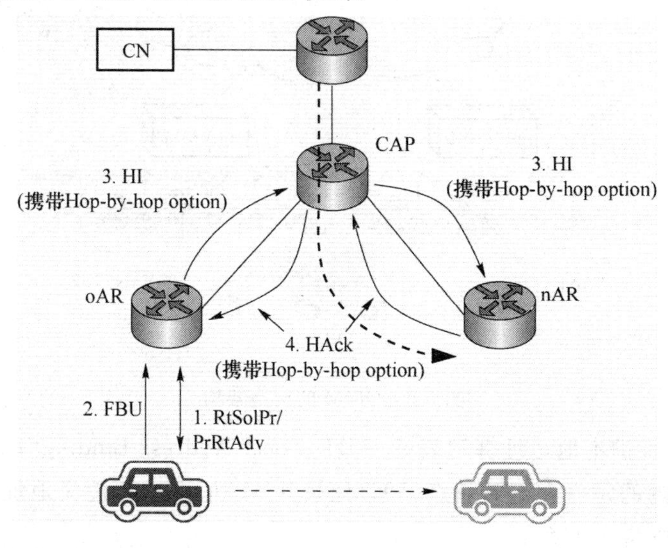

图 5-8 PFC 的切换流程

nAR收到HI消息后，会检查其中的PFC Option，得到CAP的IP地址。nAR构造对应的Hack消息，一方面将CAP的IP地址包含在PFC Option中，写入Hack消息的头部，另一方面也在Hack消息中包含Hop-by-Hop Option。nAR回复的这条Hack消息同样会被nAR到oAR传输路径上的每一跳节点检查，检查消息中PFC Option中的IP地址是否是自己的IP地址（也即，检查自己是否是CAP节点）。如果不是，继续转发Hack消息；如果是，意味着该节点就是CAP节点。

于是，CN后续发送给CN的数据，会先发送到CAP，再由CAP转发给nAR进行缓存。当MN移动到nAR的范围内时，再将缓存的数据转发给MN。

(4) GMM(Global Mobility Management)

本章参考文献[47]提出了一种实现车辆在VANET间移动时的全局移动性支持方案。支持二层触发的快速切换和路由优化。

GMM所基于的网络架构如图5-9所示。其中移动性管理的主要实体是GVMM(Global Vehicle Mobility Manager)和LVMM(Local Vehicle Mobility Manager)。每一个连接到Internet的VANET都部署一个LVMM实体，整个网络中部署一个集中式的GVMM实体。

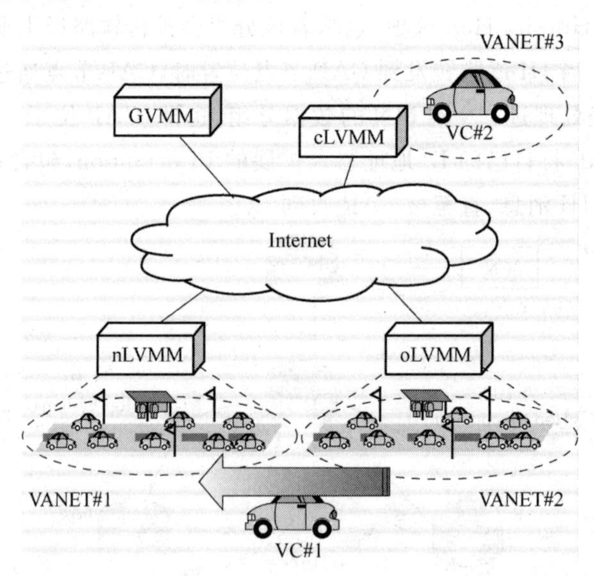

图5-9 GMM的网络架构

LVMM维护本地地址绑定表(L-ABT，Local Address Binding Table)，为其所在VANET内的每一个车辆节点(VC)记录其MAC地址和转交地址(CoA，Care-of Address)的绑定关系。

GVMM 维护全局地址绑定表(C-ABT,Central Address Binding Table),其中为网络内的每一个 VC 节点记录了其 MAC 地址、永久 IP 地址(PoA)、转交地址(CoA)、局部 VANET 的 ID(VID,Identification of Local VANET)、V2V 组 ID(GID,Identification of V2V Group),以及该 VC 节点所属 LVMM 的 IP 地址。另外,GVMM 还负责维护 VC 与 VC 间的通信关系。

假设车辆 VC＃1 从 oLVMM(old LVMM)移动到 nLVMM(new LVMM),GMM 的主要信令流程如图 5-10 所示,包含了切换过程(其中含位置注册过程)和后续的数据传输过程。切换及位置注册的主要流程包括:

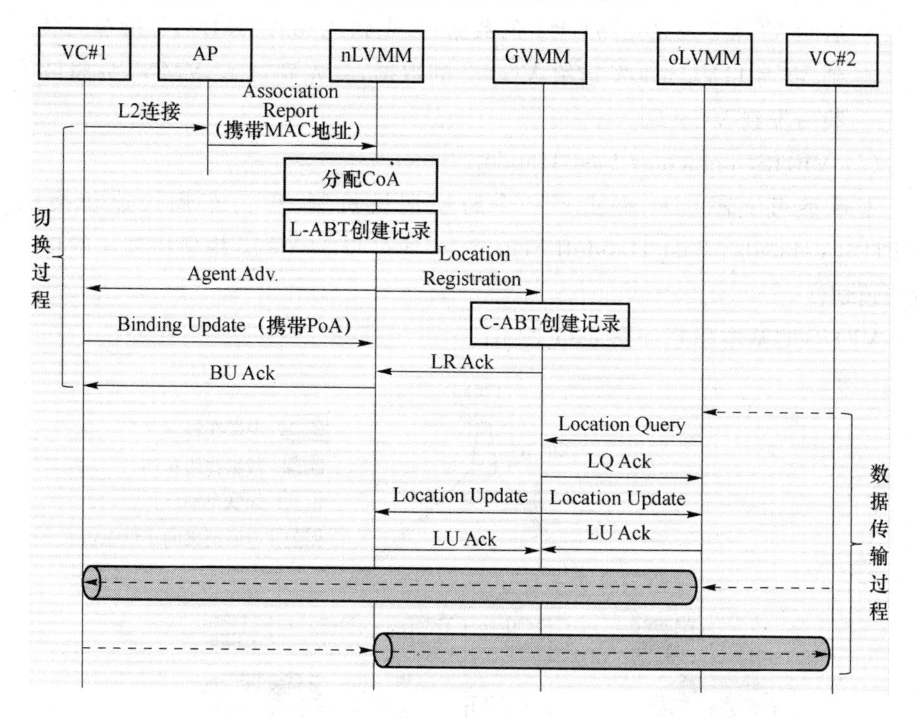

图 5-10 GMM 的位置注册与数据传输

- VC＃1 首先完成到 AP 的二层附着过程,AP 会向 nLVMM 发送 AR(Association Report)消息,其中携带了 VC＃1 的 MAC 地址。
- nLVMM 收到后,会为 VC＃1 分配转交地址,并在本地地址绑定表(L-ABT)中创建对应记录。
- nLVMM 向 GVMM 发送位置注册消息(LR,Location Registration),GVMM 收到后,在它所维护的全局地址绑定表(C-ABT)中创建对应记录,回复 LR Ack 确认消息。
- VC＃1 向 nLVMM 发送绑定更新消息(BU,Binding Update),其中携带了

其永久 IP 地址(PoA)。

后续的数据传输流程如下：

- 通信对端节点 VC＃2 的数据到达 oLVMM 时，oLVMM 现在自己的 L-ABT 中查找 VC＃1 的 CoA 信息，若没有，oLVMM 会发送位置查询消息(LQ，Location Query)给 GVMM。
- GVMM 在 C-ABT 中查询 VC＃1 的 CoA 信息，创建 VC＃1 和 VC＃2 之间通信连接的记录信息，并发送位置更新消息(LU，Location Update)给 oLVMM 和 nLVMM。
- 后续 VC＃2 发送给 VC＃1 的数据，会先到达 oLVMM，后经隧道封装后发到 VC＃1；VC＃1 发送给 VC＃2 的数据，会先到达 nLVMM，后将隧道封装后发到 VC＃2。

(5) VFHS(Vehicular Fast Handoff Scheme)

本章参考文献[48]提出了一个跨层切换机制，称为车辆快速切换机制(VFHS，Vehicular Fast Handoff Scheme)，通过与 MAC 层共享物理层的信息实现快速切换。

VFHS 的基本思想如图 5-11 所示。

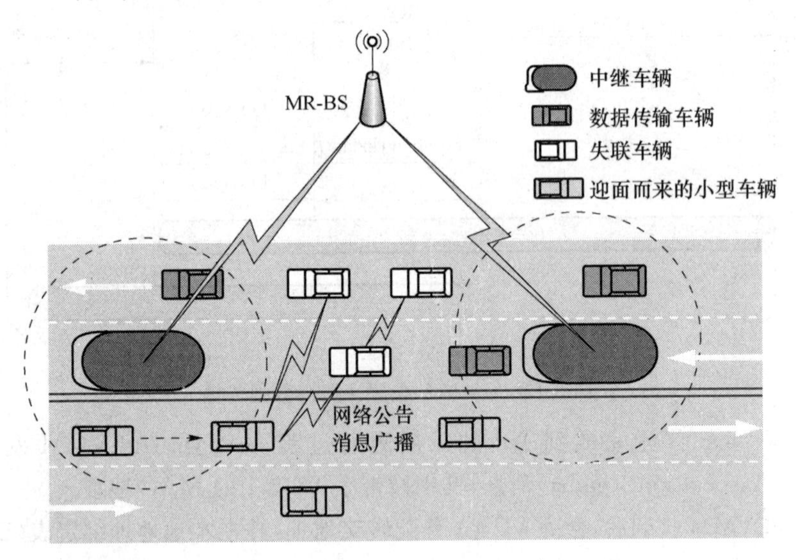

图 5-11　VFHS 基本思想[48,49]

VFHS 机制中，将车辆分为 RV(Relay Vehicle，中继车辆)、BV(Broken Vehicle，失联车辆)和 OSV(Oncoming way Small size Vehicle，迎面而来的小型车辆)三类，分别描述如下。

RV:RV 是有能力给其邻居车提供中继和移动性管理能力的大型车辆。RV 将邻居车辆传送给它的数据包转发到 Internet。公共交通工具(如公交车)等大型车辆更适宜作为中继车辆[50]。

BV:BV 是 RV 覆盖范围外、需要传递数据包的小型车辆。

OSV:OSV 是迎面行驶过来的车辆,它不需要传递数据包。OSV 收集经过它们身边的 RV 的物理层和 MAC 层信息,并将信息连同跨层网络拓扑信息(NTM, cross-layer Network Topology Message)广播给 BV。

VFHS 的主要思想是利用即将到来的侧边车辆(即 OSV)收集它经过的中继车辆(即 RV)的物理层和 MAC 层信息,并将这些信息广播给失联车辆(即 BV), BV 可以将这些信息用于快速切换决策,从而降低切换延迟和丢包率。

OSV 负责收集管理迎面而来的 RV 的位置和信道信息,并将自己的位置信息插入进去,构成网络拓扑信息(即 NTM)。之后,OSV 利用预先定义的信道频率,将 NTM 信息广播给 BV。收到 OSV 的广播信息 NTM 后,连接暂时中断的 BV 车辆就可以在进入前方 RV 的传输范围时确定监听哪个信道,并直接调整自己的信道频率用以匹配目标 RV,也就缩短了 BV 的扫描过程花费的时间。当 BV 抵达正在靠近的 RV 的传输范围时,就可以快速实施切换。

由此可见,VFHS 的跨层设计给 BV 提供了跨层的拓扑信息,缩短了 BV 搜索过程的时间。

4. 平滑切换优化

平滑切换优化的主要目标是降低切换过程的丢包。

(1) 双网卡协作机制

在本章参考文献[51]中,Okabe 等人提出了一种车联网中基于双网卡协作的切换决策优化方案。

在该策略中,假设每一个车辆都配置了两个 WLAN 网络接口卡。每一个接口卡上装备了一个天线,其基本思想如图 5-12 所示。

这两个天线可以互相合作:一个用来传送接收数据,另一个用来扫描信道寻找新的接入点 AP。当某一辆车测量到新 AP 的信号强度后,会执行注册和认证过程,在此过程中,该车辆继续使用另一天线用于传输和接收数据包。当注册认证等切换前的准备工作完成后,才会实施切换,将数据传输切换到之前执行扫描测量功能的天线上,而之前用于数据传输的天线将开始执行扫描接入点的功能。两个天线持续以这种方式协作,通过不同功能在两个天线之间的转换,使得切换过程更加平滑,也能够降低切换过程的丢包。

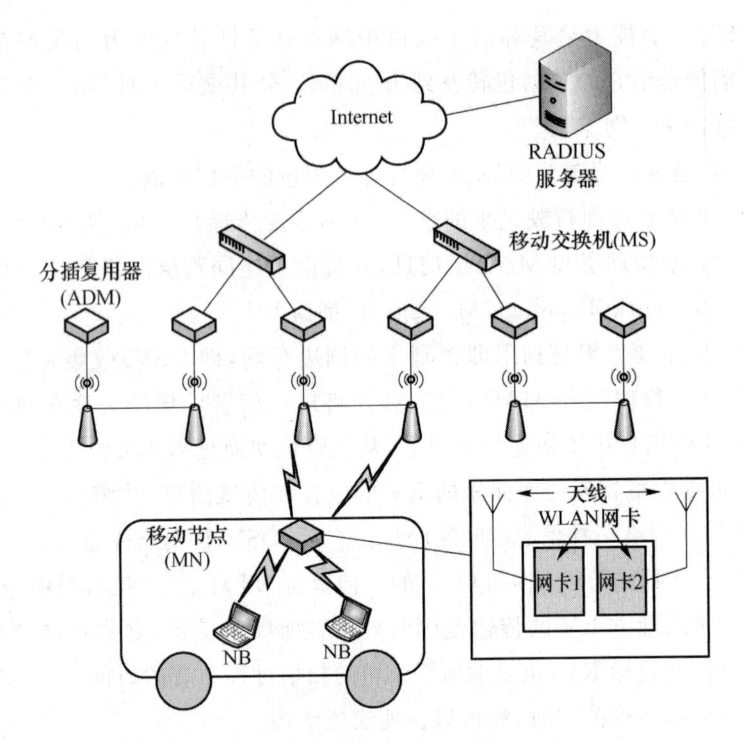

图 5-12　基于双网卡的切换决策优化方案

(2) 基于 HMIPv6 的平滑切换扩展

本章参考文献[52]提出了一种基于 HMIPv6 协议(具体介绍参见本书 2.3.2 小节)进行扩展的车联网移动性管理机制。假设车辆上安装的网络接入设备 MG (Mobile Gateway)具有多个网络接口。车辆在接入路由器 AR1 的覆盖范围内时，通过接口 IF1 接入网络，IP 地址为 LCoA1，MAP 中会维护 RCoA 和 LCoA1 的绑定关系。当车辆移动到 AR1 和 AR2 的重叠区域时，分别通过接口 IF1 接入 AR1、通过接口 IF2 接入 AR2，通过 AR2 获得的 IP 地址为 LCoA2。此时，通过 MG 向 MAP 的注册，在 MAP 中会同时存在 RCoA 与 LCoA1、RCoA 与 LCoA2 的绑定关系。相应地，会同时存在 MAP 到 AR1、MAP 到 AR2 的两条并行隧道。因此，来自 CN 或 HA 的数据就会通过两个隧道同时传输到 MN，从而降低了切换过程的丢包。

5. 基于位置服务的优化

VANET 的很多研究中都假设车辆能够方便地获取自身地理位置信息，在 VANET 路由中，地理信息也是用于优化设计的重要因素。

本章参考文献[53]提出了 DMBLS(Density aware Map-Based Location Service)，

作为 VANET 中的一种位置服务机制，利用地图道路拓扑和车流密度，定义了层次型的位置服务，实现对车辆移动的跟踪，提供实时的位置服务。

DMBLS 机制的假设包括：每个车辆都配置了 GPS 设备以获取自己的地理位置，都配置了电子地图以方便获取道路拓扑及当前所处的路段。

首先，DMBLS 将地理区域进行层次化的划分，每一个上层的区域都进而划分成若干个下层的区域。为各个层次的每个区域部署位置服务器，每个位置服务器负责保存其管理区域所有车辆的地理坐标。

其次，DMBLS 定义了 LC(Location Cell)的概念。对于某个车辆 A，在每一个区域划分层次上都为 A 选择一个 LC，是指以车流密度最大的十字路口为中心的一个圆形区域。该区域中的车辆被选为位置服务器，负责维护本区域内所有车辆的位置信息。之后，每个车辆采用基于位置的路由协议（如 GPSR[54]）向位置服务器更新自己的位置信息。

DMBLS 定义了位置更新机制。由于车联网中的高移动性，车辆的位置变化很快，频繁的位置更新会导致大的开销和负载。因此，DMBLS 设计的位置更新机制，考虑了位置更新带来的开销与位置信息有效性的折中。位置更新消息中包含了车辆 ID、车辆位置、速度、车辆所在路段两头的交叉路口。每当车辆经过一个新的交叉路口、从一个路段驶入另一个路段时，就会发送位置更新消息。发送时间也根据车辆位置和道路拓扑进行估计，以保证位置信息的有效性。

DMBLS 还定义了位置查询机制，用于源节点通过层次化的位置服务器找到目的节点的位置。位置查询消息包含了源节点 ID、源节点位置和目的节点 ID。源节点发送的位置查询消息会先发送到区域划分最低层次（最小区域面积的层次）的位置服务器，如果目的节点在同一层次，源节点就就能够得到目的节点的位置信息。否则，位置查询消息会继续向上一层次的位置服务器发送，逐层进行，直到找到目的节点的位置信息为止。

5.4 车联网的群组移动性管理机制

群组移动性是指多个移动节点构成群组一起移动的场景。在车联网中，根据群组内拓扑变化是否具有自组织特性、群组接入外部网络的网关节点是否动态变化，又可分为面向移动子网的群组移动和面向动态群组的群组移动两类。

5.4.1 面向移动子网的群组移动性管理

车联网中面向子网的移动性管理技术主要应用于这样的场景：在某辆车上配

置了移动路由器，车内其他移动设备都通过该移动路由器实现网络接入，构成移动子网。在车辆移动过程中，移动子网内的所有节点整体移动，由该移动路由器负责实现移动性管理的相关信令过程，从而避免了每个移动设备单独实施移动性管理所带来的信令开销。

目前的技术方案中，主要针对各协议层典型移动性管理协议的网络移动性支持扩展，将其应用于车联网的移动子网场景中，进而实现功能和性能方面的优化。本小节将分别介绍网络层基于 NEMO BSP 的优化方案和基于 PMIPv6 的优化方案，传输层基于 SCTP 的优化方案，以及应用层基于 SIP 协议的优化方案。

1. 网络层面向移动子网的优化方案

网络层支持网络移动性的典型协议是以 MIPv6 为基础扩展而来的 NEMO BSP 协议（具体介绍请见本书 2.3.2 小节）。NEMO BSP 协议能够从功能上有效支持车载网络的移动子网场景，因此，在国际标准化组织 ISO 开展 ITS 研究的 TC (Technical Committee) 204 研究[55]中、在 ETSI 关于 ITS 的研究[56,57]中，都已经将 NEMO BSP 协议包含进来，以实现对子网移动性场景的支持。

但是，作为以 MIPv6 为基础的扩展协议，NEMO BSP 仍然具有 MIPv6 固有的性能缺陷，表现为切换时延较大、切换过程中丢包严重。针对这些问题，现有研究提出了相应的优化方案，主要思路包括：通过引入快速切换的思想降低切换时延，通过切换过程中的数据缓存与转发降低切换过程中的丢包。

(1) fNEMO

本章参考文献[58]将此前的相关研究（见本章参考文献[59～64]）定义为 fNEMO(FMIPv6 based on NEMO)。fNEMO 这一类的方案借鉴了 FMIPv6（参见本书 2.3.2 小节）的思想，在 NEMO BSP 中引入了快速切换的思想，通过预先实施切换降低切换时延，通过在新旧接入路由器(AR)之间建立隧道，发往子网中移动节点的数据都要经过该隧道的转发缓存到新的 AR 中，从而降低了切换过程的丢包。

图 5-13 为 fNEMO 方案的切换流程。与 2.3.2 小节中的 FMIPv6 切换信令流程（图 2-5）对比不难发现，fNEMO 的切换过程与 FMIPv6 相似，只是 MR 代表子网中的移动节点参与到切换流程中。图中也可以清楚地看到 oAR 与 nAR 之间隧道的转发作用，即：CN 发送到 MN 的数据经过了 CN 到 oAR、oAR 经由隧道到 nAR、nAR 进行缓存的过程。当 MR 与其子网整体离开 oAR 移动到 nAR 范围内时，MR 会发送 UNA(Unsolicited Neighbour Advertisement)消息给 nAR，表明将把 nAR 作为接入点，此时 nAR 开始把缓存的数据包转发到 MR 进而发送给 MN。最后，当 MR 向 HA 实施了绑定更新后，恢复正常的数据转发。

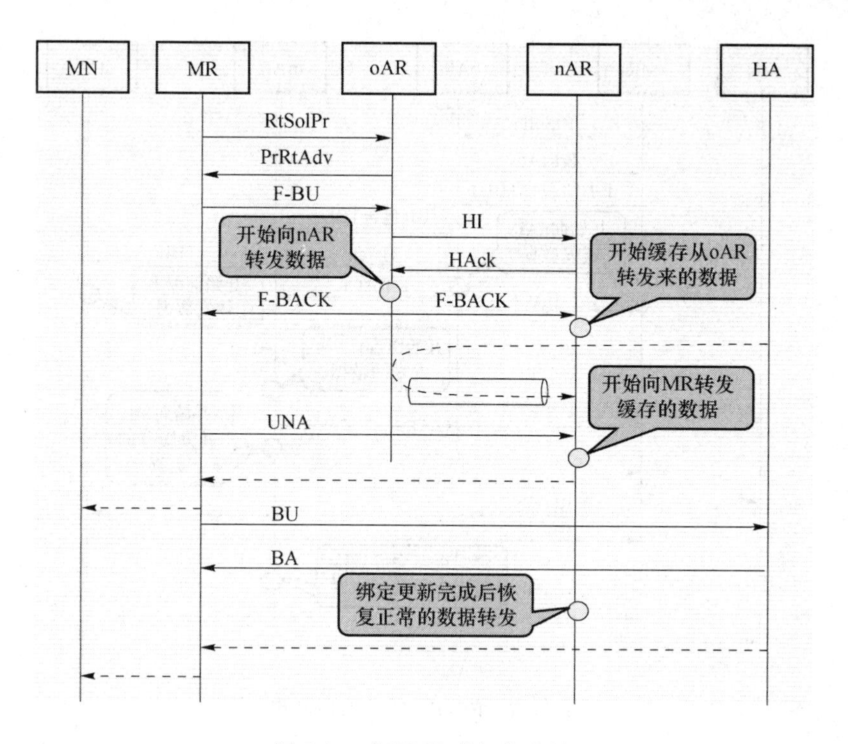

图 5-13 fNEMO 的切换流程

(2) EfNEMO

虽然 fNEMO(Enhanced fNEMO)在 NEMO BSP 的基础上扩展了快速切换的支持,但是,FMIPv6 最初是为单个移动节点所设计的协议,当将其应用于 NEMO 中时,由于移动子网中存在多个移动节点同时移动,oAR 和 nAR 之间建立的转发隧道,就需要为这多个移动节点实现流量的转发。当移动节点个数较多时,这条隧道将承担过重的流量负载,导致隧道阻塞,进而在切换过程中引起严重的丢包。

针对这个问题,本章参考文献[58]提出了 EfNEMO 方案。

图 5-14 为 EfNEMO 方案的切换流程。与图 5-13 所示的 fNEMO 方案对比可以看到,二者的主要区别在于:快速切换的流程中,nAR 处缓存数据的来源不同。在 EfNEMO 中,通过引入 TBU(Tentative BU)消息提前实施了 MR 向 HA 的注册,从而使 HA 能够承担向 nAR 转发数据的功能,而不再通过 oAR 和 nAR 之间的隧道实现转发。

EfNEMO 的具体做法是:

在快速切换的信令交互流程中,当 MR 生成 F-BU 消息时,会同时创建 TBU 消息,嵌入在 F-BU 消息,通过 F-BU 和 HI 消息发送给 HA。TBU 消息中包含了 MR 的家乡地址 HoA、MR 的新转交地址 NCoA 和一个短暂的绑定生存期。

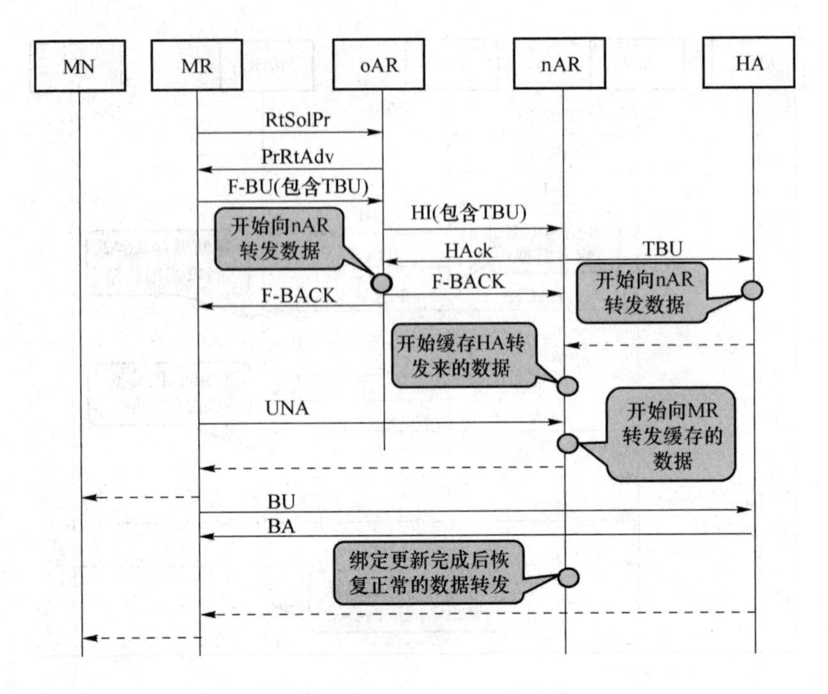

图 5-14 EfNEMO 的切换流程

HA 收到 TBU 消息后，会在绑定缓存中创建一个额外的条目。此时，会同时存在两条与 MR 的家乡地址相关的绑定信息。因此，从此时开始、到 MR 完全移动到 nAR 之前，HA 会一方面将数据发送到 oAR 来避免乒乓切换效应，另一方面将数据转发到 nAR 进行缓存。这样，oAR 与 nAR 之间的隧道虽然仍然存在，但正常情况下，不再承担数据转发的功能。

EfNEMO 正是通过这种方式，解决了 fNEMO 存在的问题，是一种能够更好地适用于车联网中网络移动性场景的快速切换方案。

(3) P-NEMO

PMIPv6 作为基于网络的典型移动性管理协议（具体介绍参见本书 2.3.2 小节），与基于主机提供移动性的 MIPv6 并列，将其扩展为支持网络移动性的场景并应用于车载网络中，是一种自然的选择。

本章参考文献[65]提出了 P-NEMO(PMIPv6-based NEMO)作为车联网中支持移动子网的技术方案。P-NEMO 所基于的场景及网络架构如图 5-15 所示。

在 P-NEMO 中，连接到 MR 的移动子网中移动节点的会话连续性和可达性，是由扩展的 PMIPv6 协议实体——MAG 和 LMA 提供的。由于每一个 MR 都作为一个移动子网的接入点，需要为子网内的 MN 分配 MNP(Mobile Network Prefix)，即该移动子网所使用的移动子网前缀。因此，为了支持移动子网，P-NEMO 对 LMA 和 MAG 都做了与 MNP 相关的扩展。

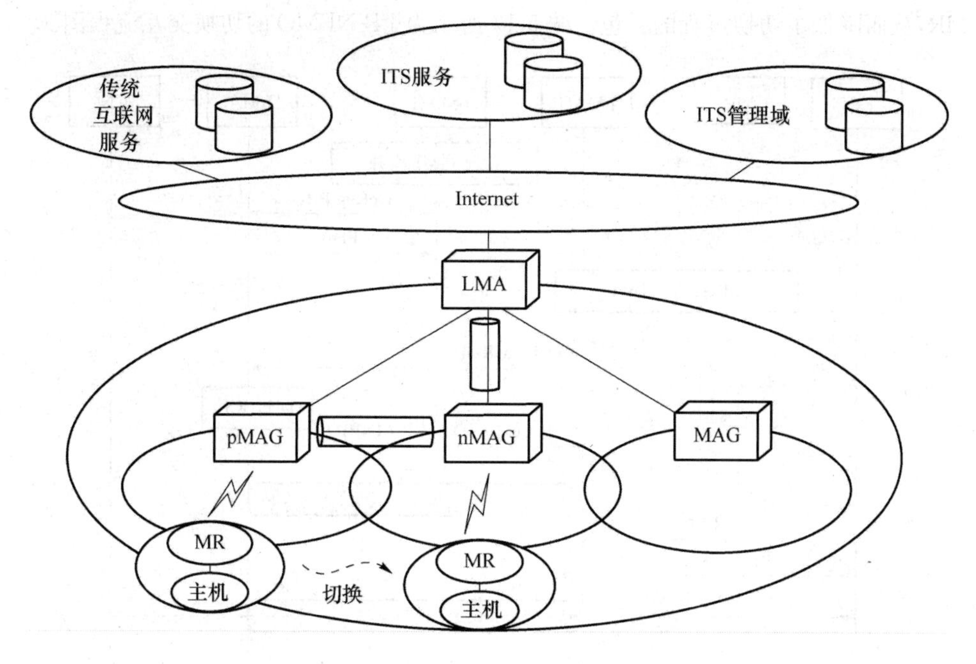

图 5-15 P-NEMO 场景及网络架构

对于 P-NEMO 中的 LMA 来说，扩展了为每个 MR 分配 MNP 的功能，并将 MNP 信息包含在 BCE 中。对于 P-NEMO 中的 MAG 来说，扩展了 MAG 所维护的 BU list，其中包含了附着其上每一个 MR 的 MNP，MAG 需要能够从 LMA 发送的 PBA 消息中区分 MNP 和 HNP，需要在发送给 MR 的 RA 消息中包含 HNP 和 MNP。

图 5-16 所示为 P-NEMO 方案中移动子网 MR 从 oMAG 移动到 nMAG 时实施切换的消息交互流程图。与图 2-10 所示的 PMIPv6 移动性管理信令流程对比不难发现，P-NEMO 就是以 PMIPv6 的基本流程为基础，扩展了上述 LMA 和 MAG 支持移动子网的相关能力，实现了对移动子网的支持。该流程中，也描述了 MR 离开 oMAG 的注销过程、MR 附着到 nMAG 及相应的注册过程。在附着到 nMAG 时，nMAG 代表 MR 向 LMA 完成注册，扩展了 BCE 的定义，同时扩展了 PBA 消息，使其中包含了分配给 MR 的 MNP 信息，nMAG 收到 PBA 后，向 MR 回复的 RA 消息中，也包含了该 MNP 信息，MR 收到后会进而转发给 MN，MN 根据该 MNP 信息配置自己的 IP 地址。

(4) FP-NEMO

FP-NEMO(Fast P-NEMO)[65]是对 P-NEMO 方案的快速切换扩展。其基本思想与之前的各种快速切换方案类似：在 P-NEMO 方案的基础上引入了快速切换的思想，根据二层的报告提前触发切换过程，以降低切换时延；通过在 oMAG 和 nMAG 之间建立隧道，在 MR 完全接入 nMAG 之前进行 oMAG 到 nMAG 的数据转发，由 nMAG 进行数据的缓存，当 MR 完全接入 nMAG 后，再将缓存的数据转发给

MR,从而降低了切换过程的丢包。图 5-17 所示为 FP-NEMO 的切换交互流程图。

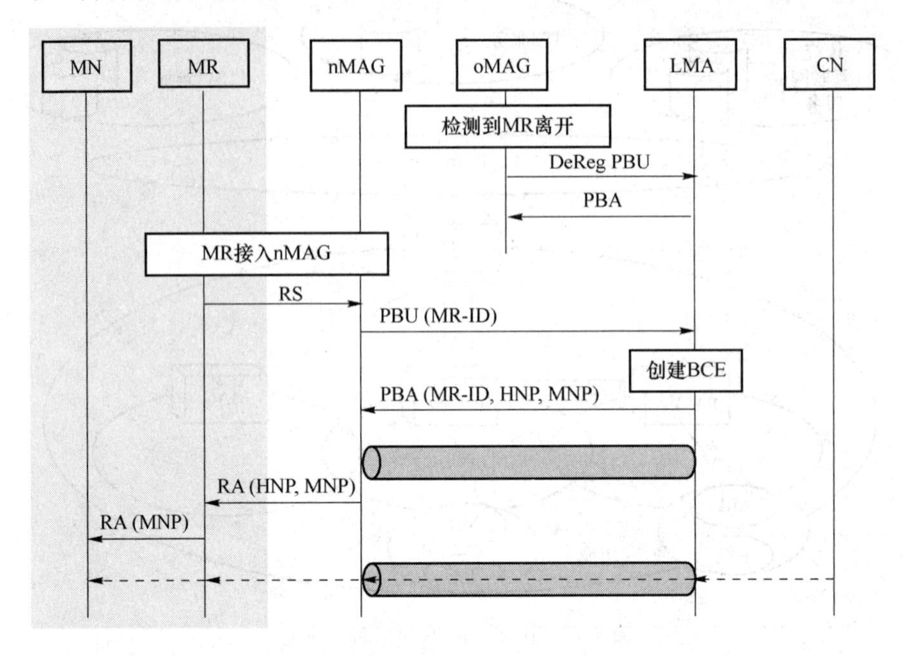

图 5-16 P-NEMO 的切换交互流程图

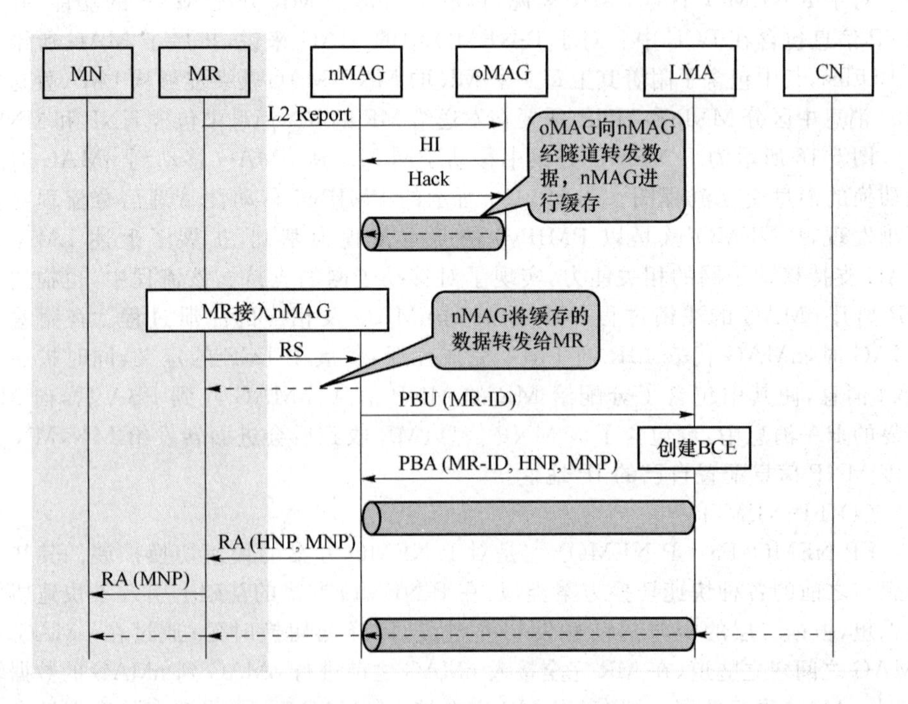

图 5-17 FP-NEMO 的切换交互流程

2. 应用层面向移动子网的优化方案

车联网中应用层面向移动子网的方案主要是基于SIP协议的移动性支持能力扩展而来的。

本章参考文献[66,67]提出了SIP-NEMO机制,用于车联网中对移动子网的支持。

为了实现基于SIP的网络移动性支持,SIP-NEMO首先对网络架构及实体进行了扩展,如图5-18所示。

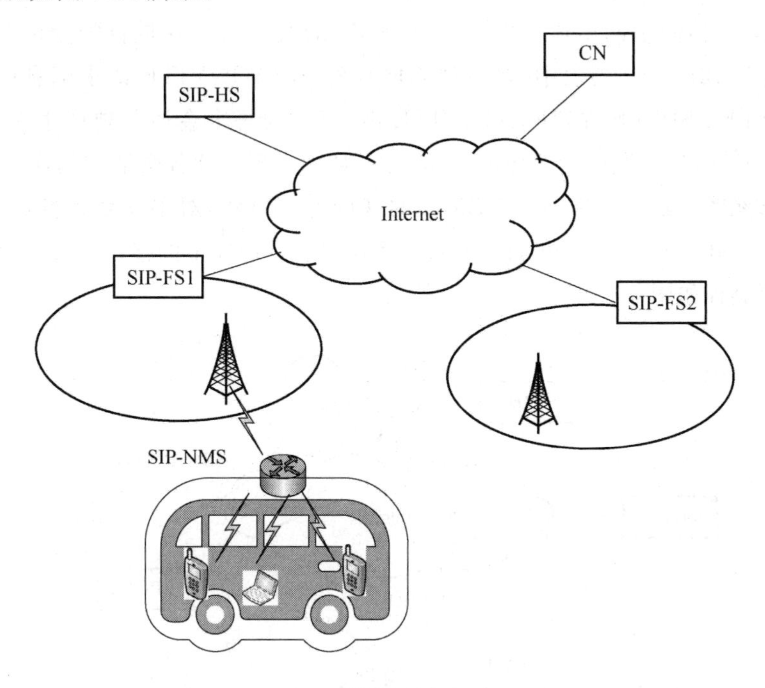

图5-18 SIP-NEMO网络架构

SIP-NEMO的网络架构中的重要实体是SIP-NMS(SIP Network Mobility Server),它为移动子网内的所有移动节点提供全局可达性保证,以及子网整体移动时业务数据流的连续性保证。SIP-NMS是移动子网内移动节点到外部网络的网关节点,负责记录移动子网中各节点的当前位置信息和会话状态信息。根据SIP-NMS的注册地,可将其当前位置区分为家乡网络和外地网络。相应地,会将SIP服务器区分为SIP-HS(SIP Home Server)和SIP-FS(SIP Foreign Server)。SIP-HS负责记录移动子网中各节点的家乡位置信息,SIP-FS负责为漫游到其所在网络的节点分配IP地址、提供网络接入。

SIP-NEMO的位置管理仍然基于REGISTER消息实现位置注册和位置更新,区别在于SIP-NMS具有对REGISTER消息的翻译功能。当一个MN进入

SIP-NMS 的覆盖范围、获得 IP 地址时，会发送 REGISTER 消息给 SIP-NMS，SIP-NMS 会将该 REGISTER 消息中的 Contact 域从 MN 的 IP 地址修改为 SIP-NMS 的地址，并发送给 MN 的 SIP-HS 进行位置信息的更新。当 SIP-NMS 携带移动子网整体移动到新的 SIP-FS 时，SIP-NMS 也会发送 REGISTER 消息到 SIP-NMS 的 SIP-HS，实现位置信息更新。

SIP-NEMO 的切换控制仍然沿用 SIP 中的基本机制，基于 SIP reINVITE 消息实现。但 SIP-FS 需要通过提供 URI 列表服务，降低信令开销和切换时延。具体方法是：当移动子网整体移动时，SIP-NMS 收集所有正在进行的会话源和目的地址信息到 SIP-URI 列表中，将该列表嵌入到 SIP reINVITE 请求消息中发送给新的 SIP-FS。SIP-FS 收到该 reINVITE 消息后，为每个会话单独产生对应的 reINVITE 消息，分别发送给对应的 CN 节点，从而实现了业务会话的切换。

本章参考文献[68]在 SIP-NEMO 的基础上，扩展了对多家乡特性的支持，结合 MIH(Media Independent Handover)实现多家乡情况下的接口选择。其网络结构和主要流程如图 5-19 所示。

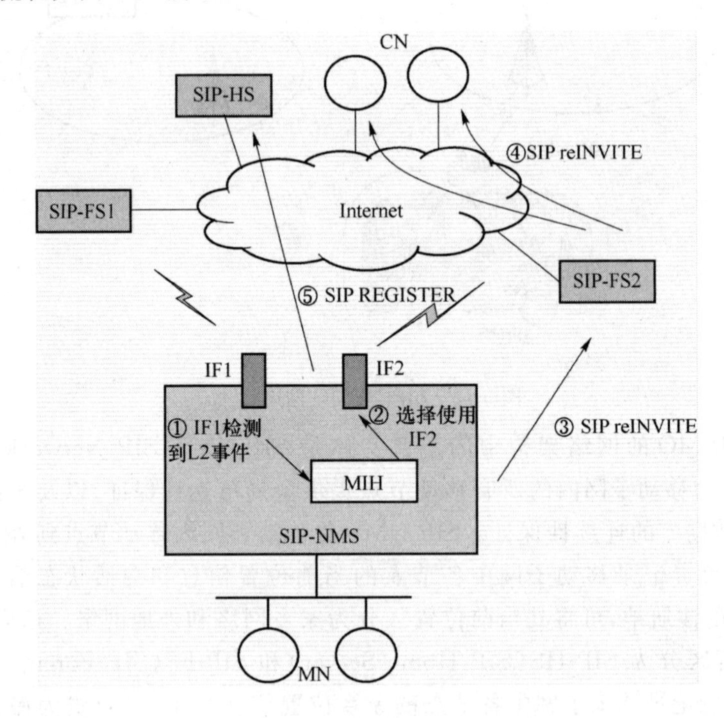

图 5-19 基于 MIH 的多家乡 SIP-NEMO

其中，假设 SIP-NMS 具有多个网络接口从而具有多家乡特性，原来使用网络接口 IF1 接入 SIP-FS1 所在的网络。当 SIP-NMS 携带移动子网整体移动过程中，

IF1 检测到 L2 事件(例如,Link_Going_Down),此时会触发 SIP-NMS 中的 MIH 功能,进行接口选择。接口选择完成后(假设选择 IF2),SIP-NMS 发送带有会话 URI 列表的 reINVITE 消息给 IF2 所附着网络的 SIP-FS2。和 SIP-NEMO 方案一样,SIP-FS2 会修改 reINVITE 消息的 Contact 域,并分别给每个会话的 CN 单独发送对应的 reINVITE 消息,从而为每个业务会话实施了切换操作。当然,切换完成后,由于 SIP-NMS 的网络附着点发生了变化,SIP-NMS 需要向其 SIP-HS 发送 REGISTER 消息,以完成位置更新的操作。

5.4.2 面向动态群组的群组移动性管理

动态群组的形成是以车载网络中车辆移动的道路受限性、同一车辆移动特征的时间依赖性、邻近车辆移动特征的空间依赖性为基础的。因此,在面向动态群组的移动性管理中,分群(clustering)技术成为移动性决策的主要研究内容。另外,由于动态群组的内部拓扑会发生变化、动态群组到外部网络的附着节点也会发生动态变化,移动性管理技术也面临更多的挑战。

1. 动态分群技术

分群也称为分簇,是将网络中地理位置相近的节点按照一定的规则划分为一个个的小组称为群组(Group)或者簇(Cluster)。每个群组包含一个或多个节点,且拥有一个群首。群首之间可以互相通信,群内节点通过群首或其他网关节点与外界通信。

分群技术并非车联网中特有的技术,在无线自组织网络、无线传感器网络的研究中都包含了分群的技术研究。对于车载网络而言,在 V2I 通信中,分群结构能够降低网络接入点的请求处理和数据传输负载,避免拥塞[69];在 V2V 通信中,分群结构能够提供一种层次型的网络架构,提高了网络的可扩展性[70,71]。另外,还能够节约网络带宽,提高共享信道的利用率,减少路由维护的代价。

动态群组中,群内节点通常分为三种角色:

- 群首。也称为簇头,分群协议需要选出一个群首的集合来组成一个骨干网络,形成层式架构。群首作为局部的协调器,扮演着资源管理者、消息中继、信息收集者等角色,因此群首一般选择较为稳定的节点。
- 群成员。群内的普通节点。
- 群网关。网关节点处于一个或者多个群的重叠区域,负责群与群之间的通信。网关节点传输范围内有另一个群的存在,因此一个群网关至少有一个邻居节点与之属于不同的群。

群组的稳定性是分群协议的主要评价指标。常见的性能评价指标包括:

- 群首生存时间。一个节点成为群首并保持群首身份直至失去消耗的平均时间。衡量了分群协议所选群首的稳定性,群首生存时间越长,从某种程度上说明了所分的群的稳定性越好。
- 群成员生存时间。运行时间内节点加入一个群到离开该群的平均时间。衡量了分群协议中群成员对于群首的依赖程度,群首选择与群维护越好,群成员生存时间越长,标志着群划分得越合理。
- Re-affiliation Rate。运行时间内节点离开一个群加入另一群的平均次数。也可以是单位时间内出现节点离群加群的次数。该指标类似于群成员生存时间,衡量了分群协议中分群的群首选择与群维护的合理性,群首选择与群维护越好,Re-affiliation Rate 越少,标志着群划分越合理。
- 群重叠。群与群之间的重叠是群间通信的基础,但是过多的重叠,会导致分群的效果不够明显,群间相互干扰,群的隐私性降低,群维护的代价增大。
- 建群收敛时间。建群收敛时间是指算法建立成一个完整的层式结构所需要的时间,通常以整个群建立所需的信息交换次数来指示群建立的收敛时间。
- 群大小。群的大小是指群内成员的个数,过大的群会导致群首负担过重,群内干扰较大,管理难度加大;过小的群,增加了 Re-affiliation Rate,从而增大了维护开销。

分群协议的性能好坏,主要依赖于所采用的分群策略,一般主要包括以下三个方面的内容[72]:

- 度量值选择。分群需要按照一定的规则划分节点,划分的依据一般称为分群度量值。分群度量值也是群首选择的依据,良好的分群度量值可以划分出一组行为相似的节点。车载网络中的高速移动性,使得分群协议多选择移动性度量值作为分群依据,以求获得更加稳定的群与群首。
- 群建立。分群协议的重要过程之一是群的建立过程。群的建立阶段通常即群首选择阶段,这个阶段需要收集邻居节点信息,计算分群度量值,选择群首,通知群成员等。群建立算法应该注意算法的收敛速度。
- 群维护。群的维护是分群协议的重中之重,这是车载网络的高速移动性导致的。分群的稳定性问题尤为重要,而群首的偶然性极大,因此群维护必须保证在适当的时间进行群首选择、群建立、群首移交、群首合并等工作。

综合现有在无线自组织网络、无线传感器网络和车联网中的分群技术研究,可以将分群协议做如下分类。

基于分群协议中对群组建立和维护操作中所涉及的跳数，可以分为三种：一跳建群一跳维护、一跳建群多跳维护、多跳建群多跳维护[72]。

(1) 一跳建群一跳维护

这种分群协议在分群时，群首只从节点的一跳邻居中进行选择。一跳建群的建群算法通常收敛速度较快，一跳的广播方式也减少无线竞争和网络风暴的可能性。一跳的维护相对简单，群维护的开销相对较少，但这也不是绝对的，因为一跳的群的大小如果较小，可能导致节点离开群加入新群的概率增大，从而相对增加了维护开销。

(2) 一跳建群多跳维护(包括两跳)

这种分群协议在分群时，群首从一跳邻居中进行选择。但是群维护过程中，无群节点可以选择加入多跳以内的群，并设置上游节点，多跳的维护较为复杂，多跳群成员与群首通信困难，多跳转发造成群负载加重，多跳群成员也容易失去。跳数越大越难以维护，此时群半径变大，会减弱群首的功能，群内节点难以协调，使得工作性能下降，分群的意义不明显，因此采用一定控制的两跳建群是相对合适的。

(3) 多跳建群多跳维护

这种分群协议在分群时，群首从多跳邻居进行选择。显然，获得多跳节点的信息需要进行多跳转发，这使得多跳建群的群建立算法收敛较慢，而多跳维护则与上述一跳建群多跳维护的分群协议相似。

基于不同的群首选择方式，可以将这些算法分为五类：基于静态图模型的CDS查找分群协议、基于特定节点特征的分群协议、基于微观移动性的分群协议、基于移动性预测的分群协议和基于应用的分群协议[72]。

(1) 基于静态图模型的CDS查找分群协议

基于静态图模型的CDS查找分群协议旨在寻找一个CDS(Connected Dominating Set，连通的控制节点集)。CDS的查找方法一般基于图论，将网络抽象成一个无向图，使用一定的算法获得连通的控制节点集合，并以这些节点为群首，建立整个骨干网络。

典型的CDS算法如本章参考文献[73]。该算法分为两轮：第一轮，所有拥有超过两个邻居的节点都设置自己为控制节点；第二轮，根据自己邻居情况与其他邻居情况的优劣比较(如邻居的包含关系)决定去除或者保持自己的控制节点身份。经过第二轮的筛选后，形成了一个CDS，进入维护阶段。本章参考文献[74]对上述算法在控制节点覆盖重叠方面进行了改进，提出WCDS(Weakly Connected Dominating Set)的选择方法，减少了CDS的大小。

由CDS的分群机制可以看出，在群首的选择阶段CDS通常假设节点是不移动的，而在维护阶段当某一个群首移出时，可能导致整个 CDS 断开，大量的移动会导致整个 CDS 的重新计算，这影响了分群性能，增大了开销。显然，在高速移动的车载网络中，基于静态图模型的 CDS 查询算法不再适用于车载网络。

(2) 基于特定节点特征的分群协议

基于特定节点特征的分群协议以节点的特定标志(如节点 ID)、节点的特殊身份、节点的处理能力、节点的能量信息等一些固有的类静态的信息来决定群首。在维护上以该特征为核心。

本章参考文献[75]提出了 LowestID 协议，协议选择具有最小 ID 的节点为群首，维护过程中出现变化，仍然以此为准则。最小 ID 节点可能是任意一个节点，群的稳定性无法保证，一个更小节点的出现可能会造成涟漪效应，即一个节点影响到多个群。本章参考文献[76]提出了 HCC(Highest Connectivity Clustering)分群算法，选择具有最大度的节点为群首。最大的度在稠密网络中可能是一个合适的度量，但是在车载网络中由于网络中密度分布不均匀，且受到反向车辆的影响，因此 HCC 很可能选择反向节点为群首，或者选择了处于加速状态的边缘节点为群首，这使得 HCC 不能保证一个稳定的群内关系。本章参考文献[77]提出了新的分群算法 CCA(Cluster Construction Algorithm)，将节点划分为三个层次，最上层为基站层，第二层为车载网络中的群首组成的骨干网络，在该层的群首选择中 CCA 选择公共交汽车为群首。公共汽车作为群首可以使群首的维护更加容易，但是公共汽车走走停停的行驶特点大大增加了群成员的维护开销，群成员不断离开、加入，分群的意义不够明显。

综上可知，该类算法实施起来较为简单，群建立算法的收敛较快，维护起来也更为直观。但是，这些特定的节点特征在高速环境下存在着各种问题，因为静态或者类静态的节点特征很难保证网络的稳定性。此外，还有一些能量和处理能力的分群策略，这类方法更多地应用在传感网络中，在车载网络中，能量和计算能力都是平均分布并且足够使用的。

(3) 基于微观移动性度量值的分群协议

基于微观移动性度量值的分群协议，也称为移动感知的分群协议。该类协议通过某种方式计算移动性度量值，根据节点间移动的相似性进行群首选择和成员维护。

基于微观移动性度量值的分群协议，根据其度量值的来源方式又可以分为如下几类：

- 来自无线信号估计。该类协议使用无线信号的传输衰减方式评估车辆在靠近还是在远离。MOBIC[78] 基于 Lowest ID 协议改进而来，将分群依据从最小的ID改为估计的相对移动性。相对移动性的计算使用两个连续的Hello估计两者之间的距离变化,从而估计两者是在靠近还是在远离,最后节点广播自己的相对移动性,并选择相对移动性最小的节点作为群首;群维护方面,加入了群首竞争机制,避免了Lowest ID中的涟漪效应。MobDHop[79]根据一段时间估计距离的平均值、平均差来避免即时移动性,虽然这起到了一定的效果,但是这增大了算法的收敛时间;维护方面,MobDHop加入了竞争与合并的机制。此外,MobDHop采用了多跳的维护方式,这使得群的大小增大,群的个数减少,但是维护策略并未考虑到不同的多跳节点的限制。车载网络中节点移动受到各种瓶颈的影响,MobDhop无法兼顾到交通流的变化,对于网络的稠密稀疏的适应性也较差。本章参考文献[80]提出了一种无须GPS的速度估计方法,选择速度相似性较大的节点组成群,同样,算法依赖于即时移动性,而且速度的估计依赖于基站,这种假设目前来看尚无法实现。最后,无线信号的估计受限因素很多,准确性有待商榷。

- 来自GPS定位信息。该类协议假定节点带有GPS设备,并使用GPS信息获取车辆的位置、速度等信息,利用这类信息计算节点间的相互依赖性、移动相似性。ALM[81]使用了基于GPS信息的相对移动性,使用距离来评估节点间的相对移动。APPROVE[82]使用了一种基于Affinity Propagation算法的度量计算方式,旨在寻找节点间的运动的相似规律,减少群首和群成员潜在的相对移动,计算信息使用位置和速度信息。本章参考文献[83]提出了一种基于群组移动性的分群协议,计算节点间的空间依赖性。本章参考文献[84]呈现了一个速度重叠的高速公路分群协议,利用速度和相对移动来定义节点间的关系的稳定与否,群只在具有稳定关系的节点间建立,该方法依赖于位置信息,而且为高速公路的场景而设计。本章参考文献[85]提出了一种有效的分群算法,使用基于节点方向、距离的熵的度量变化,评估节点与其他节点间的关系是否稳定,选择较为稳定的节点作为群首;同时考虑传输范围和安全策略的影响,动态地调整传输范围使得群的适应性更强。上述五种分群协议,都基于GPS信息进行移动性度量值的计算,进而进行分群和维护。但是都忽视了即时移动性的可靠性较低,以及车载网络密度分布的不均匀性和交通流的转换特性。
- 来自GPS目的信息。该类协议不仅假定节点带有GPS设备,还假定GPS设备已经输入了目的地信息。PPC[86]使用目的信息来计算车辆未来的行驶时间，以此评价节点的稳定性。该方法显著增长了群首生存时间，但是却忽略了行驶时间最长的节点未必是最稳定的节点，因此更适用于高速公路的场景。AMACAD[87]设计了一种足以延长群生存时间的算法，该算法减少了群负载。它使用车辆目的地算法的关键度量值，同时考虑了速度、位置信息以及相对和最终的目的信息。上述两种算法对于GPS的目的信息依赖性过强，GPS目的信息是无法保证的，此外目的信息并不能代表行驶路线、行驶速度，这也是需要考虑的因素。综上所述，基于微观移动性度量值的分群协议，一般依赖于节点的即时移动信息或者节点的目的信息，而前者是多变的，后者是无法保证的。并且，这些协议多忽略了车载网络的密度分布不均匀，交通流状态变化的特征。

(4) 基于微观移动性预测的分群协议

基于微观移动性预测的分群协议通常使用一定的分群算法预测节点间的链路时长稳定性等信息。

MPBC[88]提出了一种基于链路预测的分群协议，协议首先利用多普勒频移估测节点间的相对速度。然后，利用该相对速度和两者的通信范围以及相对位置预测节点间的链路时间，利用该链路时间进行建群和维护。该算法在维护过程中考虑群成员移出、群首竞争、群首移交等情况，最后从数学和实验的角度分别分析算法的群生存时间、连接时间等性能。但是该预测模型基于MANETs的移动方式取得，且其预测方式仅依据当前速度，而假定未来速度无变化，这对于车载网络中节点是不适应的。DLDC[89]提出了以一个基于链路时长估计的分群协议。本章参考文献[90]提出的基于信息传播的分群协议也利用预测的链路时长，两者的预测算法见本章参考文献[91]。

单个车辆移动的时间依赖性和邻近车辆的空间依赖性，以及道路拓扑受限性，使得车辆移动的速度、方向等物理移动特征在短时间内具有一定的可预测性。这类方法正是以这种可预测性为基础的。但是长时间段内的、大区域范围内的车辆移动行为难以预测。

(5) 基于应用的分群协议

基于应用的分群协议往往根据特定的应用场景进行分群。

本章参考文献[92]介绍了车载网络目前的应用需求，提出根据应用分群的思路。应用分群可以分为移动的和伪稳定的分群方式，移动的分群如根据特定的应用分群可以使用现存的分群概念；伪稳定的分群方式可能是因为事故发生而固定在某一个区域，有成员不断的经过离开。本章参考文献[93]提出了一种服务于密度估计的分群协议，在路口的一定距离设置初始点，第一个通过初始点的车辆节点可以选作群首，后来的车辆向群首注册，群首向基站报告密度估计情况。本章参考文献[94]介绍了一种基于事故的分群方式，即当事故发生及其周围的车辆建立群组，管理事故处理信息、应急警告信息等。本章参考文献[95]提出了一种基于兴趣的分群方式，将节点划分为不同的兴趣组，每个兴趣组带有不同的属性，根据其相应的关系建立群组。

基于应用建群的方式用于处理一些特殊的应用信息，这些应用往往依赖于驾驶行为，使得节点的行为更加难以预料，目前来看实现相对困难。

2. 基于动态群组的移动性管理机制

目前，对于动态群组的移动性管理研究工作尚处在初步探索阶段，能够获得的研究成果相对较少。针对现有 NEMO BSP 方案中网络层切换时间较长、从而引起整个切换过程具有较大延迟的问题，本章参考文献[96]提出利用簇间通信在预切换阶段获得新接入点地址信息，然后提前发送注册消息到新接入点，从而减少切换延迟，降低切换过程中数据包的丢失，提高了切换性能。

图 5-20 为方案的系统架构图，它将簇中的节点分为四类：簇中心节点、簇头节点、簇尾节点和簇内一般节点。

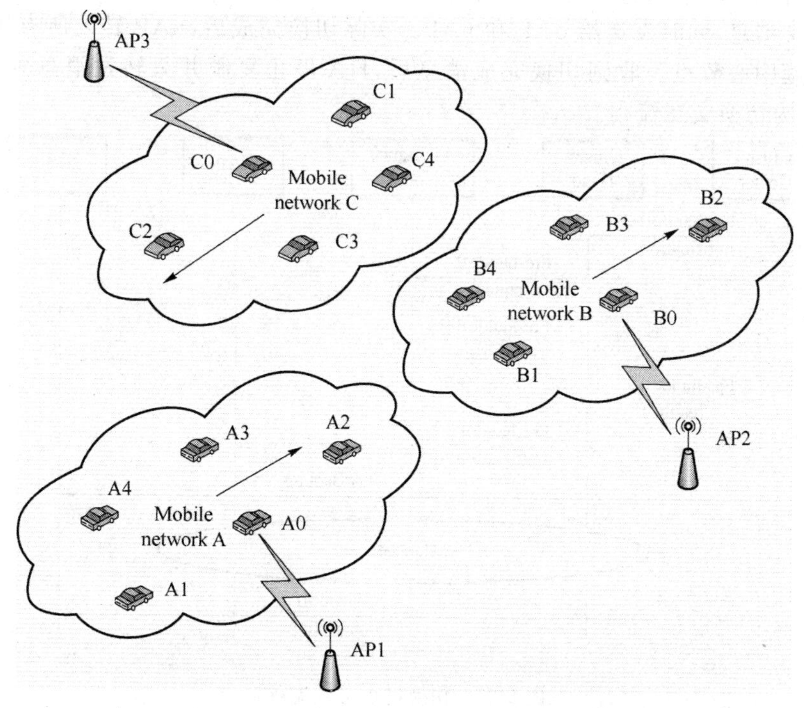

图 5-20　动态群组移动性管理的系统架构[96]

簇中心节点就是能够提供移动路由器功能的那些节点，簇中所有节点都要通过簇中心节点接入到 Internet。图 5-20 中，车辆 A0、B0 和 C0 就是簇中心节点，它们分别与路边的接入点相连接。簇头节点是地理位置上位于簇内最前面的节点，而簇尾节点正好相反。对于动态群组构成的移动网络 A，就整个网络的移动方向来看，A2 位于簇的最前面，它是簇头节点，A1 则是簇尾节点。类似 A3、A4 这些不提供特定移动性管理功能的节点称为簇内一般节点。

在切换过程中，当簇中心节点检测到当前接入点(oAP，old AP)的信号质量下降到预先定义好的阈值 $Th_{prehandoff}$ 时，启动预切换过程。簇中心节点首先发送预切换通知消息到簇头节点。簇头节点收到通知消息后向周围邻居广播预切换请求消息以从其他簇中获得与新接入点相关的有用信息。其中预切换请求消息中，包含当前簇的 ID 号以及当前接入点地址等信息。

在方案中，只有同方向前一个簇的簇尾节点或者是反方向簇的簇头节点接收到请求消息，并且消息中接入点地址与它们之前使用过的接入点地址相同时，才产生一个包含当前接入点地址信息的响应消息。这些节点称为辅助节点。

接收到响应消息后，簇头节点从中选择一个之前没有访问过的接入点作为 nAP(new AP)，并发送预切换结果消息到簇中心节点。簇中心节点利用 oAP 和 nAP 之间的通信提前发送一个预切换注册消息。nAP 把该簇中心节点注册成为一个即将到来的节点。同时，簇中心节点发送远程代理备份消息到 HA，HA 复制所有报文消息，同时发送给 oAP 和 nAP。实际切换完成后，nAP 转发所有缓存数据包到簇中心节点。收到切换完成消息后，HA 停止复制并只转发消息到 nAP。图 5-21 为切换交互流程。

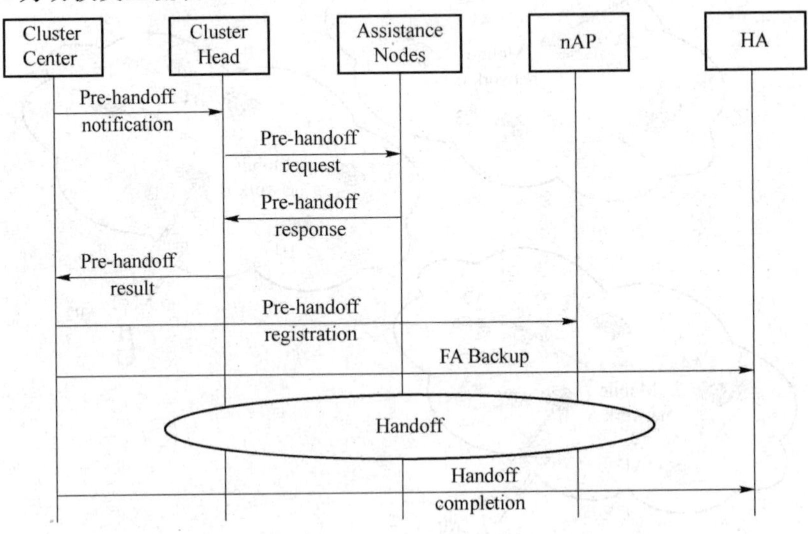

图 5-21　切换过程交互流程

本章参考文献

[1] FIEBIG B. European traffic accidents and purposed solutions[C]//Proc. ITU-T Workshop on Standardisation in Telecommunication for motor vehicles, 2003. 2003, 24-25.

[2] ROBINSON C L. VANET: Vehicular Applications and Inter-Networking Technologies[M]// VANET-Vehicular Applications and Inter-Networking Technologies. Wiley JohnSons, 2009.

[3] ITU-T Y. 2281. Framework of networked vehicle services and applications using NGN[S]. 2011.

[4] KARAGIANNIS G, ALTINTAS O, EKICI E, et al. Vehicular networking: A survey and tutorial on requirements, architectures, challenges, standards and solutions[J]. IEEE Communications Surveys & Tutorials, 2011, 13 (4): 584-616.

[5] 3GPP TR22. 885. Study on LTE support for Vehicle to Everything (V2X) services [S]. 2015.

[6] 3GPP TS22. 185. Service requirements for V2X services [S]. 2015.

[7] 3GPP TR36. 885. Study on LTE based V2X Services [S]. 2015.

[8] CHEN S, HU J, SHI Y, et al. LTE-V: A TD-LTE based V2X Solution for Future Vehicular Network[J]. IEEE Internet of Things Journal, 2016, PP (99):1-1.

[9] The mission and objectives of the CAR 2 CAR Communication Consortium. [EB/OL][2016-12-21]. http://www. car-to-car. org/.

[10] FleetNet Project[EB/OL]. [2016-12-21]. http://www. cvisproject. org/en/ links/fleetnet. htm

[11] ENKELMANN W. FleetNet - applications for inter-vehicle communication [C]// Intelligent Vehicles Symposium, 2003. Proceedings. IEEE. 2003: 162-167.

[12] NEC Laboraries Europe. FleetNet-Internet on the Road[EB/OL]. (2002-1) [2016-12-21]. http://www. neclab. eu/NEC_Heidelberg_Dateien/Fleetnet_ flyer. pdf. 2002. 1.

[13] NOW(Network on wheels) Project [EB/OL]. [2016-12-21]. http://www.

cvisproject. org/en/links/now. htm.

[14] The European Project CarTALK 2000 [EB/OL]. [2016-12-21]. http://www. cartalk2000. net/.

[15] Deliverable D15 of CarTalk 2000. Final Report of CarTalk 2000[EB/OL] (2004. 7)[2016-12-21]. http://www. transport-research. info/Upload/Documents/201003/20100310_120625_20411_CARTALK%202000_Final%20Report. pdf.

[16] DRIVE C2X successfully completed in July 2014[EB/OL]. (2014. 7)[2016-12-21]. http://www. drive-c2x. eu.

[17] Press Release of DRIVE C2X. DRIVE C2X Proves Europe is Ready for Co-operative Systems Roll-out[EB/OL] (2014-7) [2016-12-21]. http://www. drive-c2x. eu/publications.

[18] Overview eight functions implemented in the test sites for user tests[EB/OL]. (2014. 7)[2016-12-21]. http://www. drive-c2x. eu/tl_files/publications/Final%20event/DRIVE%20C2X%20-%20Press%20backgrounder. pdf.

[19] Cartel[EB/OL]. [2016-12-21]. http://cartel. csail. mit. edu.

[20] HULL B, BYCHKOVSKY V, ZHANG Y, et al. CarTel: a distributed mobile sensor computing system[C]//Proceedings of the 4th international conference on Embedded networked sensor systems. ACM, 2006: 125-138.

[21] California PATH[EB/OL]. [2016-12-21]. http://www. path. berkeley. edu/.

[22] UMass DieselNet [EB/OL]. [2016-12-21]. https://dome. cs. umass. edu/umassdieselnet.

[23] VII[EB/OL]. [2016-12-21]. http://www. vehicle-infrastructure. org/.

[24] VII applications [EB/OL]. [2016-12-21]. http://www. its. dot. gov/itsnews/fact_sheets/vii. htm.

[25] Vehicleinfrastructure integration[EB/OL]. (2010-10) [2016-12-21]http://en. wikipedia. org/wiki/Vehicle_infrastructure_integration#Goals.

[26] VII POC[EB/OL]. [2016-12-21]. http://www. its. dot. gov/vii/.

[27] Final Report: Vehicle Infrastructure IntegrationProof of ConceptTechnical Description-Vehicle [EB/OL]. (2009-5-19) [2016-12-21] http://ntl. bts. gov/lib/31000/31100/31136/14458_files/14458. pdf.

[28] DesignPrinciples of the Advanced Safety Vehicle [EB/OL]. (2000-9) [2016-12-21]. http://irandanesh. febpco. com/FileEssay/barnamerizi-1386-12-8-

bgh(642). pdf.

[29] The advanced safety vehicle programme[EB/OL]. [2016-12-21]. http://e-motion. inrialpes. fr/~ paromt/infos/papers/paromtchik: laugier: cvelec: 1997. ps. gz.

[30] Advanced Safety Vehicle (ASV) Technology Put to Practical Use[EB/OL]. [2016-12-21]. http://www. nasva. go. jp/mamoru/en/assessment_car/asv. html.

[31] C2C-CC manifesto [EB/OL]. (2007-8-28) [2016-12-21]. http://www. car-to-car. org/index. php? id=31.

[32] HOSSAIN E, CHOW G, LEUNG V C M, et al. Vehicular telematics over heterogeneous wireless networks: A survey[J]. Computer Communications, 2010, 33(7): 775-793.

[33] KOSCH T, KULP I, BECHLER M, et al. Communication architecture for cooperative systems in Europe[J]. IEEE Communications Magazine, 2009, 47(5): 116-125.

[34] ZHU K, NIYATO D, WANG P, et al. Mobility and handoff management in vehicular networks: a survey[J]. Wireless communications and mobile computing, 2011, 11(4): 459-476.

[35] MA CFALLON E, QIAO Y, et al. Optimizing Media Independent Handover Using Predictive Geographical Information for Vehicular Based Systems[C]// 2010 IEEE Fourth UKSim European Symposium on Computer Modeling and Simulation (EMS). 2010: 420-425.

[36] IEEE std 802. 21. Media Independent Handover Services [S]. 2008.

[37] YOO S J, CYPHER D, GOLMIE N. Predictive handover mechanism based on required time estimation in heterogeneous wireless networks[C]//MILCOM 2008-2008 IEEE Military Communications Conference. IEEE, 2008: 1-7.

[38] KOUSALYA G, NARAYANASAMY P, PARK J H, et al. Predictive handoff mechanism with real-time mobility tracking in a campus wide wireless network considering ITS[J]. Computer Communications, 2008, 31(12): 2781-2789.

[39] SHIMIZU A, FUKUZAWA S, OSAFUNE T, et al. Enhanced functions of 802. 11 protocol for adaptation to communications between high speed ve-

hicles and infrastructures[C]//Telecommunications, 2007. ITST'07. 7th International Conference on ITS. IEEE, 2007: 1-3.

[40] ARNOLD T, LLOYD W, ZHAO J, et al. IP address passing for VANETs [C]//Pervasive Computing and Communications, 2008. PerCom 2008. Sixth Annual IEEE International Conference on. IEEE, 2008: 70-79.

[41] CHEN Y S, HSU C S, YI W H. An IP Passing Protocol for Vehicular Ad Hoc Networks with Network Fragmentations[C]// International Conference on Innovative Mobile and Internet Services in Ubiquitous Computing, Imis 2011, Seoul, Korea, June 30-July. 2011:407-426.

[42] CHEN Y S, CHENG C H, HSU C S, et al. Network Mobility Protocol for Vehicular Ad Hoc Networks[C]// Wireless Communications and NETWORKING Conference, 2009. WCNC. IEEE, 2009:1-6.

[43] OH H, KIM C. A Robust handover under analysis of unexpected vehicle behaviors in Vehicular Ad-hoc Network[C]//Vehicular Technology Conference (VTC 2010-Spring), 2010 IEEE 71st. IEEE, 2010: 1-7.

[44] KIM M S, LEE S K, GOLMIE N. Enhanced fast handover for proxy mobile IPv6 in vehicular networks[J]. Wireless Networks, 2012, 18(4): 401-411.

[45] YOKOTA H, CHOWDHRURY K, KOODLI R, et al. Fast handovers for proxy mobile IPv6[S]. RFC 5949. 2010

[46] HUANG C M, CHIANG M S, HSU T H. PFC: A packet forwarding control scheme for vehicle handover over the ITS networks[J]. Computer Communications, 2008, 31(12): 2815-2826.

[47] YOO S J, CHOI S J, SU D. Analysis of Fast Handover Mechanisms for Hierarchical Mobile IPv6 Network Mobility[J]. Wireless Personal Communications, 2009, 48(2):215-238.

[48] CHIU K L, HWANG R H, CHEN Y S. A cross layer fast handover scheme in VANET[C]//2009 IEEE International Conference on Communications. IEEE, 2009: 1-5.

[49] CHANG Y T, DING J W, KE C H, et al. A survey of handoff schemes for vehicular ad-hoc networks[C]// International Conference on Wireless Communications and Mobile Computing. 2010:1228-1231.

[50] CHIU K L, HWANG R H. Communication framework for vehicle ad hoc

network on freeways [J]. Telecommunication Systems, 2012, 50(4): 243-256.

[51] OKABE T, SHIZUNO T, KITAMURAL T. Wireless LAN access network system for moving vehicles[C]// 2005. ISCC 2005. Proceedings of 10th IEEE Symposium on Computers and Communications, 2005: 211-216.

[52] PARK J T, CHUN S M. Fast mobility management for delay-sensitive applications in vehicular networks[J] Communications Letters, IEEE, 2011, 15(1): 31-33.

[53] BRAHMI N, BOUSSEDJRA M, MOUZNA J, et al. An improved map-based location service for vehicular ad hoc networks[C]//Wireless and Mobile Computing, Networking and Communications (WiMob), 2010 IEEE 6th International Conference on. IEEE, 2010: 21-26.

[54] KARP B, KUNG H T. GPSR: Greedy perimeter stateless routing for wireless networks[C]//Proceedings of the 6th annual international conference on Mobile computing and networking. ACM, 2000: 243-254.

[55] ISO Draft DIS 21210, Intelligent transport systems—Communications access for land mobiles (CALM)—IPv6 networking [S]. 2009.

[56] ETSI TS 102 636-3, v1. 1. 1, Intelligent Transport Systems (ITS), Vehicular communications, GeoNetworking, Part 3: Network architecture [S]. 2010.

[57] ETSI TS 102 636-4-1, v0. 0. 9, Intelligent Transport Systems (ITS), Vehicular communications, Part 4: Geographical addressing and forwarding for point-to-point and point-to-multipoint communications, Sub-Part 1: Media-independent functionality [S]. 2010.

[58] RYU S, PARK K J, CHOI J W. Enhanced fast handover for network mobility in intelligent transportation systems[J]. IEEE transactions on vehicular technology, 2014, 63(1): 357-371.

[59] MUSSABBIR Q B, YAO W, NIU Z, et al. Optimized FMIPv6 using IEEE 802. 21 MIH services in vehicular networks[J]. IEEE Transactions on Vehicular Technology, 2007, 56(6): 3397-3407.

[60] ZHONG L, LIU F, WANG X, et al. Fast handover scheme for supporting network mobility in IEEE 802. 16 e BWA system[C]//2007 International Conference on Wireless Communications, Networking and Mobile Compu-

ting. IEEE, 2007: 1757-1760.

[61] YOO S J, CHOI S J, SU D. Analysis of fast handover mechanisms for hierarchical mobile IPv6 network mobility[J]. Wireless Personal Communications, 2009, 48(2): 215-238.

[62] LI Q, ZHANG X, ZHAO L. A mobility management mechanism in Aeronautical Telecommunication Network[C]// Iet International Communication Conference on Wireless Mobile and Computing. IET, 2009:594-597.

[63] MOHAMMED B A, WAN T C. Modified fast-integrated light-NEMOv6 handoff in IEEE 802.16 e BWA networks[C]//Network Applications Protocols and Services (NETAPPS), 2010 Second International Conference on. IEEE, 2010: 182-187.

[64] CHAKI R, NIYOGI N G. An improved scheme towards fast handover in a hierarchical mobile network [C]//Proc. URSI General Assembly Sci. Symp. 2011: 1-4.

[65] LEE J H, ERNST T, CHILAMKURTI N. Performance analysis of PMIPv6-based network mobility for intelligent transportation systems[J]. IEEE Transactions on Vehicular Technology, 2012, 61(1): 74-85.

[66] MUNASIGHE K S, JAMALIPOUR A. NEtwork MObility (NEMO) Support in Interworking Heterogeneous Mobile Networks[C]// Wireless Communications and Networking Conference (WCNC), 2010 IEEE. IEEE, 2010:1-6.

[67] MUNASINGHE K S, JAMALIPOUR A. Group mobility management for vehicular area networks roaming between heterogeneous networks[C]//Vehicular Technology Conference Fall (VTC 2010-Fall), 2010 IEEE 72nd. IEEE, 2010: 1-5.

[68] HUANG C M, LEE C H, TSNEG P H. Multihomed SIP-based network mobility using IEEE 802.21 media independent handover[C]//2009 IEEE International Conference on Communications. IEEE, 2009: 1-5.

[69] SU H, ZHANG X. Clustering-based multichannel MAC protocols for QoS provisionings over vehicular ad hoc networks[J]. IEEE Transactions on Vehicular Technology, 2007, 56(6): 3309-3323.

[70] KONSTANTOPOULOS C, GAVALAS D, PANTZIOU G. Clustering in mobile ad hoc networks through neighborhood stability-based mobility pre-

diction[J]. Computer Networks, 2008, 52(9): 1797-1824.

[71] BALI R S, KUMAR N, RODRIGUES J J P C. Clustering in vehicular ad hoc networks: taxonomy, challenges and solutions[J]. Vehicular communications, 2014, 1(3): 134-152.

[72] 鹿昌开. 基于移动特征分析的车载网络分群协议研究[D]. 北京邮电大学, 2014.

[73] WU J, LI H. On calculating connected dominating set for efficient routing in ad hoc wireless networks[C]//Proceedings of the 3rd international workshop on Discrete algorithms and methods for mobile computing and communications. ACM, 1999: 7-14.

[74] CHEN Y P, LIESTMAN A L. Approximating minimum size weakly-connected dominating sets for clustering mobile ad hoc networks[C]//Proceedings of the 3rd ACM international symposium on Mobile ad hoc networking & computing. ACM, 2002: 165-172.

[75] EPHREMIDES A, WIESELTHIER J E, BAKER D J. A design concept for reliable mobile radio networks with frequency hopping signaling[J]. Proceedings of the IEEE, 1987, 75(1): 56-73.

[76] PAREKH A K. Selecting routers in ad-hoc wireless networks[C]//Proceedings SBT/IEEE Intl Telecommunications Symposium. 1994: 420-424.

[77] RAJINI GIRINATH D, SELVAN S. A novel hierarchical model for vehicular traffic regulation[J]. Telecommunication Systems, 2013, 52(4): 2101-2114.

[78] BASU P, KHAN N, LITTLE T D C. A mobility based metric for clustering in mobile ad hoc networks[C]//Distributed Computing Systems Workshop, 2001 International Conference on. IEEE, 2001: 413-418.

[79] ER I I, SEAH W K G. Mobility-based d-hop clustering algorithm for mobile ad hoc networks[C]//Wireless Communications and Networking Conference, 2004. WCNC. 2004 IEEE. IEEE, 2004, 4: 2359-2364.

[80] CHUNG T Y, CHENG W M, YUAN F C. Intelligent GPS-less Speed Detection and clustering in VANET[C]//Ubiquitous and Future Networks (ICUFN), 2012 Fourth International Conference on. IEEE, 2012: 145-150.

[81] SOUZA E, NIKOLAIDIS I, GBURZYNSKI P. A new aggregate local mobility (ALM) clustering algorithm for VANETs[C]//Communications

(ICC), 2010 IEEE International Conference on. IEEE, 2010: 1-5.

[82] SHEA C, HASSANABADI B, VALAEE S. Mobility-based clustering in VANETs using affinity propagation[C]//Global Telecommunications Conference, 2009. GLOBECOM 2009. IEEE. IEEE, 2009: 1-6.

[83] ZHANG Y, NG J M, Low C P. A distributed group mobility adaptive clustering algorithm for mobile ad hoc networks[J]. Computer Communications, 2009, 32(1): 189-202.

[84] Rawashdeh Z Y, Mahmud S M. A novel algorithm to form stable clusters in vehicular ad hoc networks on highways[J]. EURASIP Journal on Wireless Communications and Networking, 2012, 2012(1): 1-13.

[85] Daeinabi A, Pour Rahbar A G, Khademzadeh A. VWCA: An efficient clustering algorithm in vehicular ad hoc networks[J]. Journal of Network and Computer Applications, 2011, 34(1): 207-222.

[86] WANG Z, LIU L, ZHOU M C, et al. A position-based clustering technique for ad hoc intervehicle communication[J]. Systems, Man, and Cybernetics, Part C: Applications and Reviews, IEEE Transactions on, 2008, 38(2): 201-208.

[87] MORALES M M C, HONG C S, BANG Y C. An adaptable mobility-aware clustering algorithm in vehicular networks[C]//Network Operations and Management Symposium (APNOMS), 2011 13th Asia-Pacific. IEEE, 2011: 1-6.

[88] NI M, ZHONG Z, ZHAO D. MPBC: A mobility prediction-based clustering scheme for ad hoc networks[J]. Vehicular Technology, IEEE Transactions on, 2011, 60(9): 4549-4559.

[89] SAKHAEE E, Jamalipour A. Stable clustering and communications in pseudolinear highly mobile ad hoc networks[J]. Vehicular Technology, IEEE Transactions on, 2008, 57(6): 3769-3777.

[90] WANG S S, LIN Y S. Performance evaluation of passive clustering based techniques for inter-vehicle communications[C]//Wireless and Optical Communications Conference (WOCC), 2010 19th Annual. IEEE, 2010: 1-5.

[91] SU W, LEE S J, GERLA M. Mobility prediction in wireless networks [C]//MILCOM 2000. 21st Century Military Communications Conference Proceedings. IEEE, 2000, 1: 491-495.

[92] REUMERMAN H J, ROGGERO M, RUFFINI M. The application-based clustering concept and requirements for intervehicle networks[J]. Communications Magazine, IEEE, 2005, 43(4): 108-113.

[93] MASLEKAR N, BOUSSEDJRA M, MOUZNA J, et al. A stable clustering algorithm for efficiency applications in VANETs[C]//Wireless Communications and Mobile Computing Conference (IWCMC), 2011 7th International. IEEE, 2011: 1188-1193.

[94] MOLINAG J, CABALLERO G C, CABALLERO G P. Reputation lists and groups to promote cooperation[C]//Proceedings of the 12th International Conference on Computer Systems and Technologies. ACM, 2011: 460-465.

[95] CHENG S T, HORNG G J, CHOU C L. Using cellular automata to form car society in vehicular ad hoc networks[J]. Intelligent Transportation Systems, IEEE Transactions on, 2011, 12(4): 1374-1384.

[96] ZHANG Z, BOUKERCHE A, PAZZI R W. A Novel Network Mobility Management Scheme for Vehicular Networks[C]// Global Telecommunications Conference. IEEE, 2010:1-5.

第 6 章　机器通信中的移动性管理

机器通信(M2M,Machine-to-Machine/Man)是泛在网络中扩展的物理实体参与通信的重要能力,并已经在安全监测、机械服务和维修业务、公共交通系统、物流管理、工业自动化、城市信息化等领域实现了商业化应用。移动通信网络由于其网络的特殊性,终端侧不需要人工布线,可以提供移动性支撑,有利于节约成本,并可以满足在危险环境下的通信需求,使得以移动通信网络作为承载的 M2M 服务得到了业界的广泛关注。本章介绍了 M2M 的研究背景,分析了 M2M 中特殊的移动性管理技术需求,重点介绍了引入 M2M 后,移动通信网络中面向弱移动性、群组移动性、仅分组交换业务和小数据传输等特性的移动性管理技术优化。

6.1　M2M 研究背景

6.1.1　M2M 的概念

M2M 是泛在网络中"物"参与通信的重要扩展。首先,信息的提供者和使用者从人逐步扩展到物理实体,物体之间通过泛在网络(物联网)实现通信和信息交换;其次,通过各种无线和/或有线的、长距离和/或短距离通信网络实现物理实体间的互联互通,通信和传输过程不需要或仅需要有限的人工干预[1,2]。

M2M 是一种以机器终端设备智能交互为核心的、网络化的应用与服务。它通过在机器内部嵌入通信模块,通过各种承载方式将机器接入网络,为客户提供综合的信息化解决方案,以满足客户对监控、指挥调度、数据采集和测量等方面的信息化需求。

M2M 是增强机器设备通信和网络通信能力的技术的总称。M2M 通信中,一方或双方是机器且机器通过程序控制,能自动完成整个通信过程。M2M 通信的目标是使所有机器设备都具备联网和通信能力,其核心理念是网络一切(Network Everything)。M2M 的实现手段包括各种联网的技术,实现形式包括人对机器、机器对人以及机器对机器的通信。

M2M理念最早出现于20世纪90年代。2000年以后,M2M通信从理论进入实践阶段,随着移动通信技术的发展,开始出现以移动通信技术实现机器设备互联。2002年左右市场上逐渐出现了M2M业务,并在随后的几年迅速发展,成为众多通信设备商和电信运营商关注的焦点。

无线技术的发展是M2M市场发展的重要因素,它突破了传统通信方式的时空限制和地域障碍,使企业和公众摆脱了线缆束缚,让客户更有效地控制成本、降低安装费用并且使用简单方便。另外,日益增长的需求推动着M2M不断向前发展:与信息处理能力及网络带宽不断增长相矛盾的是,信息获取的手段远远落后。而M2M很好地满足了人们的这一需求,通过它,人们可以实时监测外部环境,实现大范围、自动化的信息采集。随着企业越来越依赖于获取的信息来管理日常活动和制订长期的业务战略,将带动对M2M更大容量和更高可靠性的需求。

目前,M2M通信还处于发展阶段,很多问题有待解决,移动性管理问题就是其中的一个重要问题。如何在使用M2M技术的通信系统中实现移动性管理是目前迫切需要解决的技术问题之一。

6.1.2 M2M的应用

M2M已在美国、韩国、日本和欧洲一些国家实现了商业化应用。提供M2M业务的主流运营商包括英国的BT和Vodafone、法国的Orange、德国的T-Mobile、美国的AT&T和T-Mobile及Verizon、日本的NTT DoCoMo、韩国的SK电信等。M2M主要应用于安全监测与防护、机械服务和维修业务、公共交通系统、车队管理、工业自动化、零售与设备跟踪、城市信息化等领域[1,3]。

目前,M2M已经渗透至日常生活的各个方面,并形成一定的产业规模:目前M2M广泛应用于电力、交通、环保、医疗、石油、智能节能、工业控制、零售、水利等多个行业,对提高生产效率,降低生产成本有积极的作用[4]。

(1) 交通行业

交通行业包括交通和运输两个方面的应用。运输市场是最先将M2M付诸商用的领域之一。M2M业务在交通行业中的应用主要是车载信息终端采集车辆信息(如车辆位置、行驶速度、行驶方向等),通过移动通信网络将车辆信息传回后台监控中心,监控中心通过M2M平台对车辆进行管理控制。

(2) 医疗监控

M2M业务在医疗行业中的应用主要是帮助医院实时监控病人的情况。即使病人离开医院,医生依然可以实时监控病人的状况。医生在病人脚部安装监控器,获得的数据通过移动通信网络传输给医生。显然,这种系统无论在人性化方面还是在节省社会资源方面，都有非常大的优势，而且只占用非常有限的医疗资源。

(3) 物流管理

M2M 技术可以应用在物流管理的智能化搬运、无线理货等方面。M2M 技术下的智能化搬运是降低物流搬运成本的策略之一，通过 M2M 技术实现对搬运设备、搬运工、搬运物料、搬运环境的实时透明监控，使资源调度合理化，搬运高效安全化，实现绿色搬运。

(4) 电力行业

在电力行业中的应用主要是检测配电网运行参数，将无线通信网络运行参数传回到电力部门信息监控中心，将离线数据、配电网络数据和用户数据、电网地理图形信息和配电网在线数据进行数据信息集成，它主要实现配电系统正常运行和在事故情况下的检测保护控制的现代化管理维护。

(5) 环保行业

M2M 业务在环保行业中应用，主要是采集环境污染数据，通过无线通信网络将环境污染数据传回环保信息管理系统，对环境进行监控，环保部门灵活布置环境信息监测端点，及时掌握环境信息，解决环境监测点分布分散、线路铺设和设备维修困难、难以实施数据实时搜集和汇总等难题。

6.1.3 M2M 的标准化

随着对 M2M、物联网的研究热度逐渐加大，各标准化组织按照各自的工作职能范围，从不同角度开展了针对性研究。欧洲电信标准化协会(ETSI，European Telecommunications Standards Institute)从典型物联网业务用例，如智能医疗、电子商务、自动化城市、智能抄表和智能电网等相关研究入手，完成对物联网业务需求的分析、支持物联网业务的概要层体系结构设计以及相关数据模型、接口和过程的定义。3GPP 和 3GPP2 以移动通信技术为工作核心，重点研究 3G、LTE、CDMA 网络针对机器通信和物联网业务需要的网络功能增强和优化技术，涉及业务需求、核心网和无线网优化、安全等领域。国内的中国通信标准化协会(CCSA，China Communications Standards Association)早在 2009 年完成了 M2M 的业务研究报告，与 M2M 相关的其他研究工作已经展开。

1. ETSI 的标准化进展[1]

ETSI 是国际上较早系统展开 M2M 相关研究的标准化组织，2009 年年初成立了专门的 TC(Technical Committee)来负责统筹 M2M 的研究，旨在制定一个水平化的、不针对特定 M2M 应用的端到端解决方案的标准。其研究范围可以分为两个层面：第一个层面是针对 M2M 应用用例的收集和分析；第二个层面是在用例研究的基础上，开展与应用无关的统一 M2M 解决方案的业务需求分析、网络体系架构定义和数据模型、接口和过程设计等工作。按照 TC 的计划，研究工作分为 3 个阶段进行：第一阶段定义 M2M 的相关需求；第二阶段定义 M2M 的功能架构；第三阶段制定 M2M 的相关协议。

ETSI 研究的 M2M 相关标准研究有十多个课题，具体内容包括：

(1) M2M 业务需求，该研究课题描述了支持 M2M 通信服务的、端到端系统能力的需求。报告已于 2010 年 8 月发布。

(2) M2M 功能体系架构，重点研究为 M2M 应用提供 M2M 服务的网络功能体系结构，包括定义新的功能实体，与 ETSI 其他技术组织或其他标准化组织标准间的标准访问点和概要级的呼叫流程。图 6-1 是 ETIS 提出的 M2M 的体系架构，从图中可以看出，M2M 技术涉及通信网络中从终端到网络再到应用的各个层面，M2M 的承载网络包括了 3GPP、TISPAN 以及 IETF 定义的多种类型的通信网络。

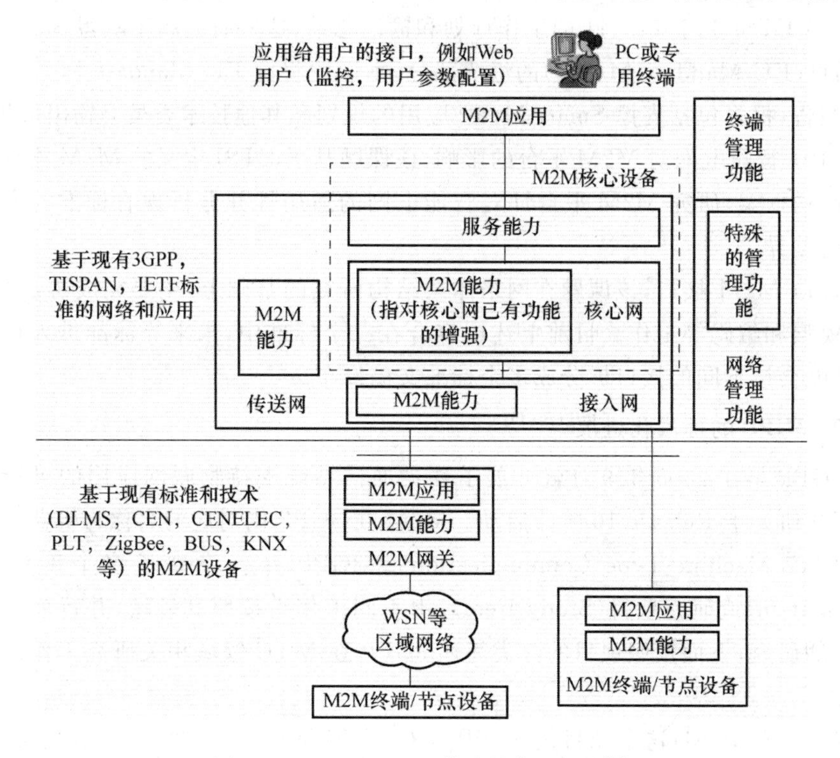

图 6-1 ETSI M2M 通信功能体系架构[1]

(3) M2M 术语和定义，对 M2M 的术语进行定义，从而保证各个工作组术语的一致性。

(4) Smart Metering 的 M2M 应用实例研究。对 Smart Metering 的用例进行

描述，包括角色和信息流的定义，将作为智能抄表业务需求定义的基础。

(5) eHealth 的 M2M 应用实例研究。通过对智能医疗这一重点物联网应用用例的研究，来展示通信网络为支持 M2M 服务在功能和能力方面的增强。该课题与 ETSI TC eHEALTH 中的相关研究保持协调。

(6) 用户互联的 M2M 应用实例研究，定义了用户互联这一 M2M 应用的用例。

(7) 城市自动化的 M2M 应用实例研究，本课题通过收集自动化城市用例和相关特点，来描述未来具备 M2M 能力网络支持该应用的需求和网络功能与能力方面的增强。

(8) 基于汽车应用的 M2M 应用实例研究，课题通过收集自动化应用用例和相关特点，来描述未来具备 M2M 能力网络支持该应用的需求和网络功能与能力方面的增强。

(9) ETSI 关于 M/441 的工作计划和输出总结，这一研究属于欧盟 Smart Meter 项目(EU Mandate M/441)的组成部分，本课题将向 EU Mandate M/441 提交研究报告，报告包括支撑 Smart Meter 应用的规划和其他技术委员会输出成果。

(10) 智能电网对 M2M 平台的影响，该课题基于 ETSI 定义的 M2M 概要级的体系结构框架，研究 M2M 平台针对智能电网的适用性并分析现有标准与实际应用间的差异。

(11) M2M 接口，该课题在网络体系结构研究的基础上，主要完成协议/API、数据模型和编码等工作。目前上述内容合在一个标准中，未来等标准进入稳定阶段，可能会按不同的接口拆分成多个标准文稿发布。

2. 3GPP 的标准化进展[1,5~10]

3GPP 早在 2005 年 9 月就开展了移动通信系统支持物联网应用的可行性研究，正式研究于 Release 10 阶段启动。M2M 在 3GPP 内对应的名称为机器类型通信(MTC，Machine-Type Communication)。3GPP 并行设立了多个工作项目(Work Item)或研究项目(Study Item)，由不同工作组按照其领域，并行展开针对 MTC 的研究，下面按照项目的分类简述 3GPP 在 MTC 领域相关研究工作的进展情况。

(1) FS_M2M：这个项目是 3GPP 针对 M2M 通信进行的可行性研究报告，由 SA1 负责相关研究工作。研究报告《3GPP 系统中支持 M2M 通信的可行性研究》于 2005 年 9 月立项，2007 年 3 月完成。

(2) NIMTC 相关课题，重点研究支持机器类型通信对移动通信网络的增强要求，包括对 GSM、UTRAN、EUTRAN 的增强要求，以及对 GPRS、EPC 等核心网络的增强要求,主要的项目和研究进展如下。

① FS_NIMTC_GERAN:该项目于2010年5月启动,重点研究GERAN系统针对机器类型通信的增强。

② FS_NIMTC_RAN:该项目于2009年8月启动,重点研究支持机器类型通信对3G的无线网络和LTE无线网络的增强要求。

③ NIMTC:这一研究项目是机器类型通信的重点研究课题,负责研究支持机器类型终端与位于运营商网络内、专网内或互联网上的物联网应用服务器之间通信的网络增强技术。由SA1、SA2、SA3和CT1、CT3、CT4工作组负责其所属部分的工作。

- 3GPP SA1工作组负责机器类型通信业务需求方面的研究。于2009年年初启动技术规范,将MTC对通信网络的功能需求划分为共性和特性两类可优化的方向。相关业务需求记录在TS 22.368中。
- SA2工作组负责支持机器类型通信的移动核心网络体系结构和优化技术的研究。于2009年年底正式启动研究报告《支持机器类型通信的系统增强》。报告针对第一阶段需求中给出共性技术点和特性技术点给出解决方案。但是,第一阶段定义的MTC特性太多了,SA2工作组在该版本周期内无法同时开展针对所有这些特性的系统优化工作。因此,SA2决定对特性进行划分,在Release 10仅研究优先级较高的少数几个特性,包括过载控制和拥塞控制、标识及地址、签约控制、低移动性、时间受控特性以及MTC监测特性。最终在Release 10进入标准的特性仅包含了过载控制和拥塞控制、低移动性等特性的方案。
- SA3工作组负责安全性相关研究。于2007年启动了《远程控制及修改M2M终端签约信息的可行性研究》报告,研究M2M应用在UICC(Universal Integrated Circuit Card)中存储时,M2M设备的远程签约管理,包括远程签约的可信任模式、安全要求及其对应的解决方案等。2009年启动的《M2M通信的安全特征》研究报告,计划在SA2工作的基础上,研究支持MTC通信对移动网络的安全特征和要求。

(3) FS_MTCe:支持机器类型通信的增强研究是计划在Release 11阶段立项的新研究项目。主要负责研究支持位于不同PLMN域的MTC设备之间的通信的网络优化技术。此项目的研究需要与ETSI TC M2M中的相关研究保持协同。

(4) FS_AMTC:本研究项目旨在寻找E.164的替代,用于标识机器类型终端以及终端之间的路由消息,是Release 11阶段新立项的研究课题,已于2010年2月启动。

(5) SIMTC：支持机器类型通信的系统增强研究，此为 Release 11 阶段的新研究课题，重点研究 Release 10 中没有得到标准化的特性，以及支持 MT 的网络架构增强。在 SIMTC 这个项目中，主要讨论网络架构、设备触发、小数据量传输、标识、IP 寻址、PS-ONLY(Packet Switched Only)、EAB(Extended Access Barring)等特性的解决方案，解决方案记录在研究报告中。其中，网络架构增强、设备触发特性已完成标准化。

(6) SDDTE、UEPCOP、MONTE、GROUPE：这是 Release 12 中的机器通信优化的 4 个项目，进行小数据传输和触发、终端节能、监控、组特性这四个特性的研究。因为时间的原因，Release 12 中仅仅完成了频繁的小数据传输、终端节能这两个特性的标准化。非频繁小数据传输的技术方案无法达成共识，没能得到标准化。在 Release 13 完成了监控、组特性的标准化。

(7) HL_COM、EXT-DRX：这是 Release 13 针对机器通信的两个项目。前者研究终端无法按时响应下行寻呼时，带来的下行数据延迟问题。后者研究如何通过扩展 DRX，节省终端电力。

(8) NB-IoT(Narrow Band Internet of Things)：即窄带物联网。为了满足物联网需要深度室内覆盖、终端设备省电、在极低数据传输率场景提高频谱利用效率等多方面的需求，和新型无线接入技术在物联网市场展开竞争，3GPP 的多个工作组协同工作，在 Release 13 完成了 NB-IoT 项目的研究和标准化。该项目专门设计了用于窄带载波的无线接入技术，即 NB-IoT RAT。为了占据市场先机，基于现有的 4G 核心网进行了接入使用 NB-IoT RAT 的接入网和终端的过程优化，重点实现了对非频繁小数据传输的支持。

3. 3GPP2 的标准化进展[1]

为推动 CDAM 系统 M2M 支撑技术的研究，3GPP2 在 2010 年 1 月曼谷会议上通过了 M2M 的立项。建议从以下方面加快 M2M 的研究进程：

(1) 当运营商部署 M2M 应用时，应给运营商带来较低的运营复杂度。

(2) 降低处理大量 M2M 设备群组对网络的影响和处理工作量。

(3) 优化网络工作模式，以降低对 M2M 终端功耗的影响。

(4) 通过运营商提供满足 M2M 需要的业务，鼓励部署更多的 M2M 应用。

3GPP2 中 M2M 的研究参考了 3GPP 中定义的业务需求，研究的重点在于 cdma2000 网络如何支持 M2M 通信，具体内容包括 3GPP2 体系结构增强、无线网络增强和分组数据核心网络增强。

4. CCSA 的标准化进展[1]

M2M 相关的标准化工作在中国通信标准化协会中主要在移动通信工作委员

会(TC5)和泛在网技术工作委员会(TC10)进行。主要工作内容如下：

(1) TC5 WG7 完成了移动 M2M 业务研究报告，描述了 M2M 的典型应用、分析了 M2M 的商业模式、业务特征以及流量模型，给出了 M2M 业务标准化的建议。

(2) TC5 WG9 于 2010 年立项的支持 M2M 通信的移动网络技术研究，任务是跟踪 3GPP 的研究进展，结合国内需求，研究 M2M 通信对 RAN 和核心网络的影响及其优化方案等。

(3) TC10 WG2 提出了 M2M 业务总体技术要求，定义了 M2M 业务概念，描述了 M2M 场景和业务需求、系统架构、接口以及计费认证等要求。

(4) TC10 WG2 提出了 M2M 通信应用协议技术要求，规定了 M2M 通信系统中端到端的协议技术要求。

(5) TC5 WG9 工作组针对物联网的蜂窝窄带接入(NB-IoT)，开展了以下标准项目的工作：面向物联网的蜂窝窄带接入(NB-IoT)无线网总体技术要求、核心网总体技术要求、核心网设备技术要求、基站设备技术要求、终端设备技术要求以及对应的测试规范等。

5. OneM2M 的标准化进展概况

2012 年 7 月，七个地区性电信标准组织(ARIB、ATIS、CCSA、ETSI、TIA、TTC、TTA)共同创建了国际物联网标准化组织 oneM2M。oneM2M 是一个伙伴项目(Partnership Project)，其组织形式类似于 3GPP。oneM2M 主要工作内容是制定物联网业务层标准，而不涉及具体的接入层的网络技术标准，也不涉及业务层之上的应用标准。oneM2M 试图提供标准化的、统一的接口来连接网络层和业务层。

OneM2M 设置了五个工作组，分别是需求、架构、协议、安全、管理和语义。目前已经完成了需求、M2M 安全解决方案、设备管理等技术规范，语义与抽象等研究内容还在研究阶段，内容记录在对应的技术报告中。

6. 其他

此外，IEEE 802.15.4 工作组、IETF、Zigbee 联盟等组织也都在各自的研究领域内开始了对 M2M 相关技术的标准化制定工作。

6.2 机器通信中的移动性管理技术需求

在移动通信网络中，M2M 通信又称为机器类型通信(MTC，Machine Type Communication)。由于移动通信网络的广泛部署，成为承载 M2M 业务的首选通信网络，处于核心地位。然而，M2M 业务的应用需求和业务特征对移动通信网络提出了新的需求。由于移动通信网络的设计之初是面向人与人的通信，因此并不能很好地满足机器与机器、人与机器的通信需求。为了增强移动网络在 M2M 通信中的竞争力，有必要对现有的移动网络进行优化，研究移动网络支持 M2M 通信的解决方案，最大限度地重用现有网络，降低大量 M2M 通信对网络造成的影响以及运营维护的复杂度，更有效地支持 M2M 通信。

为了在移动通信网络中支持 M2M 业务，3GPP 引入了一些与传统移动通信不同的 MTC 业务特性。3GPP 文档 TS 22.368[5] 根据不同 MTC 业务特性，提出了不同的优化需求。3GPP TR 23.888[8] 和 TR23.887[9]，分别用于记录 Release 11 和 Release 12 阶段提出的方案、评估及结论。标准化的技术方案进入技术规范 TS 23.401（关于现有 SAE 网络架构优化内容，如 NAS 拥塞控制优化等的内容）、TS23.272（关于现有电路域方式短消息传递的优化的内容）、TS23.682（关于机器通信网络架构增强以及第三方应用交互等的内容）。

TS22.368 中的 MTC 业务特性需求简要介绍如表 6-1 所示。

表 6-1　M2M 业务特性需求及增强

特性名称	特性概述	具体系统增强需求
Low Mobility（低移动性）	适用于不频繁移动的 MTC 设备或者只在限定区域内移动的 MTC 设备	• 减少移动性管理过程的频率，或是简化 MTC 设备的移动性管理过程。 • 能够定义 MTC 设备执行的位置更新的频率。
Time Controlled（时间控制）	适用于在预先定义的时间段内收发数据的 MTC 设备，避免在这些时间段外产生不必要的信令	• 能够拒绝每个 MTC 设备在规定允许接入时间段之外的接入请求（附着到网络或者是建立数据连接）。 • 允许在规定允许接入时间段之外的接入（附着到网络或者是建立数据连接）并采用不同的计费策略。 • 在定义的接入时间之后通过中止接入（例如，去附着或断开数据连接）来限制接入时间长度。 • 通知 MTC 设备允许的接入时间和接入长度。
Time Tolerant（时间容忍）	MTC 的时间容忍特性适用于能够延迟传送数据的 MTC 设备	• 能够限制 MTC 设备接入网络。 • 能够在某一特定区域应用这些限制。 • MTC 设备能够确定什么时间接入网络被限制。
Packet Switched Only（只支持分组交换）	只支持分组交换的 MTC 特性适用于只要求分组交换业务的 MTC 设备	• 无论是否分配 MSISDN 号码，网络运营商都能够提供 PS only 签约。 • 无论是否分配 MSISDN，都应该支持设备触发特性。 • 没有 MSISDN 时，也支持远程 MTC 设备配置。

续表

特性名称	特性概述	具体系统增强需求
Small Data Transmissions(小数据传输)	小数据传输的特性适用于发送或者接收小量的数据。	• 网络在对系统影响(信令负荷、网络资源、重分配的时延)最小的情况下应该支持小量数据的传输。 • 在传输小量数据之前,MTC 设备可能附着在网络中,可能不附着在网络中。 • 小量数据的定义可以由网络运营商的策略配置,也可以在每个签约中配置。
Mobile Originated Only(只有移动始发)	只有移动始发的 MTC 特性适用于只发起通信的 MTC 设备。	• 能够降低每个 MTC 设备的移动性管理过程的频率。 • 配置 MTC 设备只有在发生 MO 通信的时候才进行移动管理过程。
Infrequent Mobile Terminated(非频繁移动终结)	适用于不频繁、偶尔移动终结(即接收)通信的 MTC 设备。	降低每个 MTC 设备移动性管理过程的频率。
MTC Monitoring (MTC 监视)	主要用于监控 MTC 设备发生的特定事件。	主要用于检测同激活的 MTC 特性不一致的行为: • 附着点的改变,主要用于检测盗窃、破坏的事件监控等。 • UE 和 UICC 之间关系的改变。 • 连接性丢失及原因;监控通信是否中断。 检测到所述事件后,可以: • 向 MTC 服务器提供告警信息。 • 限制提供给 MTC 的服务。
Priority Alarm(优先告警)	适用于需要发送优先告警信息的 MTC 设备,如被盗、蓄意破坏或者其他需要立即注意的情况。	• 优先告警应该优先于其他任何的 MTC 特性。 • 当 MTC 设备由于区域限制、接入时间限制、漫游限制等原因,不能使用正常服务时,它仍然能够发出优先告警消息。
Secure Connection (安全连接)	在 MTC 设备和 MTC 服务器之间建立安全连接的 MTC 设备。	当 MTC 设备是通过漫游网络连接到 MTC 服务器时,能够为 MTC 服务器和 MTC 设备之间的连接提供有效的安全保障。
Location Specific Trigger(位置触发器)	在一个特定区域触发 MTC 设备(如唤醒 MTC 设备)。	• 基于网络运营商提供的地域信息初始化 MTC 设备触发特性。 • 在 MD 的移动性管理频率减少时,使用该特性。 • 能在 MD 离线时应用该特性。

续表

特性名称	特性概述	具体系统增强需求
Network Provided Destination for Uplink Data(网络提供上行目的地址)	要求将数据发送到特定地址的 MTC 应用。	对于上行的 MTC 通信,是网络提供和使用一个目的 IP 地址,而不是使用 MTC 设备提供的。
Infrequent Transmission (非频繁的传输)	不频繁传输数据的 MTC 设备(即两次数据传输之间有很长的间隔)。	• 只在传输发生的时候建立资源。 • 在传输/接收数据的时候,MTC 设备应该连接网络,发送/接收数据,在传输完成之后离线。
Group Based MTC Features (组特性)	适用于 MTC 设备组,即组中的 MTC 设备具有相同或相近的特性。	• 提供机制将一个 MT 设备同一个 MTC 群组联系起来。 • 每个基于群组的特性都应该应用于群组中的所有成员。 • 一个 MTC 组应该在 3GPP 网络里可以被标识。

MTC 业务引入了一些与传统移动通信不同的特性。例如,组管理特性,该特性被激活时,同一个用户的多个 MTC 设备可以被划分为一个组,网络可以对整个组进行统一参数配置,这些参数应用于该组的所有 MTC 设备,运营商在该组的签约信息中设置并激活组管理特性,并存储在用户归属服务器(HSS)。在实际的应用中,一个实际的 MTC 设备可以具备上述的一个或多个特性。例如,电梯升降机设备具有低移动性、仅分组交换特性,而监控、警报设备除具有低移动性、仅分组交换外,还具有小数据数据传输特性。利用 MTC 业务特性的主要方法是通过用户签约数据指示用户的 MTC 特性,网络根据其特性进行不同优化。

在移动通信网络中可以利用 M2M 设备的 MTC 特性进对其进行移动性管理优化。举例说明如下。

如果核心网实体确定 M2M 终端的位置固定或 M2M 终端仅支持 MO(Mobile Originated)功能或所述 M2M 终端的移动性负荷预先设定的条件,则核心网实体就可以确定该 M2M 终端不需要发起因位置区改变而触发的位置更新流程或者 M2M 终端不需要发起周期性位置更新流程。如果核心网实体确定 M2M 终端的位置不固定或 M2M 终端支持 MT 功能或 M2M 终端的移动性不符合上述预先设置的条件,则核心网可以确定 M2M 终端需要发起因位置区改变而触发的位置更新流程或者 M2M 终端需要发起周期性位置更新流程。符合预先设定的条件是指

M2M终端移动的频度或范围等条件，一般来说，如果一个M2M终端的移动性很低，那么这个M2M终端可以不发起因位置区改变而触发的位置更新流程或者可以不发起周期性位置更新流程。

如果核心网实体能够对M2M终端发起位置更新进行指示，那么可以避免M2M终端频繁发起的位置更新流程，从而节省了空中接口，同时降低大量的M2M终端通过RACH(Random Access CHannel)发起请求引发的接入请求发生冲突的概率，从而避免对RACH产生冲击。

为M2M通信需求，现有移动通信系统首先需要网络架构的支持，比如实现和M2M第三方应用服务器的高效的通信，满足应用服务器和M2M终端的业务需求，其次是通过现有的系统中的过程的修改和增强，实现终端节能，系统资源的优化等。本章将在6.3节介绍支持机器通信的架构增强，在6.4～6.9节分别介绍面向弱移动性的、面向群组的、仅分组交换业务的、支持小数据传输的、支持终端节能的和支持窄带物联网的移动性管理优化。

6.3 支持机器通信的架构增强

6.3.1 EPS系统架构

在全球，GSM/UMTS/网络可以说是无处不在的，EPS也处在不断发展中，这些网络能够为M2M通信提供承载服务。在移动通信网络引入M2M通信，并在3GPP对其进行标准化，将会使M2M的应用更加有效。为了让读者更好地理解下面章节的内容，本小节将对EPS进行简单介绍。

演进分组系统(EPS，Evolved Packet System)是3G/UMTS最新演进标准，主要包括无线接口长期演进(LTE，Long Term Evolution)和系统结构演进(SAE，System Architecture Evolution)。LTE是3GPP的项目名称，该项目主要是研究3GPP的UMT系统的无线接入网络的长期演进，新的无线接入系统称为演进的UTRAN(E-UTRAN)；与LTE相同，SAE也是一个项目名称，研究的是3GPP核心网络的长期演进，这个项目的目的是定义一个新的全IP分组核心网，称为演进的分组核心网(EPC)。EPS中实现控制与承载分离，并实现用户的IP永远在线。其系统结构如图6-2所示。

(1) UE：用户设备，功能同UTRAN中的MS。

(2) E-UTRAN：主要包括eNodeB，即演进型NodeB。E-NodeB的功能包括：RRM功能；UE附着时的MME选择；寻呼信息的调度传输；设置提供eNedeB的

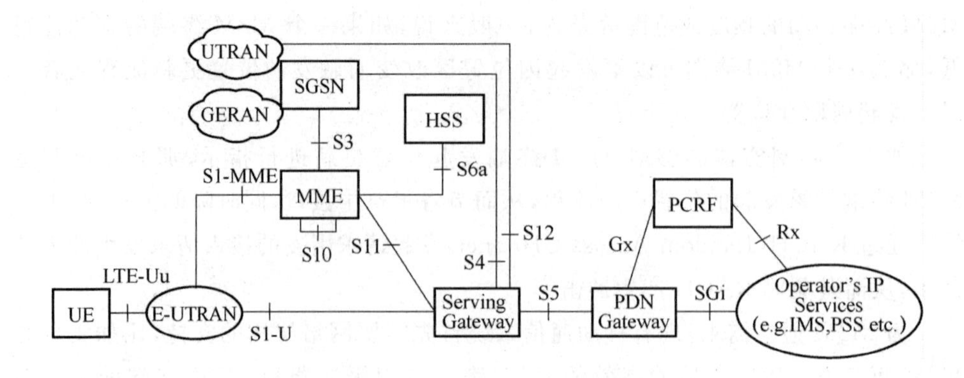

图 6-2 3GPP EPS 系统架构[11]

测量；广播信息的调度传输等。

(3) SGW：服务网关，主要负责用户面处理，负责数据包的路由和转发等功能，支持 3GPP 不同接入技术的切换。

(4) MME：移动性管理实体，负责核心网络的控制功能，是一个信令实体，主要负责移动性管理、承载管理、用户的鉴权认证、SGW 和 PGW 的选择等功能。

(5) PDN Gateway：分组数据网关，提供与外部世界连接的界面，它主要负责 3GPP 接入和非 3GPP 接入间的移动，3GPP 接入和非 3GPP 间的数据路由，也负责 DHCP、计费等功能。

(6) HSS：支持用于处理调用会话的 IMS 网络实体的主要用户数据库，它包含用户配置文件，执行用户的身份验证和授权，并可提供有关用户物理位置的信息。

(7) PCRF：策略与计费功能，包含策略控制决策和基于流的计费控制功能。

6.3.2 支持 MTC 通信的网络架构增强

M2M 终端和 M2M 业务网络中的 MTC 应用之间的端到端通信，通过移动通信网络提供的通信服务实现。

通常，M2M 业务应用由应用服务器(AS，Application Server)实现，可选地，还可以部署业务能力服务器(SCS，Service Capability Server)为应用服务器提供的公共的业务能力。移动通信网络提供数据传输和通信服务，包括针对 M2M 业务所实现的各种架构和功能增强。

显然，这些增强可以应用到机器通信场景也可以应用到非机器通信场景。因此，从 3GPP 核心网层面标准进展看，并没有区分机器通信终端和常规终端(如功能手机、智能手机、平板电脑)。

3GPPTR 23.682[10]定义的支持MTC通信的网络架构增强如图6-3所示。

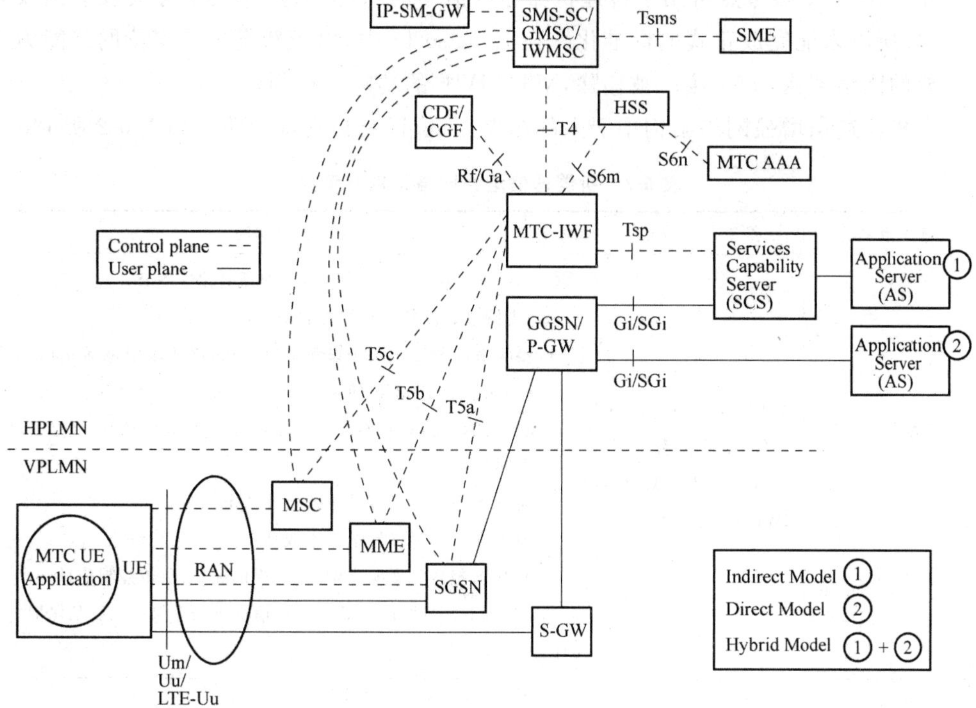

图6-3 支持MTC的网络架构增强[10]

MTC应用接入网络的方式有多种，可以直接与网络中的实体进行通信，也可以通过MTC服务器与网络进行交互。MTC应用通过API接口与MTC服务器相连，通过MTC服务器与移动承载网络通信的方式称为间接方式；MTC应用直接与GGSN/PGW连接，从而实现与MTC终端的通信的方式称为直接方式。如果两种模式都采用，则称为混合模式。

为了支持间接和混合方式的MTC通信，引入了MTC-IWF(Machine Type Communications-InterWorking Function)这一交互实体。它可以是单独的物理实体，也可以是其他网络节点上的部署的功能实体。MTC-IWF主要用于隐藏移动通信网络内部的拓扑结构，将与MTC服务器(此后泛指SCS和AS)互通接口(即Tsp参考点)的信令协议进行中转或者翻译，进而调用移动通信网络内部特定功能；对MTC服务器进行接入认证；实现MTC服务器发送的信令消息进行授权、流量控制、计费数据采集等功能。MTC-IWF和移动通信网络现有网络节点(如HSS、短消息网关节点、计费功能节点)之间的参考点分别定义为S6m、T4、Rf/Ga。

MTC-IWF 和移动通信网络中移动管理性管理节点 SGSN、MME、MSC 之间的 T5a、T5b、T5c 参考点可用于传递机器通信信令消息，但因具体技术方案没能达成一致，所以未能完成正式的标准化。在 Release 13 中，由于新定义了支持网络能力开放的网络架构，T5x 接口被移除，MTC-IWF 的功能也被削弱。

机器通信增强网络架构中引入的参考点、位置及其支持的功能如表 6-2 所示。

表 6-2　机器通信增强网络架构参考点

参考点名称	参考点的位置	实现的主要功能
Tsp	MTC-IWF 和 SCS 之间；如果没有部署 SCS，就是 MTC-IWF 和 AS 之间	(1) 将一个 MTC-IWF 连接到一个或者多个 SCS。 (2) 支持下面设备触发相关的功能： • 接收来自 SCS 的一个设备触发请求，该请求中包括 application port ID，UE 使用该 ID 将 trigger 路由到目标 trigger 功能（注：对于不同的应用，application port ID 可以去不同的值）； • 向 SCS 报告是否接受设备触发请求； • 向 SCS 报告触发发送是否成功； • 向 SCS 报告触发响应中，应能提供拥塞/负荷控制信息。 (3) 对 MTC-IWF 和 SCS 之间通信提供安全保护和隐私保护的能力。
T4	MTC-IWF 和短消息网关等实体之间	支持下面设备触发相关的功能： • 在 MTC-IWF 和 SMS-SC 之间传送设备触发，这个设备触发或者采用 MSISDN 或者 IMSI 寻址； • 当寻址采用 IMSI 时，随着设备触发信息一同传递服务 SGSN/ME/MSC 标识给 SMS-SC； • 向 MTC-IWF 报告设备触发的递交结果传递设备触发给 UE 是否成功。
T5a/T5b/T5c	MTC-IWF 和 SGSN/MME/MSC 之间	(1) 支持下面设备触发相关的功能： • 将设备触发请求传递到服务 SGSN/MME/MSC； • 向 MTC-IWF 报告传送设备触发到 UE 是否成功； • 提供 SGSN/MME 控制/负荷信息给 MTC-IWF。
S6m	MTC-IWF 和 HSS/HLR 之间	(1) 将 MTC-IWF 连接到包含签约信息和 UE 相关信息的 HSS/HLR。 (2) 支持和 HSS/HLR 的信息查询交互，以实现： • 将 E.164 MSISDN 或者外部标识映射到 IMSI； • 接收 UE 的服务节点信息（即：服务 SGSN/MME/MSC/IP-SM-GW 标识）； • 确定 SCS 是否可以发送设备触发给特定的 UE。

截止到 Release 12,上述架构主要实现了对设备触发特性的支持。

6.3.3 支持网络能力开放的网络架构

前一小节介绍的支持 MTC 的网络架构增强在设计之初仅仅考了 M2M 在通信方面的基本需求。为了更好地支持与各种第三方服务器的通信,而不仅仅局限于机器通信服务器,移动通信网络需要向第三方服务器开放通信能力之外的更多的服务能力。

所谓服务能力开放是安全地(即开放不会带来安全威胁)开放 3GPP 网络支持的服务和能力给第三方的一种方法,其架构如图 6-4 所示。其中,服务能力开放功能(SCEF,Service Capability Exposure Function)是 3GPP 架构中提供服务能力开放的关键实体,但其具体功能是由 OMA(Open Mobile Alliance)等其他标准组织定义。将 SCEF 和 MTC-IWF 合设,此时 Tsp 功能需要通过 API 开放。SCEF 和应用服务器之间的接口,也由 3GPP 之外的标准组织来定义。而 3GPP 的工作是在新的或已有的 3GPP 网络实体上定义接口,以允许 SCEF 获取 3GPP 网络服务和能力。

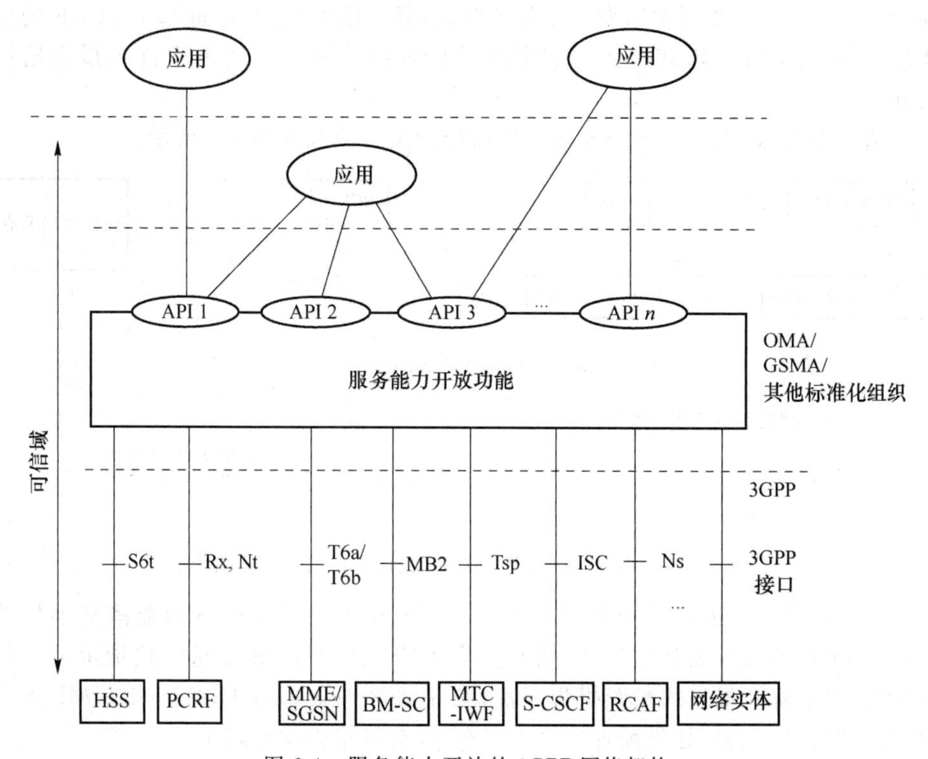

图 6-4 服务能力开放的 3GPP 网络架构

为了保证 3GPP 网络不受到来自外部的安全威胁，引入了受信域的概念，采用适当的网络域安全机制保护位于受信域中的实体。位于受信域的实体和接口可能由运营商控制或者由受信的合作方(如其他运营商或者第三方)控制。受信域的安全需求和机制由 SA3 工作组研究。

目前规范已经实现的开发给第三方的网络能力有：通知第三方某地理位置区域的网络状况；通知第三方网络的背景流量传输信息和并实现传输时间窗的协商；网络经由 SCEF 提供给 MME 的通信模型进行 E-UTRAN 网络资源优化；网络根据第三方请求，为 UE 建立用于和第三方通信的会话，该会话有特定的 QoS(如低时延、低抖动)和优先级处理要求；第三方服务器可以请求网络为其服务的 UE 的数据会话进行付费或者停止付费，可实现第三方业务提供者为用户流量付费或者停止付费。

基于这个架构，3GPP 定义了监控特性，实现了将终端的行为和状态，通知给第三方服务器。其中，通过基于 HSS 和 MME/SGSN 的事件监控，实现了将终端移动性相关事件，如终端变为可达(所谓可达，即可接收 SMS 或者下行数据)、终端(因进入节能状态)而变为不可达、丢失链接、终端的漫游状态、位置信息报告、在下行数据发送失败后变为可达、终端中的 IMSI 和 IMEI(International Mobile Equipment Identifier)的关联关系发生变化等时间，通知给第三方；通过基于 PCRF 的事件监控，实现了将网络获得的终端最新的位置信息和通信失败事件等报告给第三方。

基于 HSS 和 MME/SGSN 的事件监控的报告流程如图 6-5 所示。

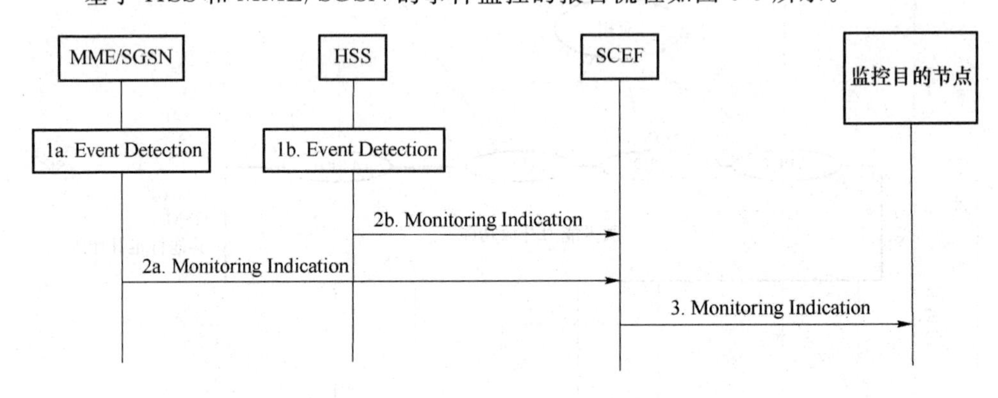

图 6-5 基于 HSS 或 MME/SGSN 进行监控的事件报告流程

(1) 当配置了进行监控事件的节点(HSS 或者 MME/SGSN)监测到事件发生，则 MME/SGSN 发送监控指示消息到 SCEF，或者 HSS 发送监控指示消息到 SCEF。如果监控报告的配置报告一次，则完成事件报告后 HSS 或者 MME/SGSN 会删除监控配置；如果配置为报告多次，则会将报告次数减 1。

(2) SCEF 获取管理的 SCS/AS reference ID 和监控报告目的地址，或者将

SCS/AS 地址作为目的地址，将监控指示发送到指定目的地。

6.3.4 支持 NB-IoT 的网络架构增强

NB-IoT RAT 作为一种全新的无线接入技术，需要核心网络的配合才能工作。3GPP 定义的支持数据通信的核心网络有两种架构：一种是 2G/3G 使用的 GPRS 分组域架构；另一种是 LTE 使用的 EPC 架构。经过 3GPP SA2 的评估，认为将 NB-IoT RAT 接入到 EPC 架构是可以工作的。因此，没有选择将 NB-IoT RAT 接入到 GPRS 分组域。

如图 6-6 所示的 NB-IoT 的网络架构，和 4G 网络架构一致，包括移动性管理设备(MME)、服务网关(S-GW)、PDN 网关(P-GW)、业务能力开放单元(SCEF)、用于存储用户签约信息的 HSS、NB-IoT 基站、NB-IoT 终端和应用服务器(AS)等实体。其中，SCEF 除了能力开放功能外，还可以支持 Non-IP 数据的传输。在实际网络部署时，为了减少物理网元的数量，可以将部分核心网网元(如 MME、S-GW、P-GW)合设，这个合设的网元，称为 C-SGN(CIoT Serving Gateway Node)。

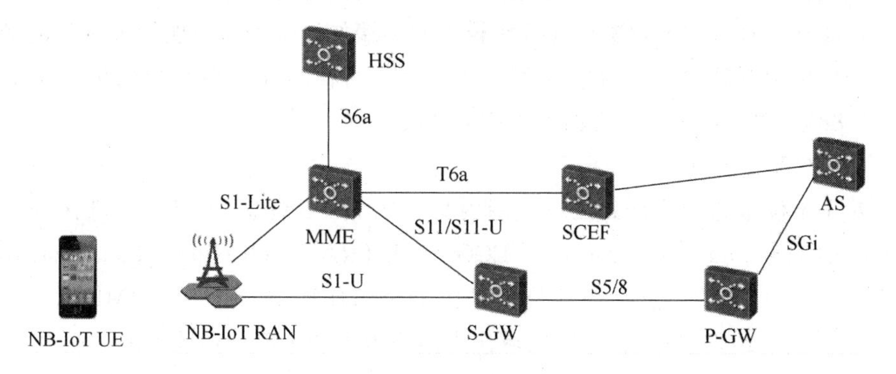

图 6-6 NB-IoT 网络总体架构

需要说明的是，NB-IoT 基站是指支持 NB-IoT 无线接入技术的基站，这个基站可以是 LTE 的基站，即 LTE 基站，支持 LTE 接入技术的同时，也支持 NB-IoT 无线接入技术。

6.4 面向弱移动性的机器通信移动性管理

6.4.1 弱移动性特性

MTC 的弱移动性特性适用于不频繁移动的 MTC 设备，或者只在限定区域内移动的 MTC 设备。

对低移动性特性而言：

(1) 网络运营商应能改变移动性管理过程的频率或者简化每个 MTC 设备的移动性管理。

(2) 网络运营商应能够定义由 MTC 设备进行位置更新的频率。

6.4.2 备选解决方案

未来 MTC 终端的数量与现有传统终端相比，将呈快现速增长。虽然这些终端可能相对静止，同时产生的业务数据流量也比较小，但每个终端却产生与传统终端几乎相同的信令数量，因此，当将来大量的 MTC 终端与网络进行信令交互时，势必会对网络产生巨大的冲击，致使网络产生过载和拥塞。为了应对这一变化，弱移动性 MTC 终端对网络产生新的需求，3GPP 提出针对弱移动性管理的方案，解决弱移动性设备的移动性管理过于复杂的问题，如简化相应的移动性管理流程(如附着、去附着、安全、位置区管理、空闲态寻呼和连接态切换等)。

弱移动性管理主要解决移动频率较少的终端如何减少移动性管理过程的频率以及如何优化寻呼过程。为了对弱移动性设备的移动性管理进行优化，3GPP 在 TR23.888[8] 中在以下几个方面提出相应解决方案。

(1) 在配置区域内寻呼

对于不经常移动或是只在小范围内移动的 MTC 设备，可以将寻呼区域标识(如 TAI(Tracking Area Identity)、ECGI(E-UTRAN Cell Global Identity))作为 MTC 签约用户签约信息的一部分配置在 HSS/HLR 中。SGSN/MME 从 HLR/HSS 获取到签约信息后，将寻呼区域作为用户数据的一部分存储下来。

在被叫业务中，SGSN/MME 在特定区域寻呼 MTC 设备。假定配置的寻呼区域比其他 UE 的典型寻呼区域要小，因而可以减少寻呼的通信量。

要考虑的问题是在网络重新配置某些小区或者 MTC 设备在漫游情况下，需要重新配置签约信息。

(2) 逐步寻呼

对于具有弱移动性的 MTC 设备，SGSN/MME 像处理其他 UE 一样存储该设备的位置相信息，如 RAI(Routing Area Identity)/TAI(s)的标识，此外还要存储 RAN 通过 S1/Iu/Gb 信令提供的最后一个已知小区(如 CGI/ECGI)或者是最后一个已知的服务区域(如 SAI(Service Area Identity))的标识。对于弱移动性 MTC 设备，MME 优先包括接收消息中 TAI 列表中的一个 TAI。

在被叫业务中，SGSN/MME 可以逐步进行寻呼，例如，首先在最后一个已知小区(如 CGI/ECGI)或者是最后一个已知的服务区域(如 SAI)寻呼,如果没有收到任何响应,SGSN/MME 将在一个更广的范围内寻呼 MTC 设备,例如,为 MTC 设备分配的 RAI 或者 TAI 列表中寻呼。

(3) 在报告区域内寻呼

如果在预先定义的时间段内,SGSN/MME 通过在 S1/Iu/Gb 信令上接收到 MTC 设备发来的相同区域标识(如 CGI、ECGI、SAI、RAI 或 TAI)而推断出,或者通过 MTC 设备明确的报告得知:MTC 设备具有固定位置(例如,不经常移动),SGSN/MME 存储该区域标识,并在该特定区域内寻呼 MTC 设备。

当 MTC 设备移动时(例如,由于维护原因),SGSN/MME 检测到设备移动,并且在 RAN 报告或者是 MTC 设备明确报告的新区域内进行寻呼。

(4) 优化的周期性 LAU(Location Area Update)/RAU/TAU 信令

对于 CS 域系统,可以为 MTC 设备预先配置系数(称为 MTC_T3212_Multiplier),用于扩展周期性位置更新信令的定时器周期。MTC 设备可以利用 MTC_T3212_Multiplier 通过乘上 T3212(在 BCCH 上接收到)来计算周期性的 LAU 定时器。在 MSC/VLR 也要配置 MTC_T3212_Multiplier 以便于获得与之对应的隐式去附着定时器。还有一种方法是将 MTC_T3212_Multiplier 作为 MTC 签约数据的一部分存储在 HLR/HSS,并在附着过程中下载到 MSC/VLR。MTC 设备通过相应的配置方法来判断是否使用特定的定时器。例如,是否采用广播信息中的特定定时器值。

再有一种方法是将 T3212 定时器的一个单独配置加入 LAU 过程,通过信令发送给终端。对于 PS 域系统,为了减少 RAU/TAU 信令,可以通过增加周期性 RAU/TAU 定时器(T3312/T3412)并调整与之匹配的移动可达定时器,来减少周期性 RAU/TAU 的次数。

一个长的周期性 RAU/TAU 定时器(T3312/T3412)可以作为 MTC 签约数据的一部分存储在 HLR/HSS,并且在附着过程中下载到 SGSN/MME。在附着或周期性 RAU/RAU 过程中,SGSN/MME 设置设备的周期性 RAU/TAU 定时器以及移动可达定时器为较长的值,或者是根据接收到的 MTC 签约数据中的参数来判断不使用这些定时器取值。还有一种方法是,如果 RAU/RAU 定时器不是作为 MTC 签约数据的一部分,或者 SGSN/MME 正处于过载的情况下,或者 MTC 设备指示"低优先级接入",SGSN/MME 可以决定将其设为较大的值或决定不使用这些定时器取值。

6.4.3 标准化的技术方案

由于寻呼优化方案带来的增益并不明显,且寻呼次数的控制是运营商可配置的参数，故寻呼优化类方案没有能进入标准。

优化的周期性 LAU/RAU/TAU 信令的方案，可以通过在 HSS/HLR 中用户的签约数据中配置一个比较长的周期性定时器时长，并在移动性管理过程中发送给移动性管理实体(MSC、SGSN、MME)，让移动性管理实体推断出这是一个弱移动性 MTC 设备，从而可以为该设备配置较长的周期性定时器。由于大部分公司不同意引入 MTC 特性控制方案，这种隐式的让移动性管理实体得知 MTC 设备的弱移动性方案，算是一个折中的可标准化的方案。

6.5 面向群组的机器通信移动性管理

6.5.1 群组的移动性特性需求

MTC 设备可以组合在一起进行控制、管理或计费，以满足运营商的需要。这种优化可以为控制、更新 MTC 设备并为之计费提供方便的方式，这种优化以群组为粒度，可减少冗余的信令，以避免网络拥塞。同时，当 MTC 设备的数量很大时，使用基于群组的优化，可以节省网络资源。同一个群组内的 MTC 设备可以在同一个地区和/或具有相同的 MTC 特性和/或属于相同的 MTC 用户，这样就为划分群组提供了灵活性。此外，每一个 MTC 设备从网络的角度都是可见的。

基于群组的优化可以包括很多种优化方式，如基于群组的计费、基于群组的寻址以节省信令等。具体需求如下。

(1) 组策略

MTC 的组策略特性适用于属于同一个 MTC 签约用户的一组 MTC 设备，对该签约用户网络运营商可能希望提供一个综合的 QoS 策略。对于属于一个 MTC 签约用户的一组 MTC 设备，系统应该能够提供一个最大的收发数据的比特速率。

(2) 组寻址

组寻址的 MTC 特性适用于属于同一个 MTC 签约用户的 MTC 组，当多个 MTC 设备都需要接收同样的消息时，网络运营商可以优化消息量。对于属于同一个 MTC 签约用户的一个大的 MTC 设备组，应该能够发送一个广播消息进行寻址。

除了上述需要优化的方面之外，面向群组的移动性管理的目的是保持通信的连续性，其中，位置管理与切换控制是移动性管理技术的两个重要方面。以群组为管理粒度进行移动性管理，可以减小网络侧信令的开销，避免网络侧的信令拥塞。

6.5.2 基于群组的位置管理

在移动性中，移动目标(用户或终端)时常从一个网络位置移动到另一个网络位置。为了能够有效地跟踪移动目标，它们的当前位置信息必须保存在网络的特定位置，并且能够被系统检索到。如 2.2.2 小节所述，位置管理作为移动性管理技术的关键控制功能之一，用于实现移动目标位置信息的跟踪、存储、查找和更新。

位置管理包括两个重要功能：位置更新和位置寻呼。位置更新由移动目标向系统报告其位置的变更；寻呼则是系统查找移动目标所在的位置。

在传统的位置更新流程中，当 UE 位置发生变化时，UE 会发起位置更新流程告知网络侧 UE 的位置，以便网络侧获知 UE 的位置，进行寻呼和数据下发。为了保证网络侧获知 UE 的存在，UE 会有规律地发起周期性位置更新流程。

在传统的位置寻呼流程中，移动性管理网元向网络侧为 UE 分配的位置(在 E-UTRAN网络中，位置区指跟踪区列表；在 UTRAN/GERAN 网络中，位置区指路由区或者位置区)对应的所有接入网网元发起寻呼，接入网网元针对所述位置对应的所有小区发起寻呼。

M2M 通信中，终端的数量非常多，如果依旧以单个终端为粒度进行 UE 的位置更新与位置寻呼，则会因为同时产生的大量的位置更新信令和寻呼信令对网络侧造成严重的信令冲击，导致网络侧负载很高，影响网络侧的正常运行。如果以群组为粒度对 M2M 终端进行位置更新与寻呼，能够减轻网络侧的负载，保障网络侧的正常的运行。

基于 M2M 群组进行位置更新的方法，即当群组的位置发生变化时，只需要发送一个包含群组标识的位置更新消息给网络侧，网络侧根据该位置更新消息更新位置管理数据库，即更新位置管理数据库中该群组的位置信息，从而实现以群组为粒度的位置更新，不再需要群组内每个终端都发送一条位置更新消息。

基于 M2M 群组进行位置寻呼的方法，即当网络侧实体需要寻呼 M2M 终端时，核心网实体向接入网实体发送一个包含群组标识的接口寻呼消息给接入网实体，接入网实体根据收到的寻呼消息向对应的 M2M 终端发送包含同样群组标识的 RRC 寻呼消息，M2M 终端判断该寻呼消息是否包含自身所属的群组标识，从而判定是否响应该寻呼消息，从而实现以群组为粒度的位置寻呼，而不必针对群组内的每个终端都发送一条位置寻呼消息。

对于位置管理而言，根据 M2M 终端/群组的 MTC 类型进行位置管理策略的优化，属于同一个群组的终端的 MTC 类型是相同的。MTC 类型可以仅限主叫、低移动性、小数据量传输等。例如，仅限主叫指 UE 只能主动地发起业务；低移动性表示 UE 不移动或者不频繁移动或者只在限定区域内移动；小数据量传输表示网络侧和 UE 有很少的数据交互或者 UE 和网络侧在很长的时间内不会有交互。MTC 类型可以存储在群组的签约数据中。

对于位置更新而言，移动性管理网元根据 M2M 群组的 MTC 类型设置位置更新策略或者从服务器获取位置更新策略，然后将位置更新策略发给 M2M 群组，组内 M2M 终端根据位置更新策略执行相应的处理，从而大大减小 M2M 应用中的位置更新流程，从而降低网络的负荷，保障网络的正常运行。

对于位置寻呼而言，移动性管理网元根据群组的 MTC 类型确定寻呼的范围，在确定的寻呼范围内寻呼群内 UE，从而可以在小范围内寻呼到 UE，大大减轻了网络寻呼量，提高网络的安全和可靠性，保障网络和用户业务的正常运行。

6.5.3 基于群组的切换控制

切换是移动性管理技术中的一个重要术语，它为用户提供通信连续性的支持，在改变接入点时，其中出现的会话中止或数据丢失在某个阈值之下，使实时通信业务可以继续。而切换管理是移动性管理技术中的关键控制功能和技术难点之一。

在传统的切换控制流程中，所有的与切换相关的信令都是以单个终端设备为单位进行的。M2M 通信中，终端的数量非常多，如果依旧以单个终端为粒度进行切换控制，则会因为同时产生的大量的涉及切换控制的信令给网路侧造成严重的信令冲击，导致网络侧负载很高，影响网络侧的正常运行。

基于 M2M 群组进行切换控制的方法，即所有切换过程中所有的流程都需要以群组为粒度进行管理，切换控制涉及的“切换请求”“切换命令”“路径切换请求”“更新承载请求”等信令都是针对 M2M 群组的，也就是说这些信令中包含群组标识，从而实现了以群组为粒度的切换控制，而不必针对群组内的每一个设备都要发送一系列切换控制信令，避免了信令的拥塞。

无论是位置管理还是切换控制，都要涉及像承载的变更、签约数据的存取、网关设备的选择等流程，这些流程都是以群组为粒度进行管理的。例如，群组签约数据的存取，可以在用户签约数据存储器中以群组为单位签约 M2M 业务，节省了用户签约数据存储器的存储空间，而且移动性管理网元可以以群组为单位下载 M2M 终端的业务签约数据。为了减少移动性管理网元从用户签约数据存储器下载 M2M 群组的业务签约数据的次数，在接收到该 M2M 群组的业务签约数据后，移动性管理网元可以保存该 M2M 群组的业务签约数据。如果 MME 收到后续同一个 M2M 群组中的其他 M2M 终端的请求，则 HHS 不需要重复向 MME 下载该 M2M 群组的签约数据。其他的流程的原则与这个是相似的，即以群组为单位进行管理，减小信令的开销，此处便不再赘述，这些过程都会在位置管理和切换过程中体现出来。

M2M 群组可以是远程抄表系统中某地区的所有电表，也可以是物流管理系统中的某集装箱内的所有监测设备，属于同一个 M2M 用户/业务和/或具有相同管理属性的 M2M 终端被划分到同一个组。基于 M2M 群组的移动性管理，需要网络侧实体保存 M2M 群组的相关信息。M2M 群组信息包括设备标识与群组标识的对应关系，群组标识与群组签约数据的对应关系。群组内的每个 M2M 终端设备可以共享一份群组签约数据，群组签约数据中可以包含 M2M 群组的 MTC 类型。

6.5.4 面向群组的消息发送

一个 MTC 组应用通常含多个 MTC 设备，比如，一个 MTC 应用通常包括多于 1 000 个签约的设备。从用户和运营商的角度来说，如果能够对要发送给这些设备的相同的消息进行发送方法的优化是十分必要和有好处的，可以避免将相同的消息在网络中进行重复发送引起的资源浪费。其中，MTC 组成员可以限定到特定的位置区域。

在 Release 12 中，已经针对面向群组的消息的发送提出了两类方案：一类基于 CBS(Cell Broadcast Service)；另一类基于 MBMS(Multimedia Broadcast/Multicast Service)。在基于 CBS 的方案中，可以使用小区广播来触发或者发送消息给这组 MTC 设备。该方案使用小区广播服务(CBS)/公共安全系统(PWS，Public Warning System)来广播组消息。在基于 MBMS 的方案中，运营商可以将触发/消息的发送视为一般 MBMS 用户服务，使用已定义的“service announcement”(SMS，WAP，HTTP)来传输相关的服务信息到特定设备组。MBMS 较 CBS 复杂，但可以较为方便地传输大量数据，比如软件更新等。由于时间的原因，组通信方案的标准化方案是在 Release 13 内完成，最后选择了基于 MBMS 的方案。这个方案对于现有的 MBMS 架构没有修改。

组消息传递特性主要用于在通过 SCEF 收到 SCS/AS 的请求后，高效地将相同的消息内容发送给位于特定地理区域的组成员，这个传递过程将使用 MBMS 过程。这个方法存在一定的局限性，例如不支持 MBMS 的 UE、位于没有部署 MBMS 的区域，均无法使用。

具体流程如图 6-7 所示。

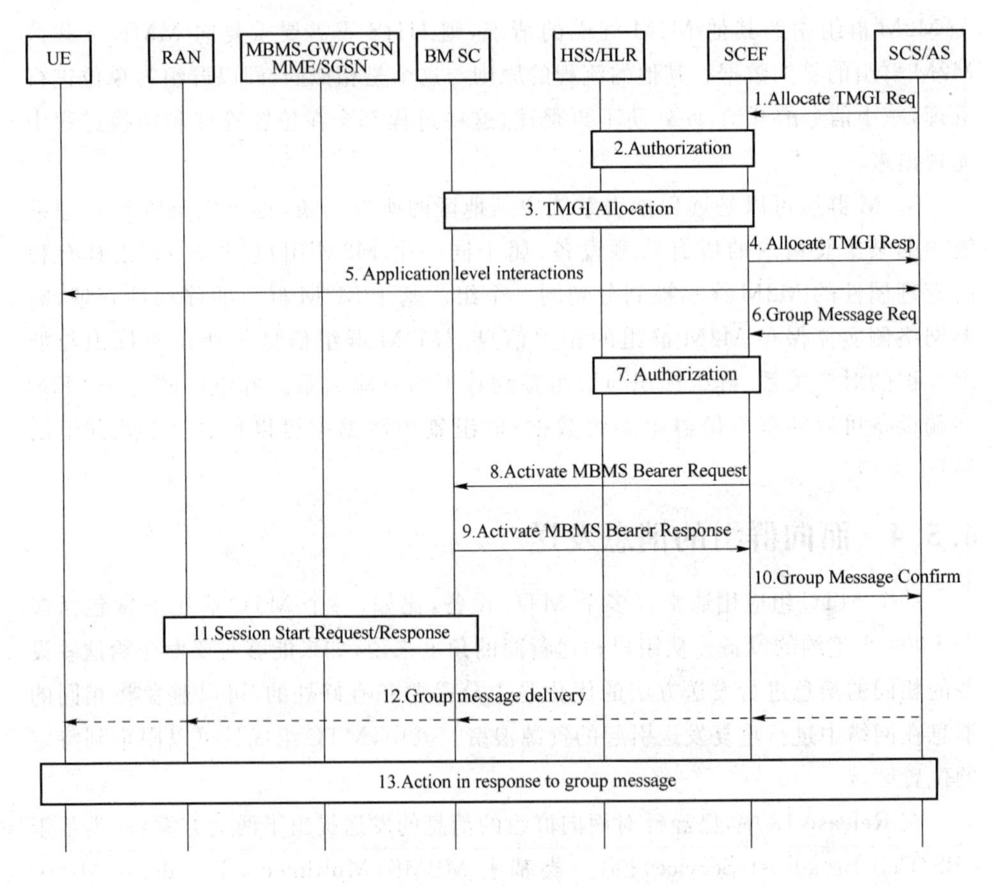

图 6-7 使用 MBMS 进行组消息传递

步骤 1:如果针对外部 Group ID 没有分配 TMGI(Temporary Mobile Group Identity),则 SCS/AS 发送分配 TMGI 请求(外部 Group ID,SCS ID)消息到 SCEF。SCS/AS 可能使用外部 Group ID 进行 DNS 查询回答 SCEF 的 IP 地址或者使用本地配置的 SCEF ID 或地址。SCEF 检查 SCS/AS 是否被授权请求 TMGI 的分配。

步骤 2:SCEF 决定 SCS/AS 是否被授权。

步骤 3:SCEF 向 BM-SC 发起 TMGI 分配过程。

步骤 4:SCEF 发送收到的 TMGI 和超时时间信息到 SCS/AS。

步骤 5:特定组的终端可能进行应用层的交互获取相关的 MBMS 业务信息。例如,TMGI、UE 与 SCS/AS 之间的应用层交互超出本协议的范围。

步骤 6:SCS/AS 发送 Group message 请求(外部 Group ID,SCS ID,投递内容,位置/区域信息,RAT 信息,TMGI)消息到 SCEF。SCS/AS 指示的位置/区域

信息可能是地理区域信息。

步骤7:SCEF检查SCS/AS是否授权发送组消息请求,如果检查失败,SCEF发送Group Message Confirm消息并携带错误原因指示。

步骤8:SCEF发送激活MBMS承载请求(MBMS service area,TMGI,投递内容)消息给BM SC。

步骤9:BM SC发送激活MBMS承载响应到SCEF。

步骤10:SCEF发送Group Message Confirm消息到SCS/AS,确认请求被接受。

步骤11:BM-SC执行会话开始过程。

步骤12:如果SCS/AS没有想SCEF提供投递内容,SCS/AS传输Group message content到SCEF。SCEF投递内容到BM SC且BM SC传输对应内容到UE。当SCS/AS期望UE响应组消息时,为避免大量终端同时响应广播消息,SCS/AS需向UE提供响应时间窗。

步骤13:为响应收到的内容,UE可能立刻或稍后发起与SCS/AS的通信。

6.6 仅分组交换业务的移动性管理优化

仅分组交换业务(PS only)特性为UE通过PS域提供所有的签约服务,并实现了通过PS域来传递SMS。该特性使得大量的只需数据业务和短消息业务的MTC终端可以仅仅附着到PS域网络即可满足业务需求,从而减少机器通信引入后海量终端接入网络时对于CS域的冲击。提供PS only服务时,需综合考虑终端的签约数据、网络节点的配置能力、漫游协议和终端请求的业务类型等因素。

该特性是通过签约来允许只通过PS域来提供所有的服务,也就是分组交换业务和SMS服务。通过PS域非接入层(NAS)提供SMS服务是一种网络配置选项,同时还取决于漫游协议的定义。因此,针对仅分组交换业务的签约这一特性,也允许在服务节点或网络不支持SMS via PS domain NAS的情况下,通过CS域为签约了短消息服务的UE提供SMS服务。

PS only特性技术中,SMS的传递路径有两条:终端在LTE网络驻留时,MME在终端和短消息服务中心之间提供短消息的传递;终端在2G/3G网络驻留时,SGSN在终端和短消息服务中心之间提供短消息的传递。

PS only特性还支持终端的签约数据中不提供MSISDN(Mobile Subscriber ISDN Number),此时需要研究如何解决下行的SMS。3GPP CT1工作组就该问题达成了一个解决方案:在UE进行IMS第三方注册时,将private user identity注册到IP-SMS-GW,该private user identity是包含有IMSI的。这将解决签约信息中没有 MSISDN 的终端接收 MT-SMS 的问题。由于该方法是通过 IMS 来传递 SMS,因此需要部署 IMS 和 PS 域,但不需要部署 CS 域了。然而,通过 CS 域或 PS 域来传递 SMS 给没有 MSISDN 的终端的方法还需要进一步研究。

图 6-8 给出了 PS only 技术中 MME 提供短消息功能的 EPC 架构图。MME 通过其与短消息服务中心间的 SGd 接口,以及 MME 和 NAS 信令来为 UE 传递 SMS,这使得运营商通过 PS 域节点就能向终端提供 SMS 服务,无须配置 CS 域的 MSC 节点。这对于终端是透明的,即终端并不知道 SAE 网络是采取 SMSoSGs (SMS over SGs)技术还是采取 PS only 技术为其提供短消息服务。

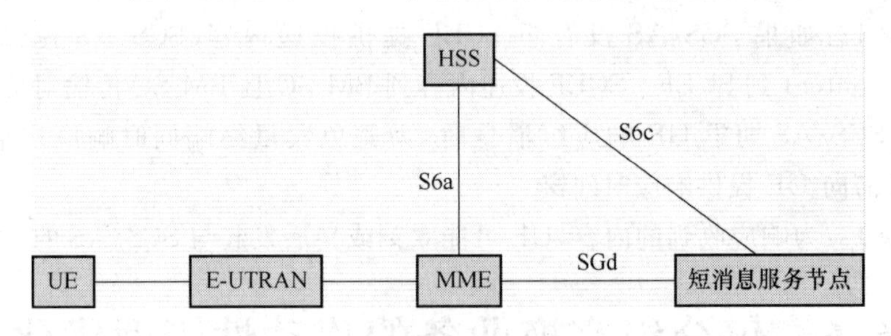

图 6-8　MME 提供短消息的架构图[11]

是否使用 PS only 特性在终端的附着、跟踪区更新过程中由网络决定。以 LTE 网络为例,在附着过程、跟踪区更新过程中,MME 需要与 HSS 进行交互完成短消息服务的注册过程。当网络节点 HSS 和 MME 均支持 MME 提供 SMS 功能时,若 UE 没有 CS 签约数据,或者 MME 不支持 SGs,或者 UE 请求了 SMS only 时,终端的服务 MME 可以请求 HSS 将其注册为 UE 下行短消息的服务 MSC。注册成功时候,HSS 注销之前注册的终端的服务 MSC。在短消息服务节点请求 MT-SMS 的路由信息时,将 MME 的标识返回给短消息服务节点。这样,短消息服务节点可以将下行短消息路由到终端当前的服务 MME,MME 使用 NAS 消息将短消息发送给 UE。针对 MO-SMS(Mobile Originated SMS, Short Message Service),该 MME 可以将收到的来自 UE 的上行 SMS 直接发送给短消息服务节点。

6.7　支持小数据传输的移动性管理优化

机器通信中的小数据传输特性是指终端需要收发少量的数据报文。所谓少量,一方面可以理解为单个数据报文很小,比如几个到几十个字节,另一方面可以理解为一次通信所传输的数据总量很少。从数据传输的频率看,频繁的小数据传输是指传输的单个小数据报文之间的时间间隔很短,是秒或者分钟这个数量级,而非频繁的小数据传输，其单次通信(可能发送多个小数据)之间的间隔时间很长，其间隔为数个小时，甚至一天以上。

支持小数据传输需要解决的关键问题包括以下几个方面。

(1) 提高传输效率

现有系统中数据业务通过建立到PGW-GW/GGSN的承载隧道来传输。当承载隧道建立所需要的信令开销远大于要传输数据本身时，这些信令的开销就显得十分不值得了。通过短消息传输少量数据，是解决问题的一种方式。但需要传递的数据量远小于短消息传递的信令开销时，短消息这种方式也是不划算的。

MTC应用的小数据传输特点决定了使用3GPP系统现有的数据传输机制是无法高效地进行数据传输，因此需要研究如何提高使用3GPP系统进行小数据收发的效率。针对这个问题，虽然在Release 11和Release 12阶段提出了众多解决方案，但是没有达成一致，故还需要后续继续研究。

(2) 终端状态的频繁迁移

由于大量移动终端上的应用程序都需要进行上下行的数据传输，从而造成终端在空闲态和连接态频繁地切换，最终使得网络出现大量信令消耗和终端的电池消耗。经过讨论，认为将终端较长时间地保持在连接状态是比较适合频繁数据发送的MTC设备的方案。

6.7.1 频繁小数据传输的移动性管理优化

在现有数据传输技术中，LTE基站通过一个实现相关的方法，决定何时将终端的RRC连接释放。换句话说，是LTE基站决定将终端和基站间的RRC连接保持多长时间。但这个实现方法，目前仅仅是基于LTE基站自行获取的统计参数作为输入，没有考虑来自核心网提供的参数。在Release 12的研究过程中，提出并通过了"核心网辅助的接入网参数调节"这一方法，其中核心网提供相关参数给LTE基站，供其在计算终端的RRC连接保持时间长短时使用。但LTE基站如何使用核心网提供的辅助参数取决于设备实现。

这个方法的核心思想是：MME基于收集的UE行为统计信息或者其他UE行为的可用信息(例如，签约APN，IMSI范围，或者其他可用信息)，对每个UE生成核心网辅助信息。基于统计信息生成的核心网辅助信息可以由本地配置(例如，签约APN，IMSI范围，或者其他签约信息)触发生成。这些信息有助于基站理解UE的如下行为：

- UE的活跃行为。例如，UE从ECM-CONNECTED状态转移到ECM-IDLE状态的频率，该频率可以由UE保持在ECM-CONNECTED状态和

ECM-IDLE 状态的平均时长获得，或者是从签约信息中获得。

- UE 的移动行为。例如，MME 检测到 UE 改变 eNB 的频率，这主要会导致 inter-eNB 切换信令，高移动态的 UE 可以减少 ECM-CONNECTED 状态的时间以减少切换信令，除非是有数据要传输，此时减少的切换信息会导致更多的服务请求信息。

因此，支持该特性的 MME 应该能够向基站提供 per UE 的如下数据：

- 保持在 ECM-CONNECTED 状态和 ECM-IDLE 状态的平均时长；
- 每小时内 eNB 切换过程的数量。

MME 决定何时通过 S1-MME 接口上的 S1-AP 信令向基站发送该“Core Network Asistance Information”信息。每小时内 eNB 切换过程（根据上面说明，本段提到的“eNB 切换”应是指 inter-eNBq 切换）的数量不是基于签约数据，应该参考最近观察到的 eNB 切换的频率。（注：核心网辅助信息的计算，包括使用的算法和相关标准，以及决定何时适合发送给 eNB 是由设备厂商决定的。不可靠的信息不应该提供给基站。）

目前这个方案已经在 3GPP TS23.401[11] 中定义，流程如图 6-9 所示。

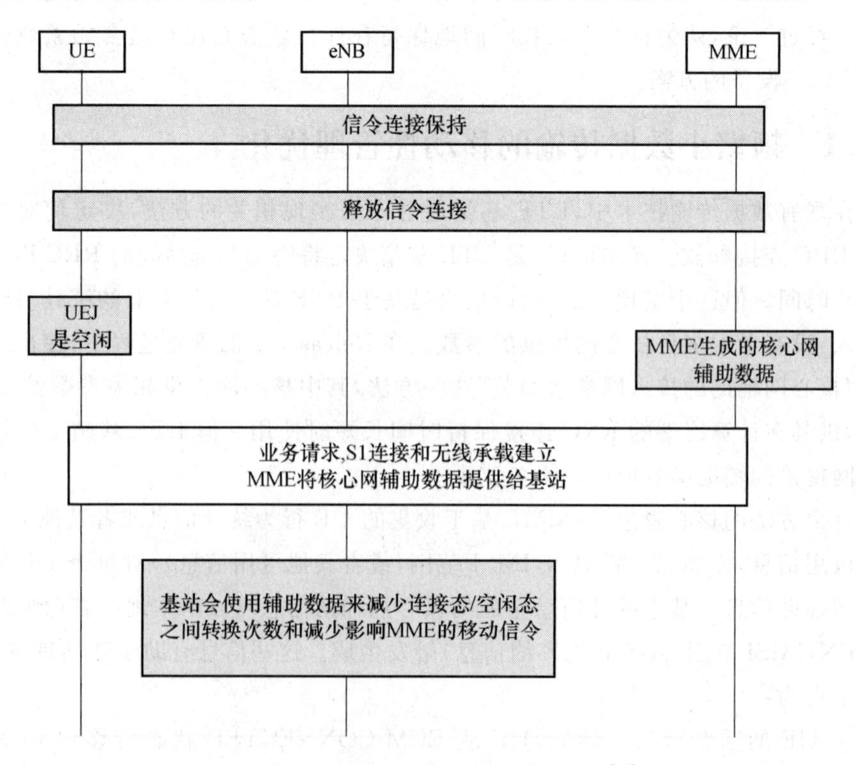

图 6-9 核心网辅助的接入网参数调节[11]

具体的流程如下：

(1) 在 S1 信令的链接过程中，MME 将核心网辅助信息提供给基站，由基站根据这些信息来决定减少 UE 的链接态空闲态转换、减少移动性相关的信令对 MME 的影响。

(2) 核心网辅助信息由 MME 产生，当 UE 进入空闲态时，存储在 MME。

6.7.2 非频繁小数据传输的移动性管理优化

如前所述，非频繁的小数据传输的传输间隔非常大，数据量小。因此一致认为传输过程中发生切换的概率非常小。当要进行数据传输时，终端需要完成从空闲态到链接态的转换。而这个过程转换按照现有规范所使用的信令消息的总量可能远远大于需要传输的数据数量。为了提高传输效率，需要大幅度缩减状态转换的信令消息。

在 Release 12 阶段提出了多种优化方案，但都没有得到标准化。这些方案记录在表 6-3 中。

表 6-3 非频繁小数据传输优化方案

序号	方案名称	核心思想	益处/评论
1	使用已建立 NAS 安全上下文通过 NAS 信令传输 IP 分组	避免使用 LTE 系统现有的 Service Request 过程建立承载，从而避免了 RRC 安全上下文建立开销，而是使用初始 NAS 消息来传递小数据，数据传输安全依赖 MME 对 NAS 信令消息的加密功能。	将 RRC 层空口交互从 12 次降低到 6 次，信令消息从 8 条降低到 4 条。
2	不建立 E-UTRAN 用户面的小数据触发传输的信令面连接优化	在方案 1 的基础上，提出了：①信令连接的释放方法，即终端指示网络不发送数据了，则网络可以提前释放信令连接；②是否使用 NAS 层的安全参数，可选项；③建议新的初始 NAS 消息来响应 PAGING 消息。	在方案 1 的基础，优化了 NAS 信令链接释放过程。
3	使用 T5 接口和 Generic NAS Transport 消息的小数据传输业务	当小数据通过 T5 接口到达 MME 后，利用信令消息携带小数据这一方法，以减少用户平面资源分配过程。对于核心网，无须为 PDN 连接分配资源，对于接入网，不需要建立 DRB(Data Radio Bearer)。	优化方法和方案 1、2 类似。 小数据和外部网络的之间通过 T5 接口发送。

续表

序号	方案名称	核心思想	益处/评论
4	不频繁或频繁小数据有效传输的无状态网关方法	将SGW和PDG-GW合并为同一个实体，称为无状态网关，以缩减承载建立所需要的核心网信令。MME负责分配IP地址、上行传输需要的隧道标识等，当终端移动出当前的服务区域时，MME会重新分配隧道标识。该隧道标识用于基站发送上行数据当相应的无状态网关。	几乎移除了核心网现有和承载相关的绝大部分信令消息。
5	基于T5下行小数据传输使用RRC消息	和方法1类似。MME使用S1-AP信令将下行小数据发送给相关基站，基站将小数据通过PAGING消息发送给终端。 相关基站为分配给UE的TAI LIST中的跟踪区中的基站。	利用空口的寻呼信令的尺寸容纳小数据，对空口消息的改动太大了。
6	小数据快速通路及无链接方式	在终端附着到网络时，网络将PDN连接或者其承载的隧道端点信息提供给终端。终端将所述信息附加在它要发送的上行数据中供eNodeB来生成GTP-U数据，并发送给SGW。同时，eNodeB也将其分配的用于下行输出传输的隧道端点信息发送给SGW供其在后续的下行小数据发送使用。	避免了空闲态转换为链接态时，核心网中的承载恢复过程。
7	通过RRC消息合并的业务请求信令缩减	将UE和MME之间交互信息过程进行组合，以减少RRC消息，比如将安全命令交互和RRC链接重新配置过程合并为一个过程。	减少了空中接口处的协议交互过程的数量。
8	优化的SERVICE REQUEST过程	在SERVICE REQUEST过程中，通过S1接口上的数据传输过程，传递eNodeB和SGW之间需要的隧道标识信息，从而避免了现有的承载更新/修改协议过程。	减少了MME和SGW之间的信令。
9	SERVICE RE-QUEST过程	通过重用AS安全上下文，并在RRC重配置同时激活AS层安全，减少了RAB建立过程中的信令消息。	减少了空口链接建立的信令。

6.8 支持终端节能的移动性管理优化

6.8.1 终端节能状态

无论是使用电池的终端，还是使用外部电源供电的终端，电力消耗的问题都很重要。比如，使用电池的传感器等大量机器通信节点，更换电池或者对其进行充电的成本是无法接受的；绝大多数情况是：电池的寿命直接决定了该节点的使用寿命。对于使用外部供电的终端，使用尽可能少的电力是符合节能减排这一目的的。

现有技术中，终端的移动性管理状态在核心网侧和终端侧均为两个，即链接态和空闲态。当没有数据或者信令收发时，终端进入空闲态以省电。虽然进入了空闲态，终端的接入层仍然要周期性地监听寻呼信道，这个监听周期是通常是几十毫秒。如果终端没有紧急的业务，比如需要实时接收下行数据，那么周期性的监听就显得没有必要了。终端可以在固定的时间段内监听寻呼，而其他时段则关闭接入层的收发模块了。如果终端需要发送数据，则可以随时打开接入层的收发模块。

为了实现这个功能，引入了终端节能状态(PSM，Power Saving Mode)。这个PSM和终端关机比较接近，区别在于进入PSM后，终端将关闭接入层的收发模块，但终端仍然保持在注册到网络状态，并且不需要重新附着或者重新建立PDN连接。此时，如果网络要发送数据给终端，网络无法通过寻呼机制将终端唤醒，直至终端主动退出PSM为止。PSM主要是针对非频繁的终端发起和终端终结业务，以及可以容忍一定时间延时的终端终结通信的业务设计的。其主要目的是为了节省终端的功耗，其实现对移动性管理有一定的影响，所以本书也做简单介绍。

当终端希望使用PSM时，它需要在每次的ATTACH和TAU/RAU过程中请求“激活时间”。如果网络支持PSM且接受UE使用PSM，网络通过分配“激活时间”给UE来确认启动该模式。网络根据UE请求的取值和本地MME/SGSN的配置来确定分配给UE的“激活时间”取值。如果UE希望修改“激活时间”值，比如UE不同意在ATTACH或者TAU/RAU Accept消息中提供的取值，UE应通过TAU/RAU过程请求新的取值。如果UE没有请求，网络也不会分配“激活时间”值给UE。

如果网络分配了“激活时间”值，当终端从连接态转移到空闲态时，则UE应以该值启动激活定时器、网络以该值启动移动可达定时器。当激活定时器超时时，UE去激活它的接入层功能并进入PSM状态。在PSM状态，由于AS层已被去激活，UE停止所有的接入层空闲态过程，但是继续运行NAS层定时器，比如周期性

TAU 定时器。在 PSM 中,UE 通常在周期性 TAU/RAU 定时器超时前恢复接入层功能,为执行周期性 TAU/RAU 做准备。UE 可以在任何时段恢复空闲模式过程和接入层功能,比如为移动发起的通信。当移动可达定时器超时时且 MME 为 UE 存储了“激活时间”,MME 知道该 UE 进入了 PSM 模式并无法响应 PAGING。MME 将按照现有移动定时器超时机制处理后续过程。

UE 在移动发起事件(如周期 RAU/TAU 移动发起的数据或 DETACH)要求 UE 发起任何到网络的过程之前,一直处于 PSM 状态。因此在 ATTACH 和 RAU/TAU 过程中,具有 PSM 能力的 UE 可以请求一个比较适合移动终结业务的响应/延迟需求的周期 TAU/RAU 定时器取值。如果 UE 或者应用执行任何特定的周期性上行数据传输且其周期和周期性 TAU/RAU 定时器取值相类似,则周期性 TAU/RAU 定时器取值可以优选地设置为比该数据传输周期稍大一些的周期取值,这样可以避免周期性 TAU/RAU 过程。

在移动通信网络中,下行数据主要有两类:一类是下行的短消息;另一类是来自 PDN-GW/GGSN 的下行数据。针对前者,当终端进入 PSM 状态后,MME 需要回复给短消息中心终端临时不可达,MME 并不会寻呼终端。针对后者,如果部署了高延迟通信(后面会介绍),MME 会请求 SGW 缓存下行的数据一段时间,MME 也不会寻呼终端。在这两种场景,当终端即将醒来时,MME 会寻呼终端。或者,当终端主动和网络联系时,比如周期性 TAU 或者发送上行数据时,网络会将缓存的数据发送给终端。

需要说明的是,PSM 仅仅适用于分组域。由于话音业务对响应时间的要求,电路域没有引入这个特性,同时,标准建议话音终端在采用 IMS 时启用,不要启用 PSM 模式。

6.8.2 扩展空闲态非连续接收

DRX(Discontinuous Reception,不连续接收),是指终端接收操作和休眠交替进行。在一个 DRX 周期内,休眠的时间越长,终端节电越多;但在终端休眠时,终端是不接收无线信号的,因此网络无法和终端进行通信。DRX 机制是为普通移动终端的节电设计的,用于物联网终端时,可以通过使用更长的休眠周期,实现更多的电力节省。

扩展 DRX 特性通过扩展 DRX 周期,使得在一个更长的周期内,终端的休眠时间更长。以 LTE Release 11 的配置参数为例,普通 DRX 的周期长度可以配置为 40 个、64 个、80 个、128 个、160 个或者 256 个 subframe 的长度(一个 subframe 为 10 ms),接收操作的时间长度可以配置为 20 个、30 个、40 个、60 个或者 80 个

subframe 的长度。

针对 LTE 接入，3GPP RAN WG2 对 DRX 周期可以扩展到多长的研究结果表明，对于链接态，DRX 周期最长可以扩展到 10.24 s（即一个 system frame 的长度），对于空闲态，DRX 可以扩展超过 system frame 的长度，从 5.12 s 开始，以 2 的幂进行增长（即 5.12 s，10.24 s，2 048 s），直至最大为 2 621.44 s(43.69 min)。

当终端的单次休眠周期扩展超过一定时间后，将对系统带来较大的影响。比如，非接入层信令消息的重传定时器通常是 5 s，核心网控制的寻呼消息重复传输的时间间隔通常配置也是 5 s，如果 DRX 扩展到超过 5 s，那再做上述重传不但徒劳无功，浪费系统资源，还将因此对整个系统带来不可预期的影响。

因此，当终端需要启用扩展 DRX 时，需要和网络节点进行协商 DRX 周期的长度，以便让网络在寻呼过程、非接入层信令消息处理时，考虑这终端采用的周期长度并采用特殊的处理机制。其实，使用普通的 DRX 也需要网络和终端进行协商 DRX 周期长度的，但是这个协商后的长度，对核心网的上述协议过程没有影响（普通 DRX 的最长的休眠周期均小于 1 s，均小于核心网数秒的消息重传间隔）。

（1）扩展 DRX 的启用方法

为了启动使用空闲态的扩展 DRX，终端在 ATTACH、RAU/TAU 过程中向网络请求要使用的扩展的空闲态 DRX 参数，SGSN/MME 可以拒绝或者接受终端的请求。当接受时，SGSN/MME 基于运营商的策略，可以向终端提供不同于其请求的 DRX 参数。终端需要使用网络在 ATTACH/RAU/TAU 接受消息中给出的扩展 DRX 参数。如果在 ATTACH/RAU/TAU 接受消息没有扩展 DRX 参数，则终端应使用常规的 DRX 参数。

（2）启用扩展 DRX 后的寻呼处理

扩展 DRX 周期后，终端听寻呼消息的时机和网络发送寻呼消息的时机需要新的同步机制。在 GERAN、UTRAN 和 E-UTRAN 中采用了不同的机制。下面分别介绍。

① Gb 模式的寻呼组时机的确定

为了确定使用了扩展空闲态 DRX 参数的终端的当前寻呼组时机（Ongoing Paging Group Occurences），SGSN 使用 BSS(Base Station Subsystem)反馈的这个参数：至下次寻呼组时机的剩余时间长度（Time Remaining Until the Next Paging Group Occurence）。

如果 SGSN 在需要寻呼终端时不知道该时间长度，则 SGSN 直接发送寻呼消息，而无须考虑下一个寻呼组时机。在这种情况下，如果 BSS 指示 SGSN 寻呼消息并没有在空中接口发送，并反馈了至下次寻呼组时机的剩余时间长度，则 SGSN

应该重新发送寻呼。在重新发送寻呼时，需要考虑该时间长度和终端的空闲态扩展 DRX 参数。终端当前的空闲态扩展 DRX 参数仍然有效，不因 SGSN 的寻呼发送时机和使用的当前寻呼组时机而改变，除非终端和网络对重新协商了空闲态扩展 DRX 参数。

在收到 BSS 重新启动指示后，SGSN 发送一个包含 IMSI 和扩展空闲态 DRX 参数的 DUMMY PAGING 消息给 BSS。BSS 则利用该消息中的参数，计算出至下次寻呼组时机的剩余时间长度，并通过 DUMMY PAGING REPONSE 消息反馈给 SGSN。针对所有启用了扩展空闲态 DRX 的终端，SGSN 使用该时间长度来调整寻呼的时机。

② UTRAN 中的寻呼

该寻呼过程采用了常规 DRX 周期的寻呼机会(Paging Occasions)[12]确定机制和新的 T_{eDRX} 定时器以及将此定时器和一个时间参考 T_{ref} 同步相结合实现。T_{eDRX} 的长度设置为和此前通过 NAS 机制协商确定的扩展的 DRX 周期的长度相同。当 T_{eDRX} 定时器超时时，即当经过了扩展 DRX 周期时长时，终端使用常规的 DRX 参数来监听是否有寻呼消息。

核心网和终端依次在发送和收到包含扩展空闲态 DRX 周期参数的 ATTACH ACCEPT 或者 RAU ACCEPT 消息时启动 T_{eDRX} 定时器。也就是说，在网络侧，T_{ref} 的时刻就是发送 RAU ACCEPT 的时刻，在终端，T_{ref} 的时刻就是接收到 RAU ACCEPT 的时刻。仅当 Attach/RAU 过程成功执行后，T_{eDRX} 定时器才被使用，且该定时器的启动和使用和终端的移动性管理状态变化无关，即空闲态和链接态之间的转化不影响该定时器。

为了增加寻呼可靠性，即为避免 UE 和 SGSN 之间的 T_{ref} 的不完全同步或者小区重选导致的寻呼消息丢失，一个用持续长度 T_{PTW} 表述的长度寻呼传输时间窗(PTW，Paging Transmission Window)被引入。在 PTW 内，网络有数次寻呼终端的机会，且终端使用常规 DRX 参数监听寻呼消息。T_{ref}、T_{eDRX} 和 PTW 之间的时序关系如图 6-10 所示。当终端的 T_{eDRX} 定时器超时时，终端在 T_{PTW} 时段内，用常规 DRX 参数监听寻呼。T_{DRX} 是常规 DRX 周期。

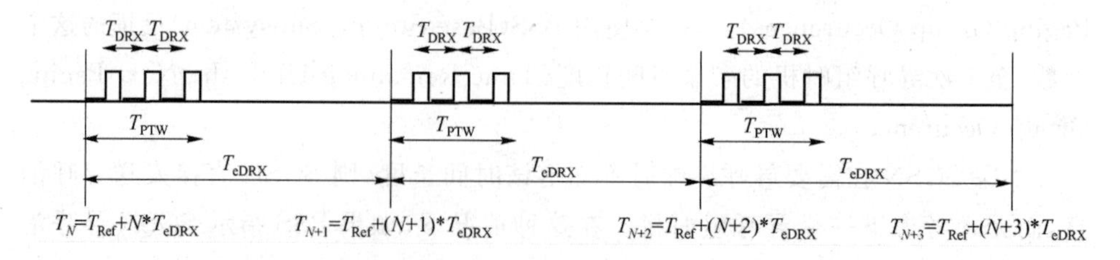

图 6-10 使用扩展空闲态 DRX 的 T_{ref}、T_{eDRX} 和 PTW 时序

当核心网收到的寻呼触发时,终端处于 PMM Idle 状态,如果核心网收到该触发时位于 PTW 时段内,则网络立即发送寻呼消息给接入网。否则,核心网在下一次 PTW 将要到来时,稍微提前一段时间,将寻呼消息发送给接入网。

③ E-UTRAN 中的寻呼

在用于常规空闲态 DRX 的 SFN(System Frame Number)基础上,引入了 Hyper-SFN 帧结构(H-SFN)。每个 H-SFN 的取值对应一个传统的 SFN 周期,即 1 024个帧,即 10.24 秒。扩展的空闲态 DRX 周期的取值是从 2 的幂开始增长,即从 5.12 秒到 43.69 分钟,即 5.12 秒、10.24 秒、20.48 秒等。当扩展的空闲态 DRX 对一个终端启用后,该终端在特定的 Paging Hyperframe(PH)内,即一套特定的 H-SFN 取值,被认为是寻呼可达的。PH 的计算公式,是一个扩展空闲态 DRX 周期、UE 特定的标识的函数(请参见 3GPP TS36.304[13])。该取值在所有终端和所有 MME 处可以被计算,且不需要信令。MME 在发给 eNodeB 的寻呼消息中,包含扩展空闲态 DRX 的取值,帮助基站进行寻呼。

MME 也分配一个 Paging Time Window 的长度取值,并且把这个取值在 ATTACH/TAU过程中和扩展空闲态 DRX 周期长度一并提供给终端。终端的第一个寻呼机会是在 PH 内(请参见 3GPP TS36.304[13])。在第一寻呼周期后的一个 Paging Time Window 定义的时间长度内,这个 UE 被认为是寻呼可达的。在 Paging Time Window 之后,MME 认为 UE 是寻呼不可达的,直至下一个 PH 到来。

为了让终端能够被寻呼到,H-SFN 需要在所有 eNodeB 和 MME 之间实现松散同步。每一个 eNodeB 和 MME 内部同步到 H-SFN 计数器,这样使得 H-SFN=0的开始时间在预配置时间重合。这就可以认为 eNodeB 和 MME 可以使用相同的 H-SFN 取值,从常规的 DRX 周期是 1 秒或 2 秒来看,就无须进行 MME 和基站间的 SFN 同步了。H-SFN 松散同步的实现不需要网络节点间的同步信令。

当 MME 收到寻呼触发,且 UE 是寻呼可达的,则 MME 发送寻呼消息。如果 UE 是寻呼不可达的,则 MME 在 UE 下一次变为寻呼可达时,发送寻呼消息。

MME 基于寻呼重传策略来决定 Paging Time Window 取值长度,及执行寻呼重传。如果 UE 是寻呼不可达的,针对移动终结的业务,MME 可以启用高延迟通信特性。

(3) 使用扩展 DRX 时有 MT-SMS 到达 MME 的处理

如图 6-11 所示,当 MME 收到来自 MSV/VLR 的寻呼消息时,MME 需要判断目标 UE 是否启用了扩展态的 eDRX(extended DRX),并进一步判断该 UE 是否是寻呼可达，如果是，则执行正常的 MT-SMS 到达寻呼过程（参见 TS23.272 的 8.2.4 小节的第 6～16 步）。如果不是，则需要指示 MSC/VLR 该终端目前不可达到，并给出一个新的原因值（步骤 6a）；此外，MME 还需要等待一段时间，当 UE 将要变成寻呼可达时，MME 执行寻呼过程（步骤 6b）。

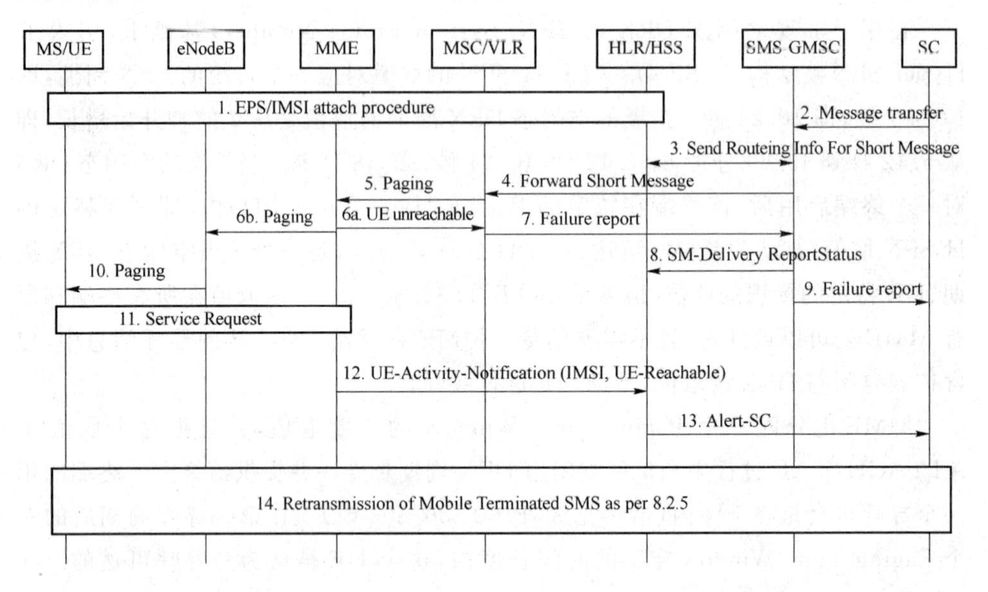

图 6-11　启用了扩展空闲态的 DRX 的终端的下行到达的 SMS 过程

（4）对 GTP-C 过程的影响

系统中的 GTP-C 消息的重传定时器大约是 5 s。由于使用了扩展的 DRX 周期，即使重传了消息，终端也无法收到。为了解决这个问题，在 ATTACH、PDN 链接建立过程中，如果 PDN-GW 支持为使用了 PSM 或者扩展态 DRX 缓存下行 GTP-C 消息或者过程直至收到 UE 可以接收下行信令的指示，则 PGW 将发送一个 DTC(Delay Tolerant Connection)指示给 SGW，说明 PGW 可以接受新定义的拒绝消息。

在 PDN-GW 发起的承载激活/去激活/修改等过程中，下行 GTP-C 消息到达 MME 时，针对启动了扩展 DRX 的终端，MME 首先启动一个比 GTP-C 重传定时器小的一个定时器，并对终端进行寻呼。如果在该定时器超时前没有收到响应，则 MME 在 UPDATE BEARER RESPONSE 消息中使用要给出拒绝原因，该原因表示终端因采用了 PSM 或者采用了扩展 DRX 而临时不可达，如果该 PDN 链接支持 DTC，则 MME 需要设置标识 Pending Network Initiated PDN Connection Signalling。该拒绝原因值会转发给 PDN-GW。

当 UE 和网络联系时（如 UE 发起的业务请求过程），如果该标识被设置，则

MME通过在Modify Bearer Request消息中指示UE可以接收下行信令，并清除该标识位。

(5) 小结

使用空闲态扩展的DRX机制对业务有很大的影响，主要是对下行即被叫的响应时间长，这对话音业务来说，是无法接受的。标准中建议使用CS话音业务和IMS话音业务的终端，不要使用空闲态扩展DRX机制。但这种机制和高延迟通信共同应用于非频繁数据发送的物联网终端时，可以在满足通信的同时，实现节能的目的。

6.8.3 高延迟通信

当终端采用了节能模式、终端休眠技术、低吞吐量的承载、扩展DRX等优化技术时，网络发送下行数据给终端时，将会有非常高的通信时间延迟。在现有技术中，针对长时间不可达的终端，下行数据将被丢弃、频繁地重传，这将带来核心网负荷剧增、无线资源和终端电力的浪费等问题。

为了解决这些问题，引入了网络缓存技术，并将终端的可达监控机制和应用数据发送相互结合等，以提高下行数据传输的成功率、提升资源使用效率、减少终端的电力消耗。"高延迟通信"这种功能可以很好地处理因采用了节能技术(如Power Saving Mode或扩展的DRX的终端)而导致需要传输下行数据但终端不可达时这一场景。所谓"高延迟"是指在可以与终端交换报文之前所需要的初始响应时间，也就是终端从其节能状态醒来并响应初始的下行报文之前所需要的时间。

通过使用高延迟通信，使得3GPP网络在发送下行数据包报文给采用了节能功能终端时的行为，对于SCS/AS来说是可以预知的。当基本静止或者运动终端从节能状态醒来时，网络将非常可靠地将下行数据发送给它。因此，SCS/AS可以调整其数据重传机制，来减少SCS/AS自身和移动通信网络的负荷。

下面针对高延迟通信特性介绍标准定义的三个技术方案。

(1) 第一个方案，称为SGW缓存方案。通过在MME/S4-SGSN控制下的在ServingGW处的扩展下行数据缓存机制实现。

在网络触发的业务请求过程中，当SGW因收到下行数据而触发发送的Downlink Data Notification消息到达MME后，如果MME判断出UE在该时刻不可达(比如启动了Power Saving Mode或者扩展空闲DRX)，则MME回复Downlink Data Notification Ack消息给Serving GW，该消息中包含有期望SGW缓存数据的时间长度(DL Buffering Duration time)和可选参数建议的缓存数据报文数量(DL Buffering Suggested Packet Count)，用来激活Servging GW的缓存功能。同时,MME 需要存储一个 DL Data Buffer Expiration Time 在移动性管理上下文中。此后,MME 将不再执行网络触发的业务请求过程的后续步骤。所述的期望 SGW 缓存数据的时间长度,由 MME 自行推断。建议的缓存数据报文数量可根据 SCS/AS 提供参数,由 MME 来确定。

此后,如果终端发起了 TAU 过程或者 RAU 过程,如果 DL Data Buffer Expiration Time 没有超时,则 MME/SGSN 会激活承载建立过程,将缓存的数据发送给终端,即使在 TAU/RAU 请求消息中,终端没有请求建立数据承载(即 ACTIVE FLAG 没有被设置)。这个过程中,如果发生了 MME change 或者 SGSN change,且在旧 MME/旧 SGSN 处的 DL Data Buffer Expiration Time 没有超时,则旧 MME/SGSN 需要在 CONTEXT REQ/RESP 过程中,指示给新 MME/新 SGSN 在 SGW 处有缓存的数据(Buffered DL Data Waiting 指示),新 MME/新 SGSN 则会发起承载建立过程。如果 DL Data Buffer Expiration Time 已经超时,则 MME 认为 Serving GW 已经没有缓存的数据报文,不会因此触发承载建立过程;旧 MME/旧 SGSN 也不会发送 Buffered DL Data Waiting 指示给新 MME/新 SGSN。在发生 Serving GW 改变的 TAU/RAU 过程中,新 MME 负责触发建立旧 SGW 和新 SGW 之间的数据转发隧道,旧 SGW 将缓存的数据报文发送给新的 SGW。当建立用户面承载后,MME/SGSN 会清除 DL Data Buffer Expiration Time,以防止未来不必要的用户面建立过程。

在终端发起的业务请求过程中,MME/SGSN 也需要清除 DL Data Buffer Expiration Time,以防止未来不必要的用户面建立过程。

(2) 第二个方案,称为基于"一次性 UE 可达"监控事件。基于监控特性,SCS/AS 可以配置网络"一次性 UE 可达"事件通知。即在网络获知终端可达时(即 UE 和网络建立联系),发送一次"UE 可达"通知给 SCS/AS。收到该通知后,SCS/AS 即可发送下行数据给 UE。针对非频繁下行小数据报文发送,这种方法比较恰当。

需要说明的是,对与其通信的 UE 有最大延迟有特定需求的 SCS/AS,可以将最大延迟需求告知网络。一种方法是通过终端的应用层和 UE 就设置恰当的用于 PowerSavingMode 的时间值(例如,周期性 RAU/TAU 定时器取值)进行交互。另一种方法,是在配置"UE 可达"监控事件时,提供最大延迟时间。

(3) 第三个方案,称为基于"DDN(Downlink Data Notificaiton)失败后的可达"监控事件。基于监控特性,SAS 只需签约一次,即可配置网络"DDN 失败后的可达"监控事件通知,仅在发生 Downlink Data Notificaiton 失败后,如果网络获知终端可达时(即 UE 和网络建立联系),AS 可以得到"UE 可达"。这个方法需要在签约中增加一个表项,即"network application triggering when the UE is available

after a DDN failure”，这个信息在终端注册时提供给 MME/SGSN，当 MME/SGSN处出现 Downlink Data Notificaiton 失败时，MME/SGSN 设置一个标志位：Notify-on-available-after-DDN-failure。当 UE 网络联系时，MME/SGSN 通知 HSS 终端可达，并清除该标识位。此时，MME/SGSN 还将通过 SCEF 通知 AS，UE 可达。AS 即可发送数据给 UE。

这个方案适用于应用服务器和休眠时间较长的终端进行通信的场景。如果应用服务器的数据发送失败了，则应用服务器会意识到终端在一段时间内不可达。应用服务器在等待来自网络的终端可达通知后，再发送下行数据。

具体流程如图 6-12 所示，SCS/AS 通过 PDW GW 发送下行数据失败后(步骤 1～4)，MME 设置一个标识位 Notify-on-available-after-DDN-failure(步骤 5)。当 UE 和网络联系时(步骤 6)，MME 重置该标识位(步骤 7)，并发送监控指示给 SCEF，该指示中包含有终端的 ID(步骤 8)。在收到来自 SCEF 的终端可达后，SCS/AS 发送数据给终端(步骤 9～10)。

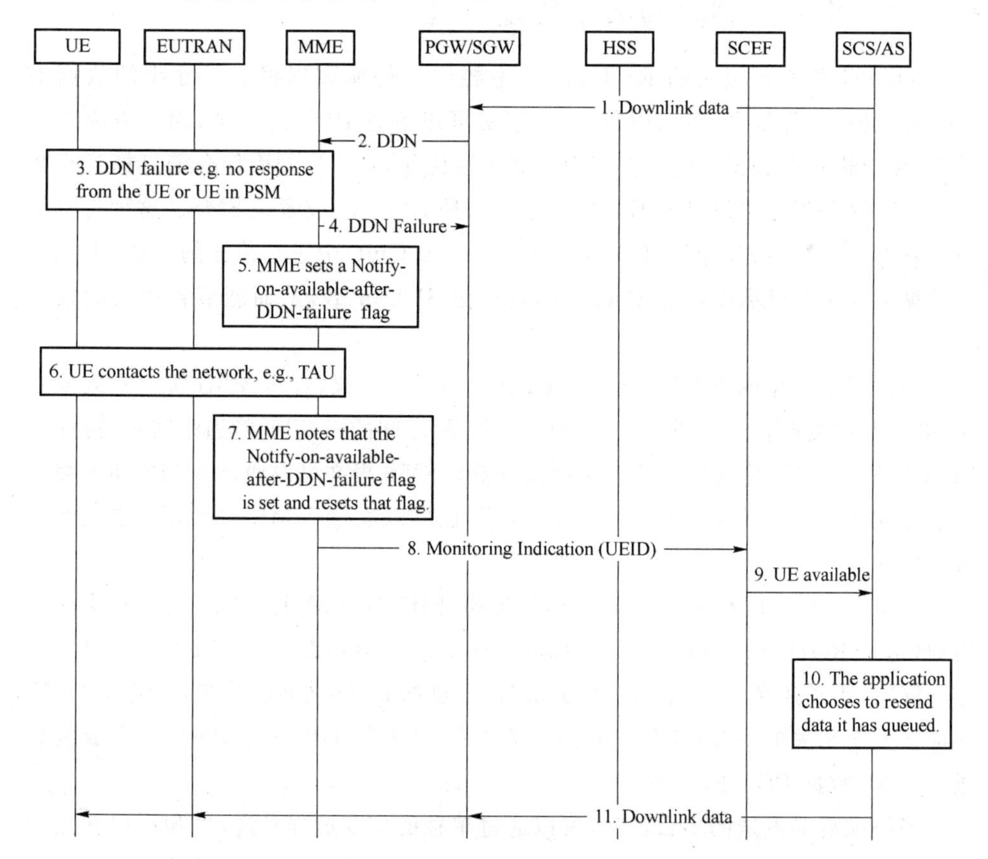

图 6-12 基于“DDN 失败后的可达”监控事件的数据发送

6.9 支持窄带物联网接入的移动性管理优化

现有的无线接入技术，从 GSM、TD-SCDMA/W-CDMA 到 LTE，其无线载波带宽是递增的，这种设计是为了满足对高速率无线通信的需求。这些现有的线接入技术的载波带宽对支持传递少量数据的物联网终端及业务来说太宽了，直接使用不但降低无线资源使用效率，也不利于降低终端的成本和降低能耗。为此，3GPP 专门定义了一种新型无线接入技术，Narrow Band IoT，简称为 NB-IoT，其最主要的特点是无线载波带宽窄。经过 3GPP SA2 工作组的评估，认为将这种接入技术组建的接入网，基于 S1 接口接入到 EPC 核心网更为切实可行（与基于 Iu 接口方式相比较），因此 NB-IoT 的后续优化工作就基于现有的 EPC 核心网架构进行。

6.9.1 基于控制面的数据传输优化

NB-IoT 作为新定义的 RAT 技术，主要用于传输数据报文尺寸小的数据报文，为了进一步降低开销，采用非 IP 的报文可以节省 IP 头的开销，因此需要支持非 IP 保卫格式的数据传输。控制面数据传输优化，是用控制面信令消息捎到小数据报文。这些报文可以是非 IP 报文，也可以是 IP 报文，或者是 SMS。这种将数据封装到 NAS 协议数据单元（PDU，Protocol Data Unit）中进行传输的方法，无须建立数据无线承载（DRB，Data Radio Bearer）和 S1-U 承载，从而能节省相关的信令消息。

当携带小数据的 NAS 信令，经过 RRC、S1-AP 协议，到达 MME 后，IP 数据报文和非 IP 的数据报文可以通过 MME 和 SGW 之间的 GTP-u 隧道来实现，传递到 PDN-GW 后，继续传递到相应的应用服务器。SMS 报文可以通过 MME 和短消息系统之间接口直接传递。而对于非 IP 数据，也可以通过 MME 与 SCEF 之间的连接来传递。

由于 IP 数据报文直接由 NAS 消息传递，则终端和 MME 需要进行 IP 头压缩协商（基于 ROHC（Robust Header Compression）框架），来进一步减小头开销。

同时，为了避免 NAS 信令 PDU 和 NAS 数据 PDU 之间的冲突，终端和 MME 均应在安全相关的 NAS 流程（如鉴权、安全模式命令、GUTI 重分配等）完成之后进行 NAS 数据 PDU 的传输。

当终端需要发送的小数据时，可以通过单独的信令过程发送，也和可以在无须建立用户面的 TAU 过程完成后立即发送。如果是后者，终端需要在 TAU 请求消息中指示网络，将有控制面数据发送，网络就不会立即将 TAU 过程使用的信令链接拆除了。

6.9.2 基于用户面的数据传输优化

通常进行非频繁小数据发送的终端也有发送较多数据的需求，比如在进行设备的软件升级等场景。针对类似的场景，适合使用基于用户面的数据传输方案，即通过 DRB 而不是信令通道来传输。

基于用户面优化数据传输优化方案的基本想法是，终端在执行初始连接建立时，网络侧(基站)和 UE 均建立用于接入网承载和接入网安全上下文，在终端进入空闲态时，通过 Connection Suspend 流程来挂起 RRC 连接，同时终端和基站保留这些接入网安全上下文，而不是删除这些接入网上下文(常规做法是删除)。这样一来，当空闲态终端需要进行 NAS 信令或者数据传输时，将直接使用 Connection Resume 过程来恢复这些上下文并直接使用。这样一来，接入层上下文只需建立一次，后续即可直接使用了。

为了支持终端在不同 eNB 间移动时，仍能使用这一用户面优化数据传输方案，这些接入网上下文需要在 eNB 间传递。

需要特别说明的是，当终端采用控制面方案时，如果需要发送大量的数据，则可由终端或者网络发起由控制面方案到用户面方案的转换，此处的用户面方案包括普通用户面方案和优化的用户面方案。空闲态的终端，通过发起 Service Request 流程发起从控制面优化方案到用户面优化方案的转换，MME 收到终端的 Service Request 后，会删除和控制面优化方案相关的从 MME 到 SGW 的数据传输隧道，建立从基站到 SGW 的用户面隧道。

连接态终端的转换可以由终端通过 TAU 流程发起，也可以通过 MME 直接发起。MME 收到终端携带 Active Flag 的 TAU 消息时，或者检测到下行数据包较大时，MME 删除其和 SGW 之间的数据传输隧道，建立从基站到 SGW 的用户面隧道。

本章参考文献

[1] 朱浩，刘荣朵. M2M 国内外标准进展[J]. 电信网技术，2010(10):36-40.
[2] 佚名. M2M 技术在国内外标准进展现状[J]. 金卡工程，2011(11):52-54.
[3] 张云霞，田烨. M2M 应用浅析[J]. 电信科学，2009(12):4-8.
[4] 刘雯婕. M2M 系统结构及发展[J]. 通信管理与技术，2009(2):40-42.

[5] 3GPP TS 22. 368 v12. 1. 0 Service Requirements for machine-type communications[S]. 2015.

[6] 3GPP TS23. 887v0. 5. 0 Machine-Type and other Mobile Data Applications Communications Enhancements[S]. 2015.

[7] 3GPP TS 23. 682 v 11. 3. 0 Architecture Enhancements to facilitate communications with Packet Data Networks and Applications[S]. 2015.

[8] 3GPP TR 23. 888 v 1. 7. 0 System Improvements for Machine-Type Communications[S]. 2015.

[9] 3GPP TS23. 887v12. 0. 0 Machine-Type and other Mobile Data Applications Communications Enhancements[S]. 2015.

[10] 3GPP TS 23. 682 v 12. 1. 0. Architecture Enhancements to facilitate communications with Packet Data Networks and Applications [S]. 2015.

[11] 3GPP TS 23. 401 v 12. 4. 0 General Packet Radio Service (GPRS) enhancements for Evolved Universal Terrestrial Radio Access Network (E-UTRAN) access[S]. 2015.

[12] 3GPP TS 25. 304. User Equipment (UE) procedures in idle mode and procedures for cell reselection in connected mode[S]. 2015.

[13] 3GPP TS 36. 304. User Equipment (UE) procedures in idle mode: Evolved Universal Terrestrial Radio Access (E-UTRA)[S/OL]. [2008-05]. http://www.arib.or.jp/IMT-2000/V700Sep08/5_Appendix/Rel8/36/36304-820.pdf.

[14] 陈山枝，时岩，胡博，移动性管理理论与技术[M]. 北京：电子工业出版社，2007.

[15] 姜怡华，许慕鸿，席建德. 3GPP 系统架构演进(SAE)原理与设计[M]. 北京：人民邮电出版社，2010.

[16] 李志军，谢宝国. 中兴通讯股份有限公司. M2M 业务签约数据的管理方法及系统、用户签约数据存储器：中国，200910259763. 7[P]. 2009-12-25.

[17] 赵旸，秦钧，邓永锋. 提供移动性管理策略的方法、网络侧实体和 M2M 终端：中国，200910208526. 8[P]. 2009-10-28.

[18] 吴昊. 中兴通讯股份有限公司. 对 MTC 设备进行分组管理的方法及系统：中国，201010141531. 4[P]. 2010-03-25.

[19] 周汉，吴问付. 华为技术有限公司. 一种基于 M2M 应用的会话管理方法、系统和装置：中国，201010111544. 7[P]. 2010-02-11.

[20] CCSA TC10 WG3. 泛在网环境下的移动性管理技术研究[S]. 2012.

[21] CCSA TC5 WG9. 支持 M2M 通信的移动网络技术研究_第一阶段(送审稿)[S]. 2006

[22] CCSA TC5 WG7. 移动 M2M 业务研究报告[S]. 2009.

[23] 3GPP TS 23.060 v 12.4.0. General Packet Radio Service (GPRS); Service description; Stage 2[S]. 2015.

[24] 3GPP TR 23.708 version 2.0.0. Architecture Enhancements for Service Capability Exposure (Release 13)[S]. 2015.

[25] 3GPP TR 23.769 version 2.0.0. Group based Enhancements (Release 13)[S]. 2015.

第7章　自治型移动性管理[①]

随着无线移动网络的发展,多种无线接入技术共存。在这样的环境下,为了保证用户的服务质量和连接的连续性和可靠性,快速无缝的水平切换和垂直切换技术成为必须。为此在切换之前需充分考虑各种因素,如各种接入网络的能力、当前负载状况、用户的链路状态以及用户的应用质量和费用需求等,以进行综合的考虑和决策。这给传统的移动性管理技术带来了很大的挑战。

本章介绍自治移动性管理技术。它在移动性管理涉及的相关环节上,如邻居发现、切换决策等,充分考虑了网络环境变化和用户需求的影响,因此可以带来比传统移动性管理方法更大的好处,如更好的鲁棒性、更好的性能、更有效的网络利用率、更高效的能量利用以及更低的成本等。为此,本章首先简要介绍自治网络及其相关技术,然后分析自治移动性管理的需求和优势,介绍实现自治的移动性管理的基本原理,并结合两个具体的实例,介绍自治移动性管理如何实现。

7.1　自治网络概述

自治的概念是受人类身体自主神经系统的激发而提出的。自主神经系统是脊椎动物的末梢神经系统,由躯体神经分化和发展,形成机能上独立的神经系统[1]。它单一地或主要地由传出神经组成,受大脑的支配,但有较多的独立性,特别是具有不受意志支配的自主活动,是意识层下的控制系统。自主神经系统对机体内稳态的维持是与意识,即中枢控制系统,无直接关系的自主调节。如血糖降低时,肾上腺分泌肾上腺素,刺激肝脏将肝糖元分解为葡萄糖,防止血糖的降低。同时血糖降低还可以激发人的食欲。

自主神经系统无须大脑有意识地干预就能有效地监视、控制、规范人类身体的器官,人类机体也依靠自主神经系统的调节在各种复杂情况下维持正常运转。基

---

① 本章部分内容来自北京邮电大学与Ericsson AB、卢森堡大学、德国弗朗霍夫学会等单位共同承担的欧盟FP7项目EFIPSANS(Exposing the Feature in IP version six Protocols that can be exploited/extended for the purposes of designing/building Autonomic Networks and Services)。

于这些考虑,2001 年 3 月,IBM 研究实验室的副总裁 Paul Horn 在哈佛大学的国家工程学院展示了普适计算和身体里自律的自主神经系统之间的联系,在工程里引入了自治计算系统(ACS,Autonomic Computing System)[2]:我们体内的神经系统自动地管理着我们的心跳速率和身体温度等,将我们有意识的大脑从处理这些事情和其他低层事情(有些甚至是至关重要的)解放出来。因此,我们慎重地选择了自治这个具有生物内涵的名词,通过在计算系统里引入自治功能实现计算机系统的自治能力,以此减少开发和管理系统需要付出的代价。

自治计算是一种生物学隐喻,旨在通过一种系统性的方法实现计算中的更高级别的自动化。其最终目的在于在人只参与高层引导的情况下,信息系统能够自动地根据其所处的环境和状态对其自身进行调节和管理,并维持其可靠性,以大幅度地降低系统维护的成本和复杂性。人类的自主神经系统自动地调节人体的各种基本功能,如心跳、呼吸和情绪变化等,并且是在无意识的情况下做出相应的处理。自治计算正是借鉴了这个基本思想。在一个自治管理系统中,人类操作员或中央控制器不是直接控制系统,而是定义一些通用策略和规则作为自治管理过程的输入,由系统在这些策略和规则的指引下自动地完成对系统的管理,如配置、优化、恢复、保护等。Paul Horn 指出,处理复杂性问题的方法是创建能够对数字环境的变化做出反应的计算系统和软件,系统能够自适应、自修复和自保护。只有这样才能减少人类对计算机系统的维护、修复和调试的工作[2]。

在 IBM 提出自治计算的概念之后,自治网络[3]、自治通信[4]、自治系统[5,6]等研究随即开始在各国学者之间展开。虽然针对自治计算、自治网络、自治通信的研究侧重点有所不同,但是它们之间存在一定的联系。总的来说,自治计算主要面向的是应用软件计算资源的管理,自治计算为实现自治系统奠定了基础。自治通信主要面向的是分布式系统和服务,在基础设施和用户层对网络资源进行管理。自治网络则强调一种整体上的概念。自治网络由各种自治系统组成,自治系统需要自治计算和自治通信。而自治系统是一个资源的集合,这些资源绑定在一起能够完成特定的功能。

7.1.1 自治系统及其特性

人类的身体有一定的自组织层次:从单一的细胞到有机体再到有机体系统(如自主神经系统)。每层保持着某种程度的独立,同时又促成了更高一层的组织,终极到达了人体的有机体。在日常的生活中,这些系统在各自所处的层级照顾着自身,而在需要帮助的时候,就会“升级”到更高一层的功能,从而维持着人体有机体的整体稳态。一个自治系统也是如此。根据 Paul Horn 的定义[2],一个自治系统可以看成是一种计算资源的集合，这些计算资源绑定在一起执行特定的功能。根据这种思想，一个单独的服务器可以组成一个系统，一个单独的芯片上包含不同集成组件的微处理器也可以看成是一个系统，称为芯片上的系统。这些低层的系统合并在一起，形成更大的系统，即：多处理器形成服务器系统，服务器跟存储设备和客户端或访问设备一起组成网络系统，如此等等。到最后，不同的层次和组件组成一个可以在没有人类有规则的干预下提供不同用户体验的系统。

一个自治系统需要至少具备如下八个关键特性[2]：

(1) 为了实现自治，一个自治系统需要"了解自身"，即系统组成组件拥有一个系统标识。由于一个"系统"可以在许多层面存在，一个自治系统需要能够详细地了解它的组件、当前状态、最终能力、与其他系统的关系以管理自身。系统需要知道它所"拥有"的资源的程度，这些资源包括它能够从其他地方借到或借给他人的，能够被共享或需要隔离的。

(2) 一个自治系统必须能够在变化的、无预期结果的条件下配置和重配置自身。系统的配置或设置必须是自动发生的，系统通过动态地调整配置来最好地处理变化的环境所带来的影响。在复杂的系统中给定可能的排列，配置是非常困难和耗时的，如一些单独的服务器拥有上百的配置参数。由于有太多的变量需要监视和调整，在拥有成千上万的参数的系统中，人类系统管理员根本就无法在较短的时间内(以分或者秒为单位)，执行动态的重配置。

(3) 一个自治系统需要能够不断地寻找方法来优化自己的工作。系统需要监视自己的组成部分，协调工作流来达到预期的系统目标，就像一个指挥家聆听一个管弦乐队，调整其动态的表现以实现特定的音乐诠释。持续努力优化自身是一个自治系统满足业务、客户、提供者和雇佣者复杂并常常是冲突的关系的唯一方法。由于驱动这些需要的优先权常常变化，因此只有持续的自优化才能满足不同方面的需求。

(4) 一个自治系统需具有自修复功能，它必须能够从引起其部件故障的日常和意外事件中复原。系统需要能够发现当前的或潜在的问题，然后找到一种替代的方式，如使用资源或重配置系统来平滑地保持当前的功能。当然自治系统不能不像生物细胞那样生长或补充养分，系统的自修复通常只能调用一些冗余的动作或未充分利用的资源作为替代。

(5) 一个自治系统必须具有自保护功能。系统需要检测、识别和保护自身不受各种类型的攻击以维持系统整体的安全性和一致性。

(6) 一个自治系统需要了解自己的环境及其活动周围的上下文，并根据了解到的内容执行相应的动作，包括对基于事务上下文的了解改进服务。换句话说，自适应,即:一个自治系统将为如何最好地与邻居系统交互找到并产生规则。它将利用可用的资源,甚至与其他系统协商其未充分利用的元素,改变自身和其处理的环境。

(7) 自治系统无法在一个封闭的环境中存在。除了独立的自管理能力,一个自治计算系统必须工作在一个异构的世界里,执行开放的标准。换句话说,系统不是一个私有的解决方案。在自然界,各种有机体需要和平共处并依赖其他有机体以存活下去(这种生物多样性可以帮助稳定生态系统)。在当今快速演变的计算环境中,类似的依赖和相互帮助是不可避免的。业务连接着供应商、顾客和合作伙伴。人们通过网络连接到他们的银行、旅行社和最喜欢的商店,根本不关心银行系统使用的是什么硬件或软件。

(8) 一个自治系统需要在隐藏自己复杂性的同时预计所需的最优资源。这是自治系统的最终目标:集结 IT 资源以缩小业务或顾客个人目标与业务执行的花费的差距。一个自治系统将传递系统优化的潜在信息,执行用户据此制定的决策。

7.1.2 自治网络

随着信息技术的发展,IT 领域的商业需求日益纷繁多变。为了实现更有效的系统管理以及提供多样性、个性化的服务,网络及其他通信系统正朝着分布式的方向发展。分布化的直接影响就是计算系统规模越来越庞大,越来越复杂。为了解决系统部署配置、故障检测与修复等软硬件方面的问题以及人为错误等挑战,实现并维持系统的正常运行,需要大量的专家投入技术、精力等,IT 管理和成本急剧上升。一方面,不断增加的系统管理困难阻碍了大规模的计算系统的部署和维护;另一方面,随着通信技术的发展,即使技术部件成本不断降低,但是管理 IT 系统所需要的人工干预却使得整个开销大幅增加。为了在未来通信中,能够为用户提供更加多样性、更加个性化的服务,同时降低网络运营管理的困难及减少人工成本,未来的网络必须是由自治系统构成的、能够实现自我调节和管理的网络,即自治的网络。

自治网络通过在网络体系结构设计中增加自治化功能,即提高网络能力和服务能力的方法,来处理未知的变化,如拓扑、负载、任务、网络能访问的物理及逻辑特征等[3,7]。通过自组织、自配置和自调节网络、通信基础构造,简化负载通信结构的管理,降低人工干预和管理的需要。自治网络的发展独立于终端用户所需要的应用和服务,它有服务驱动、自动定位、自治控制、自组织、分布化、技术独立、可扩展的特点。

自治网络的最终目标是实现网络、设备和服务能够以一种非监控的模式共同工作，在网络内部结构、状态和外部环境变化时能够实现网络的自监控、自感知、自适应、自配置、自优化、自组织、自管理、自保护、自修复等，以此来大大提高网络的性能并减少维护和管理开销，降低用户使用网络的成本，同时提高为用户提供的业务性能。

自治网络的研究内容和热点，从横向上按照研究范围划分，可分为自治的计算机网、自治的通信网、自治的互联网及通信网融合的网络。自治计算机网的研究又分为核心网的自治化研究、接入网的自治化研究及全网的自治化研究。其中接入网的自治化研究又分为有线接入网的自治化及无线接入网的自治化。无线网络自治化研究是目前比较活跃的研究热点之一。自治通信网的研究主要体现在通信网的自管理方面。现有通信网层次结构的固有特点、运营及维护困难、大量的人工参与等都要求未来的通信网能逐步实现自治化。自治通信网的研究分为固网的自治化及移动网的自治化两个方面。互联网及通信网的融合是未来网络发展的必然趋势，而网络的融合在技术方面将带来很多的挑战。为了以最少的人工干预和开销向用户提供最佳的用户体验以及充分利用异构网络的联合资源，自治的融合网络是目前也是将来的一个研究热点。融合网络的自治化可以由各个单独的自治网络间的互操作实现，也可以在充分考虑各种网络特性的基础上按照统一的规则设计全新的自治网。网络的融合主要体现在接入网，尤其是无线接入网方面。异构无线接入网的移动性管理、QoS保证、安全管理等都是目前研究的热点，而理想的目标是这些功能如何能够通过自治的方式予以实现。

自治网络的研究方向及热点，在纵向上按照网络功能划分，主要可分为基本的网络功能自治化及高级的网络功能自治化。基本的网络功能包括路由功能、转发功能等，而高级的网络功能则包括移动性管理、QOS管理、差错管理等。所有这些网络功能都是自治网络中研究的主要内容。其中自治的移动性管理是实现自治网络不可缺少的一个方面，是关于自治网络研究的主要内容之一。

7.2 自治网络技术

鉴于现有网络面临的诸多问题，如寻址、路由可扩展性、管理和配置、QoS、安全和信任、移动性管理等，以及自治网络的优点，目前国内外已开展了大量的针对自治网络的研究。研究的主要目标是促使网络元素支持自治属性，如自组织、自配置、自管理、自感知、自优化和自保护等。这些研究从不同角度提出了使网络系统具有自治特性的方法。

总的来说，实现自治网络主要有两大途径：其一是通过提出新的网络架构而创建自治网络;其二是通过实现具有自治功能的应用或业务而逐步将现有网络转变成自治网络。因此实现网络的自治化,主要有两种方式:一种是革新的方式,即创建全新的网络架构,自治网络架构主要由自治元素组成,通过不同自治元素之间的合作可以实现不同的自治网络功能,如移动性管理、QoS管理、安全保证等;另一种途径是通过演进的方式,即在现有的网络中逐步增加某些具有自治功能的部件,通过新旧部件之间的兼容性的合作,来实现网络的部分功能自治化,进而逐步实现全网功能的自治化。两种实现方式都有典型的代表,如图7-1所示的ANA(Autonomic Network Architecture)[8]、BIONETS(Biologically inspired Network and Services)[9]、Haggle[10]和EFIPSANS(Exposing the Feature in IP version six Protocols that can be exploited/extended for the purposes of designing/building Autonomic Networks and Services)[11]等大型自治网络相关的项目。这些项目涉及网络的各个方面,如网络体系结构、路由机制、QoS机制、安全机制、移动性管理等。下面我们就从这几方面简单介绍几种自治网络技术,目的是使读者可与7.3节将要介绍的自治移动性管理技术进行对比,以便更好地理解自治移动性管理技术。

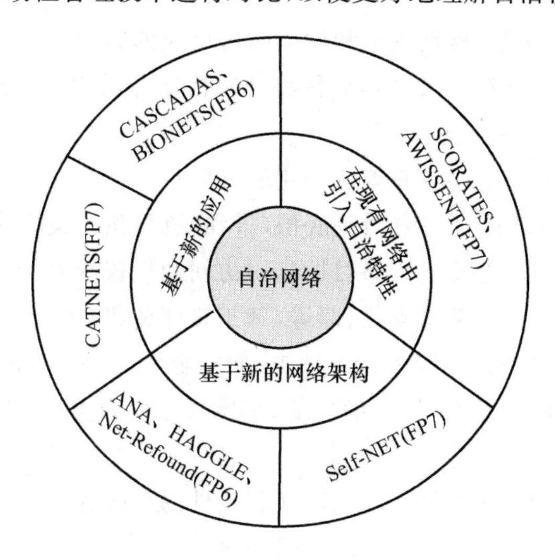

图7-1 自治网络相关工作

7.2.1 自治网络架构

从体系结构上来说,自治网络是由多个自治元素(AE,Autonomic Element)组成的。每个自治元素执行特定的功能并且可以与其他自治元素交互实现更多的功能。每个自治元素由一个或多个被管理元素(功能单元)和一个自治管理者(管理单元)组成。被管理元素执行元素操作的功能,自治管理者控制被管理元素的配置、输入和输出[4]。

因此,实现自治网络需要定义网络体系结构的(原子)功能和实体,并且详细说明这些架构块之间发生的交互,包括一系列用来描述范围、目标和通信系统运行的设计原则。通过定义基础元素之间的关系,并在此基础上,搭建一个更高级别的架构,如协议实体、层、网络等,来实现不同网络功能的自组织、自配置、自调节、自管理、自优化等,从而完成对网络和通信基础设施的自适应调整,简化复杂的通信基本设施的管理,降低人工干预的需求,提高网络性能和服务能力等,适应并处理各种变化(如拓扑、负载、业务等),使网络结构具有极强的可扩展性。

通常,自治网络的功能组件包括以下几个方面:

(1) 自我认知。包括一系列的自发现、自我感知和分析的能力,以高层状态的视角支持自治系统。自我认知会与配置管理、策略管理和自我防卫相互交互,即:

- 与配置管理交互,控制网络元素和接口;
- 与策略管理交互,定义性能目标和约束;
- 与自我防卫交互,辨别攻击和调节防御反应的影响。

(2) 配置管理。负责与网络元素和接口的相互交互。其与其他子系统的交互包括:

- 与自我认知交互,接收并确认变化的方向;
- 与策略管理交互,通过映射到底层(潜在)资源执行策略建模;
- 与安全性交互,为特定策略目标应用访问和授权约束。

(3) 策略管理。包括策略规范、部署、基于策略的推理、策略的更新、维护及强化。需要策略管理来约束不同的行为种类,如安全性、隐私、源访问和合作;来进行配置管理;来描述业务过程和定义的性能;来定义角色和关系,建立信任和信誉等。与策略管理交互的子系统有:

- 与自我认知交互,提供性能的定义和条件的可接受报告;
- 与配置管理交互,提供设备配置的约束;
- 与安全性交互,提供角色、访问和权限的定义。

(4) 自我防卫。指一种以动态的自适应的机制来响应对网络基础设施的各种有目的的和无目的的攻击,或使用网络基础设施对 IT 资源进行的攻击。自我防卫与以下方面紧密地合作:

- 安全性,接收角色和安全约束的定义,定义主动缓和的危险;
- 配置管理,接收网络细节以分析和指示相关设备或软件参数的变化,以应对预期的或未检测出的攻击;

• 自我认知，接收被检测行为的通知。

(5) 安全管理。提供结构来定义和加强角色、内容、资源，特别是访问的定义。包括定义的框架和执行定义框架的方法。

• 与策略管理交互，接收高层与访问的授权相关的指示；
• 与配置管理交互，发送访问和管理控制的规范；
• 与自我认知交互，接收威胁下的重要(over-riding)指令，为危险评估发送安全约束细节。

(6) 连接组织。支持自治系统里所有元素和子系统之间的交互。可以由各种方法和机制组成，也可以是一个单一的中央框架。

基于以上的功能组件，设计自治网络的原则如下。

(1) 分区化

网络分区是指将网络功能划分成不同的网络成分。每个网络成分在给定的通信环境中执行一定的操作规则和管理决策。一个通信环境的边界，也即分区的边界，是基于技术和/或行政的边界。如可以基于特定的网络技术类型(如特定的无线接入网络)定义边界，或基于特定的协议和/或地址空间(如 IPv4 或 IPv6 网络)，或基于策略域定义边界。

一个分区的通信原则、协议和策略形成了所有分区实体必须遵守的方法。该方法定义了如何加入到一个分区，谁可以加入，如何命名，地址和路由如何处理等。域间交互的复杂性和细节留给每个分区解决。如注册到一个分区可以是复杂的基于信任的机制，也可以是简单的注册到一个中央数据库或公共的基于 DHT 的系统的机制。需要指出的是，分区在处理、分析、通信上都是完全自治的。分区的成员可以根据分区操作和策略规则相互交互。

(2) 功能重组

功能重组的目标是制造出弹性的、动态的和完全自治形式的大规模网络的体系设计。在这个大规模网络中，每个组成网络节点的功能也是以自治的形式组成的。

(3) 原子化

原子化指功能应该尽量被划分成最小的功能单元以实现更大的重组自由。

如图 7-2 所示，一个子系统或组件的自治功能是通过使用具有调节功能的控制环来实现的。系统从各种资源，如各种网络传感器、报告流、高层设备和用户上下文信息等收集信息。然后对收集到的信息进行分析，在分析的过程中可以采用推理、经济建模、博弈等各种技术，构建出网络和它的服务所面临的发展变化的模型，作为调整决策的基础。根据分析的结果，网络系统可以运用各种决策理论，并采用风险分析等理论进行决策，即决定如何对观察到的结果进行处理。最后通过网络激励，并且很有可能报告给用户或管理员，其影响可以被收集并告知下一个控制周期[4]。控制环的输入包括来自被控制系统或组件的各种状态信号(通常是策略驱动的)、指挥系统或组件行为的管理规则、产生给系统或组件的命令以适应其操作的输出以及给其他自治系统或组件的状态。

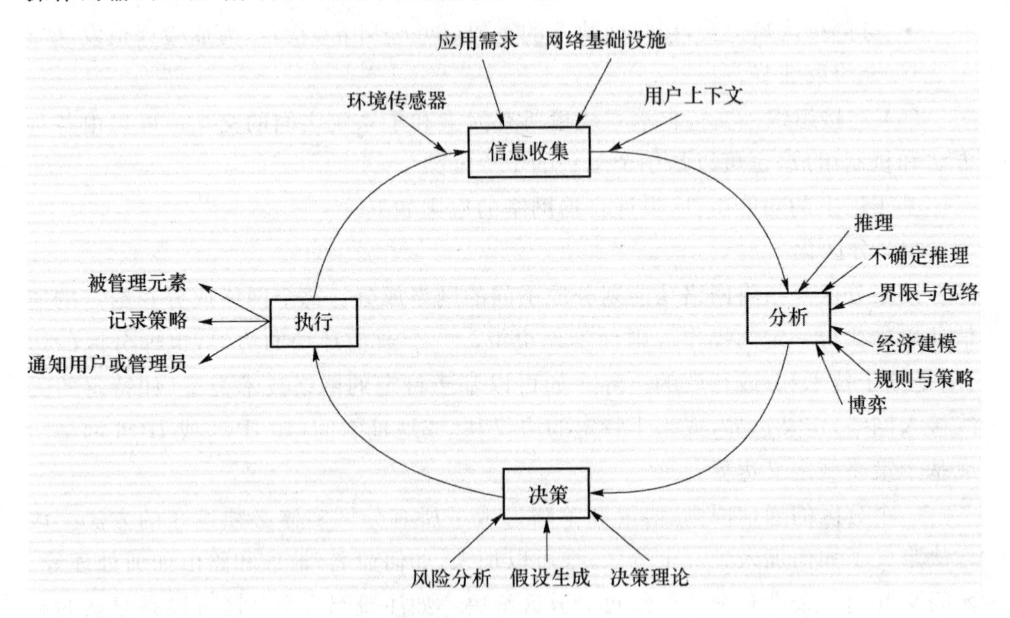

图 7-2 基本自治控制环[4]

值得注意的是，控制环的概念在自动控制系统中会经常提到。与自动控制系统不同的是网络是一个开放的系统，控制环中涉及的功能实体，如信息收集、分析、决策和执行等通常会由不同的网络实体来完成，如信息的收集可能会由用户设备来完成，或由用户设备和网络设备共同来完成，而分析和决策可能会由网络设备来完成，但又由用户设备来执行决策的结果。即用户将相关的信息提供给网络设备，网络设备根据用户的签约状况、相关的策略、网络当前可用资源的状况等进行综合的分析并进行判断在该状态下用户可以进行何种操作，如可以使用更多的带宽或需切换到另一个基站上等。

在开放系统中引入控制环可以实现许多新的功能、提高系统的性能、更好地满足不同用户的需求，但同时也给系统带来更大的挑战。控制环中的功能由何种网络实体来提供，如何来实现等都需要详细的设计和考虑。特别是由于网络系统的开放性，通常情况下一种功能会有多个、甚至多种网络实体来实现。因此如何协调这些网络实体、有效地传递相关的信息、保证控制的性能、减小控制的开销都是在设计网络架构时需要考虑的问题。

7.2.2 自治路由技术

一般来说,自治的路由机制需满足多方面的需求[12]:自组织、性能最优化、支持移动性、支持各种服务以及这些服务的不同性能需求、可扩展性、失效备份、互操作性、能耗问题、支持单点传播、多路传播、广播、任播以及连续传播等多通信模型、安全与信任等。也就是说,自治路由技术需要研究如何使路由机制满足来自用户和网络的各种要求,特别是在不同的网络管理机制、不同的网络性质及应用场景下,如何实现路由机制、算法的自配置和自调节等。

ANA项目的研究人员提出了一种较为简单的使路由机制能够根据外界环境和用户的需求进行自调节和自配置的方法,即基于组件(Component based)方式[13]的路由框架。如图7-3所示,ANA路由框架的基本组件是:寻址定位、路由信息获取、路由决策和转发。这四个组件可以采取不同的实现策略,配置不同的路由参数,如寻址定位组件可以规定特定的编码寻址机制,也可以基于地理位置;路由信息获取可以采取周期性地主动分发维护,也可以通过发起请求获得;路由决策可以基于网络信息计算获得,也可以通过请求来选择路径。

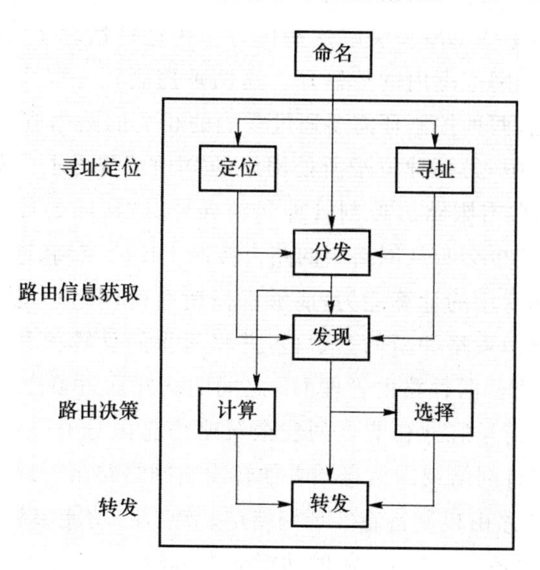

图7-3 ANA路由框架

基于组件的路由架构的优点是可以简化路由协议的设计过程,专注于特定应用和特定的网络环境,满足各种的路由方案和不同的应用需求,实现路由机制的自调节和自配置。此外,路由组件的特定组合决定了相应的路由协议的行为。并且每个组件可以采用不同的技术来实现。所以ANA路由框架下能够组合一个或多个路由组件来设计路由协议,而不是从底层重新设计。

在EFIPSANS项目中,则是基于GANA架构[14](更多关于GANA的描述,参见7.3.3小节)提出了另一种路由方案,以解决在固定网络中的路由的自适应问题[15]。在该方案中,单独节点的路由功能的自治化,是通过使用两种类型的路由管理决策单元(DE,Decision Element)以及和它们相关的控制环来实现的。具体来说,节点的路由功能通过动态产生多种路由机制和路由协议参数来实现,这些路由机制和路由协议参数主要根据网络目标、变化的网络上下文和动态的网络视图层来改变。第一种类型的控制环是一个局部节点控制环,包括一个嵌在自治节点(如路由器)里的路由管理DE。该局部路由管理DE仅仅需要处理一种请求信息,即使节点能够通过调整或者改变节点上使用的个别路由协议和机制的行为来实现自治的功能。被管理实体(ME,Managed Element)收集事件信息,提交给路由管理DE,而后路由管理DE会做出反应。因此,路由管理DE能够针对自治节点的路由功能实现子配置和动态重配置特征。

另外,节点路由管理DE为进行决策需要与其他节点的路由管理DE进行交互可能需要处理大量的信息,因而可能所有会带来扩展性、费用以及复杂性等问题,因此需要有一个集中的DE来缓解这些压力。在这种情况下,除了局部节点控制以外,还需要一个全网范围内的控制环。这两种控制环主要用于自治的控制和管理路由操作。因此,两种控制环需要通过它们的相关的路由管理DE来协调工作,其中一种位于节点中,另一种位于所处网络的"中心"节点上。节点范围的路由控制DE侧重于为那些有限路由控制管理问题寻址,这些问题往往需要节点能够迅速响应。但同时,它也会听从网络层的路由控制DE的控制,这些控制往往具有更广泛的网络视图和专用的计算能力,能够根据所在的网络环境参数计算供节点的路由协议使用的路由策略和新的参数值,并将所得的计算值和参数传播给网络区域内的路由管理DE。两种路由管理DE之间的交互通过节点内的DE来实现,这些DE负责将这些交互信息和节点的安全策略信息区分开。在特定情况下,节点路由管理DE还能将网络视图信息和事件转发给网络路由管理DE。

EFIPSANS的路由机制旨在实现网络层、节点层、功能层和协议层的自适应特性,为实现以上这些特性,得出所需的功能需求,进而配置所使用的路由机制,如协议、参数等。

7.2.3 自治安全技术

在传统的CS(Client-Server)模式的网络系统中,通常采用AAA机制来进行系统的保护。AAA 分别代表认证(Authentication)、授权(Authorization)、计账(Accounting)。其中,认证指验证用户的身份与可使用的网络服务;授权指依据认证结果开放网络服务给用户;计账指记录用户对各种网络服务的用量,并提供给计费系统。AAA 机制有效地解决了 CS 模式网络的网络管理和安全认证问题。但近几年来,分布式系统得到了较快发展,如端到端网络(P2P 网络)、移动网络、ad hoc 网络等。在这些系统中,节点的自由度很高,不再受特定的单独实体的直接管理和控制。这些新型网络的出现,给传统的 AAA 机制带来了无法处理的挑战。经过身份验证和授权的用户有可能做出对网络整体运行有害的操作,如资源占用——为了竞争网络上的有限资源,部分节点有可能大量占用网络资源,但是又拒绝为其他节点提供服务,这会导致网络整体能够提供的服务减少,网络性能下降。这些节点可以被认为是无礼节点(Misbehaving Nodes)。而传统的网络运行机制并不能够意识、识别和处理这些问题。再如恶意行为——网络中有些恶意节点有可能会采取一些对网络有害的操作,如 Denial-of-Service(DoS)攻击、路由破坏(节点发送伪造路由包来产生路由环路)、资源消耗攻击(节点不断注入额外无效数据,增加网络负担,消耗网络资源)等。

自治网络具有的上下文感知、业务感知、服务感知以及一系列的自属性,为这些问题的解决提供了良好的平台。自治网络能实时监控网络节点,这为找出无礼节点和危害节点,保证网络安全提供了思路和可能性。

针对传统信任机制(即 AAA 机制)的不适用性,BIONETS 项目的研究人员提出了新的信任管理系统模型[9]。BIONETS 项目研究人员认为,构建信任管理系统包括三个步骤:收集(collection)、聚合(aggregation)和散播(dissemination)。即:(1) 从反馈信息提供者收集信任信息;(2) 对信任信息进行聚合分析,产生信任度的测度;(3) 向需要这些信任信息的节点散发信任信息。

而针对网络中不同节点的异构性,BIONETS 对网络中的节点进行分类,针对不同类型的实体设计不同的信誉类型。而各个实体提供的服务不同,服务的重要程度、影响范围也不同,因此对不同服务定义不同的信誉值。除此之外,对于非联通情况处理、移动性问题、节点间信息交互等问题,也提出了信任信息的分布式计算、混合收集反馈信息、信任信息局部化等解决办法。而这些解决办法的实现,都需要在自治网络上进行,以自治网络作为实现基础。

除了采用根据环境和通信合作伙伴进行的自适应调节的安全机制外,BIONETS 还采用自适应的新型安全机制的实用组合[16]机制。例如,与新型安全路由技术相结合,安全和信任机制可产生新方法来增加网络恢复力,使自己适应于现有的网络中的威胁或攻击。同时可实现新的技术来提供隐私、匿名和可靠性。该项目还提出一个更新型的安全机制:进化的安全机制。与传统的通过预定义方式来保障安全的方式不同,进化的安全机制旨在改变安全体系结构或者服务,使其根据环境的反馈和指引来进行调节。需要注意的是,BIONETS 并不是利用这个新型的安全机制来代替原有的传统的安全机制,而是在原有机制的基础上进行补充和完善,使其获得更好的效果。

此外,本章参考文献[17]提出利用控制环的思想,对整个安全机制的执行进行重新构造和布局来实现自治的安全机制。如图 7-4 所示,为了实现自配置特性,笔者定义一个感知-分析-响应模型,该模型将自配置操作分为三个子任务。感知模块感知系统活动时间,并将信息传递给分析模块;分析模块计算事件中暗含的新的系统配置信息,这可能会产生若干种不同的配置结果,而最终将那种最低消耗的配置传送给响应模块,由响应模块来计算实现配置的具体步骤,并与功能实体交互来实现该配置。

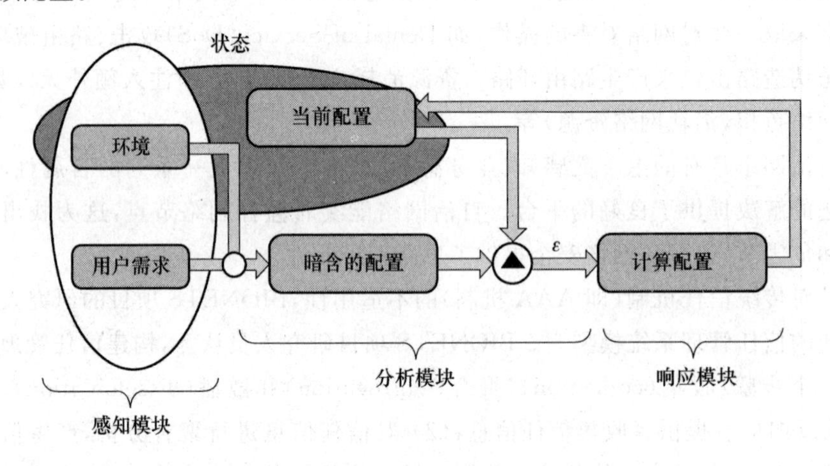

图 7-4 安全机制重配置自治环

自治安全环可以通过使用下列模块来实现:

安全上下文提供者(SCP,Security Context Provider):SCP 提供当前上下文的高层次描述。低层次的输入数据(如地理位置)则是通过不同的资源收集(如系统/网络中的感应设备的管理部件)和聚合到当前上下文的高层次通用描述汇总。SCP 也会提供外界安全上下文信息的描述。这些安全相关的属性信息则是通过上下文管理基本设备来提供。

决策制定部件(DMC,Decision-Making Component):基于安全上下文信息,DMC 部分决定是否重新配置安全基础设施,例如决定是否释放授权强度、改变密钥长度或者选择适应当前环境的授权模型。

适合的安全机制(ASMs,Adapted Security Mechanisms):做出的决策将会被传送到对应的安全机制,通过改变相应的部件来实现重配置。ASMs 应该具有足够的灵活性来进行重配置,如通过调整安全配置参数或者提供同样安全服务的部件来代替。同时需要特定的支持机制来保障重配置过程的安全性。

以上部件设定好后,就能够建立起一个自治服务控制环,包含了感知、管理和操作步骤;通过这个控制环,设备能够与环境自治协商安全参数,实现一个能够自保护的安全系统。

7.2.4 自治 QoS 技术

IETF RFC 2386[18]给出了服务质量 QoS(Quality of Service)的一种定义:QoS 是网络在传输业务的数据流时需要满足的业务的一系列请求,具体可以量化为带宽、时延、抖动、分组丢失率和吞吐量等性能指标。该 QoS 定义强调的是端到端或边缘到边缘的整体性能,反映了网络元素在保证信息传输和满足业务需求方面的能力。

IETF 通过一系列的 RFC 提出了许多种解决网络 QoS 的技术方案,其中最为典型的是综合服务(IntServ)模型[19]和区分服务(DiffServ)模型[20]。IntServ 的基本思想是传递用户数据之前,根据用户业务请求,利用资源预留协议预留网络资源,以便为用户业务提供端到端的 QoS 保障。DiffServ 模型是为了克服 IntServ 模型可扩展性差而提出来的解决方案。其基本思想是将多种业务流按照业务特性进行分类标识,然后汇聚为少数几种类型,不同类型的业务流可以具有不同的优先级,以实现区分服务。此外,针对无线局域网,IEEE 802.11e[21]提出在 EDCF 中引入业务优先级的区分,使不同优先级业务的退避时间取值不同,对语音等实时性要求较强的业务有了较好的 QoS 保障。

虽然 IETF 做出了很多努力,但由于网络设备的差异性及网络部署的复杂性,现有的 QoS 解决方案很难满足众多用户的 QoS 需求。自治网络技术的出现,为更好地解决 QoS 问题提供了良好的基础。

可以依据上下文环境和提供的服务类型来判断最优路径。在持续的环境变化下,路由信息不断更新,通过多种评判标准,如最短跳数、流量浓度、能量限制、恢复力和消费等标准来选择路由,使得网络性能往往能够达到性能最优化,这样能够有效地降低延迟。同时可以依靠网络的自适应能力,在持续的环境变化中,一旦网络性能开始下降,网络能够基于当前上下文信息的立刻采取对应的操作,保障网络性能的稳定性,从而减小抖动以及减少数据丢包。在拥有自适应能力的系统中,还可依据对业务感知和服务感知的能力,在网络带宽能力一定的情况下,动态地在各种应用和用户之间调整带宽保障不同业务的带宽需求。例如，在本章参考文献[22]描述的方法中，网络可以针对可能触发应用 QoS 发生变化的事件进行调节，在各种应用之间重新分配相关的网络资源，从而优化各应用的性能。

7.3 自治移动性管理

在 7.2 节中我们简要地介绍了自治网络技术，包括如何实现自治网络架构，自治的路由、安全及 QoS 机制等。可以看出，虽然实现自治网络及自治网络功能的各种具体方法不同，但它们原则上都是根据各种实际网络环境和需求，动态地调整网络单元和功能相关的策略、规则、协议、参数等，以保证在各种条件下网络都能提供最优的服务的给用户。下面我们重点分析一下如何实现自治的移动性管理，以更好地解决与移动性管理相关的问题。

7.3.1 需求及优势

无线移动网络环境中，用户行为、网络资源、应用数据总是在不断地变化。任何一种动态变化，都会引起服务中断。例如，当一个用户移动到另一个位置，若数据仍被发送到用户原来所处的地方，会出现服务中断。当车载媒体源移动到其他地方时，若仍然到原位置获取数据，也会出现服务中断。同样，有时即使用户没有移动，但由于其他众多用户设备的加入，应用的服务质量也可能会降低甚至会可能出现连接中断的现象。为了维持动态环境下的服务性能和服务持续性，要求网络能够拥有机制来适应网络环境的动态变化。

注意这些动态因素包括：网络资源，如网络带宽及网络节点的节点能量、连接质量、处理能力、存储能力等；用户的行为和需求以及所处环境，如用户的移动性和请求网络的模式等。此外，在网络中由各种应用产生的数据也存在着动态性，如数据的位置、P2P 网络里的文件和传感器网络里收集到的样本数据等，它们的可用性和数量会随着数据的创建和删除而发生变化。

在多种接入技术共存的环境下，为了保证用户的服务质量和连接的连续性和可靠性，快速无缝的水平切换和垂直切换是必要的。为此，在切换之前需对各种动态因素，包括用户的链路状态、对应用服务质量及费用的需求以及各种接入网络的能力、当前负载状态等进行综合考虑并做出合理的切换决策。

具体来说，在移动性管理中应至少实现下面的自治行为。

(1) 自动发现（Auto-discovery）

移动性管理中的自动发现包括：

- “自身发现”。如自身组件、当前状态、极限容量以及与其他系统间存在的可能连接等的详细信息。
- “网络/邻居发现”。移动主机发现所有可能的接入路由器和基站，切换情况下接入路由器发现所有潜在的“目标接入路由器或基站”等。

(2) 自优化(Self-optimization)

移动性管理中的自优化是指通过不断地感知周围的环境来寻找最好的终端行为和连接资源的关系，即既要优化网络资源的使用，同时又能使用户感知的业务性能达到最优。

(3) 自动调节(Auto-adaptation)

移动性管理中的自动调节包括各种管理机制、方法等，如由于切换可能导致用户的 QoS 受损时，网络应能够自动调节相关资源的参数，从而维护用户的 QoS 不受损伤或损伤在可接受的范围内。通过自动调节功能，网络能够处理由于异构接入网络之间的差异而导致的 QoS 降级、受损等，从而帮助 QoS 的恢复。

(4) 自动配置/重配置(Auto-configuration/Re-configuration)

移动性管理中的自动配置/重配置是指当移动节点切换到一个新的网络时，需能够自动完成配置或重配置。

自治移动性管理能带来的优势如下：

(1) 增强切换过程，特别是垂直切换过程的灵活性、鲁棒性和可靠性，可以优化使用整个网络的各种资源。

(2) 可以改善应用的性能，提高用户对服务质量的感知。

(3) 充分利用多种接入网络带来的好处，在提高用户对服务质量的感知的同时能减少用户的网络花费。

7.3.2 基本原理

简单地说，实现自治移动性管理的基本思路是从移动网络架构和协议等相关的方面进行设计和改进，以便在移动性管理方面实现自配置、自优化、自调节等自治功能。例如，在网络架构上，改进移动网络架构的功能实体极其分布，主要目的是实现带有反馈功能的控制环，以便能够更好地做到上述的自治功能。在移动性管理方法和协议上，如切换决策及协议消息的参数，考虑动态因素，利用控制环，自动调节包括策略、网络性质、配置、用户位置等网络和用户相关的参数，甚至使用的控制协议等。

具体方法是，遵循自治的基本原理，充分考虑网络的各种动态因素，包括长期的、短期的及瞬时的变化，引入控制环，对涉及移动性管理的事件、环境、资源等进行动态的监控，以使移动性管理的相关协议、决策等能够根据所处环境的变化进行自调整，保证用户的应用性能达到最优，同时网络的资源得到最大的利用。进行的调整主要包括：

(1) 自适应网络资源变化。网络资源的动态因素包括链路资源和网络节点资源。链路资源(如带宽)在可用性、数量和质量上可能发生变化。网络节点资源包括电量、处理能力、存储能力和缓存大小等，它们的可用性和数量会发生变化。例如，当一个节点或链路失效的时候，节点和链路的可用性就发生了变化。当一个电量驱动的节点的残余电量下降时，节点资源的数量就会发生变化。当一个链路的可用带宽变化时，链路资源的数量就发生了变化。在无线网络中，链路资源的质量可能会因为突发的无线频谱噪声或干扰发生变化。

(2) 自适应用户行为变化。用户行为的动态因素是指网络用户的活动。用户行为可能会在位置、数量、需求和请求模式上发生变化。例如，用户在发送或接收数据的过程中移动到一个新的地方，位置发生了变化；用户加入或退出一个网络时，网络中的用户数量会发生变化；一些用户请求传输低时延数据而其他用户请求低通信负载数据，用户的需求是变化的。当用户改变他们的查寻和检索数据的参数时，用户的请求模式发生变化。

(3) 自适应网络环境变化。用户行为的变化会导致用户所处的网络环境发生变化。例如，从一个地方移动到另一个地方之后，不同接入网络的质量会发生变化，因此在进行切换时需考虑移动引起的网络环境的变化。这里的网络环境主要指接入网的种类、质量以及网络的状态等。

由于自治型移动性管理方法的引入跟它们所处的网络架构是密切相关的，所以下面我们从两种不同的未来移动网络架构出发，介绍其中的自治型移动性管理方法，并重点强调移动性管理涉及的不同的过程及阶段中的自治功能的实现。

7.3.3 典型方法

1. 自组织网络

无线网络技术的发展与进步、无线接入和访问 Internet 及基于 Internet 服务需求的扩张，导致网络结构越来越复杂，网络中参数的数量越来越多。网络的快速演进导致当前 2G、3G、EPC 等基础设施并存的局面。基站数量仍在快速扩张(特别是 Home eNB)，基站的配置与管理越来越复杂。在此背景下，迫切需要以最少的人工干预完成网络配置与管理。自组织网络(SON，Self-Organizing Network)[23] 正是在这样的背景下应运而生。

SON 旨在使移动网络中的自治化操作跨越到更高级。目前的 SON 是下一代无线技术长期演进(LTE,Long Term Evolution)的重要组成部分。它通过消除设备部署时的手工配置,动态优化运行时的无线网络性能,最小化运行一个网络的生命周期开销。从最初的无线通信网络到2G网络,到3G网络,配置和管理NodeB、无线网络控制器和核心网络元素占据了网络运营的大部分开销,它们当中的很大一部分花在了普通的、累赘的任务上。消除设备部署时的手工配置,动态优化运行时的无线网络性能,最终将降低网络单元的消耗和无线数据服务的价格。这能为用户提供更好的网络访问,获得移动业务中的竞争优势。运营商们直言不讳地表明他们不想丧失走向LTE中自治所能带来的利益,因此开始致力于在供应商中推进自组织网络原则和3GPP(第三代合作伙伴)标准过程。

概括地说,SON的两个最大好处是:

- 能够提高网络质量;
- 能够削减运营支出(OPEX,Operational Expenditure)。

SON的愿景是未来无线接入网能够更易于计划、配置、管理、优化、修复,这是符合3GPP和NGMN(下一代无线网络)的观点的。目前SON支持的自治功能包括自配置、自优化、自修复等[24~27]。

自配置的主要目标是在基站(eNBs)的安装过程中通过提供"即插即用"的功能来减少人为的干预。自配置包括多项功能,如自动软件管理、自测试、自动邻居关系配置等。通过自配置功能,新基站可以被自动地配置并融入网络中,包括连接的建立和各种参数配置及软件的下载等。

自优化包含多个方面,如覆盖范围与容量优化、节能、PCI自配置、切换优化、移动负载均衡优化、RACH优化、自动邻区关系、小区内干扰协调等。这里切换优化指优化影响激活模式和空闲模式切换的所有参数从而保证最好的端用户服务质量和性能。在自优化的过程中要特别注意考虑具有竞争关系的不同过程和特性之间的关系,如切换过程的优化和自动邻居关系和负载均衡需同时考虑。

自修复机制旨在减少当网络中的某些节点无法操作时这种失效带来的影响。如通过调整相邻蜂窝间的参数和算法让其他的节点支持失效节点服务的用户。自修复包含处理主要服务中断的一系列的关键功能,包括检测、根源分析、中断迁移等机制。自重启及其他自动警报特征为网络操作人员提供更快速的响应选项。自修复将自动检测和局部化多种失败,并应用自修复机制解决这些失败。

SON已经被编进3GPP Release 9规范里,包括36.902[26]以及NGMN(Next Generation Mobile Networks)公布的白皮书。使用SON特征的第一种技术是UMTS和LTE。LTE规范固有地支持SON特征,如自动邻居关系(ANR,Automatic Neighbor Relation)[28],这也是3GPP LTE Release 9的旗舰特征。

下面介绍 SON 中的移动性管理。

3GPP 标准的一个主要目标是在多设备商的网络环境中支持 SON 功能。因此 SON 标准的很大一部分是定义适当的接口用来交换各种 SON 的算法所需要的信息。SON 的规范是定义在现有的 3GPP 网络管理架构上。除了接口之外，3GPP 还定义了一套 LTE SON 用例及相关的 SON 功能。特别是 3GPP Release 11 对自动邻居关系、切换优化、负载均衡优化、覆盖范围及容量优化等 SON 特性进行了加强。下面简要介绍 3GPP 网络中与移动性管理相关的自动邻居关系、切换优化、负载均衡优化、随机接入信道优化等自治功能是如何实现的。

(1) 自动邻居关系[29]

自动邻居功能的目标在于将管理者从繁重的手工管理邻居关系（NRs，Neighbour Relations）中解脱出来。图 7-5 所示为一个无线接入技术（RAT，Radio Access Technology）内自治邻居发现 ANR 过程。具体如下：

① 用户终端设备 UE 根据 E-UTRAN 设置的测量配置进行测量。例如，UE 检测到一个物理 ID 为 3 的 E-UTRAN 蜂窝。

② UE 发送测量报告给服务蜂窝（cell），它使用物理 ID 标识不同的 E-UTRAN 蜂窝。如 UE 包含检测到的物理 ID 为 3 的蜂窝。

③ eNB 接收到报告，指示 UE 报告物理 ID 为 3 的蜂窝的全局 ID。

④ UE 通过读取广播控制信道（BCCH，Broadcast Control Channel）获得检测到的蜂窝的全局蜂窝 ID。

⑤ UE 将全局蜂窝 ID 报告给服务蜂窝。

⑥ 服务 eNB 更新邻居列表。

⑦ 服务 eNB 发送更新邻居列表给 OAM 并从 OAM 处得到新检测到的蜂窝的 IB 地址。

⑧ 需要的话，服务 eNB 将与目标 eNB 建立一个新的 X2 接口。

在 ANR 过程中，基于 ANR 的 eNB 和 OAM 交互的信息如图 7-6 所示。

(2) 切换优化

当前 2G/3G 系统里的手工设置切换参数是一种非常耗时的工作。在许多情况下，初始化部署后更新移动性参数的成本非常大。

使用错误或不合适的切换参数设置会给用户体验带来消极的影响并可能引起乒乓效应、切换失败和无线链路失败，浪费网络资源。因此，切换优化的最主要的目标在于减少与切换相关的无线链路失败的数量。并且，切换参数的非优化配置即使不带来无线链路失败，也可能导致严重的服务性能下降，如乒乓效应带来的影响。因此，切换优化的第二个目标是减少由于不必要的或缺少的切换引起的网络资源的低下利用率。

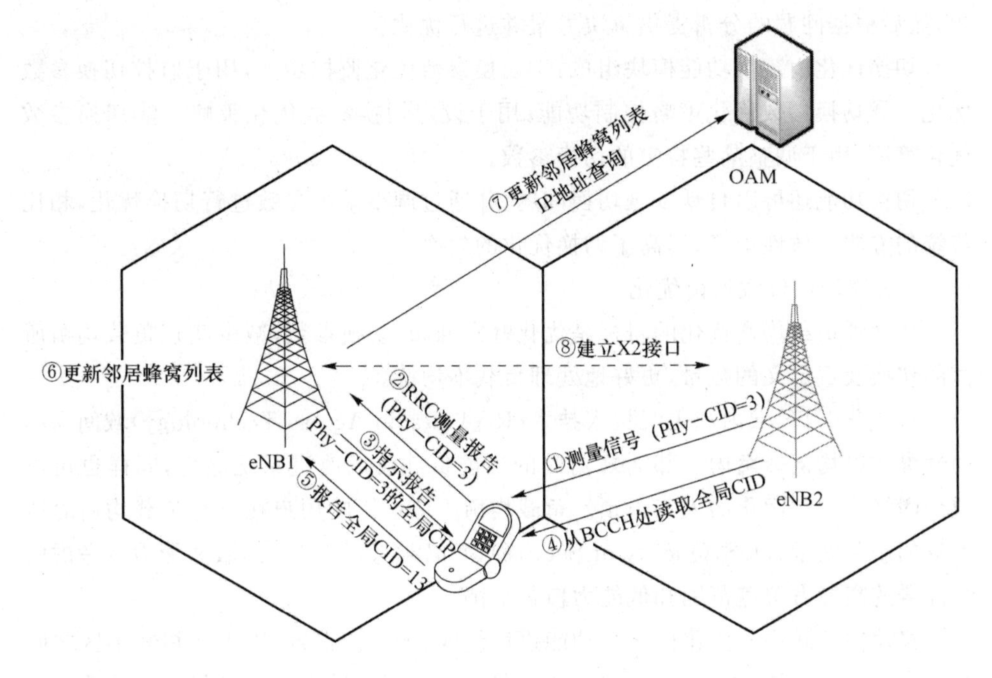

图 7-5 ANR 过程

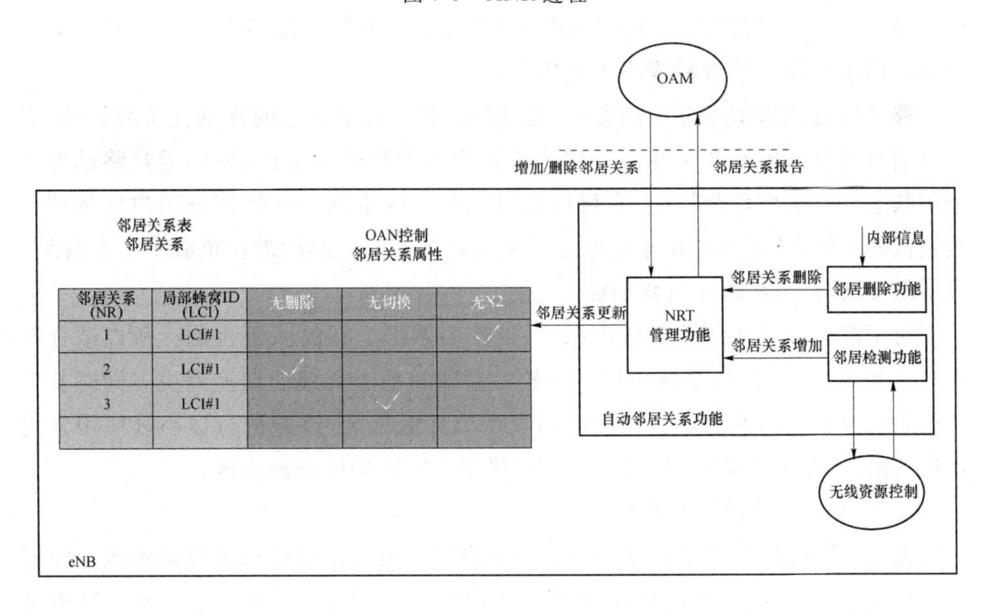

图 7-6 基于 ANR 的 eNB 和 OAM 交互

切换优化是基于性能指标的反馈来调整切换门限的，同时自适应调整小区参数以适应该门限。其主要思路是通过相应的 Uu 接口、X2 接口信息检测到相关问题，然后根据问题的分析提供解决方案并进行优化。

切换优化由三个功能模块组成：①切换参数优化监控功能，用于监控切换参数优化。②切换参数优化策略控制功能，用于设定切换参数优化策略。③切换参数优化算法，用于调整某些特定的切换参数。

切换功能还可以自动发现切换问题，并通过调整某些参数进行切换优化，相比传统的方法时效性更高，提高了切换优化的效率。

(3) 移动性负载均衡优化

移动性负载均衡优化的目标是优化蜂窝回归/切换参数，减少实现负载均衡所需的切换及重定义的数量，更好地处理负载不均衡。

自优化 LTE 域内和无线接入技术(RAT，Radio Access Technology)域间的移动性参数以均衡蜂窝内和邻居蜂窝间的当前负载可以改进系统能力，同样也可以减少网络管理和优化的人工干预。负载均衡不应该影响用户在没有负载均衡时所拥有的服务质量(QoS，Quality of Service)，它必须考虑 RAT 的服务能力及考虑网络部署的高能力覆盖范围和低能力覆盖范围。

移动性负载均衡优化由三个功能模块组成：①负载报告，用于在相邻小区之间交互小区的负载信息。②基于切换的负载均衡过程。源小区可发起基于负载均衡的切换，目标小区对其执行准入控制。③自动调整切换参数/重选参数。用于向目标小区请求修改切换参数或小区重选参数。

移动性负载均衡可分为两类：一类是终端处于激活状态的移动性负载均衡，它可以通过调整切换参数来使部分用户切换到负载较低的小区；另一类是终端处于空闲状态的移动性负载均衡，它可以通过调整小区重选参数使部分用户重选到负载较低的小区，从而避免由空闲状态终端发起呼叫而引起的潜在负载不均衡情况。

① 激活态的移动性负载均衡

对于激活态的移动性负载均衡，可以使用系统已有的测量机制。所以结合调度机制和 X2、S1 接口，系统可以进行较为精确的基于负载的切换判决。同时基于负载的切换通过切换消息将切换原因发送给目标小区，以避免目标小区使用常规切换门限(未考虑负载均衡的切换门限)将用户突然切回到源小区。

② 空闲态的移动性负载均衡

在 LTE 系统中，系统可基于当前激活态用户情况来调整小区重选参数。随着一个小区中实时流量的增加和/或用户 QoS 要求的提高，系统通过调整小区重选参数，迫使小区边缘用户重选到信号最强的邻居小区或切换到当前空闲资源较多的同覆盖小区。

(4) 随机接入信道优化

随机接入信道(RACH,Random Access Channel)的配置会产生对系统性能至关重要的影响。RACH 冲突概率主要受 RACH 设置的影响,因此 RACH 设置成为呼叫设置时延、数据从上行链路(UL,Uplink)非同步状态恢复时延和切换时延的重要因素。RACH 参数优化可以优化网络部署。因此 RACH 优化的目标包括最小化所有用户终端(UE,User Equipment)的接入时延、最小化由于 RACH 引起的 UL 干扰、最小化 RACH 尝试间的干扰。

在随机接入过程中,有两个重要的参数:接入成功率 AP(m)和接入时延概率 ADP(δ)。当 AP(m)或者 ADP(δ)在一段时间内小于一个目标门限值时,就会触发随机接入信道的优化过程。为了配置 RACH 参数(如传输功率控制参数等),随机接入信道自优化功能需要根据 UE 上报的信息对 AP(m)或 ADP(δ)进行估算。然后根据这两个参数,调整 PRACH 传输功率控制参数或前导序列格式,从而达到目标接入时延。不仅如此,随机信道自优化功能还需要通过 X2 接口的 eNB 配置更新过程进行,在 eNB 之间交换 PRACH 配置更新信息。随机接入信道自优化功能根据邻小区的 RACH 参数配置情况及 UE 上报的信息进行 RACH 优化。

2. 基于通用自治网络架构的移动性管理

(1) GANA

通用自治网络架构(GANA,Generic Autonomic Network Architecture)[14]是欧盟第七框架计划(FP7)的一个项目 EFIPSANS(Exposing the Feature in IP version six Protocols that can be exploited/extended for the purposes of designing/building Autonomic Networks and Services)提出的自治网络架构。EFIPSANS 项目的主要目标是通过利用 IPv6 协议现有的或可待扩展的特性以设计、创建自治的网络和服务。

GANA 架构是由自治节点、网络的控制环以及二者之间的交互来捕获说明驱动的,在设计网络架构时综合考虑了网络的异构性对节点和系统内部自治元素设计的影响,并严格定义了自治行为的说明及实现。GANA 体系架构如图 7-7 所示,它由四个功能平面组成,即决策平面、分发平面、发现平面和数据平面。而其中的决策平面、分发平面、发现平面又由分层的实体,即决策单元(DE,Decision making Element)和被管理实体(ME,Managed Element)组成。

决策平面(Decision Plane)制定驱动一个节点的行为(包括该节点的所有被管理实体的行为)或网络域所控制的所有决策,包括可达性、负载均衡、接入控制、安全与接口配置等。决策平面取代了目前的管理平面,它实时运行在关于拓扑、流量、时间、上下文及其变化、网络目标/策略、一定网络域内节点和设备的能力及资

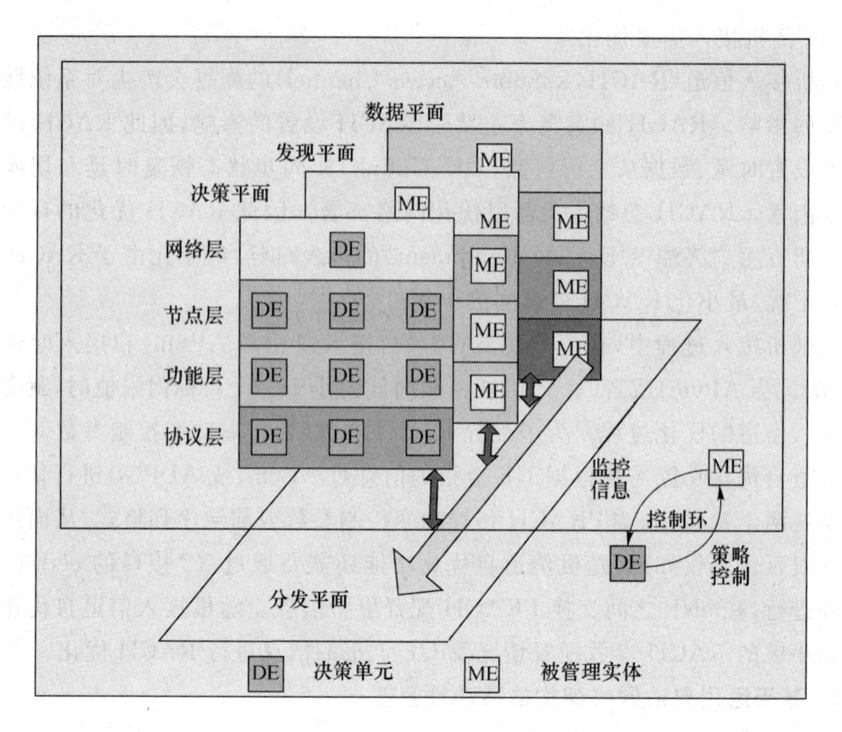

图 7-7 通用自治网络体系架构 GANA[30]

源限制的网络域视图上。决策平面由自治元素，即决策制定单元(DME，Decision Making Element)，简称决策单元(DE)组成。DE 负责管理具体的资源/实体。为了达到或维持某些目标，DE 根据收集到的相关信息，包括被管理资源/实体连续不断暴露的信息与该 DE 的信息提供者提供的其他信息(例如，该 DE 所在的设备运行的环境信息)，做出相应的决策，驱动以该 DE 为核心的控制环，最终管理/影响被管理资源/实体的行为。被管理实体(MEs，Managed Entities)表示一种被管理的资源或者一个自动的任务。

分发平面(Dissemination Plane)在一个节点内部及节点之间的实体(如 DE 和 ME)间提供一个用于交互控制信息以及任何非用户数据信息的可靠的和有效的通信手段。它由一些机制与协议组成，信息的交互方式有 Push 和 Pull 两种。由分发平面传送的信息包括以下几种类型：信令信息；监测数据，包括状态信息的变化等；其他需要在 DE 之间传送的控制信息；异常信息，如故障、差错、失败、报警等信息。ICMPv6、MLD、DHCPv6、SNMP、IPFIX、NetFlow 和 IPC 等机制可以认为属于该平面。

发现平面(Discovery Plane)由一些协议或机制组成，负责发现网络或服务的组成实体，并为它们创建逻辑标识。发现平面定义了标识的作用域及持续时间，自动发现它们间的关系并进行相应的管理。例如，发现一个节点有多少个接口，发现一个节点持有多少个转发信息库(FIB, Forward Information Base)、邻居发现(ND, Neighbor Discovery)等。值得注意的是，还包括发现感兴趣节点的能力(Capabilities)、网络发现与服务发现等。该平面的核心是一些具有自描述(Self-description)与自通告(Self-advertisement)功能的协议或机制。IPv6 邻居发现、IPv6 SEND、服务发现协议/机制、拓扑发现协议等可以认为属于该平面。在一个自管理网络中，发现平面的一些协议或机制由决策平面的 DE 来进行自动配置，这些协议或机制组成多个被管理的实体(ME, Managed Element)。

数据平面由一些处理单个数据包的协议与机制组成，处理依据来自决策平面的输出状态，如转发表、包过滤、链路调度权重、队列管理参数以及隧道与网络地址翻译的映射等。IP 转发、L2.5 转发、L2 转发、L3 交换、L2 交换等协议/机制可以认为属于数据平面。同发现平面相似，数据平面也由多个被管理实体 ME 组成。

在这个四平面的结构下，发现平面的某些单元可能会使用数据平面提供的服务，即这些单元运行在数据平面上；它们也可能使用分发平面。分发平面的单元可以不需要使用数据平面提供的服务或运行在数据平面上，即分发平面不一定依赖于数据平面，二者可以相互独立。决策平面的 DE 使用分发平面的服务实现彼此间的通信。这里特别值得注意的是，DE 是 GANA 提供自治属性，实现网络自治功能的关键部件。由于网络功能复杂，因此在一个网络节点中通常需要由多个 DE 来负责不同的决策过程，以便控制和管理不同的网络实体。DE 与 ME 之间构成了形成自治系统所不可缺少的控制环，并且 DE 与 ME 可以处于相同或不同的网络节点中。

GANA 架构的另一特点是这些控制环采用了分层设计的方法，它基于以下的考虑：

- 在创建自治行为说明/规范时，使用分层控制环可以分开所考虑的关键问题。
- 分层控制环允许某些决策能在不同的控制和复杂性层次制定。
- 分层控制环使得系统能够更加灵活地控制/解决问题决策冲突及设定不同的优先级。

控制环自上而下分为四层：网络层控制环、节点层控制环、抽象化网络功能控制环及协议层控制环。

网络层控制环是最高级别的控制环，它控制管理一定网络域的行为，依据是第三方(“管理器”)施加的策略或者网络自身之间的合作性策略。网络层控制环能控制或影响一个特定网络中节点的决策单元，这样决策单元便可根据控制环施加的行为准则做出相应的决策。例如，网络规则可以制定：当有管理实体时，存在一个做决策和设定规则的“管理器”实体，节点的其他部分只要遵守这些规则就行。属于网络层控制环的“管理器”的决策元在网络中制定规则，并负责分发。另外，属于网络层控制环的普通节点的决策元能够“监听”到这些规则，然后把这些规则施加在自身身上。网络中没有“管理器”时，网络节点以自治方法设定它们要遵循的规则（例如，AdHoc 网络中节点的合作），所以网络控制环中的决策元不仅要负责“监听”这些规则，还要创建规则。决策元通过与同层的其他决策元之间的通信及合作创建、监听规则。

节点层控制环的目标是控制节点的整体行为。节点的主决策元，也可以称为自治节点管理器（ANM，Autonomic Node Manager），“监听”并优先考虑自治节点正在或希望参与的一些网络规则，根据这些规则调整自身行为。节点控制环负责根据网络级控制环施加的命令或规则，创建和调整节点行为。所以节点控制环充当的角色是网络级控制环中 DE 的 ME，即低层 DE，提供并更新一些规则。同时节点级 DE 能使用自己拥有的知识（knowledge）影响或强迫低层的 DE 执行某些决策，这些决策可能会进一步影响它们的 ME 的行为，直至影响到最底层的某个协议行为。例如：

- 当创建了新的 DE，节点级控制环的 DE 要负责引入一些控制新 DE 操作或更新原 DE 操作的规则。例如，当拥有 CDMA 网卡的无线节点安装上 Wi-Fi 网卡时，需要更新切换决策 DE，使之能够处理 CDMA 与 Wi-Fi 网络之间的垂直切换。该 DE 的更新受 NODE_MAIN_DE 规则的影响。
- 因为不同的规则会描述/要求不同的节点行为，这时，节点控制环要负责设定规则实现的优先级。例如，当节点的不同 DE 做出的决策关乎同一个节点的资源、性能和行为，并且这些决策是彼此冲突的，或者不能够同时执行，在该情况下，就需要节点级控制环设定 DE 所做决策的优先级。如节点电量不足时，它的传输 DE 和监视器相关 DE 需要的能量不能同时得到满足。这时两个 DE 的需求哪个有较高的优先级需要由节点控制环做出决策。
- 按需求创建层次结构中控制环的 stacks。例如，当节点移入一个新的网络时，允许或禁止 QoE 或者中继操作。

功能级控制环抽象了一个具体的网络功能（如路由功能、移动性管理功能等）及与之关联的一些协议，并控制这些协议。该控制环根据节点的规则和行为以及整体性能的优化，打开和关闭相应的协议。路由管理 DE、移动性管理 DE、鉴权/认证 DE、公共资源库 DE、QoSDE、自愈与生存性 DE 等都属于该级控制环上的 DE。

功能级控制环操作可以填补同一个网络/节点功能的不同接入技术和不同方法/机制之间的缺口(Gap)。例如,如果一个节点连接到多个网络,就 QoS、水平切换、资源分配、差错控制而言,将会涉及不同的网络机制和协议。这些 DE 的任务还包括根据节点的最大化利益 (Best Interest)有效地选择协议、机制,甚至网络。

协议级控制环用于自动执行协议,并控制它们相应的操作和功能。控制环能创建协议的智能性,有助于实现网络 self-* 行为,将网络组织成稳定、高效的系统。

(2) 基于 GANA 的移动性管理

由上面的介绍可知,基于 GANA, 为实现自治移动性管理功能,应该实现移动性管理相关的 DE,构造相应的控制环,以便能够动态地监测网络环境(如无线链路信号的变化)和用户的行为(如移动速度),并实现根据网络环境和用户行为的变化,使网络和/或用户设备自动地做出调整,如切换或调整相关应用的服务质量等。图 3-6 所示为移动网络中移动性管理相关的控制环。

在图中移动节点 MN 通过网络节点(可为蜂窝网络基站 BS 或 Wi-Fi 接入点 AP,也可为任何网络实体)接入网络。为监测用户行为和网络环境的变化,在移动节点和网络节点上都需要信息监测功能,如基站可以监测到当前网络的负载、接入的移动节点的数量、各种链路的质量、网络的剩余处理能力等信息,移动节点可以监测到目前接入基站和邻居基站链路信号的强弱、用户移动的速度和方向、应用的服务质量及其变化情况等。为快速、准确地做出调整,可以在移动节点和网络节点内部都设置自治环,对监测到的信息进行分析,并进行综合决策,如网络节点可以根据目前网络的负载情况决定是否接受一个切换请求,而移动节点可以根据监测到的网络信息和用户的行为确定是否发起切换或激活一个连接,或由于链路质量太差或费用过高而暂时禁止一个连接。当然,在移动节点和网络节点之间更需要形成控制环,这样网络节点可以综合移动节点监测到的信息,甚至移动节点做出的决策进行最终的决策;对移动节点来说亦然。

下面通过两个异构网络中需要进行垂直切换的场景的例子来更好地理解上述节点内部和节点之间的控制环的重要性。

① 异构网络中用户发起的垂直切换

异构网络中的垂直切换场景如图 7-8 所示。一个多家乡移动终端,通过移动蜂窝网络,如 GPRS/TD-SCDMA 网络,运行着两个业务:一个是数据下载;另一个是话音。

当节点移动到 Wi-Fi 也可以使用的区域时,用户希望能够自动地将数据下载业务切换到 Wi-Fi,以便能够充分利用 Wi-Fi 网络的更大的带宽,同时还能节省费用。但希望话音通信仍使用 GPRS/TD-SCDMA 网络进行,以便保持较好的通话质量。当节点离开了 Wi-Fi 的覆盖范围时,用户希望两个业务仍不中断,即两个业务又需同时恢复使用 GPRS/TD-SCDMA 网络继续进行。

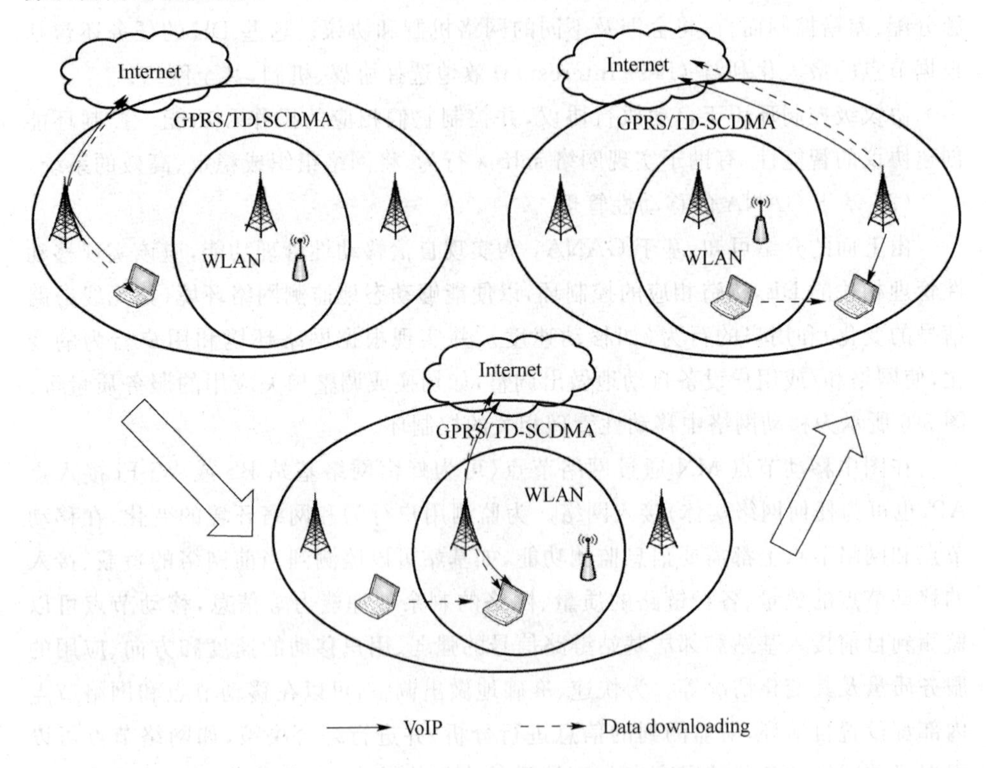

图 7-8　Wi-Fi 和移动蜂窝网络之间的垂直切换

显然,这个场景涉及 Wi-Fi 和移动蜂窝网络之间的垂直切换。移动节点需要不断地监测 Wi-Fi 和 GPRS/TD-SCDMA 网络 AP 和基站的信号。当 Wi-Fi 网络的信号达到一定的强度,同时网络的可用带宽满足一定的要求时,移动终端中的 DE 可以决定将数据下载应用切换到 Wi-Fi 网络中继续进行。注意,通常情况下网络的可用带宽只能由网络节点监测并综合网络节点的设备能力获得,因此网络节点与移动节点之间形成控制环是必要的。

② 异构多跳无线网络中的垂直切换

在如图 7-9 所示的异构无线网络场景中,存在由 Ad Hoc 网络形成的多跳的情况。即一个移动节点可以借助于 Ad Hoc 网络,通过多跳的方式连接到移动蜂窝网络或 Internet。例如,移动节点 MN1 希望与两个通信对端 CN1 与 CN2 进行通信。MN1 可以通过 Ad Hoc 方式直接与 CN1 建立连接进行通信。使用该方式,CN1 与 MN1 都避免与基站 BS1 进行通信,这样可以节省 BS1 的各种资源。当 MN1 希望与 CN2 进行通信时,可以经由基站 BS1 与 CN2 建立连接。但在基站或者 CDMA 网络内部发生了拥塞或者无线链路信号不好的情况下，MN1 也可以通过 Ad Hoc 方式与 MN3 建立连接，通过 MN3 然后经由基站 BS2 与 CN2 通信。当然用户希望在这两种情况下，在切换过程中保持通信不中断。

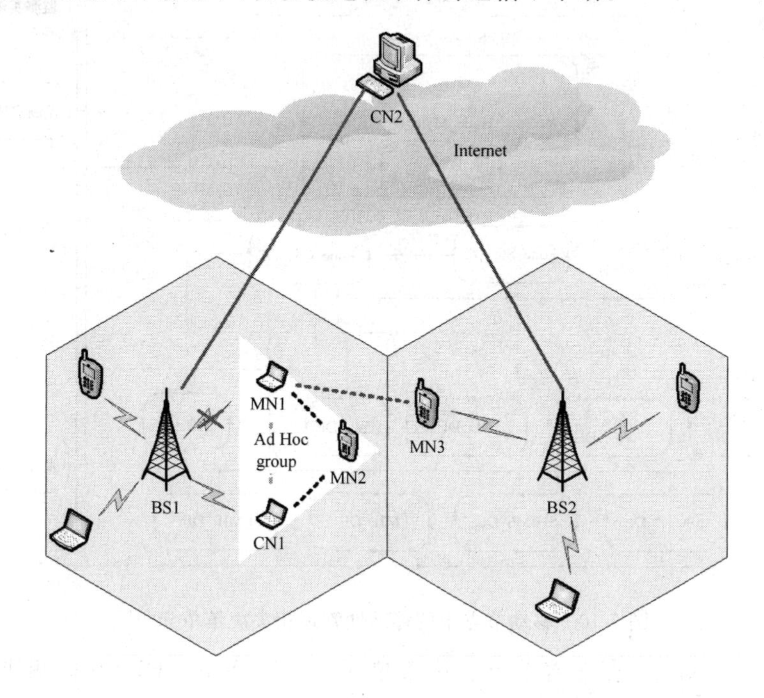

图 7-9 异构多跳无线网络中的垂直切换

在该场景下，移动节点 MN1 需不断地监测与基站 BS1 的连接状态，同时检测其他可能的网络连接，如及时发现与 MN3 可能存在的连接等，并将得到的信息进行分析，发现一条经由 MN3 到达 CN2 的路径。当 MN1 监测与 BS1 的连接出现中断时，MN1 中的决策单元可以立即做出判断，将与 CN2 的连接立即切换到经由 MN3 进行。注意在此场景中，切换可由三种方式触发：

- MN1 用户的移动；
- 由于中继节点移动或退出（如关机）引起的 Ad Hoc 网络拓扑结构的改变；
- 由于无线信号不稳定（如受干扰等）而造成的链路中断。

基于 GANA 体系架构，为了实现不同的自治移动性管理功能，可以引入不同的移动性管理相关的决策单元 DE。总体思想如图 7-10 所示，这里在网络一级上，存在着针对 Wi-Fi 和 CDMA 两种不同接入网络的决策单元，即 Net_MN_Wi-Fi_DE 和 Net_MN_CDMA_DE。它们根据所获得的各自网络内部的信息，对网络事件做出整体的判断，如 Wi-Fi 和 CDMA 网络间资源的调整等。

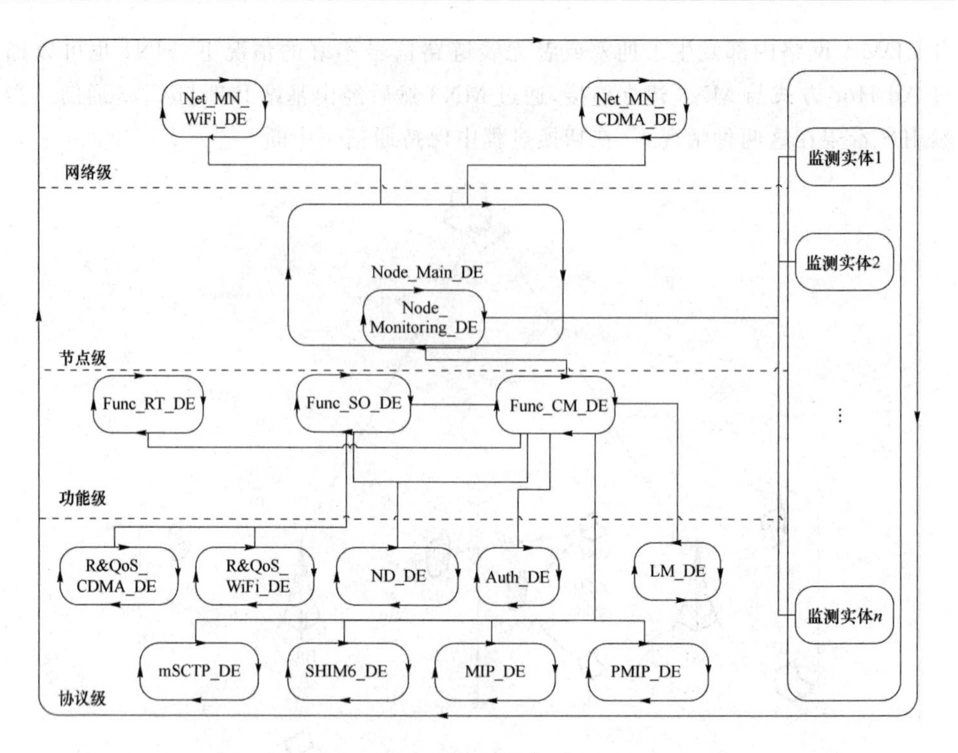

图 7-10 移动节点中的移动性管理相关决策单元[31]

在节点一级上，存在着节点主决策单元(Node_Main_DE)和监测决策单元(Node_Monitoring_DE)。Node_Monitoring_DE 根据不同级别的监测实体监测到和获得的各类信息，如设备的可用网络接口、当前和邻居 Wi-Fi 和 CDMA 网络的信号强度、周围的网络实体及其信号的强弱(如 Ad Hoc 情况下)、支持的移动性管理协议等进行综合的分析，并做出判断，如当前哪些连接是可行的等，并报告给 Node_Main_DE。Node_Main_DE 根据所获得的所有信息，包括网络级决策单元的决策结果做出综合的判断，根据通信路径的改变可能会带来的对应用性能的影响，指导功能级决策单元，包括连接管理和路由优化等如何进行决策。

在功能级上，涉及移动性管理的有 3 个决策单元：连接管理决策单元(Func_CM_DE)、路由决策单元(Func_RT_DE)、资源优化决策单元(Func_SO_DE)。为给用户提供更好的服务和体验，移动网络应当不仅仅能够提供面向设备的移动性管理，如在某一时刻该设备上的所有应用都从一个网络(基站)切换到另外一个网络上，而且还应该提供面向连接的移动性管理，如在上面的场景 1(异构网络中用户发起的垂直切换)中，根据用户和应用的需求，在某一时刻不同的连接应能保持在或切换到不同的网络上。在异构多跳场景中，移动设备可能存在着多种连接模式，如蜂窝网络模式，即移动设备与蜂窝网络基站直接相连；中继模式，即通过其他一个或多个移动设备作为中继连接到蜂窝网络的基站上；Ad Hoc 模式，即与其他节点采用近距离无线通信技术（如蓝牙等）通过 Ad Hoc 的方式进行直接通信。这样就需要一个连接管理决策单元 Func_CM_DE 来选择和维护移动节点的可能连接，建立连接信息表，并且当连接状态或条件发生变化时对该表进行修改，并在各种连接模式之间执行切换。

在多跳的场景下，切换时路由/重路由是切换的一个重要过程之一。因此，可以设置一个路由决策单元 Func_RT_DE，它可根据如下信息进行路由决策：中继节点的可用资源（带宽、电源电量等）、MN 与其他可中继节点的距离、每个可能路径的性能参数、节点的 QoS 限制等。这些信息可以通过邻居发现决策单元（ND_DE）以及对等实体（peering DEs）获得。

在协议级上，涉及的决策单元较多，主要包括三类：

- 跟移动性管理协议相关的决策单元。根据 MN 支持和使用的不同的移动性管理协议，MN 应具有不同的跟每种协议相关的决策单元，如 Mobile IP 协议对应的 MIP_DE，SHIMv6 协议对应的 SHIMv6_DE 等。这些协议决策单元可以跟对等实体中的相应的决策单元通信，完成信息的通信和协商等功能。
- 跟资源管理和优化以及保证 QoS 需求相关的决策单元。如针对 CDMA 网络的 R&QoS_CDMA_DE，针对 Wi-Fi 网络的 R&QoS_Wi-Fi_DE 等。这些决策单元可工作在两种方式下。一种是为切换决策提供依据。因为通常情况下，作为切换决策主要依据之一的是切换后仍然能保证应用的 QoS 需求同时最大限度地优化使用网络内部资源以及各种网络的总体资源。因此切换决策单元可以要求资源管理和优化决策单元进行估算各种可能判决情况下的资源的使用和优化情况，然后根据结果进行判决。另一种是切换判决结束后。通常情况下，Func_CM_DE 会根据多种因素进行切换的判决，如切换后的性能、使用的费用、可能消耗的网络资源等。当决策完成之后，Func_CM_DE 会要求资源管理和优化决策单元根据判决的结果对网络的资源进行优化。
- 辅助类的决策单元。如邻居发现决策单元（ND_DE）、位置管理决策单元（LM_DE）、认证单元（Auth_DE）等。其中的邻居发现决策单元通过与网络端对等实体的协作，可以将相关的、经过分析的有关邻居信息的结果，如哪些邻居节点可用等报告给协议级和功能级的决策单元。认证单元通过与网络中的认证单元进行联络,确定新连接或切换能否通过网络的认证。而位置管理决策单元通过从基站获得的公告信息等来记录和管理 MN 的位置信息,为新连接的建立提供依据。

注意在 GANA 模型中,虽然有些情况下一些 DE,特别是协议级的 DE 设置的目的是用来提供相关信息。但跟监测实体不同的是,这些 DE 提供的信息通常是经过分析、计算和判断的。

此外,目前 GANA 模型及基于 GANA 模型的自治移动性管理还处于研究阶段。上面给出的移动性管理控制环和相关的决策单元只是一个基本的原理。一方面,其中的多个 DE,如监测 DE、路由 DE、资源优化 DE 等会与其他的网络功能,如路由优化、QoS 提供等联合使用。另一方面,针对不同的场景和使用目的以及设备的结构,具体实现方式会有所不同。

7.4 小　　结

使用自治网络技术,能够在用户行为和网络环境等发生变化时,对移动性管理的各环节,如切换之前的邻居发现、切换判决时的网络选择和资源优化等,自动地进行优化和调整,从而在保证满足用户的各种需求的前提下优化整个网络资源的使用。

本章介绍了自治型移动性管理的需求和基本原理。为此,首先介绍了自治网络的起源和基本特点,然后介绍了实现自治网络的基本途径以及实现不同自治网络功能的相关技术,重点介绍了控制环的实现方法。在此基础上介绍了两种实现自治型移动性管理的系统和相关方法。

演进的移动业务需要带宽移动网络提供更高的可操作性和更高的网络性能。SON 旨在通过提高网络的自动化操作水平实现网络质量的改进和减少操作支出。SON 的功能包括自配置、自优化和自修复。SON 实现自治移动性管理的思路是实现自动的邻居优化、切换优化、移动负责均衡等。通过这些措施可以实现比传统管理方法更好的目标,如更好的鲁棒性、更好的性能、更有效的能量利用、更低的成本等。而 GANA 定义了一个通用的自治网络架构。通过不同的决策单元之间的配合,可以实现不同的自治功能。本章给出了异构无线移动网络环境中实现自治的垂直切换功能所需的不同级别的决策单元的例子。值得注意的是虽然这两种系统看起来大相径庭，但本质上都是通过在一个开放的网络环境中实现控制环来实现与移动性管理相关的自治功能。

值得注意的是，由于用户或网络需求的不断变化，具体的移动性管理方法，如切换控制算法、切换判决时考虑的各种因素，甚至基于 GANA 的方法中的决策单元和控制环的种类和数量都可能发生变化。此外，目前的自治型移动性管理技术还处于正在进行研究的阶段，本章所介绍的只是自治型移动性管理的基本原理，具体的实现方法会根据设备的结构及能力、支持的场景、移动性管理的目标等有所不同。

本章参考文献

[1] BABAOGLU O，CANRIGHT G，DEUTSCH A，et al. Design patterns from biology for distributed computing[J] ACM Transactions on Autonomous & Adaptive Systems，2006，1(1):26-66.

[2] HORN P，Autonomic Computing:IBM's perspective on the State of Information Technology [EB/OL]. (2001-10) [2016-12-21]. http://www.research.ibm.com/autonomic/ .

[3] STRASSNER J，KEPHART J O. Autonomic Systems and Networks：Theory and Practice[C]// Network Operations and Management Symposium，2006. NOMS 2006. Ieee/ifip. IEEE Xplore，2006:588-588.

[4] DOBSON S，DENAZIS S，et al. A survey of autonomic communications[J]. Acm Transactions on Autonomous & Adaptive Systems，2006，1(2)：223-259.

[5] KEPHART J O，CHESS D M. The Vision of Autonomic Computing[J]. Computer，2003，36(1):41-50.

[6] IBM White Paper. An architectural blueprint for autonomic computing [R]. 2005.

[7] BOUABENE G，JELGER C，TSCHUDIN C，et al. The autonomic network architecture (ANA)[J]. IEEE Journal on Selected Areas in Communications，2010，28(1):4-14.

[8] ANA：Autonomic Network Architecture，EU FP6 Project. [EB/OL](2006-

1)[2009-12]. http://www. ana-project. org/.

[9] BIONETS: BIOlogically inspired NETwork andServices, EU FP6 project. [EB/OL](2006-1)[2010-2]. http://www. bionets. eu/.

[10] HAGGLE: An innovative Paradigm for Autonomic Opportunistic Communication, EU FP6 Project. [EB/OL](2006-2)[2010-6]. http://www. haggleproject. org/.

[11] EFIPSANS: Exposing the Features in IPv6protocols that can be exploited/extended for thepurposes of designing and building autonomicNetworks and Services[EB/OL](2008-1)[2011-4]. http://www. efipsana. org/.

[12] Bazan O, Jaseemuddin M. Routing in autonomic communications[C]// Consumer Communications and Networking Conference, 2006. IEEE Xplore, 2006:91-95.

[13] KONSTANTINOUS O, SYLVAIN M, GUY L et al. ANA Deliverable D2. 1 First draft of routing designandservicediscovery[R]. http://www. ana-project. org/deliverables/2006/D. 2. 1. -Routing. pdf . 2006-12.

[14] CHAPARADZA R, Meriem T B et al. Autonomic network engineering for the self - managingFuture Internet (AFI); Generic Autonomic Network Architecture (An Architectural Reference Model for Autonomic Networking, Cognitive Networking and Self-Management[R], ETSI GS AFI 002 vl. 1. 1, 2013.

[15] CHAPARADZA R, PETRE R, PRAKASH A et al. Specification of the exploitable existing features in IPv6 protocols, including some feature combination scenarios for engineering autonomicity[R]. EFIPSANS Project Deliverable D2. 2,2009.

[16] SIMON V, BACSARDI L, SZABO Set al. BIONETS: a new vision of opportunistic networks: Wireless Rural and Emergency CommunicationsConference[C], 2007.

[17] SAXENA A, LACOSTE M, JARBOUI T, et al. A Software Framework for Autonomic Security in Pervasive Environments[M]// Information Systems Security. Springer Berlin Heidelberg, 2007:91-109.

[18] RFC 2386. A Framework for QoS-based Routing in the Internet[S]. 1998.

[19] RFC 1633. Integrated Services in the Internet Architecture: an Overview [S]. 1994.

[20] RFC 2475. An Architecture for Differentiated Services[S]. 1998.

[21] 802. 11e. IEEE Standard for Information technology--Local and metropolitan area networks--Specific requirements--Part 11. Wireless LAN Medium Access Control (MAC) and Physical Layer (PHY) Specifications - Amendment 8: Medium Access Control (MAC) Quality of Service Enhancements [S]. 2005.

[22] ARISTOMENOPOULOS G, KASTRINOGIANNIS T, LI Z, et al. An Autonomic QoS-centric Architecture for Integrated Heterogeneous Wireless Networks[J]. Mobile Networks and Applications, 2011, 16(4):490-504.

[23] 3GPP TS 32. 500. Telecommunication management; Self-Organizing Networks (SON); Concepts and requirements[S]. 2010.

[24] Nokia Siemens Networks. Self-Organizing Network (SON): Introducing the Nokia Siemens Networks SON Suite - an efficient, future-proof platform for SON[R]. 2009.

[25] SelfOrganizingNetworkSONWhite Paper[EB/OL]. (2009-9)[2016-12-21]. http://networks. nokia. com/ SelfOrganizing_Network_SON_White_Paper. pdf.

[26] 4G Americas. White Paper: Self-Optimizing Networks in 3GPP Release 11: The Benefits of SON in LTE[R]. 2003.

[27] 3GPP TS 36. 902. Evolved Universal Terrestrial Radio Access Network (E-UTRAN). Self-Configuring and Self-Optimizing Network (SON) Use Cases and Solutions[S]. 2011-4-7.

[28] NEC Corporation. White Paper: Self Organizing Network: NEC's proposals for next-generation radio network management[R/OL][2009-2]. http://se. nec. com/en_SE/en/global/solutions/nsp/lte/pdf/son. pdf.

[29] 3GPP TS 32. 511. Telecommunication Management: Automatic Neighbor Relation (ANR) management, Concepts andRequirements[S]. 2015.

[30] Nomor Research. White Paper: Self-Organizing Networks (SON) in 3GPP Long Term Evolution[R/OL]. (2008-5)[2016-12-21]. http://www. nomor.

de/uploads/gc/TQ/gcTQfDWApo9osPfQwQo Bzw/SelfOrganisingNetworksInLTE_2008-05.pdf.

[31] 李玉宏，程时端．未来自管理互联网的结构和机制[J]．中兴通讯技术，2010，16(2):23-26.

[32] CHAPARADZA R，PAPAVASSILIOU S，KASTRINOGIANNIS T et al. Creating a viable Evolution Path towards Self-Managing Future Internet via a Standardizable Reference Model for Autonomic Network Engineering. [C]// Towards the Future Internet - A European Research Perspective. 2009:136-147.

第8章　分布式移动性管理

传统移动性管理协议采用层次化架构，实现集中式移动性管理，在移动终端数量和数据业务流量激增的情况下，面临可扩展性、迂回路由、单点故障与单点攻击等问题。在网络架构扁平化的演进趋势下，分布式移动性管理致力于解决这些问题，采用扁平化架构和分布式移动性锚点部署，其主要思想是将移动性锚点部署在离用户更近的位置。本章分析移动性管理架构的演进趋势，剖析集中式移动性管理存在的问题，并介绍不同的分布式移动性管理技术思路及典型技术方案。

8.1　移动性管理总体架构的演进

对移动性管理架构的演进分析以移动性管理中的重要实体——移动性锚点（MA，Mobility Anchor）的概念为核心展开。在移动性管理协议中，移动性锚点是一个抽象的逻辑实体，它负责提供找到移动节点并使数据能够到达移动节点的相关功能，具体包括如下功能。

（1）锚定功能：为接入的移动节点提供 IP 地址或地址前缀分配。

（2）位置管理功能：负责移动节点位置信息的存储和维护，实现对移动节点的位置跟踪。

（3）转发功能：将用户数据转发至移动节点当前位置的功能。

这部分将对蜂窝移动通信网和 IP 网络的移动性管理架构进行分析，了解移动性管理架构从集中式向分布式演进的发展趋势。

8.1.1　蜂窝移动通信网的移动性管理架构

蜂窝移动通信网的移动性管理架构与蜂窝网的网络架构密切相关。现有的蜂窝移动通信网络采用层次化网络架构，在移动终端数量和数据业务流量激增的情况下，面临可扩展性和可靠性的问题。为了解决这个问题，扁平化的网络架构成为了新的发展趋势，将提供连接性（connectivity）和移动性（mobility）的实体进行分布化处理，将其从移动通信网络的核心网推向更靠近用户的接入网部分。

首先,分析移动通信网总体架构的扁平化演化趋势。

移动通信网从 2G 到 3G 再到 4G 时代,其网络架构表现出扁平化的演进趋势。图 8-1 描述了移动通信网络架构演进的主要阶段。

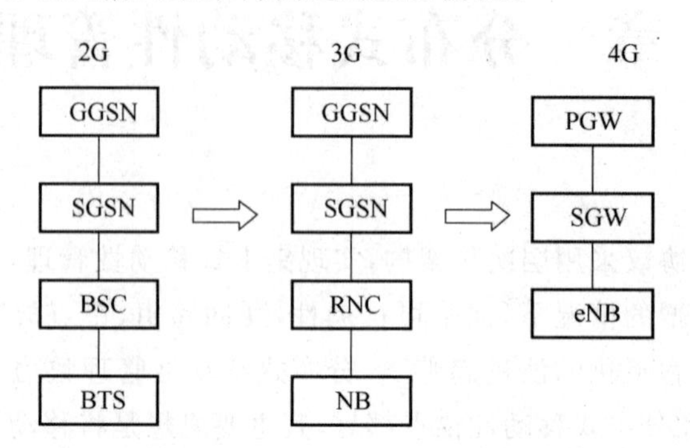

GGSN:Gateway GPRS Support Node
SGSN:Serving GPRS Support Node
BSC:Base Station Controller
BTS:Base Transceiver Station
RNC:Radio Network Controller
NB:Node B
PGW:Packet Data Network Gateway
SGW:Serving Gateway
Enb:Evolved Node B

图 8-1 移动通信网络架构的扁平化演进趋势

2G 网络架构以 GSM 网络作为典型的例子,其采用分层和集中式架构。UE(User Equipment)接入网络需要经过 GGSN-SGSN-BSC-BTS 四个层次。

3G 网络架构的演进经历了 R99、R4、R5、R6 到 R7 版本的变化。虽然每个版本都有其改进之处,例如:R4 版本引入了软交换技术、R5 版本开始提出全 IP 网络概念并引入 IP 多媒体子系统(IMS,IP Multimedia Subsystem)、R6 版本引入多媒体广播多播业务(MBMS,Multimedia Broadcast Multicase Service),但在这几个阶段的网络架构并没有发生重大变化,终端接入网络仍然需要经过四个层次,即 GGSN-SGSN-RNC-NodeB。

网络架构发展到 R7 版本时,扁平化的趋势已经有所体现。R7 版本在分组域架构上提出了直接隧道机制,用户面数据不再经过 SGSN 到达 GGSN,而是在 RNC 和 GGSN 间直接传递,这样能够降低用户数据的传输时延。同时,SGSN 只需要支持用户移动性管理等信令面功能,不需要进行 GTP 用户数据转发,这也大大提高了 SGSN 节点的容量和处理效率。R7 版本将 RNC 和 BTS 整合为一个节点(即 BTS with RNC),使其具有同样的无线接入功能。

3GPP 关于 LTE/SAE 的网络结构,开始于 R8 阶段。R8 版本的网络架构体现出扁平化的发展趋势,其中,有一个集基站和无线接入控制功能于一体的无线接入节点 eNodeB、服务网关 SGW 和分组数据网关 PGW。这样,用户终端通过三层

(即 PGW-SGW-eNodeB)即可接入网络。需要说明的是,在实际的网络部署中,可以将 SGW 和 PGW 合设。通过这种方式,实际网络架构更加扁平。

在 R10 版本中,3GPP 提出了 SIPTO(Selective IP Traffic Offload)/LIPA(Local IP Access)和 Relay 两种新的技术,都进一步体现出网络架构的扁平化演进趋势,开始从三层结构向两层结构演进。SIPTO 技术顾名思义,是选择适合的数据业务,尽将其传输承载从核心网中卸载。一种场景是为这些数据流量选择距离终端地理位置比较临近的网关,此时这些网关还是位于核心网中的。还有一种场景是让这些数据流量直接从基站处进入数据网络,此时基站处需要部署网关功能。LIPA 则是针对家庭基站场景的一种流量卸载技术,即用户通过家庭基站直接访问其所连接的家庭本地的数据网络,而无须通过核心网。

从上述演进过程可知,3GPP 所定义的网络架构中,无线接入部分趋于扁平化,由 BTS 和 RNC 逐渐发展为单一的节点 eNodeB,并且将 RNC 集中式的功能分布化。

再来看移动通信网中的移动性管理架构。

2G/3G 网络中,电路域由 MSC/VLR 和 HLR 配合,分组域由 SGSN 和 HLR 配合,完成移动性管理(位置管理、切换控制等)功能,BSC/RNC 也具有部分和接入网移动性管理功能,负责特定区域的无线资源管理和切换控制。在分组域,用户数据的转发功能则由 RNC、SGSN 和 GGSN 节点共同完成,它们通过 GTP(GPRS Tunneling Protocol)控制数据的转发。终端和外部数据网络的 IP 锚点功能由 GGSN 承担。

LTE 网络中,接入网只有 eNodeB 一个节点了。由于没有了类似于 RNC 或者 BSC 的集中控制节点,LTE 的接入网更加扁平化。LTE 核心网只有分组域,通过控制和承载的分离,即 SGSN 的控制相关功能由 MME 承担,承载相关功能由 SGW 承担,并与 PGW 协作完成,整体 LTE 网络架构更加灵活。其中,MME 和 HSS 配合,实现了位置管理功能,此外,MME 和 SGW、eNodeB 共同完成切换控制功能。终端和外部数据网络的 IP 锚点功能,由 PGW 承担。在 LTE 核心网中,采用了基于网络的移动性管理协议,这一点和 2G/3G 分组域一致。PMIPv6 作为一种基于网络的移动性管理协议,也可以用于 SGW 和 PGW 之间的用户数据承载隧道的移动性支持。

由上述分析可知,在蜂窝移动通信网络中,即使总体网络架构体现了由层次化架构向扁平化架构的演进趋势,其中的移动性管理仍然沿用集中式的架构实现。

8.1.2 IP 网络中的移动性管理架构

在支持 IP 移动性的移动性管理协议中,网络层的移动 IP(MIPv4/MIPv6,

Mobile IPv4/IPv6)以及由此演化而来的代理移动IP(PMIPv6,Proxy Mobile IPv6),作为基于主机的移动性管理技术和基于网络的移动性管理技术代表方案,一直都是移动性管理领域的研究热点。

我们可以从移动性管理架构的角度来分析一下MIPv6和PMIPv6这两个典型协议。

从位置管理功能的角度看,在MIPv6中,由家乡代理(HA,Home Agent)负责维护位置信息,即移动节点的家乡地址(HoA,Home of Address)和转交地址(CoA,Care of Address)的绑定关系。在PMIPv6中,由本地移动代理(LMA,Local Mobility Agent)负责维护位置信息,即移动节点的家乡地址和家乡节点所属的移动接入网关(MAG,Mobile Access Gateway)的绑定关系。由此可见,MIPv6和PMIPv6的位置管理都是由集中式的实体完成的。

从用户数据转发的角度看,在MIPv6和PMIPv6中,用户数据流都经由集中式的移动性管理实体封装后转发。这里所说的集中式移动性管理实体,是指MIPv6中的家乡代理或PMIPv6中的本地移动代理(LMA,Local Mobility Agent)。用户数据流的转发,可以直接转发到移动节点(例如,MIPv6)或转发到能够方便到达移动节点的另一中间节点〔例如,PMIPv6中的移动接入网关(MAG,Mobile Access Gateway)〕。

图8-2对MIPv6和PMIPv6的位置管理、用户数据转发功能实现进行了总结。

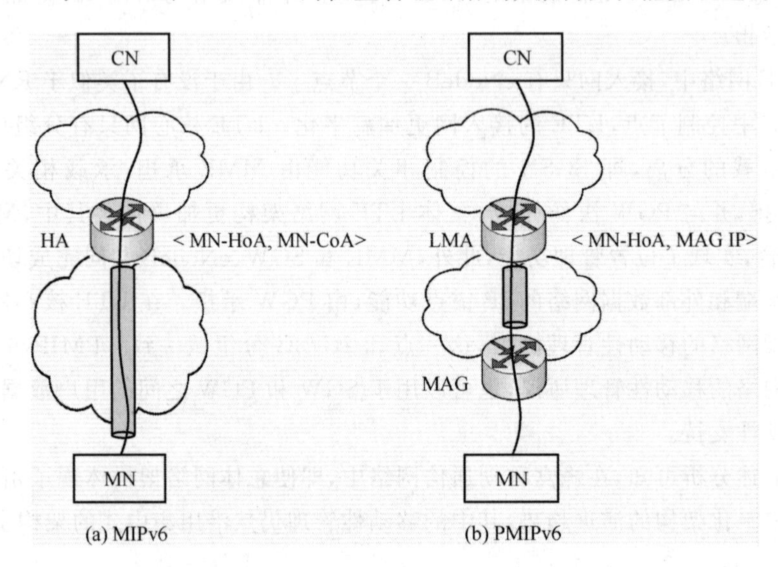

图8-2 MIPv6和PMIPv6中的位置管理与数据转发功能

8.1.3 小结与分析

通过上述对蜂窝移动通信网络和 IP Mobility 中移动性管理架构的分析可知，在这些经典的移动性管理技术中，普遍采用集中式的移动性管理架构：控制平面采用集中式架构，由集中式锚点完成位置信息的维护；用户平面也采用集中式架构，用户数据经由集中式锚点实现转发。MIP、PMIP、3GPP GPRS、3GPP EPS 网络均为典型的例子。

结合移动性锚点的不同功能，表 8-1 对这些典型的集中式移动性管理技术进行了分析比较。

表 8-1 典型集中式移动性管理技术的分析

	蜂窝移动通信网(以 GPRS 网络为例)	MIPv6	PMIPv6
集中式锚点	两级锚点，GGSN 是保持业务连续性的 IP 锚点，SGSN 是移动性锚点，可随着终端移动改变	HA	LMA
位置管理功能	分为 HLR、SGSN/MME 两个等级	HA 维护 HoA 与 CoA 的绑定关系	LMA 维护 HoA 和当前所附着 MAG 的绑定关系
转发管理功能	用户数据由 GGSN-SGSN-RAN 之间的隧道转发	HA 通过隧道将数据转发给 MN	LMA 通过隧道将数据转发给 MAG，由 MAG 再转发给移动节点

8.2 分布式移动性管理的必要性

网络架构向着扁平化的方向演进，移动性管理的架构也需要向分布式的方向演进。一方面，在移动终端数量和数据业务流量激增的背景下，集中式、层次化架构所使用的集中式移动性锚点会成为数据传输的瓶颈，也会由于单点失效导致系统瘫痪，并面临可扩展性问题[1~3]。另一方面，用户数据经过集中式移动性管理锚点转发会导致路由低效问题。

这一部分将分析集中式移动性管理存在的问题，讨论分布式移动性管理所具有的技术优势，并简要介绍分布式移动性管理的研究现状。

8.2.1 集中式移动性管理存在的问题

集中式移动性管理存在的主要问题如下。

(1) 非优化路由[4,5]

非优化路由是指用户数据经过集中式移动性锚点转发带来的路由低效问题。

在集中式移动性管理技术中,所有的数据流都需要经过网络中的集中式移动性锚点转发,相对于移动节点与通信对端之间直接传输数据,此时的数据转发路径通常都更长,也即会出现长路由问题。

图 8-3 所示为非优化路由问题的两个场景示例。在图 8-3(a)所示的 PMIP 协议中的长路由场景中,CN 和 MN 节点之间距离较近,但二者距离 MN 的家乡网络都比较远。此时,所有以移动节点为目的地的数据包,都会由 CN 发送给集中式移动性锚点(该例子中为 PMIP 中的 LMA),再由集中式锚点经隧道转发给移动节点。

图 8-3(b)所示为结合了 CDN(Content Delivery Network)技术的长路由场景示例。在 CDN 网络中,用户通常会从某一个 CDN Server 下载内容资源(例如,观看某一视频)。由于现有网络带宽的不断改善,这种类型的应用不断增加,导致核心网的负载变大,运营商为了降低核心网的负载,通常会将常用的资源放在距离用户较近的 CDN Cache 或者 Local CDN Server。但是,在集中式移动性管理技术中,MN 在获取这些资源时,数据包仍然需要通过集中式移动性锚点进入核心网,再经过隧道转发到达移动节点。

集中式移动性管理导致的这种路由迂回,不但会给运营商的网络造成压力和浪费,同样也会因网络时延导致用户体验的下降。

(2) 可扩展性问题[2,4~6]

由于集中式移动性管理中,集中式的移动性锚点负责网络中所有移动节点的位置管理信息的存储、更新和查询,所有的用户数据也都需要经过集中式锚点的转发。因此,当网络中移动节点数量增多时,会导致可扩展性的问题,要求集中式锚点必须具备足够的存储、处理和路由能力,才能满足同时处理大量移动节点的需求。

对于蜂窝移动通信网而言,当数据包需要通过隧道转发时,需要通过 IP 数据包头封装数据,所以网络需要保存和管理每一个 MN 的移动性上下文。对于集中式的网络架构,建立隧道和保存上下文都需要花费较大的代价,扩展性较差。

(3) 单点失效与单点攻击

在移动终端数量和数据业务流量激增的背景下,集中式、层次化架构所使用的集中式移动性锚点会成为数据传输的瓶颈,也会由于单点失效导致系统瘫痪,更容易受到单点恶意攻击的影响[2,3]。如果某一个移动性锚点发生故障,会导致该锚点管理范围内所有的移动终端无法连接网络,出现大量的掉线情况。现在网络中常常采用复制和备份机制来应对单点失效的问题。

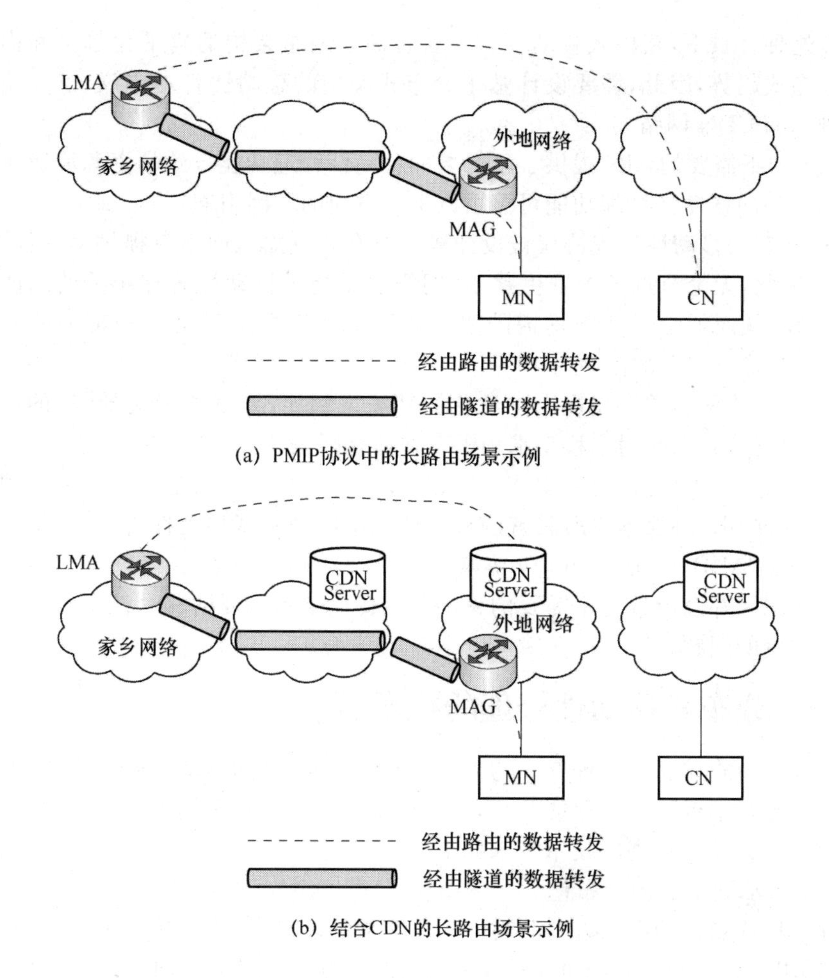

图 8-3 集中式移动性管理的非优化路由场景示例

(4) 背离了网络架构的扁平化趋势和内容分发的分布式趋势

如 8.1.1 小节中的分析，目前，移动通信网络架构已经朝着扁平化的趋势演进。在 3GPP 标准中，GPRS 网络具有 GGSN-SGSN-RNC-NB 四层结构。在 3GPP LTE 网络中，只具有 PGW-SGW-eNodeB 三层结构。在某些部署中，PGW 和 SGW 部署为同时具有二者功能的同一个网络实体，使网络架构更加趋于扁平化。这种减少层次的做法，同时减少了网络中的物理实体，使系统更加易于维护[5]。

从内容分发的角度看，现有 CDN 网络中，内容资源的存储位置呈现出明显的分布化趋势，经常被放在距离用户较近的 CDN Cache 或者 Local CDN Server，以便用户能够从较近的位置获取内容资源。

在这种背景下，集中式移动性管理就背离了网络架构的扁平化趋势和内容分发的分布式趋势，因此，需要设计基于分布式架构的移动性管理协议，以支持扁平化的网络和 CDN 网络。

（5）为不需要的 MN 提供了不必要的移动性管理功能导致的资源浪费问题

不必要的移动性管理功能可能由以下几方面的原因引起：

- 现有的移动性管理协议被设计成只要有节点加入网络就提供移动性支持。因此，无论节点是否发生移动，网络总是提供移动性管理相关的功能和操作，从而加剧了基于隧道的集中式数据转发和上下文维护带来的开销问题，造成资源的浪费。
- 用户的移动常常表现出本地化的特征。例如，本章参考文献[7]的研究表明三分之二的用户移动都局限于本地范围内。
- 一部分应用的移动性支持可以在应用层实现。例如，基于 SIP 的应用可以通过 SIP 协议本身所具有的移动性支持能力实现移动性管理，而不再需要依赖 MIP 等 IP Mobility 协议。

上述原因都会导致对不需要的移动节点提供了不必要的移动性管理功能而导致资源浪费的问题。

8.2.2 分布式移动性管理的技术需求

针对集中式移动性管理存在的问题，作为一种新型的移动性管理架构，分布式移动性管理技术得到了广泛的关注，并成为未来移动性管理技术的发展方向。

分布式移动性管理的技术需求如下。

（1）移动性锚点的分布化

移动性锚点的功能（包括网络接入、用户数据转发等）需要进行分布化、动态部署，使得用户数据不需要经过单个集中式锚点，避免了路由迂回，解决了可扩展性问题，并能够有效避免单点失效与单点攻击问题。

值得注意的是，具有分布化部署需求的，仅针对用户面功能而言，而信令面功能可以采用集中式的或分布式的部署方式。

（2）对不同移动性目标和场景的支持

分布式移动性管理技术应该具有对不同移动性管理目标的支持，不仅能够支持终端移动性（单个终端位置移动或接入点改变时的移动性支持能力），还应该能够支持网络移动性（一个子网中的节点作为整体一起移动），同时具有对一些特殊场景（如 CDN 网络、组播数据）的移动性支持能力。

（3）与现有移动性管理协议的兼容性

分布式移动性管理协议的设计，应尽量以现有移动性管理协议为基础进行扩展，并尽量保持与现有协议的兼容性，以有利于分布式移动性管理协议的部署和推广。

8.2.3 分布式移动性管理技术研究现状

为了解决集中式移动性管理存在的问题，作为一种新型的移动性管理架构，分布式移动性管理技术得到了广泛的关注。IETF、3GPP 等国际标准化组织和相关学术研究都将其作为移动性管理技术的重要发展方向。

(1) 分布式移动性管理的标准化研究进展

IETF 是目前分布式移动性管理技术在标准化方面的主要推动力量。IETF 在 2012 年 2 月成立了 DMM(Distributed Mobility Management)工作组[8]，致力于解决集中式移动性管理面临的一系列问题。DMM 工作组明确了分布式移动性管理技术的需求[4]，分析了已有的分布式移动性管理技术方案，讨论了其相对于分布式移动性管理技术需求的局限性[9]。

另外，IETF DMM 工作组也开展了技术方案的研究。从移动性管理的参与方角度，研究了基于主机的分布式移动性管理方案和基于网络的分布式移动性管理方案。前者主要针对基于主机的移动性管理协议(如 MIP)进行改进[10]，后者则针对基于网络的移动性管理协议(如 PMIPv6)进行改进[11~13]。另外，DMM 工作组也针对分布式移动性管理实体的部署模型[14,15]、移动性管理中的流移动性(Flow Mobility)问题[16]、多家乡(Multihoming)问题[17,18]、网络移动性(Network Mobility)问题[19]开展了研究。

3GPP 作为移动通信领域最重要的标准化组织，虽然没有明确提出分布式移动性管理的研究内容，但是 3GPP 所定义的网络架构呈现出明显的扁平化演化趋势，相应的移动性管理功能也表现出更加灵活、动态的发展方向。

3GPP 定义的 LIPA 技术中，允许连接到 HeNB(Home evolved Node B)的移动终端直接通过近端网络与同一网络中的其他 IP 设备通信，而不需要数据经过运营商的核心网络。其方法为在 HeNB 上新增一本地网关(L-GW，Local Gateway)，其功能与 PGW 相似并可以透过直接通道不透过 S-GW 直接连结 HeNB。基于 LIPA的流量卸载如图 8-4 所示。

3GPP 定义的 SIPTO 技术可以看作是 LIPA 技术的扩展。SIPTO 中，允许在靠近用户的位置部署网关设备(L-PGW，Local PGW)，从而允许用户的数据能够从地理/拓扑更近的节点进行路由。一方面避免 IP 流量迅速增加后，对核心网络压力的持续增加；另一方面就近为 IP 数据选择路由，缩短数据传输的路径。

SIPTO 既可以应用于 HeNB 场景，也可以应用于宏网络场景。HeNB 系统的 SIPTO 场景如图 8-5(a)所示。在 HeNB 和 L-GW 之间有直接的用户平面路径，一部分来自家庭或企业网络的用户，通过 HeNB 即可直接访问互联网，数据流量不需要再经过核心网。宏网络的 SIPTO 场景如图 8-5(b)所示。S-GW 和 L-PGW 部署在 RAN 附近,SIPTO 流量和核心网流量采用不同的 PDN 连接进行传输,途经同一个服务网关。

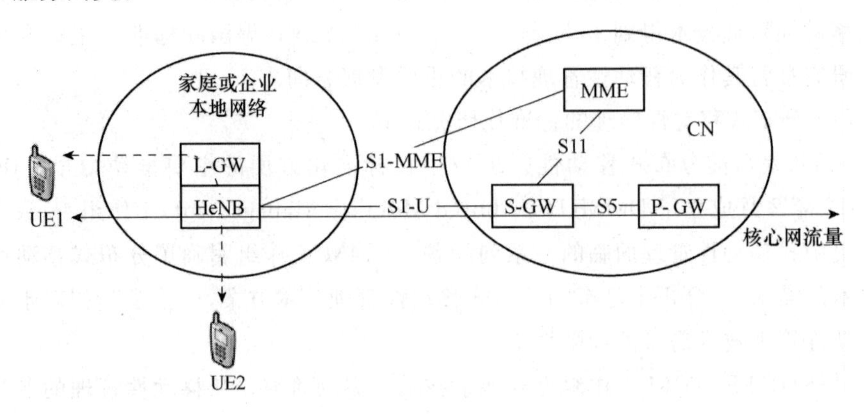

图 8-4　基于 LIPA 的流量卸载

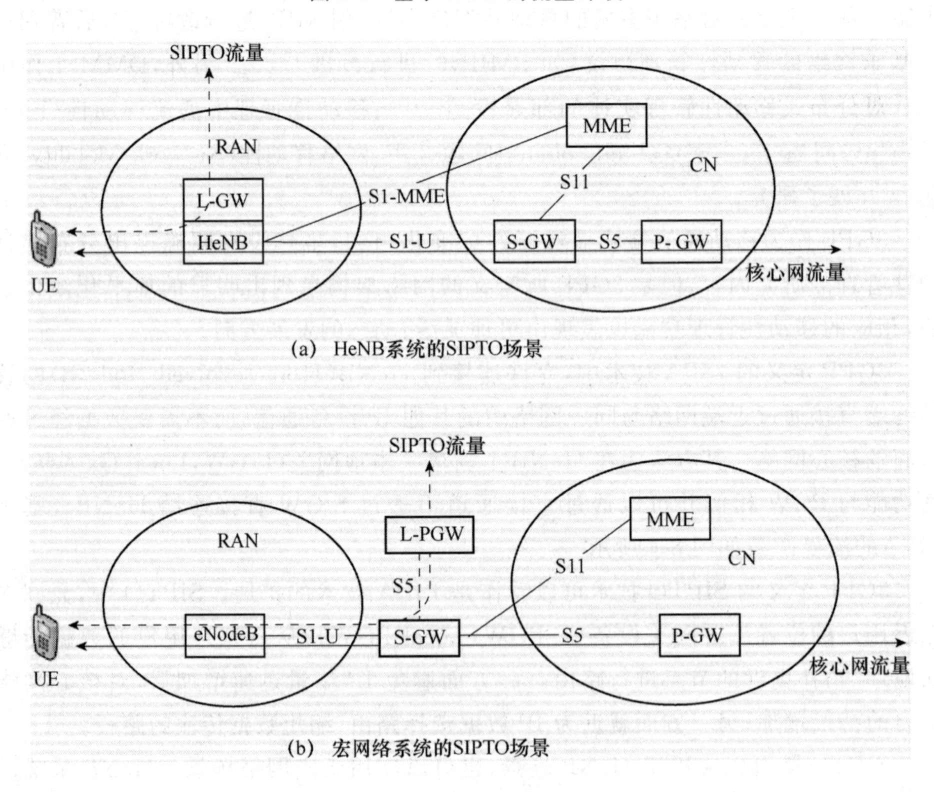

图 8-5　基于 SIPTO 的流量卸载

在 3GPP 的现有工作中，对 SIPTO 和 LIPA 所卸载流量的移动性支持还非常有限。例如，LIPA 的移动性支持局限于同一 L-GW 管理的不同 HeNB 之间的切换，SIPTO 的移动性局限在 SGW/PGW 位于 RAN 或以上的场景中。可见，目前 SIPTO 和 LIPA 都只能提供局部的移动性支持能力[6]。

(2) 分布式移动性管理的技术方案研究进展

现有的分布式移动性管理技术方案可以根据技术思路、分布式的实现层次、分布式的实现程度进行分类。

根据分布式移动性管理的技术思路，可以分为：基于动态锚点的分布式移动性管理、基于用户面和控制面分离的分布式移动性管理，以及基于身份与位置分离的分布式移动性管理方案。

在基于动态锚点的分布式移动性管理技术中，终端动态选择移动性锚点。对于不同的数据流，根据该数据流发起时移动终端的附着位置不同，为其动态选择不同的移动性锚点。如图 8-6 所示，在 MN 移动的过程中，接入路由器 AR1、AR2 和 AR3 分别为数据流 FLOW1、FLOW2 和 FLOW3 的移动性锚点。每个数据流结束之前，在移动节点的移动过程中，该数据流仍然通过最初锚定的移动性锚点来完成数据的转发和路由。8.3.2 小节介绍的 DMA(Dynamic Mobility Anchoring)方案[2,20]即属于动态锚点这一类的技术。

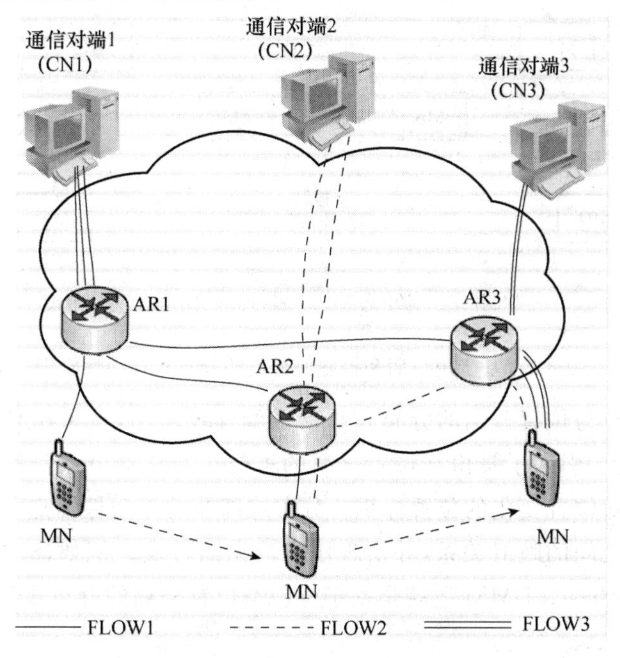

图 8-6　基于动态锚点的分布式移动性管理

在基于用户面和控制面分离的分布式移动性管理技术中，将用户数据转发和移动性相关的信令处理区分对待。8.2.1小节所分析的集中式移动性管理存在的主要问题，主要是由数据面的集中式处理(即用户数据由集中式锚点负责转发)方式造成的。对于控制面，由于处理负载并不是很高，是否集中处理影响并不是很大。但是，现有的IP移动性管理协议，并未做数据面和控制面的区分，信令处理和数据转发都采用集中式的处理方式。因此，在现有分布式移动性管理技术的研究中，通过将这些协议的控制面和数据面分离，控制面可以尽量与现有移动性管理协议保持兼容，数据面则进行分布化处理，以避免集中式锚点转发导致的各种问题。图8-7所示为基于用户面和控制面分离的分布式移动性管理技术示意图。其中，位置注册、路由建立等控制信令仍然采用集中式处理，而用户数据的转发则采用分布式的处理思想。例如，8.3节介绍的D-PMIPv6[21]、MAAR-based PMIPv6 DMM方案[12]即属于基于用户面和控制面分离的分布式移动性管理技术。

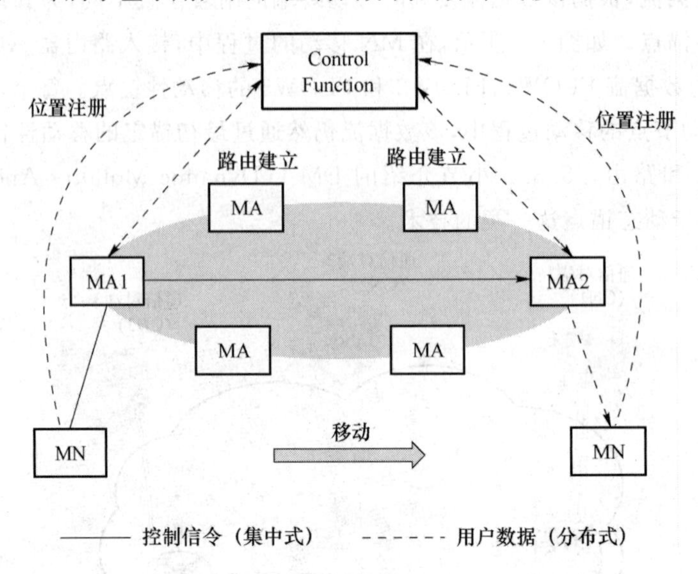

图8-7 基于用户面和控制面分离的分布式移动性管理

在基于身份与位置分离的分布式移动性管理技术中，在采用移动性锚点的分布式部署基础上，引入了身份与位置分离的思想。为移动节点分配一个不变的身份标识和一个随位置变化的位置标识。分布式部署的移动性锚点负责维护身份标识和位置标识之间的映射关系，并实现用户数据的转发。例如，8.3节介绍的ID/Loc Seperation based DMM[22]就是基于身份与位置分离的分布式移动性管理技术方案。

根据分布式的实现层次，分布式移动性管理可以分为核心网层面、接入路由器层面、接入网层面、终端层面[5]。图 8-8 所示为不同的实现层次。可以将移动性管理的功能分布化在不同层面的实体上,相应地,需要支持同层面不同移动性管理实体间的切换。

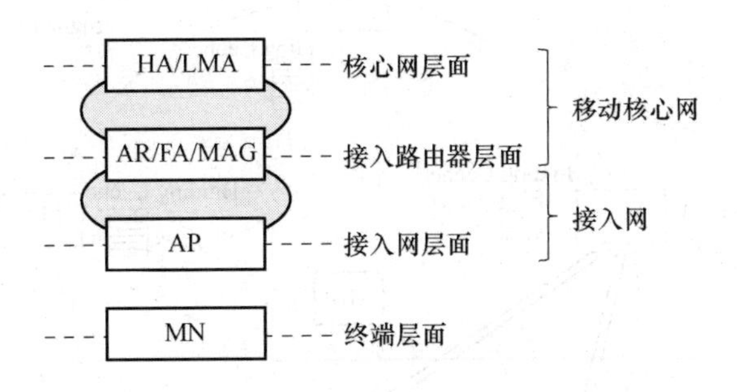

图 8-8 分布式移动性管理的各个实现层次

根据分布式的实现程度,可以分为完全分布式移动性管理和部分分布式移动性管理。这种分类是以控制面和数据面分离为前提的。所谓完全分布式,是指控制面和数据面都做了分布化处理。而部分分布式,则是指只有数据面做了分布化处理,控制面仍然保持集中式的处理方式。

一些典型的分布式移动性管理技术方案,将在 8.3 节进行详细介绍。

8.3 分布式移动性管理技术方案

这里对一些典型的分布式移动性管理技术方案进行介绍,包括对传统 IP 移动性管理协议 MIPv6、PMIPv6 的扩展、基于身份与位置分离思想的分布式移动性管理,以及在这些方案基础上,如何能够在分布式移动性管理环境中支持网络移动性,如何支持组播的移动性,等等。

8.3.1 DIMA

DIMA(Distributed IP Mobility Approach)[3]的主要思想是,针对 MIP 中集中式移动性锚点 HA 带来的问题,将集中式锚点的功能分布化到多个 MA(Mobility Agents)节点上。相应地,MIP 中由 HA 集中式维护的绑定缓存(Binding Cache)也采用 DHT(Distributed Hash Table)的方式分布化到各个 MA 中。

(1) DIMA 基本架构

作为一种分布式移动性管理技术方案,DIMA 的重要基础是采用 DHT 方式实现移动性管理信息的分布化维护。如图 8-9 所示,DIMA 基于 DHT,形成了由多个 MA 构成的 P2P 重叠层(Peer-to-Peer Overlay)。每一个 MA 负责维护原来由 MIP 的 HA 所维护绑定缓存的一部分数据。

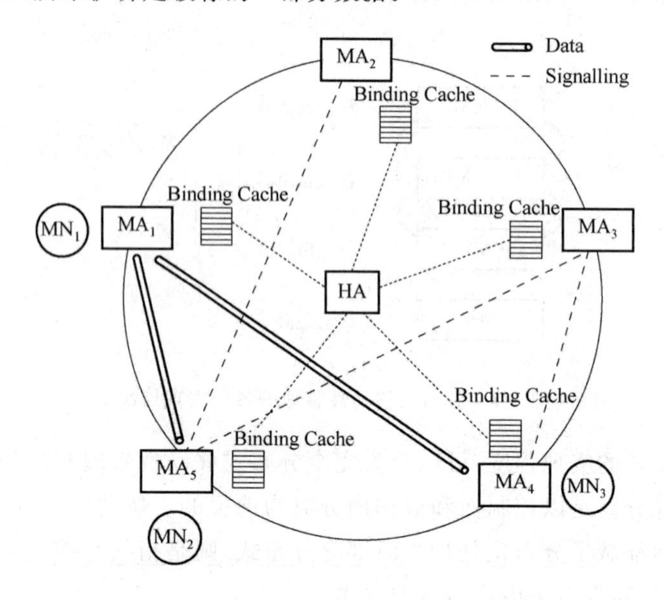

图 8-9　DIMA 中基于 DHT 的分布化

(2) DIMA 位置管理信息的定义与维护

DIMA 对位置管理信息的定义,沿用了 MIP 及其改进协议的思想,为每个移动节点定义一对 IP 地址的映射关系。其中,第一个 IP 地址是全局可达、保持不变的家乡地址(HoA),第二个用于描述移动节点的当前位置。在 DIMA 中,这样的绑定关系定义为移动节点的家乡地址(HoA)和移动节点当前所附着 MA 的 IP 地址之间的映射,即:〈MN-HoA,MN 附着 MA 的 IP 地址〉。

对于某一个移动节点而言,与其对应的绑定缓存条目存储在哪一个 MA 节点中,是由 DHT 算法决定的,即:将该移动节点的 IP 地址,通过 Hash 算法,转换为一个 Overlay Identifier,据此可以唯一地确定 P2P 重叠层上相应的 MA 节点。另外,也可以采用某些冗余算法,实现同样的数据在一个或多个 MA 上的冗余备份存储。

(3) P2P 重叠层结构调整

MA 构成的 P2P 重叠层结构,也会由于某个 MA 节点的加入或退出而发生变化,此时,也需依赖 DHT 算法完成结构调整。

当某个 MA 新加入 P2P 重叠层时,可以根据 P2P 的算法知道它负责维护哪部分位置管理信息。这个新的 MA 节点会从原来维护这些数据的其他 MA 节点完成数据的复制,从而加入到 P2P 重叠层结构中。

当某个 MA 节点退出 P2P 重叠层时(例如,由于某个 MA 节点失效),需要将其负责维护的位置管理数据重新分布到其他 MA 节点。此时,可从失效 MA 的冗余备份 MA 节点处,复制数据的备份到新的 MA 节点。

(4) 数据转发

通信对端(CN,Correspondent Node)发送给移动节点的数据,将会经过三个阶段被转发到移动节点。

第一步(CN-临近 MA):CN 节点发送的数据,被临近 CN 的 MA 节点收到。

第二步(CN 临近的 MA-MN 附着的 MA):MA 节点之间的数据转发,通过在 MA 之间建立隧道实现。CN 临近的 MA 节点根据目的地址(移动节点的 IP 地址),执行 P2P 的查找操作,也即执行 DHT 的 Hash 算法,将移动节点的 IP 地址映射成对应的 Overlay Identifier,也就确定了维护移动节点位置信息的 MA 节点。在此过程中,临近 CN 的 MA 与维护移动节点信息的 MA 之间通过信息进行交互(如图 8-9 中的虚线所示),维护移动节点信息的 MA 会返回移动节点的位置信息,即移动节点的 HoA 与其所附着 MA 的 IP 地址的绑定关系。临近 CN 的 MA 收到后,会建立一条自己到移动节点附着 MA 的隧道进行数据转发。同时,临近 CN 的 MA 将该绑定关系以一定的生存周期保存在其本地缓存中。

第三步(MN 附着的 MA-MN):移动节点附着的 MA 通过隧道收到数据后,将其直接转发给移动节点。

(5) 移动节点切换

DIMA 中,切换是指移动节点所附着的 MA 发生变化的情况。此时,一方面需要将正在发送的数据重定向到新的 MA 节点。这个操作,是通过标准的 MIP 消息实现的,如绑定更新消息(BU,Binding Update)和绑定确认消息(BA,Binding Acknowledgment)。移动节点新附着的 MA 发送绑定更新消息给旧的 MA 节点,旧的 MA 节点进而发送绑定更新消息给所有正在通过隧道发送数据给旧 MA 的其他 MA 节点,通知其将隧道切换到新的 MA 节点。

另一方面,需要更新与该移动节点相关的绑定缓存信息。由移动节点所附着的新 MA 节点通过 DHT 的更新操作,更新相应 MA 节点中与该移动节点相关的绑定缓存数据。

在 DIMA 中,对某个移动节点而言,需要区分为其提供移动性管理功能的两类 MA:一类是负责维护其位置信息的 MA 节点;另一类是移动节点附着的 MA 节点。负责维护移动节点位置信息的 MA 节点由 DHT 算法决定,是固定不变的。移动节点附着的 MA 节点为移动节点提供网络附着功能,随移动节点的位置变化而变化。

这两类 MA 节点的比较如表 8-2 所示。

表 8-2 DIMA 中与某移动节点相关的两类 MA

	维护移动节点位置信息的 MA	移动节点附着的 MA
如何确定?	由 DHT 算法确定	由移动节点的当前位置决定
是否变化?	固定不变	随着移动节点的位置变化而变化
功能	维护移动节点的位置信息: 〈MN-HoA,MN 附着 MA 的 IP 地址〉; 向相关 MA 返回位置信息用于隧道建立	为移动节点提供网络附着功能; 作为隧道终点,从其他 MA 节点经隧道接收数据,并转发给移动节点

8.3.2 DMA

DMA(Dynamic Mobility Anchoring)[2,20]是 8.2.3 小节介绍的基于动态锚点的分布式移动性管理技术。

DMA 所采用的扁平化架构如图 8-10 所示。其中,AN(Access Node)是 DMA 中分布化的移动性锚点,负责为移动节点提供链路层和网络层的连接能力以及完成地址分配的功能。

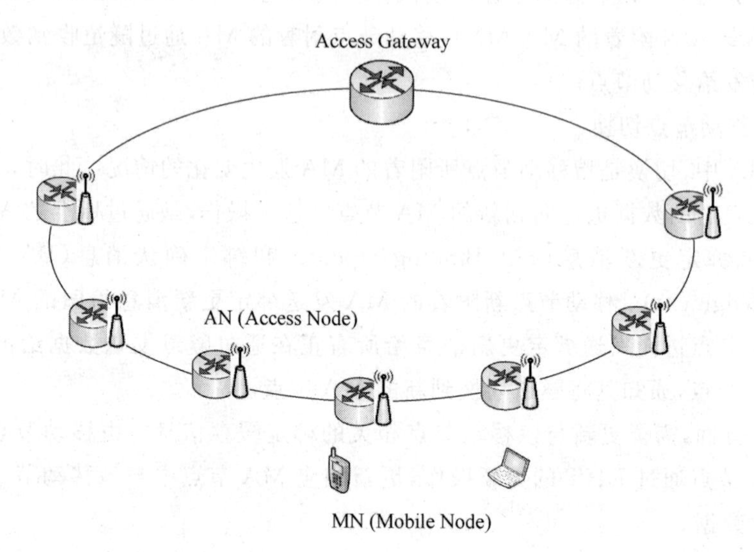

图 8-10 DMA 基本架构

对于某个特定的移动节点而言,其所附着的移动性锚点并非固定不变,而是根据移动节点在某一业务会话建立时所在的位置,动态选择移动性锚点,也即为该移动节点的每个业务流单独选择锚点。

相应地，对于某个移动节点的某条数据流而言，AN 被分为两类：AAN (Anchor AN)和 VAN(Visited AN)。该数据流建立时，为移动节点提供地址分配、网络附着功能的 AN，就是其 AAN 节点。在该数据流的持续过程中，移动节点所移动到的其他 AN，就是其 VAN 节点。在此过程中，由其 AAN 节点负责将数据流转发至移动节点的当前位置。

图 8-11 所示为基于 DMA 的移动节点会话建立及数据转发过程示例。其中，图 8-11(a)所示为移动节点上数据流 1 的会话建立过程，此时，用户数据流 1 被锚定在移动节点当前所附着的 AN 节点上。这个 AN 节点也就是数据流 1 的 AAN 节点，当移动节点移出其覆盖范围时，负责数据流的切换，即：将数据流 1 转发至移动节点的新位置〔图 8-11(b)所示，移动节点当前所附着的 AN 节点为数据流 1 的 VAN 节点〕。在图 8-11(c)中，移动节点在其新的位置建立了另一条数据流(数据流 2)，此时移动节点所附着的 AN 即为数据流 2 的 AAN 节点。在图 8-11(d)中，数据流 1 的会话结束，AAN 与 VAN 之间用于数据转发的隧道被关闭。

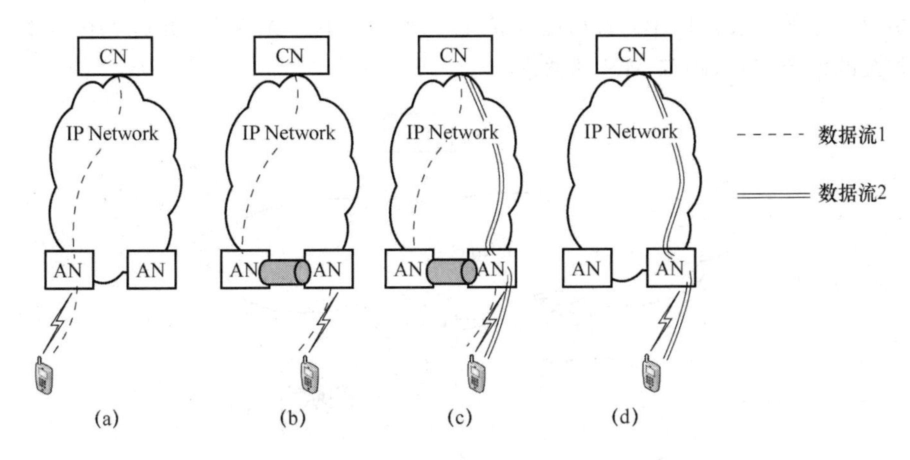

图 8-11　基于 DMA 的会话建立与数据转发

关于位置管理信息的维护，DMA 需要移动节点和 AAN 节点缓存相应的信息及其映射关系：

- 移动节点维护其当前 AAN 列表。
- AAN 节点负责维护其所锚定的移动节点 IP 地址与移动节点当前 VAN 的绑定关系。这种思路，采用了类似 MIP 的位置管理思路，由 AAN 为移动节点维护一个不变的地址标识与表示移动节点当前位置的临时地址标识之间的映射关系。其中，将移动节点的 IP 地址作为其不变的地址标识(家乡地址),将移动节点当前附着的 VAN 地址作为表示其当前位置的临时地址标识(转交地址)。相对于 MIP 中由 HA 集中式地维护位置信息,在 DMA 中,这样的位置信息被分布式地存储在各个 AN 节点中。

8.3.3 D-PMIPv6

D-PMIPv6[21]是一种基于用户面和控制面分离的 PMIPv6 分布式移动性管理技术方案。遵循 PMIPv6 对移动性支持的技术思路,D-PMIPv6 也是一种基于网络的分布式移动性管理方案。

(1) D-PMIPv6 基本架构

图 8-12 所示为 D-PMIPv6 的基本架构。其中,对 LMA 的数据面和控制面做了分离处理,将其分为 CLMA(Control Plane Local Mobility Anchor)和 DLMA (Data Plane Local Mobility Anchor)。CLMA 负责控制面相关功能,即绑定注册相关的信令交互,为 MN 分配 DLMA、分配家乡网络前缀(HNP,Home Network Prefix),为 MN 维护 BCE(Binding Cache Entry)。DLMA 负责数据面相关功能,即用户数据的转发。MAG 的功能与传统 PMIPv6 中并无区别,负责 MN 与移动性相关的信令交互,跟踪 MN 的移动。

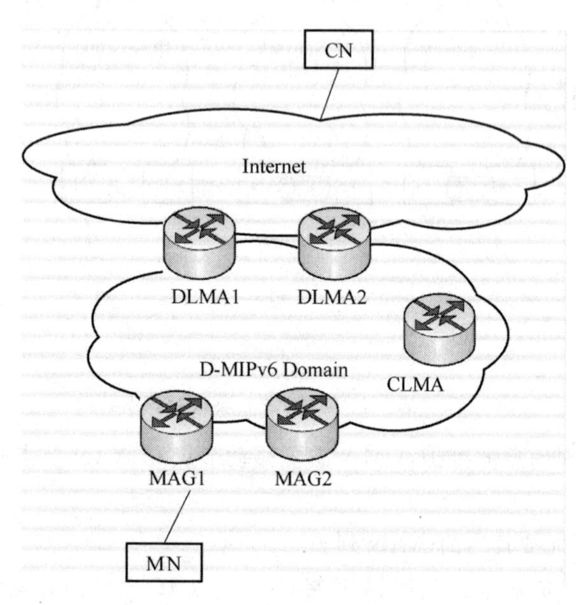

图 8-12 D-PMIPv6 基本架构

(2) 网络附着与通信建立过程

D-PMIPv6 的网络附着与通信建立过程如图 8-13 所示。该过程与传统

PMIPv6 协议并无本质区别，主要差异在于将 LMA 拆分为 CLMA 和 DLMA 后的功能分解处理。

如图 8-13 中第 3 步的处理，CLMA 要为 MN 选择其所属的 DLMA，建立 BCE 条目，这里，需要在传统 BCE 基础上，记录为 MN 分配的 DLMA 的 IP 地址。另外，在第 5 步中，CLMA 需要向 MN 目前所属的 DLMA 注册〈MN-HoA，MN-PCoA〉的绑定关系。

对于数据发送功能，图 8-13 中第 8～10 步为 MN 到 CN 的数据发送过程。数据先由 MN 发送给 MAG，再由 MAG 经由隧道发送到 MN 目前所属的 DLMA，并进一步发送到 CN。

其中，可以看到，D-PMIPv6 对位置管理信息的定义与维护为：CLMA 在传统 BCE 基础上，记录了为 MN 分配的 DLMA 的 IP 地址，即：维护〈MN-HoA，MN-HNP，MN-PCoA，MN-DLMA〉的绑定关系。DLMA 维护〈MN-HoA，MN-PCoA〉的绑定关系。

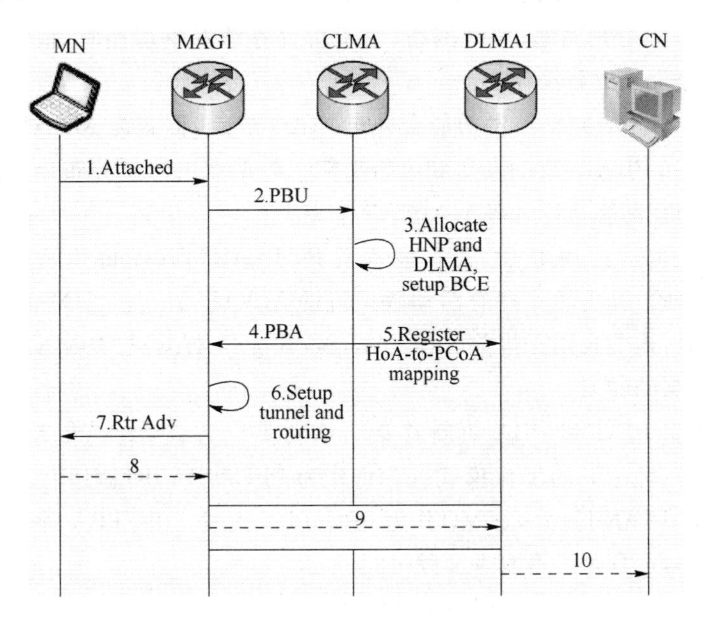

图 8-13 D-PMIPv6 的网络附着与通信建立过程

(3) 切换过程

当 MN 从 MAG1 的覆盖范围移动到 MAG2 的覆盖范围内时，MAG1 检测到 MN 的离开，会通过 PBU 和 PBA 的交互向 CLMA 取消注册，CLMA 进而通知 DLMA，DLMA 会临时缓存发送到 MN 的数据。MAG2 检测到 MN 的到来，会通过 PBU 和 PBA 消息的交互完成向 CLMA 的注册，CLMA 进而向 DLMA 更新

〈MN-HoA,MN-PCoA〉的绑定关系。此时,DLMA 会停止数据的缓存,开始通过新的路径(CN-DLMA-MAG2-MN)完成数据的发送。

8.3.4 MAAR-based PMIPv6 DMM

本章参考文献[12]提出了一种基于 PMIPv6 协议的分布式移动性管理技术方案。其中,将移动性锚点部署在网络边缘的位置——MN 的接入网关的位置。也即为 MN 提供 IP 连接的第一跳节点同时负责移动性管理的功能,本章参考文献[12]将这种节点定义为 MAAR(Mobility Anchor and Access Router),它合并了传统 PMIPv6 中 LMA 和 MAG 的功能。

(1) 基于 PMIPv6 的部分分布式移动性管理

对传统 PMIPv6 的数据面和控制面功能进行了分离。将原来 LMA 的控制功能分离出来,作为一个集中式的控制面节点(CMD,Central Mobility Database),负责域内所有 MN 的 BCE 信息维护和管理,并具有 PBU 和 PBA 消息的发送和解析功能。当 MN 附着到网络、离开网络、由于位置移动发生切换时,都需要对 CMD 进行相应的查询或更新操作。

将原来 LMA 的数据转发功能合并至 MAG 节点,称其为 MAAR 节点,它同样具有 PBU 和 PBA 消息的发送和解析功能。数据面进行了分布化处理,将数据转发功能分布在网络边缘的各个 MAAR 节点上。

在 CMD 维护的 BCE 中,需扩展定义 P-MAAR(Previous MAAR)信息,即 MN 先前附着的、且仍然保持有活动数据流的 MAAR 节点。当 MN 由于位置移动发生切换时,该信息用于当前 S-MAAR(Serving MAAR)与 P-MAAR 之间建立隧道,实现数据的转发。

另外,根据 PBU 和 PBA 更新移动会话的不同方式,本章参考文献[12]为 CMD 定义了三种不同的工作模式:CMD 作为 PBU/PBA 中继(PBU/PBA Relay)、CMD 只作为 MAAR Locator、CMD 作为 PBU/PBA 代理(PBU/PBA Proxy)。具体的信令交互流程,可参见本章参考文献[12]。

(2) 基于 PMIPv6 的完全分布式移动性管理

上述方案可以演进为完全分布式移动性管理技术方案,不再保留集中式的控制面实体,每一个 MAAR 维护自己的缓存,保存锚定到它的 MN 的位置信息。也即数据面和控制面都进行分布化处理。

8.3.5 Chan's PMIP based DMM Solution

本章参考文献[23]提出了一种基于 PMIPv6 协议的分布式移动性管理技术方

案。首先对移动性锚点的功能进行了逻辑拆分，分为三个逻辑功能：家乡网络前缀分配、位置管理和移动路由。之后为不同功能做了不同的部署设计。

(1) 基本架构与位置信息维护

本章参考文献[23]提出的网络基本架构如图 8-14 所示。网络中部署了多个 MA(Mobility Anchor)。移动路由功能分布化部署在不同的地理位置，以避免非优化路由问题。位置管理功能则部署在 MN 的家乡网络中，从而对于某个 MN 而言，有了 H-MA(Home Mobility Anchor)和 V-MA(Visiting Mobility Anchor)的区分。H-MA 驻留于 MN 所注册的家乡网络，具有 HNP 分配、位置管理和路由转发功能。V-MA 驻留于 MN 的拜访网络，只具有路由转发功能。

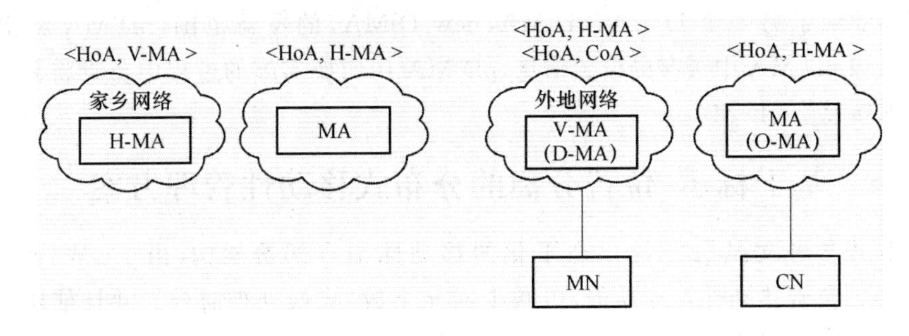

图 8-14 基本架构与位置信息维护

另一组需区分的是 O-MA(Originating Mobility Anchor)和 D-MA(Destination Mobility Anchor)。对于 CN 发送给 MN 的数据而言，MN 当前附着的 MA 为 D-MA，它负责将数据发送给 MN；距离 CN 最近的 MA 即为 O-MA，负责将数据转发到 D-MA。

图 8-14 中也给出了不同 MA 处需要维护的位置信息。H-MA 为注册在其中的 MN 保存〈HoA, V-MA〉的绑定关系；〈HoA, H-MA〉的绑定关系不常发生变化，所有 V-MA 都保存该绑定关系；当前附着的 V-MA 保存〈HoA, PCoA〉的绑定关系。

(2) 数据转发

由 CN 发送到 MN HoA 的数据，在没有做路由优化之前，将经过 CN→O-MA→H-MA→V-MA(D-MA)→MN 的发送过程，具体包括如下步骤：

- CN 将数据路由到 O-MA；
- MA 查询自己所保存的〈HoA, H-MA〉绑定缓存，经隧道将数据转发到 H-MA；
- H-MA 查询自己所保存的〈HoA, V-MA〉绑定关系，经隧道将数据发送到 V-MA(也即 O-MA)；

- V-MA 查询自己所保存的〈HoA, PCoA〉绑定关系，获知 MN 所附着的 MAG，经隧道将数据转发到 MAG，再由该 MAG 发送到 MN。

上述数据发送过程，仍然存在三角路由问题。为了实现路由优化，在第一个数据包经过上述发送过程中，当 H-MA 从 O-MA 接收到数据并转发给 D-MA 之后，H-MA 也会通知 O-MA 关于〈HoA, V-MA〉的绑定关系。O-MA 保存这样的位置信息，对后续的数据包，可以直接经隧道将数据转发到 D-MA，而不需要经过 H-MA 的转发。

(3) 切换过程

在数据发送过程中，如果 MN 由一个 D-MA(pD-MA, previous D-MA)的覆盖范围移动到了另一个 D-MA(nD-MA, new D-MA)的覆盖范围，nD-MA 将更新 H-MA 和 pD-MA 中缓存的位置信息，pD-MA 在切换实施的过程中负责将其收到的数据转发给 nD-MA。

8.3.6 基于标示/位置分离的分布式移动性管理方案

本书参考文献[22]提出扁平化的移动性锚点部署架构，由 AGW(Access Gateway)负责移动性管理功能，以减少网元个数、降低处理时延。并且使用了身份/位置分离的思想，解决 IP 地址二义性的问题，以更加高效、灵活的方式提供移动性支持。

(1) 基本架构

标示/位置分离的分布式移动性管理方案(ID/Loc Seperation based DMM)采用扁平化的网络架构，如图 8-15 所示。网络中包含两类节点：网络侧节点 AGW 和终端侧节点(包括 MN 和 CN)。

采用身份/位置分离的思想，为每个 MN 定义一个全局唯一、保持不变的身份标识(ID)，使用 IP 地址作为位置的标识，它表示 MN 的当前位置。

每个 AGW 管理一个网络域，需要实现的功能包括：

- 位置服务器功能。负责保存位置管理信息，不同 AGW 之间以 DHT 的方式实现位置信息的维护和管理。
- 切换功能。为移动终端提供切换支持和切换性能保证。

(2) 位置信息定义与维护

位置信息定义为 MN 的身份与位置信息的映射关系，即〈ID, IP〉。当 MN 的位置发生移动，改变了所附着的 AGW，就会获得新的 IP 地址。此时，MN 向 AGW 构成的 DHT 更新其位置信息。

当 CN 想要与 MN 建立通信会话时，CN 在 AGW 的位置服务器构成的 DHT

中,用 MN 的 ID 查询位置信息,得到 MN 的〈ID, IP〉映射关系,以获取 MN 的当前 IP 地址。之后,使用该 IP 地址向 MN 发起会话建立请求。

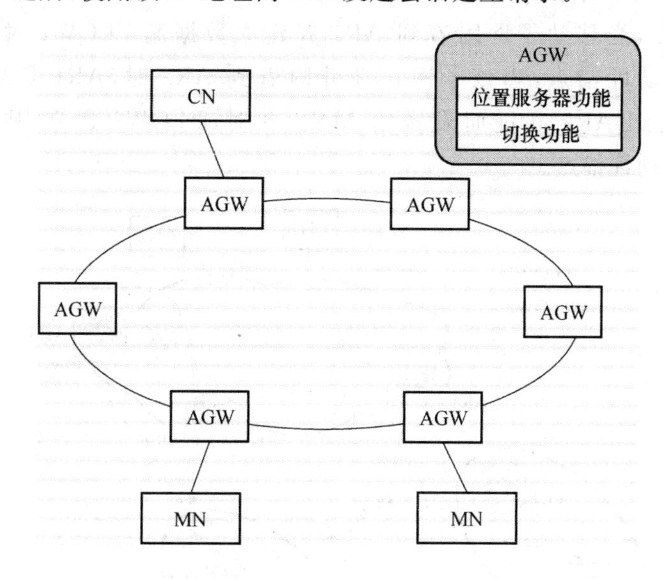

图 8-15 ID/Loc Seperation based DMM 基本架构[22]

(3) 切换过程

切换过程包括如下步骤:

- 通过 AGW 之间的交互确定切换的目标 AGW。
- 目标 AGW 为 MN 分配 IP 地址,由当前 AGW 转发通知给 MN。
- 当前 AGW 通过双播的方式,同时向 MN 和目标 AGW 发送数据,以降低切换过程的丢包。
- MN 实施切换。
- 切换完成后,MN 向位置服务器 DHT 更新其〈ID, IP〉映射关系,向 CN 通知新的 IP 地址,CN 开始向 MN 的新 IP 地址发送数据,此时停止数据的双播发送。

8.3.7 D-NEMO

D-NEMO[24] 以 PMIPv6 作为基础协议,将支持 NEMO(Network Mobility)的 PMIPv6 扩展协议 PR-NEMO(Proxy Router NEMO)和基于动态锚点的分布式移动性管理方案 DMA(具体见 8.3.2 小节介绍)相结合,是一种支持网络移动性的分布式移动性管理方案。

D-NEMO 的基本架构如图 8-16 所示。图中的各个 AR 即为分布式部署的移动性锚点。PR1 与 MN1 构成移动子网，在不同的移动性锚点之间移动。由于继承了 DMA 中基于动态锚点的技术思想，D-NEMO 中，为移动子网动态选择移动性锚点。例如，当移动子网附着到 AR1 并建立数据流 FLOW1 时，AR1 即为 FLOW1 的移动性锚点，当该子网移动并附着到 AR2 时，AR1 负责将数据流 FLOW1 转发到 AR2 并进而发送给 MN。此时，FLOW2 建立，则 AR2 即为 FLOW2 的移动性锚点。

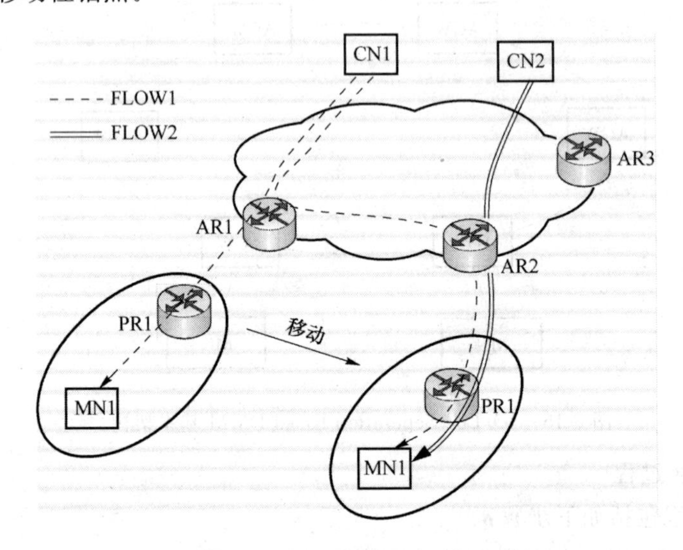

图 8-16 D-NEMO 基本架构

除了 D-NEMO 外，本章参考文献[25]提出了一种基于 MIPv6 的 NEMO 支持扩展协议 NEMO BSP 的分布式移动性管理技术方案。同样采用了基于动态锚点的思想，对 MIPv6 中的 HA 进行了分布化处理。

8.3.8 MLD-DMM

在分布式移动性管理技术研究中，也涉及如何在分布式移动性管理环境中提供有效的组播。

本章参考文献[26]以基于 PMIPv6 的组播[27]为基础，提出 MLD-DMM 方案，将 MLD(Multicast Listener Discovery) Proxy 功能部署在分布化部署的移动性管理节点 MAR(Mobility Access Router)上。通过将数据面和控制面分离，MLD-DMM 提供完全分布式和部分分布式两种部署方案，用于提供组播源和组播 Listener 的移动性支持。

另外，本章参考文献[28]也对基于分布式 PMIPv6 协议的组播移动性支持方案进行了分析。在不同的实现方式中，都使用了 MLD Proxy，但根据分布化的程度，可分为完全分布式和部分分布式方案；根据移动性过程的触发方式，可分为反应式方案和主动式方案。

8.3.9 SAMP

除了上述基于 MIPv6、PMIPv6 等网络层移动性管理技术的分布式移动性管理技术方案，在应用层也有基于 SIP 的分布式移动性管理方案。本章参考文献[29]提出了，SAMP(Scalable Application-layer Mobility Protocol)是一种将 SIP 与 P2P 技术相结合的应用层移动性管理协议，它使用 SIP 协议的移动性管理功能实现对移动节点的位置管理，基于 P2P 技术实现移动性管理实体的分布式部署。

SAMP 协议中，采用 SIP 协议的移动性管理实体和基本功能，即：SIP Server 负责维护移动节点的位置信息，移动节点通过 SIP REGISTER 消息进行位置注册和更新。这里的 SIP Server 需同时完成注册服务器和代理服务器或重定向服务器的功能。因此，在 SAMP 中，定义了 RP(Registrar and Proxy Mode)和 RR(Registrar and Redirect Mode)两种 SIP 服务器工作模式。

同时，SAMP 中 SIP Server 的部署方式采用基于 DHT 的 P2P 重叠网络结构，实现 SIP Server 的分布式部署，以提高移动性管理的扩展性、灵活性。DHT 中的每一个键值对应一个移动节点的位置信息，分布式地保存在各个 SIP Server 中。

(1) 位置注册

位置注册之前，移动节点首先要发现自己的锚点服务器(Anchor SIP Server)，也就是在 P2P 重叠网络中触发位置注册的入口点。SAMP 中通过广播 SIP REGISTER 消息的方式实现，MN 在回复响应的 SIP Server 中随机选择一个作为自己的锚点服务器。

位置注册的过程是移动节点经由锚点服务器，向家乡 SIP 服务器完成位置注册。SAMP 中，家乡 SIP 服务器由一个哈希函数计算并决定。位置注册消息的发送如图 8-17(a)所示，MN 发出的 REGISTER 消息，首先发送到 MN 的锚点服务器，锚点服务器在 DHT 重叠网络中，通过 P2P 应用层路由发送到 MN 的家乡 SIP 服务器。

(2) 会话建立

图 8-17(b)所示为 SAMP 中 CN 向 MN 发起会话的建立过程。类似 SIP 协议的会话建立，CN 通过与 MN 之间的 SIP INVITE 消息及其响应消息的交互，交换和协商会话信息，从而完成会话建立。

在图 8-17(b)所示的会话建立过程中，CN 发出的 INVITE 消息，先被发送到

CN 的锚点服务器；接着在基于 DHT 的 P2P 重叠网络中，通过应用层路由给发送到 MN 的家乡服务器；此时，家乡服务器通过其包含的 SIP 注册服务器功能，查询位置信息获知 MN 当前所附着的锚点服务器，进而将 INVITE 消息发送到 MN 的锚点服务器；之后，锚点服务器缓存了 MN 的转交地址(CoA)，可以将 INVITE 消息转发给 MN。最后，MN 回复相应的响应消息，CN 和 MN 之间就可以直接通信了。

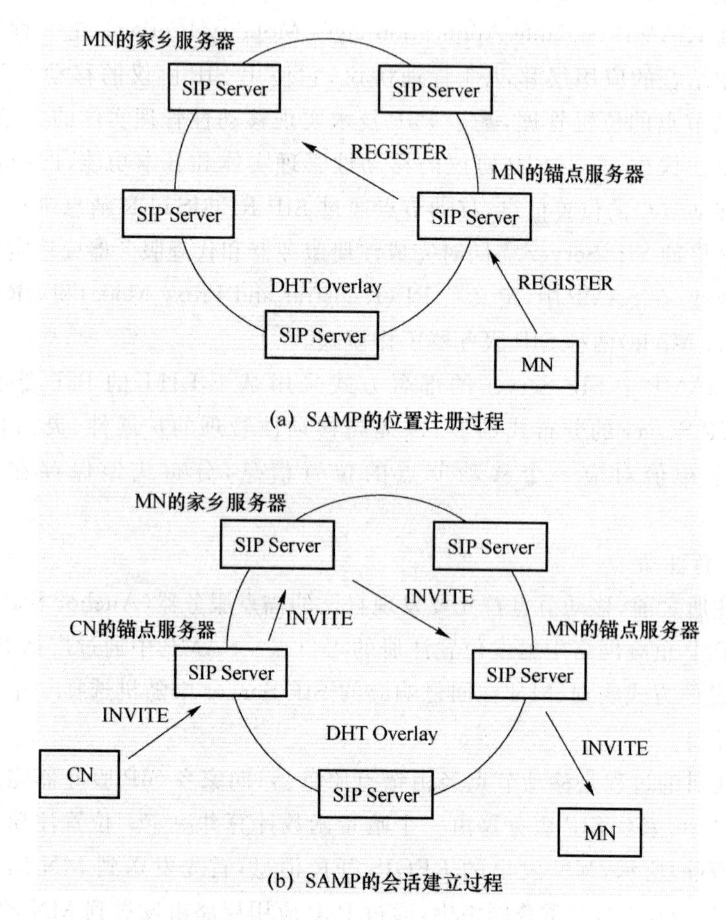

图 8-17 SAMP 的位置注册与会话建立

8.3.10 现有分布式移动性管理技术方案比较

针对 8.3 节介绍的技术方案，从基础协议、进行分布化部署的具体实体、方案所遵循的技术思路、分布化所在的层面等对这些方案进行了比较，如表 8-3 所示。

表 8-3 不同分布式移动性管理技术方案的比较

方案	基础协议	分布化的实体	技术思路	部分/完全分布化	分布化的层面
DIMA[3]	MIP	MIP 的 HA 基于 DHT 对 MIP 的 Binding Cache 做了分布化处理	兼容 MIP 及其改进协议（如 HMIP、PMIP）	完全	核心网层
DMA[20,2]	—	AN (Access Node)	动态锚点	完全	接入网层
D-PMIPv6[21]	PMIPv6	PMIPv6 中的 LMA，分解为控制面集中式的 CLMA 和数据面分布式的 DLMA	用户面与控制面分离	部分	核心网层
MAAR-based PMIPv6 DMM[12]	PMIPv6	MAAR 将 LMA 和 MAG 的功能合并后再设计分布化处理	用户面与控制面分离	部分或完全，提供两种部署方式	接入网层
	PMIPv6	MA	用户面与控制面分离	部分	核心网层
ID/Loc Seperation based DMM[22]	—	AGW	身份与位置分离	完全	接入网层
D-NEMO[24]	PMIPv6 的 NEMO 支持协议 PR-NEMO	AR	动态锚点	完全	接入网层
NEMO-based DMM[25]	MIPv6 的 NEMO 支持协议 NEMO BSP	MIP 中的 HA	动态锚点	完全	核心网层
MLD-DMM[26]	基于 PMIPv6 的组播支持扩展协议	MAR	用户面与控制面分离	部分或完全，提供两种部署方式	接入网层

8.4 集中式与分布式移动性管理技术对比

可以从移动性锚点部署方式、移动性锚点的功能实现方式(位置管理信息维护功能实现方式、用户数据转发功能实现方式)、具体实现技术(封装、隧道管理、切换)、可扩展性等方面，对集中式移动性管理和分布式移动性管理进行对比，如表 8-4 所示。

表 8-4 集中式移动性管理与分布式移动性管理的对比[2]

	集中式移动性管理	分布式移动性管理
移动性锚点部署方式	层次化结构、集中式的移动性锚点部署	扁平化结构、分布式的移动性锚点部署
位置管理信息维护	集中式	在完全分布式方案中为分布式处理，具体分布化的方法可以基于 P2P 技术（如 DIMA 中使用 DHT）或根据用户分布自然实现分布化处理（如 8.3.5 小节中方案对 LM）功能的处理；在部分分布式方案中保持集中式处理
用户数据转发	集中式锚点负责用户数据转发	分布化处理
封装	为每个 MN 保持一条集中式锚点到 MN 的路径；为每个活跃的 MN 维护一条永久的隧道；信令开销大	活跃的 MN 不发生移动时，不需要建立隧道；避免了不必要的开销
隧道管理	在集中式锚点处产生大量的聚合流量；集中式锚点成为瓶颈节点；单点故障问题	只有在切换时才会建立临时隧道；流量分布于各个移动性锚点；避免了单点故障问题
切换	切换时的数据转发需要更新到隧道的端点；简单、技术成熟	切换时的快速路径更新
扩展性	差	好

本章参考文献

[1] SHIN D H, MOSES D, VENKATACHALAM M, et al. Distributed mobility management for efficient video delivery over all-IP mobile networks: Competing approaches[J]. IEEE Network, 2013, 27(27):28-33.

[2] BERTIN P, BONJOUR S, BONNIN J M. Distributed or Centralized Mobility? [J]. 2010:1-6.

[3] FISCHER M, ANDERSEN F U, KOPSEL A, et al. A Distributed IP Mobility Approach for 3G SAE[C]// IEEE, International Symposium on Personal, Indoor and Mobile Radio Communications. IEEE Xplore, 2008:1-6.

[4] IETF RFC 7333. Requirements for Distributed Mobility Management[S]. 2014.

[5] CHAN H A, YOKOTA H, XIE J, et al. Distributed and Dynamic Mobility Management in Mobile Internet: Current Approaches and Issues[J]. Journal

of Communications, 2011, 6(1):4-15.

[6] ZUNIGA J C, BERNARDOS C J, DE l O A, et al. Distributed mobility management: A standards landscape[J] IEEE Communications Magazine, 2013, 51(3):80-87.

[7] KIRBY G. Locating the User [J]. //Communications International Magazine,IEEE,1995: 49-50.

[8] Distributed Mobility Management (dmm)[EB/OL]. (2015-9)[2016-12-21]. http://datatracker. ietf. org/wg/dmm/charter/.

[9] IETF RFC 7429. Distributed Mobility Management: Current Practices and Gap Analysis. DMM Gap [S]. 2015.

[10] IETF draft-bernardos-dmm-cmip-05. An IPv6 Distributed Client Mobility Management approach using existing mechanisms[S]. 2016.

[11] IETF draft-bernardos-dmm-distributed-anchoring-07. PMIPv6-based distributed anchoring [S]. 2016.

[12] IETF draft-bernardos-dmm-pmip-06. A PMIPv6-based solution for Distributed Mobility Management[S]. 2016.

[13] IETF draft-jaehwoon-dmm-topology--mobility-anchoring-00. Topology-based Distributed Mobility Anchoring in PMIPv6[S]. 2016.

[14] IETF draft-sijeon-dmm-deployment-models-03. Deployment Models for Distributed Mobility Management[S]. 2016.

[15] IETF draft-wt-dmm-deployment-models-00. DMM Deployment Models and Architectural Considerations[S]. 2016.

[16] IETF draft-sun-dmm-use-case-analysis-flowmob-dmm-04. Use case analysis for supporting flow mobility in DMM[S]. 2015.

[17] IETF draft-ietf-dmm-mag-multihoming-02. MAG Multipath Binding Option [S]. 2016.

[18] IETF draft-seite-dmm-bonding-00. Multihoming support for Residential Gateway (RG) using IP mobility protocols[S]. 2014.

[19] IETF draft-xuan-dmm-nemo-dmm-03. Network Mobility Support in the Distributed Mobility Management [S]. 2014.

[20] Bertin P, Bonjour S, Bonnin J. A Distributed Dynamic Mobility Management Scheme Designed for Flat IP Architectures[C]// New Technologies, Mobility and Security. IEEE Xplore, 2008:1-5.

[21] YI L, ZHOU H, ZHANG H. An efficient distributed mobility management scheme based on PMIPv6[C]// 6th International Conference on Innovative Mobile and Internet Services in Ubiquitous Computing, IEEE Computer Society? Washington, DC, USA. 2012:274-279. ?

[22] Yu L, Zhao Z, Tao L, et al. Distributed mobility management based on flat network architecture[C]// International Conference on Wireless Internet, Wicon 2010, Singapore, March. 2010:1-6.

[23] CHAN H A. Proxy mobile IP with distributed mobility anchors[J]. 2010, 29(16):16-20.

[24] DO T X, KimY. Distributed network mobility management[C]// International Conference on Advanced Technologies for Communications. IEEE, 2012:319-322.

[25] SORNLERTLAMVANICH P, KAMOLPHIWONG S, ELZ R, et al. NEMO-Based Distributed Mobility Management[C]// 2013 27th International Conference on Advanced Information Networking and Applications Workshops. IEEE, 2012:645-650.

[26] NGUYEN T T, BONNET C. Efficient Multicast Content Delivery over a Distributed Mobility Management Environment// Vehicular Technology Conference (VTC Fall)[C], 2013 IEEE 78th. IEEE, 2013:1-6.

[27] RFC6224. Base Deployment for Multicast Listener Support in PMIPv6 Domains[S]. 2011.

[28] FIGUEIREDO S, JEON S, AGUIAR R L. Use-cases Analysis for Multicast Listener Support in Network-based Distributed Mobility Management//IEEE 23rd International Symposium on Personal, Indoor and Mobile Radio Communications[C], IEEE, 2012:1478-1483.

[29] PACK S, PARK K, KWON A, CHOI Y, et al. SAMP: Scalable Application-layer Mobility Protocol[J]. IEEE Communications Magazine, 2006, 44(6):86-92.

[30] BOKOR L, FAIGL Z, LMRE S. Flat Architectures: Towards Scalable Future Internet Mobility[J]. Future Internet Assembly, 2011, LNCS 6656: 35-50.

[31] CCSA 网络工作组. 泛在网环境下移动性管理技术研究[S]. 2012.

缩 略 语

A

3GPP	3rd Generation Partnership Project
3GPP2	3rd Generation Partnership Project 2
AAA	Authentication，Authorization and Accounting
ABC	Always Best Connected
ACS	Autonomic Computing System
AE	Autonomic Element
AEVW	Approaching Emergency Vehicle Warning
AGW	Access Gateway
AHP	Analytic Hierarchy Process
AKA	Authentication and Key Agreement
ALT	Automatic Link Transfer
AMPS	Advanced Mobile Phone System
AN	Access Network
ANDI	Access Network Discovery Information
ANDSF	Access Network Discovery and Selection Function
ANI	Application to Network Interface
AOR	Address-Of-Record
AP	Access Point
API	Application Programming Interface
APN	Access Point Name
AR	Access Router
AS	Application Server
ASN	Access Service Network

B

BA	Binding Acknowledgment
BBERF	Bearer Binding and Event Reporting Function
BCCH	Broadcast Control Channel
BCE	Binding Cache Entry
BID	Binding Identifier
BRA	Binding Revocation Acknowledgement
BRI	Binding Revocation Indication
BSC	Base Station Controller
BSS	Base Station Subsystem
BTS	Base Transceiver Station
BU	Binding Update

C

C2C	Car to Car
C2C-CC	Car 2 Car Communication Consortium
C2I	Car to Infrastructure
CBLC	Communication-Based Longitudinal Control
CBS	Cell Broadcast Service
CBW	Car Breakdown Warning
CCSA	China Communication Standard Association
CDN	Content Delivery Network
CGI	Cell Global Identity
CN	Correspondent Node
CN	Core Network
CoA	Care-of Address
CODA	Co-operative Driver Assistance
CS	Circuit Switched
C-SGN	CloT Serving Gateway Node

D

D2D	Device to Device

DAR	Dynamic Address Reconfiguration
DCCP	Datagram Congestion Control Protocol
DDN	Downlink Data Notificaiton
DDNS	Dynamic DNS
DE	Decision Element
DECT	Digital European Cordless Telecommunication
DHCP	Dynamic Host Configuration Protocol
DHT	Distributed Hash Table
DMA	Dynamic Mobility Anchoring
DME	Decision Making Element
DMM	Distributed Mobility Management
DNS	Domain Name System
DoS	Denial-of-Service
DRB	Data Radio Bearer
DRX	Discontinuous Reception
DSMIP	Dual Stack Mobile IP
DSMIPv6	Dual Stack Mobile IP version 6
DSRC	Dedicated Short Range Communication
DTC	Delay Tolerant Connection

E

EAB	Extended Access Barring
ECGI	E-UTRAN Cell Global Identity
EDRX	Extended DRX
eHRPD	evolved High Rate Package Data
EID	Endpoint Identifier
EMM	Evolved Mobility Management
eNodeB	evolved Node B
EPC	Evolved Packet Core
ePDG	evolved Packet Data Gateway
EPS	Evolved Packet System
ETSI	European Telecommunication Standard Institute
E-UTRAN	Evolved Universal Terrestrial Radio Access Network

F

FA	Foreign Agent
F-BU	Fast Binding Update
FIA	Future Internet Architecture
FIB	Forward Information Base
FID	Flow Identification
FMIPv6	Fast Handover MIPv6
FTP	File Transfer Protocol

G

GERAN	GSM/EDGE Radio Access Network
GGSN	Gateway GPRS Support Node
GLOSA	Green Light Optimal Speed Advisory
GMM	GPRS Mobility Management
GPRS	General Packet Radio Service
GPS	Global Positioning System
GRE	Generic Routing Encapsulation
GSM	Global System for Mobile Communications
GTP	GPRS Tunneling Protocol
GTP-C	GPRS Tunneling Protocol-Control Plane
GTP-U	GPRS Tunneling Protocol-User Plane
GUTI	Globally Unique Temporary Identity

H

HA	Home Agent
HAck	Handover Acknowledge
HBM	Host Based Mobility
HDB	Home Database
HeNB	Home eNode B
HetNet	Heterogeneous Radio Network
HI	Handover Initiate
HID	Host ID

HIP	Host Identity Protocol
HLF	Home Location Function
HLR	Home Location Register
HMIPv6	Hierarchical Mobile IPv6
HNP	Home Network Prefix
HoA	Home Address
HOM	Handover Margin
H-SFN	Hyper SFN
HSGW	HRPD Serving GW
HSS	Home Subscriber Server
HVN	Heterogeneous Vehicular Network

I

ICT	Information and Communication Technologies
IEEE	Institute of Electrical and Electronics Engineers
IETF	Internet Engineering Task Force
IKEv2	Internet Key Exchange Version 2
IMEI	International Mobile Equipment Identifier
IMS	IP Multimedia Subsystem
IMSI	International Mobile Subscriber Identity
IoT	Internet of Things
IP-CAN	IP Connectivity Access Network
IPMS	IP Mobility Management Selection
IPSec	IP Security
IPTV	Internet Protocol Television
ISMP	Inter-System Mobility Policy
ISO	International Organization for Standardization
ISR	Idle-mode Signaling Reduction
ISRP	Inter-System Routing Policy
ITS	Intelligent Transport System
ITU-T	International Telecommunication Union - Telecommunication Sector
IVS	In-Vehicle Signage
IWF	Information & Warning Functions

I-WLAN　Interworking WLAN

K

KPI　Key Performance Indicator

L

LA　Location Area
LAU　Location Area Update
LBU　Local Binding Update
LCA　Least Common Ancestor
LCoA　on-Link CoA
L-GW　Local Gateway
LIN6　Location Independent Network Architecture for IPv6
LIPA　Local IP Access
LISP　Locator/ID Seperation Protocol
LMA　Local Mobility Anchor
L-PGW　Local PGW
LSS　Location Service Server
LTE　Long Term Evolution

M

M2M　Machine-to-Machine/Man
MA　Mobility Anchor
MAG　Mobile Access Gateway
MAHO　Mobile Assisted Hand Off
MANET　Mobile Ad Hoc Network
MAP　Mobility Anchor Point
MBMS　Multimedia Broadcast/Multicast Service
MCHO　Mobile Controlled Hand Off
MDP　Markov Decision Process
ME　Managed Element
MH　Mobile Host
MIF　Multiple Interfaces

MIH	Media Independent Handover
MIIS	Media Independent Information Service
MIP	Mobile IP
MIPv4	Mobile IPv4
MIPv6	Mobile IPv6
MLD	Multicast Listener Discovery
MME	Mobility Management Entity
MN	Mobile Node
MO	Mobility Object
MO	Mobile Originated
MO-SMS	Mobile Originated SMS, Short Message Service
MPTCP	Multipath TCP
MR	Mobile Relay
MR	Mobile Router
MS	Mobile Station
MSC	Mobile Switching Center
mSCTP	mobile Stream Control Transmission Protocol
MSISDN	Mobile Subscriber ISDN Number
MT	Mobile Terminal
MTC	Machine-Type Communication
MTC-IWF	Machine Type Communications-InterWorking Function
MUE	Multi-connection User Equipment

N

NAS	Non-Access Stratum
NB_IFOM	Network Based IP Flow Mobility
NB-IoT	Narrow Band Internet of Things
NBM	Network Based Mobility
NCHO	Network Controlled Hand Off
ND	Neighbor Discovery
NEMO	Network Mobility
NEMO BSP	Network Mobility Basic Support Protocol
NFC	Near Field Communication

NGI	Next Generation Internet
NGMN	Next Generation Mobile Networks
NGN	Next Generation Network
NNI	Network to Network Interface
NPS	Non-Prioritized Scheme

O

OBU	On-Board Unit
OMA	Open Mobile Alliance
OPEX	Operational Expenditure
OW	Obstacle Warning

P

P2P	Peer-to-Peer
PA	Paging Area
PACS	Personal Access Communication System
PCC	Policy and Charging Control
PCO	Protocol Configuration Option
PCRF	Policy and Charging Rules Function
PDG	Packet Data Gateway
PDN	Packet Data Network
PDN GW	Packet Data Network Gateway
PDP	Policy Decision Point
PDU	Protocol Data Unit
PEP	Policy Enforcement Point
P-GW	PDN Gateway
PLMN	Public Land Mobile Network
PMIPv6	Proxy Mobile IPv6
PS	Packet Switched
PSM	Power Saving Mode
PS-ONLY	Packet Switched Only
P-TMSI	Packet Temporary Mobile Subscriber Identity
PTW	Paging Transmission Window

PWS Public Warning System

Q

QI Quality Indicator
QoE Quality of Experience
QoS Quality of Service
QPS Queueing Priority Scheme

R

RA Router Advertisement
RA Rouging Area
RAB Radio Access Bearer
RACH Random Access CHannel
RAI Routing Area Identity
RAT Radio Access Technology
RAU Routing Area Update
RCoA Regional CoA
RCS Reserved Channel Scheme
RFID Radio Frequency Identification
RLOC Routing Locator
RNC Radio Network Controller
ROHC Robust Header Compression
RRC Radio Resource Control
RS Router Solicitation
RSS Received Signal Strength
RSSI Received Signal Strength Indicator
RSU Road-Side Unit
RtSolPr Router Solicitation for Proxy Advertisement
RWW Road Works Warning

S

S1-AP S1 Application Protocol
SAE System Architecture Evolution

SAI Service Area Identity
SCEF Service Capability Exposure Function
SCS Service Capability Server
SCTP Stream Control Transmission Protocol
SDF Service Data Flow
SFN System Frame Number
SGSN Serving GPRS Support Node
SGW Serving Gateway
SHIM6 Site Multihoming by IPv6 Intermediation
SIP Session Initiation Protocol
SIPTO Selective IP Traffic Offload
SMS Short Message Service
SMSoSGs SMS over SGs
SON Self-Organizing Network
SRS Sub Rate Scheme

T

TA Tracking Area
TACS Total Access Communications System
TAI Tracking Area Identity
TAU Tracking Area Update
TC Technical Committee
TCP-R TCP-Redirection
TDMA Time Division Multiple Access
TD-SCDMA Time Division-Synchronous Code Division Multiple Access
TEID Tunnel Endpoint ID
TJAW Traffic Jam Ahead Warning
TMGI Temporary Mobile Group Identity
TMSI Temporary Mobile Subscriber Identity
TST Time Slot Transfer
TTT Time To Trigger

U

UA User Agent

UE	User Equipment
UICC	Universal Integrated Circuit Card
UL	Uplink
UNI	User to Network Interface
UPE	User Plane Entity
URI	Uniform Resource Identifier
USIM	Universal Subscriber Identity Module
USN	Ubiquitous Sensing Network
UTRAN	Universal Terrestrial Radio Access Network

V

V2I	Vehicle-to-Infrastructure
V2V	Vehicle-to-Vehicle
VANET	Vehicular Ad Hoc Network
VDB	Visiting Database
VLF	Visitor Location Function
VLR	Visitor Location Register
VPN	Virtual Private Network
VR	Virtual Reality

W

WAG	WLAN Access Gateway
WAVE	Wireless Access in the Vehicular Environment
WCDMA	Wideband CDMA
WEI	Word Error Indicator
WiMAX	Worldwide Interoperability for Microwave Access
WLAN	Wireless Local Area Network
WLCP	Wireless LAN Control Protocol
WW	Weather Warning